VORLESUNGEN ÜBER ALGEBRA

UNTER BENUTZUNG DER DRITTEN AUFLAGE DES
GLEICHNAMIGEN WERKES VON † Dr. GUSTAV BAUER

IN VIERTER VERMEHRTER AUFLAGE

DARGESTELLT VON

Dr. LUDWIG BIEBERBACH

O. Ö. PROFESSOR AN DER FRIEDRICH-WILHELMS-UNIVERSITÄT BERLIN
MITGLIED DER PREUSSISCHEN AKADEMIE
DER WISSENSCHAFTEN

MIT 16 FIGUREN IM TEXT UND AUF 1 TAFEL

1 9 2 8
Springer Fachmedien Wiesbaden GmbH

ISBN 978-3-663-15211-8   ISBN 978-3-663-15774-8 (eBook)
DOI 10.1007/978-3-663-15774-8

Aus der Vorrede zur ersten Auflage.

Am 18. November 1900 feierte Geheimrat Professor Dr. Gustav Bauer in unverminderter geistiger und körperlicher Frische, noch rastlos tätig im akademischen Lehramte, seinen 80. Geburtstag. Zur Feier dieses seltenen Ereignisses veranstaltete der „Mathematische Verein München", der von Studierenden der Universität und der Technischen Hochschule gebildet wird, einen Festabend und machte gewissermaßen als Ehrengabe dem Jubilar das Anerbieten, dessen Vorlesungen über „Algebra" im Drucke erscheinen zu lassen. Herr Professor Bauer erklärte sich damit einverstanden und kam dem mathematischen Vereine noch weiter entgegen, indem er das vom Verein aus verschiedenen Nachschriften zusammengestellte Manuskript vor der Drucklegung sorgfältig überarbeitete.

Das vorliegende Buch soll demnach nicht nur den Titel „Vorlesungen" führen, sondern in der Tat Vorlesungen, wie sie gehalten wurden, wiedergeben. Es ist hervorgegangen aus Vorträgen über Algebra, die Herr Professor Bauer in der Zeit von 1870—1897 je in Zwischenräumen von 2—3 Jahren an der Universität München gehalten hat. Diese Vorlesungen waren für Studierende im ersten oder zweiten Studienjahr bestimmt. Der Zeit nach erstreckte sich die Vorlesung jeweilig über zwei Semester.

Der Unterzeichnete hat, aus Interesse für die Sache, gern dem vom Mathematischen Vereine München geäußerten Wunsche Folge geleistet und die mit der Drucklegung verbundenen Arbeiten auf sich genommen.

München, März 1903.

Karl Doehlemann.

Aus der Vorrede zur zweiten Auflage.

Drei Jahre nach dem Erscheinen der ersten Auflage dieses Buches, am 3. April 1906 beschloß Gustav Bauer, über 85 Jahre alt, nach kurzem Krankenlager sein arbeits- und erfolgreiches Leben. Wenn jetzt, also schon nach sechs Jahren, seine „Vorlesungen über Algebra" in neuer Auflage erscheinen müssen, so beweist dies, daß das Buch auch in weiteren Kreisen sich Freunde erworben hat. In der Tat besitzt es eine Reihe eigen-

a*

artiger Vorzüge. Die fundamentalen Theoreme, auf welchen Cauchy, Gauß, Abel, Jacobi und andere das Gebäude der Algebra aufführten, gelangen in überaus schlichter und einfacher, aber um so wirksamerer Weise zur Darstellung. Daneben zeichnet sich das Buch aber auch durch eine gewisse praktische Auffassung aus, welche auch auf die Möglichkeit der wirklichen Ausführung von Rechnungen Rücksicht nimmt, Beispiele einflicht und die Anwendungen in der Geometrie wenigstens andeutet. Dies kann man namentlich bei der numerischen Auflösung der Gleichungen beobachten. Die Graeffesche Methode zum Beispiel wird in keinem Lehrbuch der Algebra so eingehend erörtert.

Doehlemann.

Vorrede zur vierten Auflage.

Durch den allzufrühen Tod des bisherigen Herausgebers der Bauerschen Vorlesungen, des verdienten Münchener Geometers Doehlemann, machte sich die Bestellung eines neuen Herausgebers notwendig, wenn das Buch nicht Gefahr laufen sollte, allmählich hinter dem derzeitigen Stand der Wissenschaft allzuweit herzuhinken. Der Aufforderung des Verlegers, die Herausgabe des Buches zu übernehmen, bin ich gerne gefolgt, da ich mir in den Zeiten, als ich noch Algebra zu lesen pflegte, den Eindruck gebildet hatte, daß das Buch für die Hand des Anfängers sehr zu empfehlen sei und da mir die Vorzüge, die Doehlemann in seinen Vorreden hervorhob, zum Teil sehr wesentliche zu sein schienen. Es hat sich aber als nötig herausgestellt, sehr viel zu bessern und zu erneuern sowie zuzufügen, wenn das Buch modernen Ansprüchen genügen sollte. Für die neue Auflage hatte Herr Doehlemann schon einiges bereitgestellt, nämlich ein Verzeichnis einiger Druckfehler sowie eine aus der Feder des Herrn Perron stammende Darstellung der Substitutionsgruppen und der Galoisschen Theorie. Auch diese Darstellung habe ich verwendet und ihr namentlich im fünften Abschnitt die Nr. 1 bis 9 des Kapitels 7 und die Nummern 11—13 des Kapitels 8 entnommen. Wieviel ich aus der dritten Auflage beibehalten oder entnommen habe, lasse ich unerörtert. Denn ein Leser, den das interessieren sollte, kann es durch einen Vergleich der dritten und der vierten Auflage selbst feststellen.

An der Gesamtauffassung dessen, was Algebra sei, habe ich nichts geändert. So stehen also nach wie vor die algebraischen Gleichungen im Mittelpunkt der Darstellung. Nur in der Behandlung der Determinanten und der quadratischen Formen bin ich, wie das auch schon in der dritten

Auflage war, etwas weiter gegangen, als es die im Buche selbst behandelten Theorien nötig gemacht hätten. Ich habe aber hie und da den Leser auf Originalliteratur verwiesen und wollte ihm im Buche selbst das vermitteln, was er zum Verständnis nötig hat. Mit einer gewissen Absichtlichkeit habe ich in einigen Paragraphen dem Leser die Lektüre von Originalarbeiten recht nahegelegt. Jeder Studierende muß recht bald lernen, auch Zeitschriftenaufsätze zu lesen. In einigen wenigen Paragraphen habe ich funktionentheoretische Hilfsmittel benutzt. Außer dem Fundamentalsatz der Algebra sind dies aber nur Darlegungen, die ein Leser, dem das Funktionentheoretische nicht liegt, überschlagen kann, ohne daß ihm im Rest des Buches dadurch etwas für das Verständnis Nötiges abhanden käme. Nur beim Fundamentalsatz der Algebra ist das anders. Ein Leser, der seinen Beweis aber noch nicht aufnehmen kann, tut gut, nur den Satz selbst sich anzueignen und sich zu merken, daß das Folgende sich durchweg auf Gleichungen bezieht, für die der Satz richtig ist. Was aber die anderen funktionentheoretisch gerichteten Paragraphen angeht, so wird ein in der Funktionentheorie bewanderter Leser, wohl gerade auch an ihnen, oder besser an den dort behandelten Sätzen, eine besondere Freude haben, da gerade sie sehr deutlich zeigen, wo heute im Gebiet der Algebra echtes, frisches Leben sproßt.

Berlin, März 1928.

Bieberbach.

Inhaltsverzeichnis.

Zweiter Abschnitt: Theorie und Anwendung der Determinanten.

Dritter Abschnitt: Haupteigenschaften der algebraischen Gleichungen.

Anhang.

Erster Abschnitt.

Grundlegende Eigenschaften der algebraischen Gleichungen.

Erstes Kapitel.

Einleitung.

1. Veränderliche und Funktionen. Man unterscheidet zwischen konstanten und veränderlichen Zahlen. Erstere haben einen bestimmten Wert, letztere können verschiedene, beliebige Werte aus einem gegebenen Wertevorrat annehmen; man bezeichnet dieselben gewöhnlich zur Unterscheidung von den konstanten Zahlen durch einen der letzten Buchstaben des Alphabets $x, y, \ldots$ Eine Zahl, deren Wert durch eine oder auch mehrere Veränderliche oder Variable bestimmt ist, heißt eine Funktion dieser Veränderlichen. Man bezeichnet im allgemeinsten Sinne eine Funktion von einer oder mehrerer Variablen durch

$$f(x), \; \varphi(x), \ldots, \; f(x, y), \; F(x, y), \ldots$$

Die Funktion $f(x)$ kann z. B. durch irgendeinen analytischen Ausdruck gegeben sein, in welchen die Variable x eingeht.

2. Rationale Funktionen. Sind in einem analytischen Ausdruck die Variablen nur den elementaren Operationen der Addition, Subtraktion, Multiplikation und Division unterworfen, und sind diese Operationen nur in endlicher Anzahl wiederholt, so heißt der Ausdruck rational, die durch den Ausdruck dargestellte Funktion heißt ebenfalls rational.

3. Ganze rationale Funktionen. Ein rationaler analytischer Ausdruck stellt eine ganze rationale Funktion dar, wenn er keine variablen Divisoren enthält. Eine ganze rationale Funktion ist mithin durch eine endliche Summe von Gliedern darstellbar, welche ganze positive Potenzen der Variablen, multipliziert mit konstanten Koeffizienten, enthalten. Die größte Anzahl der Variablen, welche in einem Gliede als Faktoren stehen, bestimmt den Grad der ganzen Funktion. Statt ganze rationale Funktion sagt man auch Polynom.

Die allgemeine Form eines Polynoms einer Variablen x ist mithin

$$a_0 + a_1 x + a_2 x^2 + a_3 x^3 + \cdots + a_m x^m,$$

wo $a_0, a_1, a_2, \ldots a_m$ beliebig gegebene Konstante sind und m eine ganze positive Zahl bedeutet. Ist m der größte der in der Funktion vorkommenden Exponenten von x, d. h. also $a_m \neq 0$, so heißt die Funktion vom Grade m. Der Quotient aus zwei solchen ganzen Funktionen

$$\frac{a + bx + cx^2 + \cdots + kx^m}{A + Bx + Cx^2 + \cdots + Kx^n}$$

ist die allgemeinste Form einer **gebrochenen** rationalen Funktion von x.

4. Mehrere Veränderliche. Beispiele von Polynome in zwei Variablen x, y sind

$$a + bx + cy,$$

$$a + bx + cy + dx^2 + exy + fy^2,$$

wo $a, b, c, \ldots, f$ beliebige Konstante sind; erstere ist die allgemeine Funktion ersten Grades oder, wie man zu sagen pflegt, lineare Funktion, letztere die allgemeine Funktion zweiten Grades oder quadratische Funktion der zwei Variablen x, y. Eine ganze rationale Funktion aus drei Variablen x, y, z ist durch eine endliche Summe aus Gliedern von der Form

$$C x^p y^q z^r$$

dargestellt, wo C eine Konstante, p, q, r ganze positive Zahlen, die Null inbegriffen, bedeuten. Sie ist vom n-ten Grade, wenn n die größte Anzahl der Variablen ist, die in einem Gliede als Faktoren stehen, oder mit andern Worten, wenn n der größte Wert ist, den die Summe $p + q + r$ erreicht.

Eine ganze rationale Funktion $f(x, y, z, \ldots)$ heißt insbesondere homogen, wenn für jede Konstante k die Identität $f(kx, ky, kz, \ldots) = k^n f(x, y, z, \ldots)$ besteht, wo n den Grad der Funktion bedeutet. Dann stehen in jedem Gliede gleich viel dieser Variablen als Faktoren. So sind

$$ax + by,$$

$$ax + by + cz$$

lineare homogene Funktionen von x, y bzw. x, y, z;

$$ax^2 + bxy + cy^2 + dxz + eyz + fz^2$$

ist eine quadratische homogene Funktion in x, y, z;

$$ax^3 + by^3 + cz^3 + dxyz$$

eine solche vom dritten Grade;

$$(u + v + w + d)^2$$

ist homogen in bezug auf die vier Größen u, v, w, d; aber nicht homogen in bezug auf drei derselben, z. B. in bezug auf u, v, w.

5. Gleichungen. Sind A und B zwei Ausdrücke, von denen der eine nur eine Umformung des anderen ist, so muß für jeden Wert der in A und B vorkommenden Variablen $A = B$ sein. Eine solche Gleichung heißt eine identische Gleichung. Z. B.

$$(a - x)(a + x) = a^2 - x^2$$

$$x^2 + 2axy + y^2 = x(x + ay) + y(ax + y)$$

sind identische Gleichungen; sie gelten für jeden Wert von a, x, y. Ebenso ist

$$(a - b)c + (b - c)a = (a - c)b$$

identisch erfüllt für jeden Wert von a, b, c.

Sind aber $\varphi(x)$ und $\psi(x)$ zwei Funktionen von x, und stellen wir uns die Frage, ob dieselben, wenn x variiert, gleiche Werte erhalten können, oder fragen wir, ob die Funktion $\varphi(x)$ einen beliebig gegebenen Wert c annehmen kann, so sind damit die Bedingungen gesetzt:

$$\varphi(x) = \psi(x), \quad \varphi(x) = c.$$

Im allgemeinen ist keine dieser Gleichungen eine identische, indem jede, wenn dies überhaupt möglich, höchstens für bestimmte Werte von x erfüllt werden kann.

Bringen wir alle Glieder der Gleichung auf eine Seite derselben und fassen sie unter ein Funktionszeichen zusammen, so erhält sie die Form

$$f(x) = 0.$$

Diejenigen Werte von x, welche der Gleichung genügen, heißen die **Wurzeln** der Gleichung.

Die einfachsten Gleichungen sind diejenigen, in welchen an Stelle von $f(x)$ eine ganze rationale Funktion der Variabeln steht. Sie haben die Form

$$a_0 x^n + a_1 x^{n-1} + \cdots + a_{n-1} x + a_n = 0,$$

wobei die $a_0, a_1, \ldots, a_n$ beliebig gegebene, konstante Zahlen sind und n eine positive, ganze Zahl ist. Die Größen $a_0, a_1, \ldots, a_n$ heißen die **Koeffizienten** der Gleichung, der höchste Exponent n bestimmt den **Grad** der Gleichung. Der obige Ausdruck gibt die allgemeine Form einer „**algebraischen Gleichung**" mit einer Unbekannten.

Sie führen auch zur allgemeinen Definition der algebraischen Funktion. Denken wir uns, um dies wenigstens anzudeuten, daß die Koeffizienten $a_0, a_1, \ldots, a_n$ einer algebraischen Gleichung rationale Funktionen irgendeiner neuen Größe, eines Parameters seien, so wird eine Wurzel der algebraischen Gleichung als „**algebraische Funktion**" dieses Parameters bezeichnet. Eine algebraische Funktion $y = \varphi(x)$ ist somit durch eine Gleichung $f(x, y) = 0$ definiert. Hier ist $f(x, y)$ ein Polynom in x und y. Alle nicht algebraischen Funktionen heißen „**transzendent**". Solche transzendente Funktionen sind z. B. e^x, $\log(1 + x)$, $\sin x$, $\operatorname{tang} x$.

Zweites Kapitel.
Komplexe Zahlen.

1. Historisches. Wer auf der Schule mit komplexen (oder, wie man dort wohl auch sagt, imaginären) Zahlen rechnen lernt, befolgt den Weg, den auch die Wissenschaft ging. Er gewöhnt sich allmählich an das Neue und Unbehagliche, das zunächst den komplexen Zahlen anhaftet. Er steht unter dem allmächtigen Trägheitsgesetz des menschlichen Geistes, das ihn die formalen Rechenregeln auf diese Gebilde anzuwenden treibt, obwohl ihnen bei etwas näherem Zusehen eine reale Bedeutung abzugehen scheint, obwohl sie in den Anwendungen die Rolle unmöglicher Lösungen oftmals spielen, und obwohl er nicht einsieht, wieso man mit Unmöglichem soll rechnen können. Gerade das ist es, was nachdenkliche Mathematiker vor Gauß und rückständige Köpfe nach Gauß immer wieder gegen die komplexen Zahlen geltend machten. Und doch ging nebenher die steigende Einsicht, daß man sie doch nötig habe, ging nebenher die Erfahrung, daß die über den Umweg durchs Imaginäre gewonnenen Resultate über reelle Zahlen sich stets nachträglich bestätigen ließen. Der Weg durchs Imaginäre machte überdies einen besonders eleganten Eindruck. Aber woher kam dem Unmöglichen diese geheimnisvolle Kraft?

Daß man die Antwort auf diese Frage erst so spät fand, daß man vor Gauß so sehr im Dunklen tappte, hat seinen inneren Grund in dem Charakter der Mathematik in den vorausgehenden Jahrhunderten. In dieser Zeit war begriffliches Denken den meisten Mathematikern sehr fremd. Versuchte doch noch Euler zu beweisen, daß man alle unmöglichen Zahlen auf die Form $x + iy$[1]) bringen könne.[2]) Daß man dazu aber vorher aus der Vorstellung „unmögliche Zahl" einen Begriff machen müsse, daß man anders zu logischen Schlüssen weder eine Unterlage noch ein Recht be-

---

1) Die Bezeichnung $i = \sqrt{-1}$ hat Euler als erster 1777 gebraucht. Indessen scheint sie sich erst seit Gauß (von 1801 an) eingebürgert zu haben.
2) Mémoire de l'Académie de Berlin V année 1749. S. 222—288.

sitzt, war **Euler** und seiner Zeit fremd. Grob ausgedrückt ist doch für uns heute die Sache so, daß das, was **Euler** beweisen wollte, gerade erst die Begriffsbestimmung seines Vorstellungsinhaltes „unmögliche Zahl" abgibt.

Das Wesen der Sache hat erst **Gauß** erfaßt. Gleich allen großen Genies wurzelt er zwar durchaus in der Vergangenheit[1]), hat sich aber über dieselbe erhoben. Wenn man nun doch heute meist der gleich darzulegenden, auf W. R. **Hamilton** (1837) zurückgehenden englischen Theorie den Vorzug gibt, so hat dies seinen Grund darin, daß in dieser rein arithmetischen Darstellung die leitenden Gedanken noch klarer hervortreten als in der **Gauß**schen geometrischen Einkleidung. Ich beginne daher mit dieser arithmetischen Theorie.

2. Zahlenpaare. An der Spitze steht der Satz: **Das Rechnen mit komplexen Zahlen ist ein Rechnen mit Zahlenpaaren.** Unter einer „komplexen Zahl" versteht man ein geordnetes Paar (a, b) reeller Zahlen[2]), wofern gewisse Operationen erklärt sind, welche mit diesen Zahlenpaaren vorgenommen werden sollen. Geordnet heißt das Zahlenpaar, weil (a, b) von (b, a) unterschieden werden soll. Wir wollen ein derartiges Operieren mit den komplexen Zahlen „Rechnen" nennen. An sich ist es völlig willkürlich und ganz unserem Entschluß anheimgegeben, wie wir diese Operationen erklären, und wie wir sie benennen wollen. Indessen werden wir den Wunsch haben, unsere Wahl durch den Zweck zu bestimmen, welchen wir mit der Einführung der komplexen Zahlen verfolgen. Wir wollen ja mit den neuen, den komplexen Zahlen eine **Erweiterung** des Zahlbegriffes vornehmen. Der Leser hat nämlich zweifellos bei der Auflösung der quadratischen Gleichungen, z. B. schon bei $x^2 + 1 = 0$, die Erfahrung gemacht, daß man nicht mit den reellen Zahlen auskommt. Unsere Zahlenpaare sollen also als speziellen Fall

---

1) Noch in seiner Dissertation von 1799 finden sich Anklänge daran, daß er noch nicht voll mit der Tradition gebrochen hat. Erst 1831 ist volle Klarheit nachweisbar. Eine sehr gute Darstellung dieser historischen Sachverhalte findet der Leser in der französischen Ausgabe der math. Encyklopädie im Bd. I, 1 S. 337. Hier geben wir nur so viel, als für das Verständnis der Fragestellung zweckdienlich erscheint. Erwähnt mag nur noch werden, daß der Däne C. **Wessel** schon 1799 in einer Schrift, die unbeachtet blieb, eine ausführliche Theorie der komplexen Zahlen auf geometrischer Grundlage entwickelte. Wenn er so auch **Gauß** voranzustellen wäre, der sich mit knappen Andeutungen begnügt, so hat doch anderseits **Wessels** Arbeit gar keinen Einfluß ausgeübt. Es war vielmehr die Anregung von **Gauß**, dessen Andeutungen die intelligenten Mathematiker auch ohne **Wessel** durchzuführen verstanden.

2) Es wird gewöhnlich in der Form $a + ib$ geschrieben, eine Schreibweise, auf die uns auch unsere weiteren Betrachtungen hinführen werden.

die gewöhnlichen reellen Zahlen, in nur etwas anderer Bezeichnung, unter sich begreifen. Die Rechenoperationen sollen demnach weiter so formuliert werden, daß sie in Anwendung auf die gewöhnlichen Zahlen, die wir weiter als die reellen Zahlen bezeichnen, zu denselben Resultaten führen, wie die dort üblichen, Addition und Multiplikation genannten Operationen. Weiter werden wir den Wunsch haben, daß für Addieren und Multiplizieren nicht nur in diesem Spezialfall, sondern überhaupt soweit als möglich unsere gewohnten Rechenregeln, Axiome der Arithmetik genannt, bestehen bleiben. Wir werden beweisen, daß die folgenden Festsetzungen diese „Permanenz der formalen Regeln"[1]) gewährleisten.

Das Zahlenpaar $(a, 0)$ lassen wir der gewöhnlichen Zahl a entsprechen und verabreden, statt $(a, 0)$ auch kurz a zu schreiben: $(a, 0) = a$.

Unter der Summe $(a, b) + (c, d)$ der beiden komplexen Zahlen (a, b) und (c, d) verstehen wir die Zahl $(a + c,\ b + d)$. Also wird unserem Wunsche entsprechend insbesondere

$$(a, 0) + (c, 0) = (a + c, 0) = a + c.$$

Unter dem Produkt $(a, b) \cdot (c, d)$ verstehen wir die komplexe Zahl $(ac - bd,\ ad + bc)$. Dann ist insbesondere, wie es sein sollte, $(a, 0) \cdot (c, 0) = (ac, 0) = ac$.

3. Rechenregeln. Man sieht ohne weiteres, daß für diese Erklärungen das kommutative, assoziative und distributive Gesetz bestehen bleiben, daß also für die Zahlenpaare $\alpha = (a, b), \beta = (c, d), \gamma = (e, f)$ die Gesetze

$$\alpha + \beta = \beta + \alpha \qquad \text{kommutatives Gesetz der Addition}$$
$$\alpha \cdot \beta = \beta \cdot \alpha \qquad \text{kommutatives Gesetz der Multiplikation}$$
$$(\alpha + \beta) + \gamma = \alpha + (\beta + \gamma) \qquad \text{assoziatives Gesetz der Addition}$$
$$(\alpha \cdot \beta) \cdot \gamma = \alpha \cdot (\beta \cdot \gamma) \qquad \text{assoziatives Gesetz der Multiplikation}$$
$$\alpha \cdot (\beta + \gamma) = \alpha \cdot \beta + \alpha \cdot \gamma \qquad \text{distributives Gesetz}$$

in Geltung bleiben. Wir überlassen dem Leser die Aufgabe, die zur Prüfung nötige kleine Rechnung auszuführen.

Wir verabreden weiter, die häufig vorkommende komplexe Zahl $(0, 1)$ kurz mit i zu bezeichnen. Dann wird

$$(a, b) = (a, 0) + (0, b) = a + b \cdot (0, 1) = a + ib.$$

Ferner aber wird $i^2 = (0, 1) \cdot (0, 1) = (-1, 0) = -1$.

Wir können also auch $i = \sqrt{-1}$ schreiben, und damit haben wir den Anschluß an die übliche Schreibweise $a + ib$ der komplexen Zahlen erreicht.

---

1) Dieser Ausdruck stammt von Hermann Hankel, der 1867 durch seine „Theorie der komplexen Zahlensysteme" sehr fördernd gewirkt hat.

Wir haben nämlich dargelegt, woher man das Recht nimmt, so zu schreiben.

a heißt der Realteil, b der Imaginärteil der komplexen Zahl $\alpha = a + ib$. Man schreibt $a = \Re(\alpha)$ und $b = \Im(\alpha)$.

Zwei komplexe Zahlen sollen nur dann gleich heißen, wenn sie identisch sind. Sie stimmen also stets in Realteil und in Imaginärteil überein.

Die Zahl $\bar{a} = a - ib$ heißt zu $\alpha = a + ib$ konjugiert. Stets werden wir die konjugierten Zahlen durch Überstreichen bezeichnen. Eine Zahl heißt reell, wenn ihr Imaginärteil verschwindet. Sie heißt rein imaginär, wenn ihr Realteil Null ist. Für reelle Zahlen und nur für sie ist also $\alpha = \bar{a}$; rein imaginäre Zahlen dagegen sind durch $\alpha = -\bar{a}$ gekennzeichnet. Stets ist also $\alpha + \bar{a} = 2\Re(\alpha)$ reell und $\alpha - \bar{a} = 2i\Im(\alpha)$ rein imaginär.

Es gibt eine einzige komplexe Zahl Null, die der Gleichung

$$\alpha + \xi = \alpha$$

genügt. Das ist natürlich die reelle Zahl Null. Um das einzusehen, hat man nur auf beiden Seiten der Gleichung $-\alpha$ zu addieren $(-\alpha = -1 \cdot \alpha)$. Ebenso ist die reelle Zahl Eins die einzige Lösung der Gleichung $\alpha\xi = \alpha$, wenn $\alpha \neq 0$ ist.

Man hat, um das einzusehen, nur beide Seiten mit

$$\beta = \frac{\bar{a}}{a^2 + b^2}$$

zu multiplizieren. Wir wollen diese Zahl fortan mit $\frac{1}{\alpha}$ bezeichnen, weil ja $\beta \cdot \alpha = 1$ ist. Denn es ist ja $a^2 + b^2 = \alpha \cdot \bar{a}$. Dabei ist vorausgesetzt, daß $\alpha \neq 0$ ist, d. h. daß nicht a und b gleichzeitig verschwinden, d. h. daß $a^2 + b^2 \neq 0$ ist. Denn sonst genügt ja jede Zahl unserer Gleichung $\alpha\xi = \alpha$.

Ein Produkt kann nur dann verschwinden, wenn ein Faktor verschwindet. Denn wenn $\alpha \neq 0$ ist, aber doch $\alpha\xi = 0$ ist, so muß $\xi = 0 \cdot \frac{1}{\alpha}$ $= 0$ sein, wie man durch Multiplikation beider Seiten der Gleichung mit $\frac{1}{\alpha}$ erkennt.

Damit sind alle Axiome, deren Aufzählung der Leser etwa in meinem Leitfaden der Differentialrechnung auf S. 12/13 nachlesen möge, als gültig erkannt. Nur die Monotoniegesetze sind noch nicht besprochen. Es soll nicht näher davon die Rede sein, daß sie tatsächlich nicht mehr gelten, oder besser gesagt, daß die Relationen größer und kleiner im Gebiete der komplexen Zahlen nicht erklärt werden, da man ihrer nicht bedarf. Wollte man sie doch einführen, so wären sie sicher nicht mehr in der vom Reellen gewohnten Art mit den Rechenregeln verknüpft.

4. Einzigkeit der komplexen Zahlen. Wir haben also eingesehen, daß unseren ursprünglichen Forderungen durch unsere Festsetzungen genügt wird. Manchem Leser wird es aber nicht recht erklärlich sein, wie man auf diese Festsetzungen kommt, und er wird sich fragen, ob es nicht noch andere Festsetzungen gibt, welche dem gleichen Zweck genügen. Daß man es gerade erst einmal mit unseren Festsetzungen versucht, hat seinen Grund darin, daß es ja gerade die Festsetzungen sind, auf die man stößt, wenn man ganz naiv z. B. auf der Schule mit $i^2 = -1$ und den anderen Regeln an die komplexen Zahlen herantritt. Ob es aber die einzigen Festsetzungen sind, die den Bedingungen genügen, das ist eine Frage, die noch nicht restlos geklärt ist. Bisher hat nur gezeigt werden können, daß unter gewissen Voraussetzungen keine weiteren wesentlich anderen Festsetzungen mehr möglich sind. Diese Voraussetzungen halten daran fest, daß Summe und Produkt eindeutige und stetige Funktionen der Summanden bzw. Faktoren sein sollen. Damit ist folgendes gemeint: Real- und Imaginärteil von Summe und Produkt sollen eindeutig und stetig durch Real- und Imaginärteil der Summanden bzw. Faktoren bestimmt sein.[1]

Das Zahlensystem kann nicht dadurch aufs neue erweitert werden, daß man etwa Zahlentripel usw. heranzieht. Denn man kann beweisen[2], daß man auf keine Weise für derartige Gebilde die Rechenprozesse so erklären kann, daß alle Rechenregeln bestehen bleiben.

5. Bedeutung der komplexen Zahlen für die algebraischen Gleichungen. Die hohe Bedeutung der komplexen Zahlen kommt so recht im Fundamentalsatz der Algebra zum Ausdruck. Zwar werden wir erst später einen Beweis dafür kennenlernen, doch wollen wir jetzt schon den Satz formulieren und ihn in einfachen Fällen bestätigen. Nach diesem Satz hat jede algebraische Gleichung mit komplexen Koeffizienten mindestens eine (komplexe) Wurzel. Namentlich also haben die Gleichungen $z + \alpha = \beta$ und $z\alpha = \beta$ mit $\alpha \neq 0$ genau eine Wurzel. So sind nun auch Subtraktion und Division eindeutig erklärt. Wir wollen die Lösungen mit $\beta - \alpha$ und $\dfrac{\beta}{\alpha}$ bezeichnen. Sei etwa $\alpha = a + ib$ und $\beta = c + id$, so sind die Lösungen

$$\beta - \alpha = a - c + i(b - d) \quad \text{und} \quad \frac{\beta}{\alpha} = \frac{1}{a^2 + b^2} \cdot (c + id) \cdot (a - ib).$$

Das bekommt man im ersten Fall dadurch heraus, daß man rechts und links α addiert. Damit ist auch gezeigt, daß die angegebene die einzige Lösung ist. Im Falle der Gleichung $z\alpha = \beta$ multipliziert man rechts und links mit der zu α konjugiert imaginären Zahl $\bar{\alpha}$. Dann wird $z\alpha\bar{\alpha} = \beta\bar{\alpha}$.

---

1) Vgl. meine Arbeit in Mathematische Zeitschrift Bd. 2 (1918) S. 171—179.
2) Frobenius, Crelles Journal Bd. 84 (1878).

Nun multipliziert man rechts und links mit $\dfrac{1}{a\,\bar{a}} = \dfrac{1}{a^2 + b^2}$. So erhält man dann rechts die Zahl $\dfrac{1}{a\,\bar{a}} \cdot \beta \cdot \bar{a} = \beta \cdot \dfrac{1}{a}$, die wir mit $\dfrac{\beta}{a}$ bezeichnen. Daß für das Rechnen mit solchen Brüchen die gewohnten Regeln gelten, sieht man leicht ein.

Leicht erkennt man nun auch, daß alle quadratischen Gleichungen mit reellen oder komplexen Koeffizienten lösbar werden. Wenn man an den Herleitungsprozeß für die Auflösungsformel der Gleichung zweiten Grades denkt, so erkennt man, daß man nur zu zeigen hat, wie man nun aus jeder komplexen Zahl die Quadratwurzel ziehen kann. Soll aber etwa

$$(x + i\,y)^2 = a + ib$$

sein, so findet man daraus

$$x^2 - y^2 = a$$
$$2xy = b.$$

Also wird
$$x = \pm \sqrt{\frac{a + \sqrt{a^2 + b^2}}{2}}, \qquad y = \pm \sqrt{\frac{\sqrt{a^2 + b^2} - a}{2}}.$$

Die Wahl der Vorzeichen ist durch die Bedingung $2xy = b$ festgelegt.

Diese Sachverhalte zeigen deutlich den Nutzen, den die Heranziehung der komplexen Zahlen für die Algebra bietet. Denn bei Verwendung von nur reellen Zahlen würden nicht alle Gleichungen Wurzeln besitzen.

6. Geometrische Deutung der komplexen Zahlen. Die komplexen Zahlen $z = x + iy$ bilden eine zweiparametrige Schar: (x, y). Will man sie also geometrisch deuten, so wird man dazu nicht wie bei den reellen Zahlen eine Zahlengerade benutzen. Man wird vielmehr eine Zahlenebene heranziehen. Das hat zuerst Gauß getan. Sie heißt daher auch die Gaußsche Zahlenebene. Die komplexe Zahl $\alpha = a + ib = (a, b)$ bestimmt den Punkt P mit den rechtwinkligen Koordinaten $x = a$ und $y = b$ und den Vektor OP (O Koordinatenanfang).[1]) Auf der x-Achse werden dabei die reellen, auf der y-Achse die rein imaginären Zahlen aufgetragen. Daher heißt die x-Achse auch reelle Achse, die y-Achse aber imaginäre Achse. Der Realteil einer komplexen Zahl erscheint wieder als x-Komponente, der Imaginärteil als y-Komponente des zur komplexen Zahl gehörigen Vektors. Es ist reizvoll, sich die Rechenprozesse geometrisch zu veranschaulichen. Seien z_1 und z_2 die Koordinaten zweier Punkte, die wir kurz mit z_1 und z_2 bezeichnen wollen. Man erhält dann den Punkt $z_3 = z_1 + z_2$ nach der Konstruktion des Parallelogramms der Kräfte. Man

---

1) Unter einem Vektor versteht man bekanntlich eine mit einem Durchlaufungssinn versehene Strecke, kurz eine gerichtete Strecke.

legt nämlich durch z_1 als Anfangspunkt einen Vektor, der mit dem Vektor z_2 in Richtung und Länge übereinstimmt. Er endigt im Punkte z_3. Daß man dabei auch z_1 und z_2 ihre Rollen vertauschen lassen kann, leuchtet geometrisch ein und bringt das kommutative Gesetz der Addition zur Anschauung. Alles weitere entnimmt der Leser der Fig. 1, wo die drei Vektoren $0z_1$, z_1z_3, $0z_3$ ein Dreieck bilden.

Die Zahl $-z$ bestimmt einen Vektor, der die entgegengesetzte Richtung, aber die gleiche Länge wie der Vektor z besitzt. Danach wird der

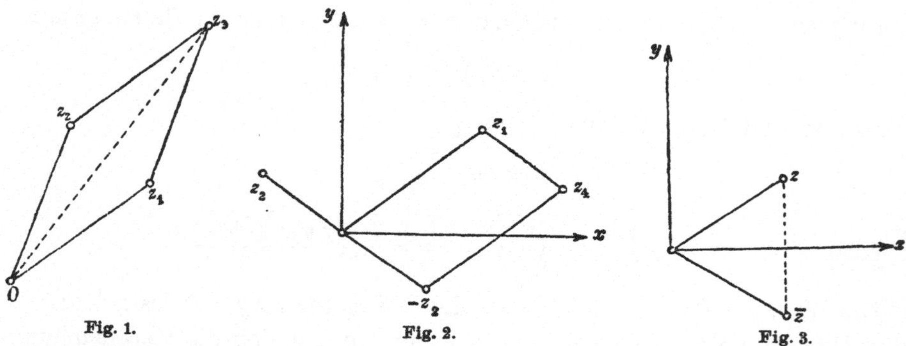

Leser die geometrische Bedeutung der Subtraktion aus Fig. 2 ablesen:
$z_4 = z_1 - z_2 = z_1 + (-z_2)$.

Die Zahl $\bar{z}$ geht durch Spiegelung an der reellen Achse aus der Zahl z hervor. Fig. 3 bringt das zur Anschauung.

Um sich nun in ähnlicher Weise die Multiplikation zu verdeutlichen, tut man gut, Polarkoordinaten einzuführen. Die Länge des Vektors z wird $r = +\sqrt{x^2 + y^2} = +\sqrt{z\bar{z}}$. Diese Zahl heißt absoluter Betrag von z und wird nach Weierstraß wie im Reellen mit $|z|$ bezeichnet. Für reelles z fällt nämlich diese Erklärung des absoluten Betrages mit der üblichen zusammen. Wir führen weiter in der komplexen Ebene einen positiven Drehsinn ein. Wir legen ihn durch die Forderung fest, daß durch Drehung um den Winkel $\pi|2$ im positiven Sinn die positive x-Richtung in die positive y-Richtung übergeführt werde. Dann sei φ der Winkel, um welchen man in positiver Richtung die positive x-Richtung zu drehen hat, um sie in die Richtung des Vektors z überzuführen. Wichtig ist die Bemerkung, daß dieser Winkel nur bis auf Vielfache von 2π bestimmt ist. Da also jedem Wert von z Werte von φ zugehören, so ist φ eine Funktion der komplexen Veränderlichen z, die wir mit arg z (lies Argument von z) bezeichnen wollen, und zwar ist $\varphi = \text{arg } z$ eine unendlich vieldeutige Funktion von z, insofern als zu jedem Wert z unendlich viele Winkel φ

gehören, die sich voneinander um Vielfache von 2π unterscheiden. Mit Hilfe von $|z| = r$ und φ läßt sich nun $z = x + iy$ so darstellen

$$x = r \cos \varphi, \qquad y = r \sin \varphi, \qquad z = |z| \, (\cos \varphi + i \sin \varphi).^{[1]}$$

Hat man nun zwei komplexe Zahlen z_1 und z_2 zu multiplizieren, so erhält man

$$z_1 z_2 = |z_1| \, |z_2| \, (\cos \varphi_1 \cos \varphi_2 - \sin \varphi_1 \sin \varphi_2 + i \, [\cos \varphi_1 \sin \varphi_2 + \cos \varphi_2 \sin \varphi_1])$$
$$= |z_1| \, |z_2| \, (\cos (\varphi_1 + \varphi_2) + i \sin (\varphi_1 + \varphi_2)).$$

Man sieht also, daß der absolute Betrag des Produktes dem Produkt der absoluten Beträge der Faktoren gleich ist: $|z_1 \cdot z_2| = |z_1| \cdot |z_2|$ und daß das Argument des Produktes der Summe der Argumente der Faktoren gleich ist: $\arg (z_1 \cdot z_2) = \arg z_1 + \arg z_2$.

Wir kommen zur Division, und beginnen da mit $\dfrac{1}{z}$. Man hat $\dfrac{1}{z} = \dfrac{\bar{z}}{z\,\bar{z}} = \dfrac{\bar{z}}{|\bar{z}|^2}$. Da aber $|z| = |\bar{z}|$ und $\arg z = -\arg \bar{z}$ ist, so wird $\left|\dfrac{1}{z}\right| = \dfrac{1}{|z|}$ und $\arg \left(\dfrac{1}{z}\right) = -\arg z$. Daher wird nun $\left|\dfrac{z_1}{z_2}\right| = \dfrac{|z_1|}{|z_2|}$ und $\arg \left(\dfrac{z_1}{z_2}\right) = \arg z_1 - \arg z_2$. Denn man hat ja $\dfrac{z_1}{z_2} = \dfrac{z_1 \bar{z}_2}{|z_2|^2}$. Man erhält also den absoluten Betrag eines Quotienten als Quotient der absoluten Beträge und das Argument des Quotienten als Differenz der Argumente von Zähler und Nenner.

Die gegenseitige Lage der Punkte z und $\dfrac{1}{z}$ kann man sich an Hand der folgenden Konstruktion klarmachen. Man konstruiere (Fig. 4) zunächst den Punkt z', der aus z durch Transformation nach reziproken Radien am Kreis vom Radius Eins um $z = 0$ hervorgeht.[2] Da in Fig. 4 das Dreieck $0z'T$ bzw. $0zT$ bei T rechtwinklig ist, so entnimmt man sofort dem Kathetensatz, daß tatsächlich $|z| \, |z'| = 1$, daß also $|z'| = \dfrac{1}{|z|}$. Dabei ist aber noch $\arg z' = \arg z$. Spiegelt man also noch z' an der reellen Achse, so erhält man $\dfrac{1}{z} = \overline{z'}$. Nebenbei bemerkt ist also $z' = \dfrac{1}{\bar{z}}$.

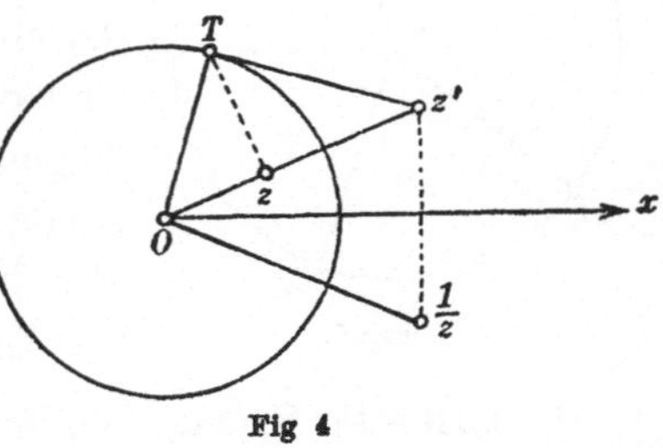

---

1) Häufig ist es bequemer, statt des $\arg z$ den Faktor $\cos \varphi + i \sin \varphi$ heranzuziehen. Er spielt bei den komplexen Zahlen offenbar dieselbe Rolle wie das Vorzeichen bei den reellen Zahlen und wird daher auch mit sign z bezeichnet (lies signum von z). Also setzen wir sign $z = \cos \varphi + i \sin \varphi = \dfrac{z}{|z|}$. sign z ist im Gegensatz zu $\arg z$ eine eindeutige Funktion von z.

2) Die Winkel $0zT$ und $0Tz'$ sollen also rechte Winkel sein.

7. Potenzen und Wurzeln. Wir wenden die gefundenen Ergebnisse noch auf Potenzen und Wurzeln an. Sei n eine ganze positive Zahl. Dann hat man $(\cos \varphi + i \sin \varphi)^n = \cos n\varphi + i \sin n\varphi$. Denn $\cos \varphi + i \sin \varphi$ hat den absoluten Betrag Eins. Wendet man nun auf $(\cos \varphi + i \sin \varphi)^n$ den binomischen Lehrsatz an und trennt dann Real- und Imaginärteil, so findet man die bekannten Darstellungen von $\cos n\varphi$ und $\sin n\varphi$ durch $\cos \varphi$ und $\sin \varphi$.

Betrachten wir nun $\sqrt[n]{a}$, so wird der absolute Betrag von $\sqrt[n]{a}$ die positiv genommene n-te Wurzel aus dem absoluten Betrag von a. Das Argument von $\sqrt[n]{a}$ hingegen wird der $n$te Teil des Argumentes von a. Dabei kommt aber nun wesentlich zur Geltung, daß $\arg z$ eine unendlich vieldeutige Funktion von z ist. Die verschiedenen Werte von $\arg a$ unterscheiden sich voneinander um Vielfache von 2π. Teilt man sie alle durch n, so erhält man Werte, die sich voneinander um Vielfache von $\dfrac{2\pi}{n}$ unterscheiden. Seien etwa $\varphi + 2h\pi$ die Werte von $\arg a$, so werden $\dfrac{\varphi}{n} + h\dfrac{2\pi}{n}$ die Werte von $\arg (\sqrt[n]{a})$. Diesen Winkeln entsprechen im ganzen n verschiedene Richtungen in der z-Ebene. Denn von den n Winkeln $\dfrac{\varphi}{n},\ \dfrac{\varphi}{n} + \dfrac{2\pi}{n},\ \dfrac{\varphi}{n} + 2\dfrac{2\pi}{n}, \ldots, \dfrac{\varphi}{n} + (n-1)\dfrac{2\pi}{n}$ unterscheiden sich alle anderen $\dfrac{2h\pi}{n}$ nur um Vielfache von 2π. Demnach gibt es n verschiedene Zahlen, deren

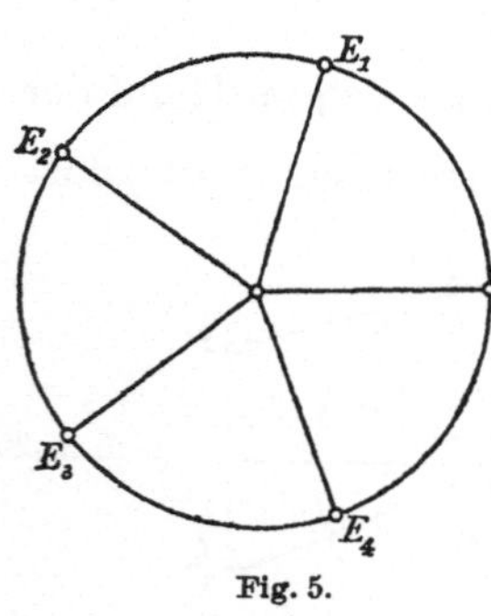

Fig. 5.

n-te Potenz a ist. Sie liegen sämtlich auf einem Kreis vom Radius $|\sqrt[n]{|a|}|$ um den Punkt $z = 0$ und bilden auf ihm die Ecken eines regulären n-Ecks. Wir bringen in Fig. 5 den Fall $a = 1$, $n = 5$ zur Anschauung. Die fünf dort angegebenen Zahlen sind die fünf Wurzeln der Gleichung $z^5 - 1 = 0$. Allgemein hat so die Gleichung $z^n - a = 0$ genau n voneinander verschiedene Wurzeln. Wir finden also bei dieser Gleichung den Fundamentalsatz der Algebra bestätigt.

8. Absoluter Betrag. Die Betrachtung der absoluten Beträge bei Summe und Differenz führt zu einigen wichtigen Ungleichungen. Aus dem Dreieck $0z_1z_3$ der Fig. 1 liest man sofort ab, daß

$$|z_3| \leqq |z_1| + |z_2|,$$

und daß

$$|z_3| \geqq |z_1| - |z_2|$$

ist. Der absolute Betrag einer Summe ist also höchstens der Summe der absoluten Beträge und mindestens der Differenz der absoluten Beträge der Summanden gleich. Dies ergibt sich sofort, wenn man beachtet, daß die absoluten Beträge einfach die Längen der Dreiecksseiten sind, und daß also unsere Ungleichungen bekannte Beziehungen zwischen den Dreiecksseiten zum Ausdruck bringen. Wenn aber die drei Vektoren alle auf eine Gerade fallen, so kommen in den Ungleichungen bekannte Längenbeziehungen zum Ausdruck, die ja schon die geometrische Bedeutung der entsprechenden Ungleichungen ausmachen. Man erkennt auch, daß in der ersten Ungleichung das Gleichheitszeichen nur stehen kann, wenn alle drei Vektoren gleich sind, und daß es in der zweiten nur dann eintritt, wenn z_1 und z_2 verschiedene Richtung haben, aber auf derselben Geraden liegen, und wenn gleichzeitig z_1 keinen kleineren Betrag hat als z_2.

Will man diese Abschätzungen rein rechnerisch ohne Bezugnahme auf eine geometrische Deutung beweisen, so kann man etwa so vorgehen. Die Schwarzsche Ungleichung lehrt, daß für reelle Zahlen x_i, y_i

$$(1) \qquad (\Sigma x_i y_i)^2 \leqq \Sigma x_i^2 \cdot \Sigma y_i^2$$

ist. Denn es ist für reelles λ $\Sigma (x_i + \lambda y_i)^2 \geqq 0$. Also

$$(2) \qquad \Sigma x_i^2 + 2\lambda \Sigma x_i y_i + \lambda^2 \Sigma y_i^2 \geqq 0$$

Daraus folgt (1), weil sonst die linke Seite von (2) für zwei reelle verschiedene λ verschwände und daher auch für passende Werte von λ negativ würde. Aus (1) folgt

$$\Sigma x_i y_i \leqq \sqrt{\Sigma x_i^2}\, \sqrt{\Sigma y_i^2}$$

und

$$\Sigma x_i y_i \geqq -\sqrt{\Sigma x_i^2}\, \sqrt{\Sigma y_i^2},$$

wo die Wurzeln positiv sein sollen. Setzt man $z_1 = x_1 + i x_2$, $z_2 = y_1 + i y_2$, so ist hiernach

$$-2\,|z_1|\,|z_2| \leqq z_1 \bar{z}_2 + z_2 \bar{z}_1 \leqq 2\,|z_1|\,|z_2|.$$

Daher ist auch

$$(3) \qquad |z_1|^2 + |z_2|^2 - 2\,|z_1|\,|z_2| \leqq z_1 \bar{z}_2 + z_2 \bar{z}_1 + |z_1|^2 + |z_2|^2 \qquad \text{und}$$

$$(4) \qquad z_1 \bar{z}_2 + z_2 \bar{z}_1 + |z_1|^2 + |z_2|^2 \leqq |z_1|^2 + |z_2|^2 + 2\,|z_1|\,|z_2|.$$

Also ist nach (3)

$$\{|z_1| - |z_2|\}^2 \leqq (z_1 + z_2)(\bar{z}_1 + \bar{z}_2) = |z_1 + z_2|^2,$$

d. h.

$$|z_1 + z_2| \geqq |z_1| - |z_2|.$$

Ferner ist nach (4)

$$|z_1 + z_2| \leqq |z_1| + |z_2|.$$

Damit sind beide Behauptungen bewiesen.

Drittes Kapitel.
Ganze rationale Funktionen.

1. Abschätzung für große $|z|$. In der ganzen Funktion

$$f(z) = A_0 z^n + A_1 z^{n-1} + \cdots + A_n, \quad (A_0 \neq 0)$$

wo die Koeffizienten A reelle oder komplexe Zahlen sind, kann man immer den absoluten Wert von z so groß wählen, daß der absolute Wert des höchsten Gliedes $A_0 z^n$ beliebig vielmal größer wird als der absolute Wert der Summe aller folgenden Glieder. Mit anderen Worten: Zu jeder Zahl $k > 0$ gehört ein $R > 0$, so daß für $|z| \geq R$

$$|A_0 z^n| > k\,|A_1 z^{n-1} + \cdots + A_n| \quad \text{ist.}$$

Sind $a_0, a_1, a_2, \ldots$ die absoluten Werte von $A_0, A_1, A_2, \ldots$ und ist r der absolute Betrag von z, dann ist der absolute Wert der einzelnen Glieder von $f(z)$

$$a_0 r^n, \quad a_1 r^{n-1}, \quad a_2 r^{n-2}, \ldots \qquad \text{und es ist}$$

$$a_1 r^{n-1} + a_2 r^{n-2} + \cdots \geq |A_1 z^{n-1} + A_2 z^{n-2} + \cdots|.$$

Soll also $\qquad |A_0 z^n| > k \cdot |A_1 z^{n-1} + A_2 z^{n-2} + \cdots|$

sein, wo k eine beliebig gegebene positive Zahl, so wird diese Bedingung immer erfüllt sein, wenn r der Bedingung genügt,

$$a_0 r^n > k(a_1 r^{n-1} + a_2 r^{n-2} + \cdots + a_n).$$

Ist h die größte der Zahlen $a_1, \ldots a_n$, so wird diese Ungleichheit um so mehr erfüllt sein, wenn wir r so wählen, daß

$$a_0 r^n > kh(r^{n-1} + r^{n-2} + \cdots + 1),$$

d. i. $\qquad\qquad\qquad\qquad > kh\left(\frac{r^n - 1}{r - 1}\right),$

oder endlich, wenn wir $r > 1$ und

$$a_0 r^n \geq \frac{r^n}{r - 1} \cdot kh$$

verlangen, d. h. $\qquad\qquad\qquad a_0 \geq \frac{kh}{r - 1}$

annehmen. Hieraus ergibt sich, daß, wenn

$$r \geq \frac{kh}{a_0} + 1 = R$$

genommen wird, die Aussage obigen Satzes erfüllt ist, indem sodann der absolute Wert des ersten Gliedes $A_0 z^n$ jedenfalls $k$mal größer ist als der absolute Wert des folgenden Teiles; k kann hier beliebig große Zahl sein. Da demnach der absolute Betrag des zweiten Teiles bei wachsendem r beliebig klein im Verhältnis zu $a_0 r^n$ werden kann und der absolute Wert einer Summe zwischen der Summe und Differenz der absoluten Werte der zwei Summanden liegt, so läßt sich obiger Satz auch so aussprechen:

Man kann immer R so groß wählen, daß der absolute Wert der ganzen Funktion $f(z)$ für $|z| \geqq R$ zwischen die Schranken

$$a_0 r^n (1 + \varepsilon) \quad \text{und} \quad a_0 r^n (1 - \varepsilon)$$

fällt, wo ε eine gegebene zwischen 0 und 1 gelegene Zahl ist.

2. Abschätzung für kleine $|z|$. Die ganze rationale Funktion $f(z)$ sei nach steigenden Potenzen von z geordnet und z^m die niedrigste Potenz von z, welche $f(z)$ enthält, also

$$f(z) = A_0 z^m + A_1 z^{m+1} + \cdots + A_p z^{m+p}, \quad A_0 \neq 0.$$

Man kann immer den absoluten Wert von z so klein wählen, daß der absolute Wert des ersten Gliedes beliebig vielmal größer wird als der absolute Wert der Summe der folgenden Glieder. Mit anderen Worten, zu jedem $k > 0$ gehört ein $R > 0$, so daß für $|z| \leqq R$

$$|A_0 z^m| > k |A_1 z^{m+1} + \cdots + A_p z^{m+p}|.$$

Der Beweis ist dem des Satzes in **1.** ganz analog. Behält man dieselben Bezeichnungen bei, so ist der Satz erwiesen, wenn r so bestimmt werden kann, daß

$$a_0 r^m > k(a_1 r^{m+1} + \cdots a_p r^{m+p}).$$

Ist h die größte der Zahlen $a_1 \cdot \ldots a_p$, so ist diese Ungleichheit jedenfalls erfüllt, wenn

$$a_0 r^m > kh(r^{m+1} + \cdots r^{m+p}),$$

d. i.

$$> kh \cdot \frac{1 - r^p}{1 - r} \cdot r^{m+1}$$

oder auch, da hier $r < 1$ vorausgesetzt werden kann, wenn

$$a_0 r^m > kh \cdot \frac{1}{1 - r} \cdot r^{m+1},$$

$$a_0 > kh \frac{r}{1 - r}.$$

Hieraus folgt, daß, wenn $\quad r \leqq \dfrac{a_0}{a_0 + kh} = R$

genommen wird, der absolute Wert von $A_0 z^m$ wenigstens k-mal so groß ist als der absolute Wert der Summe aller folgenden Glieder.

Da k eine beliebig große Zahl sein darf, so kann man auch diesen Satz in der Form aussprechen:

Ist ε eine beliebige gegebene zwischen 0 und 1 gelegene Zahl, so kann R so gewählt werden, daß der absolute Wert der Funktion

$$f(z) = A_0 z^m + \cdots A_m z^{m+p}$$

für $|z| < R$ innerhalb der Grenzen

$$a_0 r^m (1 \pm \varepsilon) \quad \text{liegt.}$$

3. Die Abgeleiteten. Setzen wir in der Funktion

$$f(z) = A_0 z^n + A_1 z^{n-1} + \cdots A_n$$

$z + h$ an die Stelle von z, so wird

$$f(z + h) = A_0 (z + h)^n + A_1 (z + h)^{n-1} + \cdots + A_{n-1}(z + h) + A_n.$$

Entwickeln wir nun die Potenzen von $z + h$ nach dem binomischen Lehrsatz und ordnen den Ausdruck nach Potenzen von h, so ergibt sich

$$f(z + h) = f(z) + f'(z) \cdot h + f''(z) \cdot \frac{h^2}{1 \cdot 2} + f'''(z) \cdot \frac{h^3}{1 \cdot 2 \cdot 3} + \cdots + f^{(n)}(z) \cdot \frac{h^n}{1 \cdot 2 \cdots n},$$

wobei

$$f'(z) = n A_0 z^{n-1} + (n-1) A_1 z^{n-2} + (n-2) A_2 z^{n-3} + \cdots + A_{n-1},$$

$$f''(z) = n(n-1) A_0 z^{n-2} + (n-1)(n-2) A_1 z^{n-3} + \cdots + 1 \cdot 2 \cdot A_{n-2},$$

$$f'''(z) = n(n-1)(n-2) A_0 z^{n-3} + (n-1)(n-2)(n-3) A_1 z^{n-4} + \cdots$$

$$+ 1 \cdot 2 \cdot 3 \cdot A_{n-3},$$

$$\cdots \cdots \cdots \cdots \cdots \cdots \cdots \cdots \cdots \cdots \cdots \cdots$$

$$f^{(n-1)} = n(n-1) \ldots 2 \cdot A_0 z + (n-1)(n-2) \ldots 1 \cdot A_1,$$

$$f^{(n)} = n(n-1) \ldots 1 \cdot A_0.$$

Die Funktionen $f'(z)$, $f''(z)$, $\ldots$ sind mithin ganze Funktionen von z vom Grade $n-1$, $n-2$, $\ldots$. Sie heißen die erste, zweite, $\ldots$ Abgeleiteten (Derivierten) von $f(z)$. Die n-te Abgeleitete ist eine Konstante. Die erste Abgeleitete $f'(z)$ geht aus $f(z)$ hervor, indem man jedes Glied mit dem Exponenten von z multipliziert und diesen um die Einheit vermindert. Nach demselben Gesetze geht $f''(z)$ aus $f'(z)$, $f'''(z)$ aus $f''(z)$ hervor. Es ist also auch $f''(z)$ die erste Abgeleitete von $f'(z)$, $f'''(z)$ die erste Abgeleitete von $f''(z)$ und die zweite Abgeleitete von $f'(z)$ usf.

4. Stetigkeit. Nun folgt aus obiger Gleichung für $f(z + h)$

$$f(z + h) - f(z) = f'(z) \cdot h + f''(z) \cdot \frac{h^2}{1 \cdot 2} + \cdots + f^n(z) \cdot \frac{h^n}{1 \cdot 2 \cdots n}.$$

Die Koeffizienten dieser Reihe, $f'(z)$, $f''(z)$, ..., sind ganze Funktionen von z, haben also für jedes endliche z einen bestimmten endlichen absoluten Wert. Dann folgt aber aus **2.**, daß man den absoluten Wert von h so klein wählen kann, daß auch der der ganzen Reihe auf der rechten Seite der Gleichung und also auch der absolute Wert von $f(z + h) - f(z)$ kleiner wird als eine beliebig kleine gegebene Größe. **Es ist mithin jede ganze rationale Funktion $f(z)$ eine stetige Funktion für alle endlichen Werte von z.**

5. Differentiation. Aus der Entwicklung von $f(z + h)$ in eine Reihe nach Potenzen von h (**3.**) ergibt sich

$$\frac{f(z + h) - f(z)}{h} = f'(z) + f''(z) \cdot \frac{h}{1 \cdot 2} \cdots$$

Da nun die Reihe $f''(z) \cdot \dfrac{h}{1 \cdot 2} + \cdots$ sich bei konstantem z mit h stetig ändert, für hinreichend kleine Werte von h unter eine beliebig kleine gegebene Größe herabsinkt und mit h zugleich verschwindet, so ersieht man, daß, wenn h zu Null abnimmt, $\dfrac{f(z + h) - f(z)}{h}$ gegen den Grenzwert $f'(z)$ konvergiert. Man drückt dies durch die Gleichung aus

$$\lim_{h \to 0} \frac{f(z + h) - f(z)}{h} = f'(z).$$

Hierdurch ist die Abgeleitete der ganzen Funktion $f(z)$ definiert als der Grenzwert des Verhältnisses der Differenz der Funktionswerte $f(z + h)$ $- f(z)$ zur Differenz h der Werte der Variabeln, wenn diese Differenz bis zu Null abnimmt.

Aus dieser Definition von $f'(z)$ ergeben sich sogleich folgende Sätze:

a) Die Abgeleitete von $a \cdot f(z)$, wo a eine Konstante , ist $a \cdot f'(z)$.

Die Abgeleitete von $a \cdot f(z) + b$, wo b ebenfalls konstant ist, hat denselben Wert $a \cdot f'(z)$.

b) Sind ferner $P, Q, R, \ldots$ endlich viele ganze Funktionen von z und ist

$$f(z) = P + Q + R \ldots,$$

und bezeichnen wir mit $P_1, Q_1, R_1, \ldots$ den Wert dieser Funktionen, wenn man in ihnen $z + h$ statt z setzt, so wird

$$\frac{f(z + h) - f(z)}{h} = \frac{P_1 - P}{h} + \frac{Q_1 - Q}{h} + \frac{R_1 - R}{h} + \cdots$$

Also
$$f'(z) = \lim_{h \to 0} \frac{P_1 - P}{h} + \lim_{h \to 0} \frac{Q_1 - Q}{h} + \lim_{h \to 0} \frac{R_1 - R}{h} + \cdots$$

$$= P' + Q' + R' + \cdots,$$

wenn $P', Q', R' \ldots$ die Abgeleiteten von $P, Q, R, \ldots$ bezeichnen, oder:

Die Abgeleitete einer Summe von ganzen Funktionen ist gleich der Summe ihrer Abgeleiteten.

c) Ist ferner $f(z) = PQ$, so wird

$$f(z + h) - f(z) = P_1 Q_1 - PQ = P_1(Q_1 - Q) + Q(P_1 - P),$$

$$\frac{f(z+h) - f(z)}{h} = P_1 \cdot \frac{Q_1 - Q}{h} + Q \cdot \frac{P_1 - P}{h},$$

oder, wenn man zur Grenze für $h \to 0$ übergeht,

$$f'(z) = P \cdot Q' + Q P',$$

da für $h \to 0$ P_1 in P, sowie Q_1 in Q übergeht,

Hieraus ergibt sich, wenn man Q durch $Q \cdot R$ ersetzt,

$$f(z) = PQR,$$

$$f'(z) = P(QR)' + QR \cdot P' = PQ \cdot R' + RP \cdot Q' + QR \cdot P'.$$

Die Abgeleitete eines Produktes von beliebig vielen ganzen Funktionen ist also eine Summe von Gliedern, die man erhält, wenn man die Abgeleitete von jedem einzelnen Faktor mit allen übrigen Faktoren multipliziert.

d) Hieraus ergibt sich auch die Abgeleitete von

$$f(z) = P^n,$$

wo n eine ganze positive Zahl. Ist nämlich $f(z)$ ein Produkt von n gleichen Faktoren, so besteht $f'(z)$ aus n Gliedern, welche sämtlich $= P^{n-1} \cdot P'$ sind.

Also ist
$$f'(z) = n P^{n-1} \cdot P'.$$

Beispiel: Es sei
$$f(z) = a z^n (b - z^2)^m,$$

wo a, b beliebige Konstante, n, m ganze positive Zahlen, so ist

$$f'(z) = (a z^n)' \cdot (b - z^2)^m + a z^n ((b - z^2)^m)'.$$

Nun ist
$$(a z^n)' = a \cdot n z^{n-1},$$

$$((b - z^2)^m)' = m (b - z^2)^{m-1} (b - z^2)' = m (b - z^2)^{m-1} \cdot (-2z).$$

Also
$$f'(z) = a n z^{n-1} (b - z^2)^m - 2 m a z^{n+1} (b - z^2)^{m-1}.$$

6. Funktionen mehrerer Variablen. Enthält die Funktion mehrere Variable, so kann man immer nach denselben Gesetzen die Abgeleiteten derselben nach der einen oder andern Variablen bilden, indem man die andern Variablen als konstant ansieht. Ist $f(x, y, z)$ die gegebene Funktion, so kann man, um anzuzeigen, nach welcher Variablen man die Abgeleitete hat, die Abgeleiteten nach x, y, z mit f'_x, f'_y, f'_z bezeichnen. Von diesen kann man wieder die Abgeleiteten nach irgendeiner der Variablen nehmen; so wäre f''_{xx} die zweite Abgeleitete nach x, f''_{xy} die zweite Abgeleitete[1]), welche man erhält, wenn man einmal die Abgeleitete nach x und von dieser die Abgeleitete nach y nimmt, f''_{yy} die zweite Abgeleitete nach y usf.

Wir haben nun in (**3.**) die Entwicklung von $f(x + h)$ nach Potenzen von h betrachtet; suchen wir jetzt die Entwicklung der ganzen Funktion $f(x + h,\ y + k)$ nach Potenzen von h und k. Um die Koeffizienten der Entwicklung besser zu übersehen, gehen wir schrittweise vor. Zunächst ist (nach **3.**) für ein konstantes y

$$f(x + h,\ y) = f(x, y) + f'_x \cdot h + f''_{xx} \cdot \frac{h^2}{1 \cdot 2} + f'''_{xxx} \cdot \frac{h^3}{1 \cdot 2 \cdot 3} + \cdots$$

Lassen wir hierin y in $y + k$ übergehen, so ergibt sich nach derselben Formel

$$f(x,\ y + k) = f(x, y) + f'_y \cdot k + f''_{yy} \cdot \frac{k^2}{1 \cdot 2} + f'''_{yyy} \cdot \frac{k^3}{1 \cdot 2 \cdot 3} + \cdots,$$

$$f'_x(x,\ y + k) = f'_x(x, y) + f''_{xy} \cdot k + f'''_{xyy} \cdot \frac{k^2}{1 \cdot 2} + \cdots,$$

$$f''_{xx}(x,\ y + k) = f''_{xx}(x, y) + f'''_{xxy} \cdot k + \cdots,$$

$$f'''_{xxx}(x,\ y + k) = f'''_{xxx}(x, y) \cdots$$

$$\cdot \quad \cdot \quad \cdot \quad \cdot \quad \cdot \quad \cdot \quad \cdot \quad \cdot \quad \cdot \quad \cdot \quad \cdot \quad \cdot \quad \cdot$$

Hiermit wird (Taylorsche Entwicklung)

$$f(x + h,\ y + k) = f(x, y) + f'_x \cdot h + f'_y \cdot k +$$

$$(1) \qquad + \frac{1}{1 \cdot 2}\,(f''_{xx} \cdot h^2 + 2f''_{xy} \cdot hk + f''_{yy} \cdot k^2)$$

$$+ \frac{1}{1 \cdot 2 \cdot 3}\,(f'''_{xxx}h^3 + 3 \cdot f'''_{xxy} \cdot h^2 k + 3f'''_{xyy} \cdot hk^2 + f'''_{yyy} \cdot k^3) + \cdots$$

---

1) Es ist leicht zu ersehen, daß $f''_{xy} = f''_{yx}$ ist. Denn ist

$$f = \cdots + c\,x^p y^q + \cdots,$$

so verschwinden in f'_x alle Glieder, welche x nicht als Faktor enthalten, wie z. B. $a\,y^n$, in f'_y ebenso alle Glieder, welche y nicht als Faktor enthalten. Aus $c\,x^b y^a$ aber geht das Glied $c \cdot pq\,x^{p-1} y^{q-1}$ hervor, man mag zuerst die Abgeleitete f'_x bilden und aus dieser die Abgeleitete nach y oder umgekehrt zuerst die Abgeleitete f'_y und von dieser die Abgeleitete nach x nehmen.

Ebenso läßt sich die Funktion von drei Variablen $f(x + h, y + k, z + l)$ nach Potenzen von h, k, l entwickeln. Aber wenn die Anzahl der Variablen, nach welchen die Abgeleiteten zu nehmen sind, wächst, oder höhere Abgeleitete in Betracht kommen, ist die eben gebrauchte Bezeichnung derselben wenig bequem. Wir führen daher hier die Bezeichnung ein, wie sie in der Differentialrechnung üblich ist, und schreiben $\frac{\partial f}{\partial x}, \frac{\partial f}{\partial y}, \frac{\partial f}{\partial x}, \ldots$ für

$$f'_x, f'_y, f'_z \ldots, \frac{\partial^2 f}{\partial x^2}, \frac{\partial^2 f}{\partial x \partial y}, \frac{\partial^2 f}{\partial y^2}, \ldots \text{ für } f''_{xx}, f''_{xy}, f''_{yy} \ldots, \text{ allgemein}$$

$$\frac{\partial^{p+q+r} \ldots f}{\partial x^p \partial y^q \partial z^r \ldots}$$

für die Abgeleitete, welche man erhält, wenn man von f die p-te Abgeleitete nach x, von dieser die $q$te Abgeleitete nach y, dann die r-te nach $z, \ldots$ bildet. Dann schreibt sich obige Entwicklung

$$f(x + h, y + k) = f(x, y) + \frac{\partial f}{\partial x} h + \frac{\partial f}{\partial y} k +$$

$$(1') \qquad + \frac{1}{1 \cdot 2}\left(\frac{\partial^2 f}{\partial x^2} h^2 + 2\frac{\partial^2 f}{\partial x \partial y} hk + \frac{\partial^2 f}{\partial y^2} k^2\right) +$$

$$+ \frac{1}{1 \cdot 2 \cdot 3}\left(\frac{\partial^3 f}{\partial x^3} h^3 + 3\frac{\partial^3 f}{\partial x^2 \partial y} h^2 k + 3\frac{\partial^3 f}{\partial x \partial y^2} hk^2 + \frac{\partial^3 f}{\partial y^3} k^3\right) + \cdots$$

oder mit leicht verständlicher symbolischer Bezeichnung

$$f(x + h, y + k) = f(x, y) + \left(h\frac{\partial}{\partial x} + k\frac{\partial}{\partial y}\right) f(x, y) +$$

$$(1'') \qquad + \frac{1}{1 \cdot 2}\left(h\frac{\partial}{\partial x} + k\frac{\partial}{\partial y}\right)^2 f(x, y) + \frac{1}{1 \cdot 2 \cdot 3}\left(h\frac{\partial}{\partial x} + k\frac{\partial}{\partial y}\right)^3 f(x, y) + \cdots$$

Ebenso erhält man

$$f(x + h, y + k, z + l) = f(x, y, z) + \left(h\frac{\partial}{\partial x} + k\frac{\partial}{\partial y} + l\frac{\partial}{\partial z}\right) f(x, y, z)$$

$$(2) \qquad + \frac{1}{1 \cdot 2}\left(h\frac{\partial}{\partial x} + k\frac{\partial}{\partial y} + l\frac{\partial}{\partial z}\right)^2 f(x, y, z) \cdots$$

Man sieht leicht, wie diese Entwicklung auf Funktionen von beliebig vielen Variablen ausgedehnt werden kann.

7. Der Eulersche Satz für homogene Funktionen. Wir wenden diese Entwicklungen an zum Beweise des Eulerschen Satzes von den homogenen Funktionen, den wir später wiederholt zu benutzen haben werden.

Sei $f(x, y, z, \ldots)$ eine ganze homogene Funktion von beliebig vielen Variablen vom $n$ten Grade, so folgt aus der Definition der homogenen Funktion, daß, wenn man jede Variable mit einer Zahl t multipliziert, jedes Glied der Funktion t^n zum Faktor hat; es ist also

$$(1) \qquad f(tx, ty, tz, \ldots) = t^n \cdot f(x, y, z, \ldots),$$

eine Gleichung, die auch als Definition einer homogenen Funktion dienen kann. Setzen wir in dieser Gleichung

$$t = 1 + a,$$

so wird dieselbe

$$f(x + ax, y + ay, z + az, \ldots) = (1 + a)^n f(x, y, z, \ldots).$$

Wir entwickeln nun die linke Seite nach der Gleichung (2) von 6., wobei an die Stelle von $h, k, l, \ldots$ hier $ax, ay, az, \ldots$ treten; damit erhalten wir eine Entwicklung nach Potenzen von a. Auf der rechten Seite entwickeln wir $(1 + a)^n$ nach dem binomischen Lehrsatz. Da die Gleichung eine identische ist, so müssen die Koeffizienten einer jeden Potenz von a auf beiden Seiten dieselben sein. Daraus ergeben sich die **Eulerschen Gleichungen für homogene Funktionen**:

$$(2) \qquad x \frac{\partial f}{\partial x} + y \frac{\partial f}{\partial y} + z \frac{\partial f}{\partial z} + \cdots = nf,$$

$$(3) \qquad x^2 \frac{\partial^2 f}{\partial x^2} + y^2 \frac{\partial^2 f}{\partial y^2} + z^2 \frac{\partial^2 f}{\partial z^2} + \cdots + 2xy \frac{\partial^2 f}{\partial x \partial y} + \cdots = n(n-1)f$$

oder auch in symbolischer Form

$$(3') \qquad \left(x \frac{\partial}{\partial x} + y \frac{\partial}{\partial y} + z \frac{\partial}{\partial z} + \cdots \right)^2 \cdot f = n(n-1)f$$

usf., wenn wir die Koeffizienten von $a^3, a^4, \ldots$ vergleichen.

Dies sind **identische** Gleichungen, die für jeden Wert der Variablen gelten.

Viertes Kapitel.
Der Fundamentalsatz der Algebra.

1. Beweis des Fundamentalsatzes der Algebra. Jede Gleichung

$$(1) \qquad f(z) = z^n + A_1 z^{n-1} + \cdots + A_n = 0,$$

in der die Koeffizienten beliebige reelle oder komplexe Zahlen sind, hat mindestens eine Wurzel $z = a + bi$.[1]

---

1) Den ersten einwandfreien Beweis dieses Satzes gab Gauß in seiner Doktordissertation: Demonstratio nova theorematis omnem functionem algebraicam unius variabilis in factores reales primi vel secundi gradus resolvi posse (Helmstedt 1799). Gauß gibt darin auch eine Kritik der früheren Beweise von D'Alembert, dem er den ersten Beweis des Satzes zuschreibt, von Euler, von Lagrange. Einen zweiten und dritten Beweis gab er 1815 und 1816, und kam endlich 1849 nochmals auf seinen ersten Beweis zurück (Gauß' Werke, Bd. III). Einen neuen Beweis gab Cauchy (Cours d'analyse algébrique Chap. X 1821), den Sturm (Journ. de Mathematiques I 1836) überarbeitete. Obiger Beweis ist im wesentlichen der von Cauchy.

Wenden wir $(1,3,1)$[1] mit $k=1$ an, so erkennen wir, daß für $|z| \geq h+1$ $f(z)$ keine Nullstellen besitzen kann. Denn für diese z-Werte ist

$$|z^n| > |A_1 z^{n-1} + \cdots + A_n|.$$

Also
$$|f(z)| \geq |z|^n - |A_1 z^{n-1} + \cdots + A_n| > 0.$$

In diesem Kreise $|z| \leq h+1$ ist nun nach $(1,3,4)$ $f(z)$ stetig. Daher ist auch $|f(z)|$ stetig. Denn es ist

$$\big||f(z_1)| - |f(z_2)|\big| \leq |f(z_1) - f(z_2)|.$$

Da $z = x + iy$ gesetzt wird, und da dann $|f(z)|$ eine stetige Funktion der reellen Veränderlichen x, y in dem Kreise $|x^2 + y^2| \leq h+1$ wird, so lehrt ein bekannter Satz über stetige Funktionen[2], daß $|f(z)|$ in diesem Kreise ein Minimum besitzt, d. h. eine Stelle in diesem Kreise oder auf seinem Rande, wo $|f(z)|$ einen Wert annimmt, der von keinem anderen seiner Werte in diesem Kreise unterboten werden kann. Wir haben zu zeigen, daß dieses Minimum Null ist. Nach den Ausführungen von S. 14 ist

$$|f(z)| \geq h \,\frac{|z|^n + 1}{|z| - 1}$$

für $|z| \geq 2h+1$. Dies aber ist in dem uns allein interessierenden Fall $n > 1$ größer als h. Für $z = 0$ aber wird $f(z) = A_n$, nimmt also einen Wert an, dessen absoluter Betrag nicht größer als h ist. Daher nimmt $|f(z)|$ sein Minimum in Inneren, nicht am Rande, des Kreises an. Nun aber läßt sich zeigen, daß $f(z)$ in einer jeden Kreisscheibe um eine Stelle $z = a$ Werte annimmt, die eine passende Kreisscheibe um die Stelle $f(a)$ der Bildebene vollständig bedecken. Nimmt man als $z = a$ die Stelle, wo $f(z)$ sein Minimum annimmt, und als Kreisscheibe um einen Punkt eine dem Kreise $|z| \leq h+1$ angehörige, so nimmt darin $f(z)$ auch Werte an, deren absoluter Betrag kleiner als $|f(a)|$ ist, wofern nicht $f(a) = 0$ ist. Denn eine Kreisscheibe um $f(a)$ wird vollständig bedeckt; sie enthält Punkte, die näher am Nullpunkt der Bildebene liegen, wie $f(a)$ selbst, wenn nicht $f(a) = 0$ ist. Der Fundamentalsatz der Algebra wird also bewiesen sein, sobald der folgende Hilfssatz bewiesen ist:

Ein jedes Polynom

$$w = f(z) = z^n + A_1 z^{n-1} + \cdots + A_n, \quad n > 0$$

nimmt in jeder Kreisscheibe um jede Stelle $z = a$ als Mittelpunkt Werte an, zu denen jedenfalls alle Werte aus einer gewissen Kreisscheibe um $w = f(a)$ als Mittelpunkt gehören.

---

1) D. h. Abschnitt I, Kap. III, § 1.
2) Vgl. z. B. Bieberbach, Leitfaden der Differentialrechnung, 3. A S. 121.

Man wird aber bemerken, daß zum Beweis des Fundamentalsatzes der Algebra nur ein Stück dieses Hilfssatzes nötig ist. Wir benötigen ja nur folgendes: Wenn der kleinste Wert von $f(z)$ von Null verschieden ist, so gibt es in jedem Kreis, um die Stelle $z = a$, wo das vermeintliche Minimum stattfindet, Stellen, wo $f(z)$ Werte von kleinerem absoluten Betrag besitzt, oder geometrisch ausgedrückt: **Es gibt in jedem Kreis um $z = a$ Stellen, wo $w = f(z)$ Werte aus dem Inneren des Kreises $|w| < |f(a)|$ annimmt, wofern $f(a) \neq 0$ ist.**

Diesen etwas abgeschwächten Hilfssatz wollen wir nun beweisen. Es sei $f(a) \neq 0$ und

$$f(a + h) = f(a) + h^p c_p + \cdots + h^n c_n, \quad c_p \neq 0.$$

Dann ist
$$\frac{f(a+h)}{f(a)} - 1 = \frac{h^p c_p}{f(a)}\left(1 + \frac{hc_{p+1}}{c_p} + \cdots \frac{h^{n-p}c_n}{c_p}\right)$$

Da $h\,\dfrac{c_{p+1}}{c_p} + \cdots + \dfrac{h^{n-p}c_n}{c_p}$ als Funktion von h stetig ist und für $h = 0$ verschwindet, so gibt es ein δ_1, so daß

$$\left|h\,\frac{c_{p+1}}{c_p} + \cdots + h^{n-p}\frac{c_n}{c_p}\right| < \frac{1}{2}$$

ist, für $|h| < \delta_1$.

Ferner gibt es ein δ_2, so daß

$$\left|\frac{h^p c_p}{f(a)}\right| < \frac{1}{2}$$

für $|h| < \delta_2$. Nun wähle man ein diesen beiden Bedingungen genügendes h so, daß

$$\frac{h^p c_p}{f(a)} < 0$$

ist. Dann ist
$$\alpha = \frac{h^p c_p}{f(a)}\left(1 + \frac{hc_{p+1}}{c_p} + \cdots + \frac{h^{n-p}c_n}{c_p}\right)$$

eine von Null verschiedene komplexe Zahl, für die

$$\arg \alpha = \arg \frac{h^p c_p}{f(c)} + \arg\left(1 + \frac{hc_{p+1}}{c_p} + \cdots\right)$$

$$= \pi + \arg\left(1 + \frac{hc_{p+1}}{c_p} + \cdots\right).$$

Denn nach S. 11 ist das Argument eines Produktes gleich der Summe der Argumente; ferner ist π das Argument der negativen Zahl $\dfrac{h^p c_p}{f(a)}$. Da aber weiter

$$\omega = 1 + \frac{hc_{p+1}}{c_p} + \cdots$$

eine Zahl aus dem Kreis vom Radius $\tfrac{1}{2}$ um $w = 1$ ist, so ist

$$|\arg \omega| < \frac{\pi}{6}.$$

Daher ist

$$\frac{5\pi}{6} < \arg \alpha < \frac{7\pi}{6}.$$

Nun war

$$\frac{f(a+h)}{f(a)} = 1 + \alpha, \quad |\alpha| < \frac{3}{4}.$$

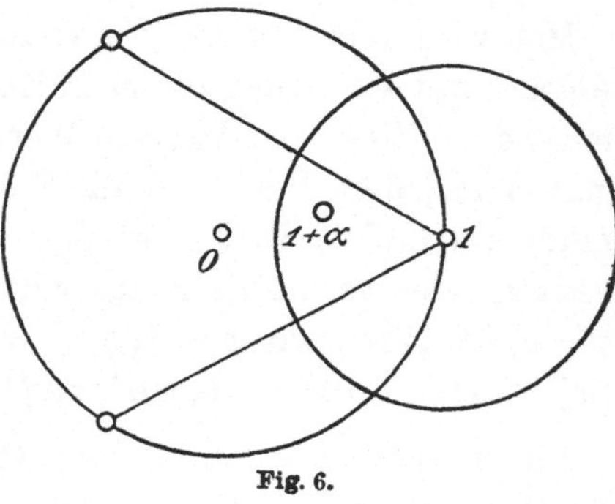

Fig. 6.

Also ist $1 + \alpha$ eine Zahl, die im Kreis vom Radius $\tfrac{3}{4}$ um 1 liegt und die außerdem dem aus Fig. 6 ersichtlichen Winkelraum angehört.

Also gehört $1 + \alpha$ dem Inneren des Kreises vom Radius 1 um $w = 0$ an. Daher ist

$$\left|\frac{f(a+h)}{f(a)}\right| < 1$$

also

$$|f(a+h) < f(a).$$

Damit ist der Fundamentalsatz der Algebra bewiesen.

Bemerkung. Der oben zuerst aufgestellte Hilfssatz ist wesentlich mit dem identisch, was man in der Funktionentheorie den Satz von der Gebietstreue nennt. Vgl. z. B. Bieberbach, Lehrbuch der Funktionentheorie Bd. I S. 187. Bei Kenntnis der Anfangsgründe der Funktionentheorie kann man ihn auch leicht aus bekannten Sätzen über das Nichtverschwinden einer Funktionaldeterminante gewinnen.

2. Funktionentheoretisches.[1]) Die Theorie der analytischen Funktionen kennt noch mancherlei andere Beweise des Fundamentalsatzes der Algebra. Ich will hier einen herausgreifen, der uns zugleich noch einen weiteren Einblick liefert. Wenn $f(z)$ eine ganze rationale Funktion bedeutet, so gibt

$$\frac{1}{2\pi i} \int \frac{f'(\xi)}{f(\xi)} \, d\xi$$

die Zahl der Nullstellen von $f(z)$ an, die innerhalb eines Kreises k liegen, wenn man als Integrationsweg die positiv durchlaufene Peripherie dieses Kreises wählt, und wenn man annimmt, daß auf dieser Peripherie selbst Nullstellen von $f(z)$ nicht liegen. Der sogenannte Satz von Rouché lehrt:

$$f(z) + \varphi(z)$$

---

1) Ein mit der Funktionentheorie nicht vertrauter Leser nehme nur zur Kenntnis, daß die Gleichungswurzeln stetig von den Koeffizienten abhängen. Von diesem Ergebnis werden wir gelegentlich Gebrauch machen; allerdings nie an Stellen, die den Nerv des ganzen Buches berühren.

hat im Kreis k genau ebenso viele Nullstellen wie $f(z)$, wenn auch $\varphi(z)$ eine ganze rationale Funktion von z ist, und wenn auf der Peripherie von k durchweg $|\varphi| < |f|$ ist. Denn dann ist

$$\frac{1}{2\pi i} \int \frac{f' + \lambda \varphi'}{f + \lambda \varphi}\, d\xi$$

für $0 \le \lambda \le 1$ eine stetige Funktion von λ und daher konstant, da sie nur ganzzahlige Werte annimmt.

Setzt man nun

$$f(z) = z^n, \quad \varphi(z) = a_1 z^{n-1} + \cdots + a_n,$$

und ist
$$|a_\lambda| \le h,\, \lambda = 1 \ldots n,$$

so ist nach S. 14 auf $|z| = 1 + h$ durchweg $|\varphi| < |f|$. Daher hat nach dem Satz von Rouché $f + \varphi = z^n + a_1 z^{n-1} + \cdots + a_n$ in diesem Kreis genau ebenso viele Nullstellen wie z^n, also genau n, womit der Fundamentalsatz erneut bewiesen ist. Vgl. hierzu S. 27.

Wir machen noch eine zweite Anwendung des Satzes von Rouché.

Es sei a eine Nullstelle von $f(z)$. Wir legen um a als Mittelpunkt einen Kreis von einem beliebig gegebenen Radius ϱ, so daß in diesem Kreise und auf seinem Rande keine weitere Nullstelle von $f(z)$ vorkommt. Wenn wir dann aus f durch Änderung seiner Koeffizienten eine andere ganze rationale Funktion g gewinnen, derart, daß auf der Peripherie des Kreises $|f - g| < |f|$ ist, so hat g in diesem Kreise genau ebenso viele Nullstellen wie f. $|f - g| < |f|$ wird aber dadurch zu erreichen sein, daß wir die absoluten Beträge der Koeffizientenänderung hinreichend klein wählen. Dies Ergebnis sprechen wie so aus: **Die Gleichungswurzeln sind stetige Funktionen der Koeffizienten.**

Ist insbesondere eine Folge von Polynomen $n$ten Grades

$$f_m(x) \equiv a_{m0} x^n + a_{m1} x^{n-1} + \cdots + a_{mn} \qquad (m = 1, 2 \ldots)$$

vorgelegt, die gegen ein Grenzpolynom

$$f(x) \equiv a_0 x^n + \cdots + a_n$$

konvergieren, so daß
$$\lim_{m \to \infty} a_{mk} = a_k \qquad (k = 0, \ldots n)$$

gilt, so liegen in jedem Kreis um eine Nullstelle von $f(x)$ Nullstellen von $f_m(x)$, sobald nur m hinreichend groß ist.

Haben also z. B. alle $f_m(x)$ nur reelle Nullstellen, so hat auch $f(x)$ nur reelle Nullstellen.

Fünftes Kapitel.
Teilbarkeitsfragen.

1. Division durch $z - a$. Es sei die ganze rationale Funktion

$$f(z) = A_0 z^n + A_1 z^{n-1} + \cdots + A_n$$

durch $z - a$ zu dividieren, wo a eine beliebige Konstante ist. Nennen wir Q den Quotienten und R den Rest der Division, so ist Q ein Polynom vom $n-1$-ten Grad, R hingegen ist von z unabhängig, da der Divisor vom ersten Grade ist, und man hat die identische Gleichung

$$f(z) = (z - a)Q + R.$$

Setzt man hierin $z = a$, so folgt, da $(z - a)Q$ für $z = a$ verschwindet, $f(a) = R$. Es ist also für jeden Wert von a identisch

$$f(z) - f(a) = (z - a)Q,$$

d. h. $f(z) - f(a)$ ist durch $z - a$ teilbar.

Man kann auch leicht einen Ausdruck von Q finden, der das Bildungsgesetz dieses Quotienten erkennen läßt. Es ist nämlich

$$f(a) = A_0 a^n + A_1 a^{n-1} + \cdots + A_n, \qquad \text{also}$$

$$f(z) - f(a) = A_0(z^n - a^n) + A_1(z^{n-1} - a^{n-1}) + \cdots + A_{n-1}(z - a).$$

Jedes dieser Binome $z^n - a^n$, $z^{n-1} - a^{n-1}, \ldots$ ist durch $z - a$ bekanntlich teilbar. Führt man die Division aus, so erhält man als Quotienten

$$
\begin{aligned}
Q = A_0 z^{n-1} + a A_0 \;&\Big|\; z^{n-2} + a^2 A_0 \;\Big|\; z^{n-3} + \cdots + a^{n-1} A_0 \\
+ A_1 \;&\Big|\; \phantom{z^{n-2}} + a A_1 \;\Big|\; \phantom{z^{n-3} + \cdots} + a^{n-2} A_1 \\
&\Big|\; \phantom{z^{n-2}} + A_2 \;\Big|\; \phantom{z^{n-3} + \cdots} + a^{n-3} A_2 \\
&\phantom{\Big|\; z^{n-2} + A_2} \qquad\qquad\vdots \\
&\phantom{\Big|\; z^{n-2} + A_2} \qquad\qquad + A_{n-1}.
\end{aligned}
$$

2. Zerlegung in Linearfaktoren. Aus dem Vorigen folgt sofort:

Ist a_1 eine Wurzel der Gleichung $f(z) = 0$, so ist $f(z)$ durch $z - a_1$ teilbar.

Denn es ist dann $f(a_1) = 0$ und folglich $f(z) = (z - a_1)Q$ oder also

$$f(z) = (z - a_1)f_1(z),$$

wo $f_1(z)$ ein Polynom vom $(n - 1)$-ten Grade ist. $f(z)$ verschwindet aber nicht nur für $z = a$, sondern auch für jeden Wert von z, welcher $f_1(z) = 0$

macht, d. h. für jede Wurzel der Gleichung $f_1(z) = 0$. Hat nun diese Gleichung eine Wurzel, die wir mit a_2 bezeichnen wollen, so ist

$$f_1(z) = (z - a_2)f_2(z)$$

und folglich $\qquad f(z) = (z - a_1)(z - a_2)f_2(z),$

wo $f_2(z)$ eine ganze Funktion vom Grade $n - 2$ ist. Hat aber $f_2(z) = 0$ eine Wurzel a_3, so ist

$$f_2(z) = (z - a_3)f_3(z),$$

$$f(z) = (z - a_1)(z - a_2)(z - a_3)f_3(z),$$

wo $f_3(z)$ vom $(n - 3)$-ten Grade. Auf diese Weise schließen wir fort, bis wir zu $f_{n-1}(z)$ kommen, das vom ersten Grade, also von der Form $A_0(z - a_n)$ ist; so erhalten wir endlich

$$(1) \qquad f(z) = A_0(z - a_1)(z - a_2)(z - a_3) \ldots (z - a_n),$$

da stets der noch nicht in Linearfaktoren zerlegte Faktor mindestens eine Nullstelle besitzt, und da stets A_0 der Koeffizient seiner höchsten Potenz ist.

Jede ganze rationale Funktion n-ten Grades kann also in n lineare Faktoren zerlegt werden.

Da $f(z)$ verschwindet, wenn einer der Faktoren verschwindet, so sind die Größen $a_1, \ldots, a_n$ sämtlich Wurzeln der Gleichung $f(z) = 0$.

Jede algebraische Gleichung vom n-ten Grade hat mithin n Wurzeln.

Unter diesen Wurzeln können mehrere gleich sein. Wäre z. B. $a_1 = a_2 = a_3$, so sind drei lineare Faktoren von $f(z)$ gleich und $f(z)$ wäre durch $(z - a_1)^3$ teilbar. Man sagt aber auch in diesem Falle, die Gleichung habe n Wurzeln, indem man die **Multiplizität der gleichen Wurzeln** berücksichtigt. Eine Wurzel a heißt k-fach, wenn der Faktor $(z - a)$ bei der obigen Zerlegung genau k-mal auftritt. Damit diese Definition sinnvoll sei, ist es wesentlich, zu bemerken, daß eine ganze rationale Funktion $f(z)$ vom n-ten Grade nur **auf eine Weise** in lineare Faktoren zerlegt werden kann.

Wenn nämlich

$$A_0(z - a_1) \ldots (z - a_n)$$
$$= B_0(z - b_1) \ldots (z - b_m), \quad A_0 \neq 0,\ B_0 \neq 0$$

für alle z gilt, so ist auch $B_0 \neq 0$; denn sonst verschwände $A_0(z - a_1) \ldots (z - a_n)$ auch für alle z-Werte. Wählt man einen von den a_k verschiedenen Wert, so folgt $A_0 = 0$ gegen die Voraussetzung. Weiter muß zunächst a_1 unter den b_i vorkommen, weil sonst für $z = a_1$ die beiden Ausdrücke nicht gleich sein könnten. Hebt man auf beiden Seiten $z - a_1$ weg, so kann man ebenso für $z - a_2$ schließen usw. Sind alle Linearfaktoren $z - a_i$ weggehoben, so kann auch kein b mehr übrig sein, da sonst wieder die Gleichheit aufhörte, wenn man z einem solchen b gleichsetzt. Daher bleibt endlich $A_0 = B_0$.

Aus der Zerlegung der Funktion $f(z)$ in lineare Faktoren, wie sie durch die Gleichung (1) gegeben wird, können wir noch weitere wichtige Folgerungen ziehen. Nehmen wir an, die Funktion $f(z)$ verschwinde für mehr als n verschiedene Werte von z. Dann müßte in (1), wie wir vorhin schon schlossen, notwendig $A_0 = 0$ sein, da ein Produkt nur verschwindet, wenn einer seiner Faktoren verschwindet. Die Gleichung wäre also vom Grade $n - 1$; dann folgt aber ebenso, daß $A_1 = 0$ ist usf. Es müssen also alle Koeffizienten die Werte 0 haben, und die Gleichung wird für jeden Wert von z befriedigt; also folgt:

Verschwindet eine Funktion $f(z)$ vom n-ten Grade für mehr als n voneinander verschiedene Werte von z, so müssen alle Koeffizienten A von $f(z)$ einzeln $= 0$ sein, und die Gleichung $f(z) = 0$ muß eine identische Gleichung sein, die für alle Werte von z erfüllt ist.

3. Gleichungen mit gegebenen Wurzeln. Jedes andere Polynom n-ten Grades $F(z)$, das dieselben Nullstellen wie $f(z)$ hat, ist von der Form $F(z) = A f(z)$, wie die oben besprochene Linearfaktorenzerlegung lehrt. An die Zerlegung der ganzen rationalen Funktion $f(z)$ knüpfen wir ferner folgende einfache Bemerkungen.

a) Man kann immer eine Gleichung n-ten Grades bilden, welche vorgegebene n Zahlen zu Wurzeln hat. Denn sind die Wurzeln $\alpha_1, \alpha_2, \ldots$ gegeben, so sind die linearen Faktoren $z - \alpha_1, z - \alpha_2, \ldots$ gegeben und mithin auch ihr Produkt $f(z)$ und eine Gleichung $f(z) = 0$, welche die gegebenen Wurzeln hat.

Die Koeffizienten des Polynoms

$$(2) \qquad (z - \alpha_1) \ldots (z - \alpha_n) = z^n + e_1 z^{n-1} + \cdots + e_n$$

werden

$$e_1 = - \Sigma \, \alpha_i$$

$$e_2 = \Sigma \, \alpha_i \alpha_k$$

$$e_3 = - \Sigma \, \alpha_i \alpha_k \alpha_l$$

$$\cdot$$

$$e_n = (-1)^n \alpha_1 \alpha_2 \ldots \alpha_n.$$

Dabei sind die Summen über alle Produkte zu je 1 oder 2 oder 3 usw. der α mit verschiedenen Nummern zu erstrecken. Man nennt $(-1)^k e_k$ die elementarsymmetrischen Funktionen der α_1; und will damit sagen, daß es die einfachsten Funktionen sind, die sich nicht ändern, wenn man die α beliebig untereinander vertauscht. Denn bei einer solchen Permutation ändert sich nur die Reihenfolge der Faktoren auf der linken Seite von (2). Daher behält das Polynom rechts seine Werte für beliebige z unverändert bei. Daher ändern sich auch seine Koeffizienten nicht bei einer Permutation der α_i. Anderenfalls gehörten zu verschiedenen Anordnungen der α verschiedene Werte der e_i. Wir hätten dann zwei Polynome vom n-ten Grade, die für alle z dieselben Werte besitzen. Ihre Differenz, die von höchstens n-tem Grade ist, verschwände für mehr als n verschiedene Werte von z, nämlich für alle. Also sind nach **2.** die Koeffizienten der Differenz alle Null. Also sind die Koeffizienten in beiden Polynomen dieselben. Die e sind also symmetrisch.

b) Ändert man in der Gleichung $f(z) = 0$ das Vorzeichen der Variablen z, so geht der Faktor $z - a$ über in $-z - a = -(z + a)$, dem der Wurzelwert $z = -a$ entspricht. Hat also die Gleichung $f(z) = 0$ die Wurzeln $a, b, c, \ldots$, so hat die Gleichung $f(-z) = 0$ die Wurzeln $-a, -b, -c, \ldots$.

c) Hat eine Gleichung zu jeder Wurzel a auch die Wurzel $-a$, so hat $f(z)$ zu jedem Faktor $z - a$ auch den Faktor $z + a$; es ist also dann

$$f(z) = A(z^2 - a^2)(z^2 - b^2)(z^2 - c^2) \ldots,$$

und die Gleichung $f(z) = 0$ enthält nur gerade Potenzen der Variablen z.

Enthält umgekehrt die Gleichung $f(z) = 0$ nur gerade Potenzen von z so kann man $z^2 = x$ setzen und hat sodann eine Gleichung von halb so hohem Grade in der neuen Variablen x. Ist dann α ein Wurzelwert von x, so entsprechen demselben die zwei Werte $z = +\sqrt{\alpha}$ und $z = -\sqrt{\alpha}$. Die Gleichung $f(z) = 0$ hat also nur Paare gleicher Wurzeln mit entgegengesetztem Vorzeichen.

d) Setzt man in der Gleichung $f(z) = 0$ $z + k$ an die Stelle von z, so geht jeder lineare Faktor $z - a$ von $f(z)$ über in $z - (a - k)$. Sind also $a, b, c, \ldots$ die Wurzeln von $f(z) = 0$, so hat die Gleichung

$$f(z + k) = 0$$

die Wurzeln $a - k, \; b - k, \; c - k, \ldots$.

e) Ebenso leicht läßt sich aus der Gleichung $f(z) = 0$ eine andere herstellen, deren Wurzeln k-mal so groß sind. Denn setzt man in der Gleichung $\frac{z}{k}$ an die Stelle von z, so verwandelt sich irgendein Faktor $z - a$

von $f(z)$ in $\frac{z}{k} - a$ und verschwindet für $z = k \cdot a$. Hat also die Gleichung $f(z) = 0$ die Wurzeln $a, b, c, \ldots$, so hat die Gleichung

$$f\left(\frac{z}{k}\right) = A_0 \frac{z^n}{k^n} + A_1 \frac{z^{n-1}}{k^{n-1}} + \cdots + A_n = 0$$

oder $\quad k^n \cdot f\left(\frac{z}{k}\right) = A_0 z^n + k \cdot A_1 z^{n-1} + k^2 A_2 z^{n-2} + \cdots + k^n A_n = 0$

die Wurzeln $\qquad\qquad\qquad ka, \; kb, \; kc, \ldots.$

f) Auf dieselbe Weise ergibt sich, daß, wenn die Gleichung

$$f(z) = A_0 z^n + A_1 z^{n-1} + \cdots + A_n$$

die Wurzeln $a, b, c, \ldots$ hat, die Gleichung $f\left(\frac{1}{z}\right) = 0$, d. i.

$$A_0 + A_1 z + A_2 z^2 + \cdots + A_n z^n = 0$$

die reziproken Werte $\dfrac{1}{a}, \dfrac{1}{b}, \dfrac{1}{c}, \ldots$ zu Wurzeln hat.

4. Gleichungen mit reellen Koeffizienten. Wenn die Koeffizienten einer Gleichung alle reell sind, und die Gleichung die imaginäre Wurzel $\alpha + \beta i$ hat, so hat sie auch die konjugierte Wurzel $\alpha - \beta i$.

Es sei die Gleichung

$$f(x) = a_0 x^n + a_1 x^{n-1} + a_2 x^{n-2} + \cdots a_n = 0$$

gegeben, in welcher die Koeffizienten a sämtlich reelle Zahlen sind. Die Wurzelwerte von x können reell oder imaginär sein. Setzen wir $x = \alpha + \beta i$, so wird das Resultat der Substitution dieses Wertes von x in $f(x)$ von der Form

$$P(\alpha, \beta) + i Q(\alpha, \beta)$$

sein, wo P und Q ganze Funktionen der reellen Variablen α und β sind, und zwar wird P nur die geraden Potenzen von β, Q nur die ungeraden Potenzen enthalten, da die geraden Potenzen von i reell $= \pm 1$, die ungeraden Potenzen von i aber $= \pm i$, also mit dem Faktor i behaftet sind. Dabei ist nach dem eben Gesagten

$$P(\alpha, -\beta) = P(\alpha, \beta); \quad Q(\alpha, -\beta) = -Q(\alpha, \beta).$$

Ist aber $x = \alpha + i\beta$ eine Wurzel der Gleichung $f(x) = 0$, so muß $P(\alpha, \beta) = Q(\alpha, \beta) = 0$ sein. Daher ist auch $P(\alpha, -\beta) = Q(\alpha, -\beta) = 0$. Daher ist auch $x = \alpha - i\beta$ eine Lösung von $f(x) = 0$.

Eine Gleichung mit reellen Koeffizienten kann demnach imaginäre Wurzeln immer nur paarweise, mithin in gerader Anzahl enthalten.

Hieraus folgt weiter, daß, wenn das Gleichungspolynom $f(x)$ den Faktor $x - (\alpha + \beta i)$ hat, es auch den Faktor $x - (\alpha - \beta i)$ enthält. Das Produkt dieser beiden Faktoren ist aber

$$(x - \alpha)^2 + \beta^2 = x^2 - 2\alpha x + \alpha^2 + \beta^2.$$

Also: **Eine ganze rationale Funktion** $f(x)$ **mit reellen Koeffizienten läßt sich immer in reelle Faktoren ersten und zweiten Grades zerlegen.** Jede reelle Wurzel der Gleichung $f(x) = 0$ liefert einen reellen Faktor ersten Grades $x - a$, je zwei konjugiert imaginäre Wurzeln $\alpha \pm \beta i$ einen reellen Faktor zweiten Grades $x^2 + px + q$ (wo p und q reelle Zahlen sind).

5. Körper und Ringe. Nach dem Fundamentalsatz der Algebra läßt sich ein jedes Polynom n-ten Grades als Produkt von n Linearfaktoren schreiben. Diese einfache Formulierung verdankt der Satz der Heranziehung beliebiger reeller und komplexer Zahlen. Schon das Schlußergebnis von (4.) zeigt, daß der Satz eine kompliziertere Fassung erhalten muß, wenn man nur mit reellen Zahlen zu tun haben will. Stellt man aber gar die Forderung, daß nur rationale Zahlen zulässig sein sollen, so ist unter Umständen das vorgelegte Polynom unzerlegbar. So kann z. B. $x^2 - 2$ nicht in Faktoren mit rationalen Koeffizienten zerlegt werden. Denn die Nullstelle eines jeden dabei auftretenden Linearfaktors wäre eine Wurzel von 2. Es gibt aber bekanntlich keine rationale Zahl, deren Quadrat 2 ist. Sind nämlich p und q zwei teilerfremde ganze Zahlen, so daß $\left(\dfrac{p}{q}\right)^2 = 2$ ist, so wäre auch $p^2 = 2q^2$. Da die rechte Seite eine gerade Zahl ist, so müßte auch die linke Seite gerade sein. Da aber das Quadrat einer ungeraden Zahl ungerade ist, so muß p gerade sein. Da dann p^2 durch 4 teilbar ist, so muß $2q^2$ durch 4, also q^2 durch 2 teilbar sein. Daher ist auch q gerade. p und q wären also gegen die Voraussetzung nicht teilerfremd.

Die eben erwähnten Sachverhalte führen bei Einführung des Begriffes „Körper" und „Ring" zu präzisen Fragestellungen. Hat eine Menge von Zahlen die Eigenschaft, daß die Summe, das Produkt, die Differenz, der Quotient je zweier Zahlen der Menge wieder zur Menge gehört, so bedeutet die Zahlenmenge das, was wir einen Zahlkörper nennen. Die Gesamtheit aller reellen und komplexen Zahlen bildet einen Körper; auch die Gesamtheit aller reellen Zahlen, auch die Gesamtheit aller rationalen Zahlen sind Beispiele von Zahlkörpern. Dagegen ist die Menge aller ganzen rationalen Zahlen kein Körper. Sie bilden einen Ring: Quotientenbildung führt unter Umständen aus dem Ring heraus; dagegen liefern Summe, Differenz oder Produkt von zwei Zahlen des Rings wieder Zahlen des Rings.

Auch die Gesamtheit aller rationalen Funktionen bildet einen **Körper**. Ebenso liefern die Gesamtheit aller rationalen Funktionen mit reellen oder die mit rationalen Koeffizienten Beispiele von Körpern. Dagegen bilden die Polynome, oder die Polynome mit reellen, oder die mit rationalen, oder die mit ganzen rationalen Koeffizienten Beispiele von **Ringen**.

Die Gesamtheit der ganzen rationalen Funktionen, deren Koeffizienten alle einem gegebenen Körper k angehören, bilden einen Ring.

Ist dann ein Zahlkörper K vorgelegt und ein Polynom $p(x)$ gegeben, dessen Koeffizienten K angehören, so erhebt sich die Frage, ob $p(x)$ in diesem Körper K **reduzibel** oder **irreduzibel** ist, d. h. ob es sich in Faktoren niedrigeren Grades zerlegen läßt, deren Koeffizienten K angehören (reduzibel), oder ob es eine solche Zerlegung nicht gibt (irreduzibel). So ist also z. B. $x^2 - 2$ im Körper der rationalen Zahlen irreduzibel, während es im Körper der reellen Zahlen reduzibel wird. So ist $x^2 + 1$ im Körper der reellen Zahlen irreduzibel, während es im Körper der komplexen Zahlen reduzibel ist.

6. Größter gemeinschaftlicher Teiler. Nun seien zwei Polynome A und B gegeben und irgendein Körper K vorgelegt, dem ihre Koeffizienten angehören. Das Polynom A heißt durch das Polynom B teilbar, wenn es ein drittes Polynom C gibt derart, daß $A = BC$ ist für alle x. Da man C nach dem Schulverfahren der Partialdivision $A : B$ finden kann, so gehören die Koeffizienten von C gleichfalls K an. Unter einem gemeinsamen Teiler von A und B versteht man ein Polynom von mindestens erstem Grade, das sowohl ein Teiler von A wie ein Teiler von B ist. Es erhebt sich die Frage, ob es analog wie im Gebiet der ganzen rationalen Zahlen einen größten gemeinschaftlichen Teiler von A und B gibt, d. h. ein Polynom D derart, daß D ein Teiler von A und B ist, und daß jeder gemeinschaftliche Teiler von A und B auch Teiler von D ist.

Die Existenz des größten gemeinschaftlichen Teilers ergibt sich für einen Körper K, dem die sämtlichen Nullstellen der beiden Polynome A und B angehören sofort daraus, daß man das Produkt aller der Linearfaktoren betrachtet, die gemeinsamen Nullstellen von A und B entsprechen. Man denke sich also A und B in Linearfaktoren zerlegt und bilde das Produkt aller der Linearfaktoren, die sowohl in der Zerlegung von A wie in der von B vorkommen, und zwar nehme man jeden Linearfaktor so oft, als er in jedem der beiden Polynome aufgeht. Es ist aber von Interesse zu bemerken, daß dieser größte gemeinschaftliche Teiler Koeffizienten besitzt, die jedem Körper angehören, dem auch die Koeffizienten von A und B angehören. Von Interesse ist auch die Bemerkung, daß man D

finden kann, ohne den Körper der Koeffizienten von A und B zu verlassen. Man bedient sich dabei des **Euklidischen Teilerverfahrens**, mit dem man auch den größten gemeinschaftlichen Teiler ganzer rationaler Zahlen bestimmt. Ist B von niedrigerem Grade als A, oder wenigstens nicht von höherem, so dividiere man A durch B. Ist Q der Quotient und R_1 der Rest dieser Division, so ist identisch in x

$$A = BQ + R_1.$$

Jeder gemeinsame Teiler von A und B ist auch Teiler von R_1; umgekehrt ist ein gemeinsamer Teiler von B und R_1 notwendig auch Teiler von A. Wir verfahren daher nun ebenso mit B und R_1 wie vorher mit A und B. Da R_1 von niedrigerem Grade als B ist, so dividieren wir mit R_1 in B. Ist Q_1 der Quotient und R_2 der Rest, so hat man

$$B = R_1 Q_1 + R_2,$$

und wir schließen nun wieder: jeder gemeinsame Teiler von B und R_1 ist Teiler von R_1 und R_2 und umgekehrt. Indem wir auf diese Weise fortfahrend immer mit dem letzten Rest in den letzten Divisor dividieren, erhalten wir eine Reihe identischer Relationen

$$
\begin{aligned}
A &= BQ + R_1 \\
B &= R_1 Q_1 + R_2 \\
R_1 &= R_2 Q_2 + R_3 \\
&\cdots\cdots\cdots\cdots \\
R_{\nu-2} &= R_{\nu-1} Q_{\nu-1} + R_\nu.
\end{aligned}
\tag{1}
$$

Die Reste R_i sind ganze Funktionen der Variablen x, aber im Grade abnehmend; R_2 ist von niedrigerem Grade als R_1, R_3 von niedrigerem als R_2 usf. Man muß also bei diesen wiederholten Divisionen notwendig auf einen Rest R_ν kommen, der die Variable x nicht mehr enthält und nur noch eine konstante Zahl ist. Ist diese Zahl von Null verschieden, so haben $R_{\nu-1}$ und R_ν keinen Teiler in x gemeinsam, also auch $R_{\nu-2}$ und $R_{\nu-1}$ nicht; und von jeder der obigen Relationen zur vorhergehenden aufsteigend, ersieht man, daß dann auch A und B keinen gemeinsamen Teiler haben können. Ist aber $R_\nu = 0$, so ist der letzte Divisor $R_{\nu-1}$ der größte gemeinschaftliche Teiler von A und B. Denn $R_{\nu-1}$ teilt dann einerseits $R_{\nu-2}$, und folglich auch $R_{\nu-3}, \ldots R_1$, B und A. Andererseits ist jeder gemeinsame Teiler von A und B, Teiler von R_1, von $R_2 \ldots$ und von R_ν.

Zusatz: Entnimmt man aus der ersten der Relationen (1) den Wert von R_1, setzt denselben in die zweite ein und sucht aus dieser sodann den Wert von R_2 usf., so erhält man

$$R_1 = A - BQ$$

$$(2) \qquad R_2 = -AQ_1 + (1 + QQ_1)B$$

$$R_3 = A(1 + Q_1Q_2) - B(Q + Q_2 + QQ_1Q_2)$$

$$\cdots \cdots \cdots \cdots \cdots \cdots \cdots$$

So kommt man zu einer Gleichung von der Form

$$(3) \qquad XA - YB = R_1,$$

wo X, Y ganze Funktionen der Q, Q_1, ..., also auch ganze Funktionen von x sind. Hieraus folgt der Satz:

Sind A und B ganze Funktionen von x, so lassen sich immer zwei ganze Funktionen X, Y von x so bestimmen, daß

$$XA - YB = \text{const.}$$

Diese Konstante ist Null, wenn A und B einen gemeinsamen Teiler besitzen. Sie ist von Null verschieden, wenn A und B teilerfremd sind, d. h. keinen gemeinschaftlichen Teiler besitzen.

Für die Konstante kann dann auch 1 gesetzt werden, indem man den Faktor $\frac{1}{R}$ in die Funktionen X, Y aufnimmt.

Es verdient noch besonders hervorgehoben zu werden, daß die Koeffizienten sämtlicher während des Euklidischen Teilerverfahrens vorkommenden Polynome demselben Körper angehören, der die der ursprünglich gegebenen Polynome A und B enthält. Während des Verfahrens werden nämlich nur die vier Grundrechnungsarten benutzt.

Eine besonders wichtige Anwendung dieser Bemerkung ist diese.

Gehören die Koeffizienten von $f(x)$ und $g(x)$ einem Körper K an, in dem $f(x)$ irreduzibel ist und hat $f(x)$ mit $g(x)$ einen Teiler gemeinsam, so ist $g(x)$ durch $f(x)$ teilbar.

Ein anderer gemeinsamer Teiler beider wäre mit der Irreduzibilität von $f(x)$ im Widerspruch.

7. Mehrfache Wurzeln. Nehmen wir an, die Gleichung $f(x) = 0$ habe mehrere gleiche Wurzeln, sie habe z. B. die Wurzel a r-fach, so ist identisch

$$f(x) = (x - a)^r \varphi(x),$$

wo $\varphi(x)$ die übrigen Faktoren von $f(x)$ enthält, aber den Faktor $x - a$ nicht mehr. Für die Abgeleitete[1]) von $f(x)$ erhält man daher (1, 3, 5)

$$f'(x) = r(x - a)^{r-1} \cdot \varphi(x) + (x - a)^r \varphi'(x)$$

$$= (x - a)^{r-1}[r\,\varphi(x) + (x - a)\,\varphi'(x)].$$

Der Ausdruck $r\,\varphi(x) + (x - a)\,\varphi'(x)$ enthält den Faktor $x - a$ nicht, weil $\varphi(x)$ ihn nicht enthält. Folglich enthält $f'(x)$ diesen Faktor noch $(r - 1)$-mal; ist $r = 1$, so enthält $f'(x)$ den Faktor $x - a$ gar nicht. Hieraus ergibt sich der Satz:

Hat die Gleichung $f(x) = 0$ keine mehrfachen Wurzeln, so hat die Gleichung $f'(x) = 0$ keine Wurzel mit $f(x) = 0$ gemein; $f(x)$ und $f'(x)$ haben keinen gemeinsamen Teiler. Hat aber $f(x) = 0$ eine Wurzel a r-fach, so ist diese Wurzel a noch $(r - 1)$-fache Wurzel der Gleichung $f'(x) = 0$.

Sucht man nach der Bedingung dafür, daß $f(x)$ überhaupt mehrfache Wurzeln hat, so hat man festzustellen, ob $f(x)$ und $f'(x)$ einen gemeinsamen Teiler haben. Man kann sich dazu des früher dargelegten Teilerverfahrens bedienen. Eine weitere Beantwortung der eben gestellten Frage werden wir S. 117 beim Studium der Diskriminante kennenlernen.

Der Satz läßt sich noch vervollständigen; denn da in der Reihe der Abgeleiteten $f'(x)$, $f''(x)$, $f'''(x)$, ... jede die erste Abgeleitete der vorhergehenden ist, so folgt, daß der Faktor $x - a$ noch $(r - 2)$-mal in $f''(x)$, $(r - 3)$-mal in $f'''(x)$, ..., 1 mal in $f^{(r-1)}(x)$ enthalten ist und daß die r-te und höheren Abgeleiteten denselben gar nicht enthalten. Es ist also auch die Wurzel a noch bzw. $(r - 1)$-fache, $(r - 2)$-fache, ..., 1-fache Wurzel der Gleichungen

$$f'(x) = 0, \; f''(x) = 0, \ldots, f^{(r-1)}(x) = 0.$$

Nach dem Vorigen können wir ohne Ausrechnung der Wurzeln entscheiden, ob eine vorgelegte Gleichung mehrfache Wurzeln hat, und wenn solche vorhanden, können wir dieselben aus der Gleichung entfernen. In der Tat, nehmen wir an, die gegebene Gleichung $f(x) = 0$ habe die Wurzel a p-mal, die Wurzel b q-mal und die Wurzel c r-mal, sonst keine andern vielfachen Wurzeln, so ist

$$f(x) = (x - a)^p \cdot (x - b)^q \cdot (x - c)^r \cdot \varphi(x),$$

---

1) Aus dem Begriff der Abgeleiteten folgt nämlich, daß, wenn die zwei Funktionen $F(x)$ und $f(x)$ identisch gleich sind, auch ihre Abgeleiteten $F'(x)$ und $f'(x)$ identisch gleich sind, d. h. man kann in diesem Falle und nur in diesem Falle aus der Identität $F(x) = f(x)$ die Identität $F'(x) = f'(x)$ folgern.

wo $\varphi(x)$ die übrigen einfachen Faktoren von $f(x)$ enthält. Dann hat die Abgeleitete $f'(x)$ den Faktor $x-a$ noch $(p-1)$-mal, den Faktor $x-b$ noch $(q-1)$-mal und den Faktor $x-c$ noch $(r-1)$-mal, aber keinen der übrigen einfachen Faktoren von $f(x)$. Suchen wir also den größten gemeinsamen Teiler D von $f(x)$ und $f'(x)$, so muß

$$D = (x-a)^{p-1} \cdot (x-b)^{q-1} \cdot (x-c)^{r-1}$$

sein, und die Division von $f(x)$ mit D gibt demnach

$$\frac{f(x)}{D} = (x-a)(x-b)(x-c)\varphi(x).$$

Die Gleichung $\qquad\qquad \dfrac{f(x)}{D} = 0$

hat mithin alle Wurzeln der vorgelegten Gleichung $f(x) = 0$, aber jede nur einfach.

Ihre Koeffizienten gehören demjenigen Körper an, dem auch die Koeffizienten von $f(x)$ angehören. Denn jeder Körper enthält alle ganzen rationalen Zahlen, da er in dem Quotienten eines Elementes dividiert durch dieses Element selbst, die 1 und damit auch $1+1$ usw. enthält. Daher gehören die Koeffizienten von $f'(x)$ demselben Körper an, wie die von $f(x)$. Daher gehören auch die Koeffizienten des größten gemeinsamen Teilers D von $f(x)$ und $f'(x)$ diesem Körper an. Denn D wird durch des Euklidische Teilerverfahren ermittelt. Dabei kommen nur Koeffizienten aus jenem Körper vor.

. Man kann aber weiter auch das Produkt der einfachen Linearfaktoren, das Produkt aller Doppelfaktoren, das Produkt aller dreifachen Faktoren usf. der gegebenen Gleichung $f(x) = 0$ ohne Berechnung der Wurzeln bestimmen. Um dies übersichtlich darzustellen, sei X_1 das Produkt aller einfachen Faktoren von $f(x)$, X_2 das Produkt aller zweifachen, X_3 das aller dreifachen Faktoren in $f(x)$ usw. Dann ist

$$f(x) = X_1 X_2^2 X_3^3 X_4^4 \ldots$$

Der größte gemeinsame Faktor von $f(x)$ und $f'(x)$ ist sodann

$$D_1 = X_2 X_3^2 X_4^3 \ldots,$$

der gemeinsame Faktor von D_1 und seiner Abgeleiteten D_1' ist

$$D_2 = X_3 X_4^2 \ldots,$$

der gemeinsame Faktor von D_2 und seiner Abgeleiteten D_2' ist

$$D_3 = X_4 \ldots$$

So fährt man fort, bis man zu einem Teiler D kommt, der keinen Faktor mit seiner Abgeleiteten gemeint hat. Würde dies z. B. bei D_3 eintreten, so wäre $D_3 = X_4$, und man würde schließen, daß Faktoren vom fünften oder höheren Grade in $f(x)$ nicht enthalten sind. Dann würde folgen:

$$Q_1 = \frac{f(x)}{D_1} = X_1 X_2 X_3 X_4, \quad Q_2 = \frac{D_1}{D_2} = X_2 X_3 X_4, \quad Q_3 = \frac{D_2}{D_3} = X_3 X_4$$

$$\frac{Q_1}{Q_2} = X_1, \quad \frac{Q_2}{Q_3} = X_2, \quad \frac{Q_3}{D_3} = X_3, \quad D_3 = X_4.$$

Man kann also nicht nur die Gleichung bilden, welche alle verschiedenen Wurzeln der vorgelegten Gleichung (jede Wurzel nur einfach) enthält, sondern auch die Gleichungen

$$X_1 = 0, \ X_2 = 0, \ X_3 = 0, \ldots,$$

welche nur die Wurzeln ein und derselben Vielfachheit enthalten. Die Koeffizienten dieser Polynome X_i gehören sämtlich demjenigen Körper an, dem die Koeffizienten von $f(x)$ angehören. Sie lassen sich durch mehrmalige Anwendung des Euklidischen Teilerverfahrens bestimmen.

Beispiel: Gegeben sei die Gleichung

$$f(x) = x^7 - 2x^6 - 2x^5 + 5x^4 + x^3 - 4x^2 + 1 = 0,$$

dann ergibt sich $\qquad D_1 = x^3 - x^2 - x + 1$

$$D_2 = x - 1.$$

Da D_2 keinen Faktor mit D_2' gemein hat, so ist

$$f(x) = X_1 X_2^2 X_3^3, \ D_1 = X_2 X_3^2, \ D_2 = X_3$$

und folglich $\quad Q_1 = \dfrac{f(x)}{D_1} = X_1 X_2 X_3 = x^4 - x^3 - 2x^2 + x + 1$

$$Q_2 = \frac{D_1}{D_2} = X_2 X_3 = x^2 - 1$$

und schließlich

$$\frac{Q_1}{Q_2} = X_1 = x^2 - x - 1, \quad \frac{Q_2}{D_2} = X_2 = x + 1. \ D_2 = X_3 = x - 1.$$

Die Gleichung ist also

$$(x^2 - x - 1)(x + 1)^2 (x - 1)^3 = 0.$$

Der quadratische Faktor $x^2 - x - 1$ liefert die zwei einzigen einfachen Wurzeln der Gleichung: $\dfrac{1 \pm \sqrt{5}}{2}$.

Man bemerke, daß, wenn die Gleichung $f(x) = 0$ rationale Koeffizienten hat, die $X_1, X_2, X_3, \ldots$ sämtlich gleichfalls rationale Koeffizienten besitzen. Hat also die Gleichung nur eine Wurzel von einer bestimmten Vielfachheit, so ist der entsprechende Faktor X vom ersten Grade, und folglich muß diese Wurzel notwendig eine rationale Zahl sein. So im obigen Beispiel die eine zweifache und die eine dreifache Wurzel.

8. Rationale ganzzahlige Wurzeln. Hat eine Gleichung mit rationalen Koeffizienten rationale Wurzeln, so lassen sich dieselben auf folgendem Wege bestimmen.

Schafft man zuerst durch Multiplikation mit dem Generalnenner die Brüche aus den Koeffizienten weg, so erhält man eine ganzzahlige Gleichung:

$$k x^n + a x^{n-1} + b x^{n-2} \cdots = 0.$$

d. h. eine Gleichung mit ganzzahligen Koeffizienten. Um den ersten Koeffizienten zu 1 zu machen, setze man $x = \dfrac{y}{k}$, wodurch die Gleichung in

$$y^n + a y^{n-1} + b k y^{n-2} + \cdots = 0 \quad \text{übergeht.}$$

Eine solche Gleichung, deren Koeffizienten ganze Zahlen sind und deren erster Koeffizient $= 1$ ist, kann keine andern rationalen Wurzeln haben als ganze Zahlen.

Denn hätte die Gleichung

$$(1) \qquad x^n + a_1 x^{n-1} + a_2 x^{n-2} + \cdots + a_n = 0,$$

wo $a_1, a_2 \ldots$ ganze Zahlen, einen rationalen Bruch $\dfrac{p}{q}$ zur Wurzel, so müßte

$$\frac{p^n}{q^n} + a_1 \cdot \frac{p^{n-1}}{q^{n-1}} + a_2 \cdot \frac{p^{n-2}}{q^{n-2}} + \cdots + a_{n-1} \cdot \frac{p}{q} + a_n = 0 \qquad \text{oder}$$

$$(2) \quad \frac{p^n}{q} + a_1 \cdot p^{n-1} + a_2 \cdot p^{n-2} q + \cdots + a_{n-1} \cdot p q^{n-2} + a_n q^{n-1} = 0$$

sein, d. h. der Bruch $\dfrac{p^n}{q}$ müßte einer ganzen Zahl gleich sein. Da wir aber p und q ohne gemeinsamen Teiler voraussetzen können, so folgt $q = 1$.

Ist mithin eine Gleichung $f(x) = 0$ mit rationalen Koeffizienten gegeben, so wird man die rationalen Wurzeln, wenn sie solche hat, leicht finden können. Man wird die Gleichung zunächst auf die Form (1) transformieren. Hat die Gleichung $f(x) = 0$ eine rationale Wurzel, so hat diese Gleichung (1) eine ganze Zahl p zur Wurzel, die notwendig ein Faktor von a_n sein muß. Denn wird in Gleichung (2) $q = 1$ genommen, so sind die n ersten Glieder durch p teilbar, also muß dies auch für a_n gelten. Setzt man mithin nach und nach in die Gleichung (1) alle Faktoren von a_n, positiv und negativ genommen, ein, so erhält man alle ganzzahligen Lösungen derselben und mithin auch die rationalen Wurzeln von $f(x) = 0$ und kann die entsprechenden rationalen Faktoren von $f(x)$ abtrennen.

Wir wollen einige Beispiele vornehmen. Um zu sehen, ob die Gleichung

$$x^5 - x^4 - 9 x^3 + 10 x^2 - 11 x + 9 = 0$$

eine rationale Wurzel besitzt, hat man nur die Faktoren von 9, nämlich ± 1, ± 3, ± 9 zu prüfen. Keine dieser Zahlen genügt der Gleichung. Dieselbe hat folglich überhaupt keine rationale Wurzel.

Zur Feststellung, daß $+9$ z. B. der Gleichung nicht genügt, ist nur eine rohe Schätzung erforderlich. Denn man sieht doch sofort, daß für $x = 9$

$$x^5 > x^4 + 9 x^3 = 2 x^4,$$

und daß
$$10 x^2 > 11 x$$

ist, daß also die linke Seite nicht verschwinden kann. Ähnlich kann man bei $x = -9$ schließen.

Sind die Koeffizienten der Gleichung große Zahlen, so kann man die Proben auf folgende Weise erleichtern. Ist (1) die gegebene Gleichung und soll sich das Polynom auf der linken Seite in die Faktoren

$$(x - \alpha)\left\{ b_0 x^{n-1} + b_1 x^{n-2} + \cdots + b_{n-2} x + b_{n-1} \right\}$$

zerlegen, so gibt die Vergleichung der Koeffizienten

$$a_n = - \alpha b_{n-1}, \; a_{n-1} = b_{n-1} - \alpha b_{n-2}, \; a_{n-2} = b_{n-2} - \alpha b_{n-3}, \; \ldots$$

$$a_2 = b_2 - \alpha b_1, \; a_1 = b_1 - \alpha b_0, \; b_0 = 1,$$

woraus sich ergibt

$$(3) \quad b_{n-1} = \frac{-a_n}{\alpha}, \; b_{n-2} = \frac{b_{n-1} - a_{n-1}}{\alpha}, \; b_{n-3} = \frac{b_{n-2} - a_{n-2}}{\alpha},$$

$$b_{n-4} = \frac{b_{n-3} - a_{n-3}}{\alpha}, \; \ldots b_1 = \frac{b_2 - a_2}{\alpha}, \; b_0 = 1 = \frac{b_1 - a_1}{\alpha}.$$

Sind nun die Koeffizienten ganze Zahlen, und soll die Wurzel α ebenfalls eine ganze Zahl sein, so müssen sich auch aus den Gleichungen (3) für die Werte der b nur ganze Zahlen ergeben; ist dies nicht der Fall, so ist α nicht die Wurzel der Gleichung; außerdem muß als letzte Bedingung $\frac{b_1 - a_1}{\alpha} = 1$ sein.

Ist z. B. die Gleichung gegeben

$$x^5 - 5 x^4 - 23 x^3 + 295 x^2 - 824 x + 700 = 0$$

und zu untersuchen, ob sie ganze Zahlen zu Wurzeln hat, so hätte man, da $700 = 7 \cdot 5^2 \cdot 2^2$ ist, alle Zahlen zu untersuchen, die aus den Faktoren 2, 2, 5, 5, 7 zusammengesetzt sind und mithin Faktoren von 700 sind. Da aber die Gleichung sich schreiben läßt

$$x^3 (x^2 - 5 x - 23) + \cdots = 0,$$

so ersieht man sogleich, daß 8 eine obere Grenze der positiven Wurzeln ist. Ferner ergibt sich leicht -8 als Grenze der negativen Wurzeln. Man hat also nur die Zahlen ± 1, ± 2, ± 4, ± 5, ± 7 zu prüfen.

Nun ist

$$\text{für } \alpha = 7, \quad b_4 = \frac{-700}{7} = -100, \; b_3 = \frac{-100 + 824}{7} \;\text{(keine ganze Zahl)};$$

$$\text{,, } \alpha = -7, \; b_4 = \frac{-700}{-7} = 100, \quad b_3 = \frac{100 + 824}{-7} = -132,$$

$$b_2 = \frac{-132 - 295}{-7} = +61, \; b_1 = \frac{61 + 23}{-7} = -12, \; b_0 = 1 = \frac{-12 + 5}{-7}.$$

Also ist -7 Wurzel und die eben berechneten b sind die Koeffizienten der Gleichung, welche aus der Division mit $x + 7$ hervorgeht. Dieselbe ist mithin

$$x^4 - 12 x^3 + 61 x^2 - 132 x + 100 = 0.$$

-7 kann nicht Doppelwurzel sein, da sonst $x = -7$ Wurzel der neuen eben erhaltenen Gleichung wäre. 7 ist aber kein Teiler von 100.

Auf diese Gleichung angewandt, ergeben die Formeln (2) für $x = 5$,
$b_3 = \frac{-100}{5} = -20, \; b_2 = \frac{-20 + 132}{5}$; 5 ist also nicht Wurzel; ebenso ergibt sich, daß $-5, \pm 4$ nicht Wurzeln sind. Für $x = 2$ ist $b_3 = \frac{-100}{2}$
$= -50, \; b_2 = \frac{-50 + 132}{2} = +41, \; b_1 = \frac{41 - 61}{2} = -10, \; b_0 = \frac{-10 + 12}{2}$
$= 1$. Also ist 2 Wurzel, und die Entfernung des Faktors $x - 2$ ergibt

$$x^3 - 10 x^2 + 41 x - 50 = 0.$$

Da 2 Doppelwurzel sein kann, hat man diesen Faktor nochmals zu prüfen und erhält

$$b_2 = \frac{+50}{2} = +25, \; b_1 = \frac{25 - 41}{2} = -8, \; b_0 = \frac{-8 + 10}{2} = 1.$$

Also ist $x - 2$ Faktor, und die Entfernung desselben gibt

$$x^2 - 8 x + 25 = 0.$$

Diese Gleichung hat keine rationale Wurzel. Die vorgelegte Gleichung ist mithin in ihre mit rationalen Koeffizienten versehenen Faktoren zerlegt

$$(x - 2)^2 (x + 7)(x^2 - 8 x + 25) = 0.$$

Zweiter Abschnitt.

Theorie und Anwendung der Determinanten.[1]

Erstes Kapitel.

Grundeigenschaften der Determinanten.

1. Historisches. Die Lehre von den Determinanten knüpft unmittelbar an die Auflösung eines Systems linearer Gleichungen an. Die Resultante eines Systems linearer Gleichungen ist nämlich geradezu die Determinante der Koeffizienten dieses Systems von Gleichungen. Nun lassen sich die Resultanten eines Systems von linearen Gleichungen zwar leicht berechnen. Aber die Elimination von zwei Variablen x, y aus drei linearen Gleichungen führt schon zu einer Resultante von 6 Gliedern; die Resultante von vier linearen Gleichungen mit drei Variablen ist ein Aggregat aus 24 Gliedern; die Resultante aus fünf linearen Gleichungen mit vier Variablen enthält 120 Glieder usf.

Man sieht, daß diese Resultanten oder Determinanten ungefüge Ausdrücke sind, welche wir kaum übersehen können; noch weniger ließ sich mit ihnen rechnen, solange das Gesetz ihrer Bildung und ihre Eigenschaften nicht bekannt waren.

Die Anfänge der Theorie der Determinanten gehen auf Leibniz zurück, der zuerst erkannte und aussprach, welche wesentliche Rolle die Wahl der Bezeichnung spielt, um so mehr, je verwickelter die Ausdrücke sind, mit denen wir es zu tun haben. In den Schriften von Leibniz ist dieser Gegenstand nur an einer Stelle berührt, in einem höchst interessanten Briefe an den französischen Mathematiker De l'Hospital (1693.)[2]

---

1) Die weiteren Abschnitte dieses Buches sind mit geringer Ausnahme auch für einen Leser verständlich, der den vorliegenden Abschnitt II überschlägt.

2) Leibniz, Mathematische Schriften, herausgegeben von Gerhardt, 1. Abt., 2. Band, Brief an De l'Hospital, Hannover 1693.

Leibniz bemerkt darin, daß er öfter Zahlen statt der Buchstaben anwende, und gibt ein Beispiel, indem er die drei linearen Gleichungen

$$1_0 + 1_1 \cdot x + 1_2 y = 0$$
$$2_0 + 2_1 \cdot x + 2_2 y = 0$$
$$3_0 + 3_1 \cdot x + 3_2 y = 0$$

anschreibt, und das Resultat der Elimination von x, y in der Form gibt

$$1_0 2_1 3_2 \quad 1_0 2_2 3_1$$
$$1_1 2_2 3_0 - 1_2 2_1 3_0$$
$$1_2 2_0 3_1 \quad 1_1 2_0 3_2.$$

Je drei beisammenstehende Zahlen sind hier als Produkt von drei Koeffizienten aufzufassen, und jedem dieser Produkte ist das Zeichen $+$ vorzusetzen; dann gibt die Gleichung die sechs Glieder, aus welchen die Resultante besteht. Aus diesem Resultat schließt Leibniz das allgemeine Theorem zur Bildung der Resultante für beliebig viele lineare Gleichungen, d. h. er gibt im wesentlichen das allgemeine Gesetz der Bildung der Determinanten.

Leibnizens Lösung ging verloren.[1]) Dann wurde sie wieder gefunden von Cramer (Analyse des lignes courbes, Genève 1750). Bézout, Laplace und zumal Vandermonde (Mémoire sur l'élimination, 1772) erweiterten die Kenntnis von den Eigenschaften der Determinanten. Auch in den zahlentheoretischen Untersuchungen (Disquisitiones arithmeticae, 1801) von Gauß kommen dieselben vor als „Determinanten quadratischer Formen".

Die wesentlichsten Fortschritte in der Entwicklung der Theorie der Determinanten verdankt man jedoch Cauchy[2]), der auch die jetzt übliche symbolische Bezeichnung der Determinanten zuerst benutzte, und zumal Jacobi, durch dessen Arbeit „De formatione et proprietatibus determinantium" (Crelles Journ. XXII, 1841) die Kenntnis und der Gebrauch der Determinanten allgemein wurde.

2. Definition der Determinanten. Es sei ein System von n linearen Gleichungen homogen in den n Variablen x_1, x_2, $\ldots x_n$ gegeben. Bezeichnen wir nach dem Vorgang von Leibniz die Koeffizienten durch zwei In-

---

1) In einem späteren Briefe an De l'Hospital mahnt Leibniz denselben, ihre Entdeckungen nicht an die Öffentlichkeit zu bringen: „il n'est pas bon de prostituer nos méthodes."

2) Cauchy, Journ. de l'Éc. Polytechnique, t. X, 17me cah. (1815). „Mém. sur les fonctions qui ne peuvent obtenir que deux valeurs etc."

dizes, von denen der erste anzeigt, in welcher Gleichung, der zweite, bei welcher Variablen der Koeffizient als Faktor steht, so schreibt sich dieses Gleichungssystem in der Weise:

$$a_{11} x_1 + a_{12} x_2 + a_{13} x_3 + \cdots + a_{1n} x_n = 0$$
$$a_{21} x_1 + a_{22} x_2 + a_{23} x_3 + \cdots + a_{2n} x_n = 0$$
$$\cdots \cdots \cdots \cdots \cdots \cdots \cdots \cdots$$
$$a_{n1} x_1 + a_{n2} x_2 + a_{n3} x_3 + \cdots + a_{nn} x_n = 0.$$

Unter der Resultante oder Determinante dieses Gleichungssystems wollen wir eine Funktion der Koeffizienten verstehen, deren Verschwinden anzeigt, daß dies Gleichungssystem neben der trivialen Lösung $x_1 = x_2 = \ldots = x_n = 0$ noch eine weitere Lösung besitzt. Wir schreiben die Koeffizienten einer jeden Gleichung hintereinander und bezeichnen abgekürzt mit einem Buchstaben: $\mathfrak{a}_1, \mathfrak{a}_2, \ldots \mathfrak{a}_n$. Die Determinante

$$D(\mathfrak{a}_1, \mathfrak{a}_2, \ldots \mathfrak{a}_n)$$

soll dann folgende Eigenschaften haben: Wenn wir $\mathfrak{a}_1, \ldots \mathfrak{a}_n$ zugleich als Abkürzung für die Linearformen auf den linken Seiten benutzen, so wird das Gleichungssystem mit den linken Seiten

$$\mathfrak{a}_1 \ldots \mathfrak{a}_{j-1}, \mathfrak{a}_j + \mathfrak{a}_k, \mathfrak{a}_{j+1} \ldots \mathfrak{a}_n \qquad (j \neq k)$$

zugleich mit dem ursprünglichen Gleichungssystem lösbar sein. Wir fordern daher

$$(1) \qquad D(\mathfrak{a}_1, \mathfrak{a}_2, \ldots \mathfrak{a}_{j-1}, \mathfrak{a}_j + \mathfrak{a}_k, \mathfrak{a}_{j+1} \ldots \mathfrak{a}_n)$$
$$= D(\mathfrak{a}_1, \ldots \mathfrak{a}_n).$$

Dabei bedeutet jetzt $\qquad \mathfrak{a}_j + \mathfrak{a}_k$

die Summe der beiden Zahlenreihen

$$a_{j1}, \ldots a_{jn}$$

und $\qquad a_{k1}, \ldots a_{kn},$

d. h. die Koeffizientenfolge der Linearform $\mathfrak{a}_j + \mathfrak{a}_k$.

Diese Forderung (1) erscheint auch darum berechtigt, weil man zur Auffindung der Bedingung der Lösbarkeit ja gerade durch lineare Kombination der Gleichungen die Unbekannten zu eliminieren suchen wird mit dem Ziele, zu erreichen, daß in jeder Gleichung nur eine Unbekannte stehenbleibt und derart, daß in verschiedenen Gleichungen nur verschiedene Unbekannte vorkommen. Ist dies erreicht, so wird die Bedingung der Lösbarkeit sein, daß das Produkt der Koeffizienten verschwindet. Dementsprechend fordern wir weiter, daß

$$(2) \qquad D(a_1, \ldots a_{j-1}, \lambda a_j, a_{j+1}, \ldots a_n)$$
$$= \lambda D(a_1, \ldots a_n)$$

sein soll, wenn λ eine Zahl bedeutet; λa_j bedeutet die Zahlenfolge

$$\lambda a_{j1}, \ldots \lambda a_{jn}.$$

Endlich fordern wir den vorausgegangenen Erwägungen folgend, daß die Determinante des Gleichungssystems

$$a_{ii} x_i = 0 \qquad (i = 1, \ldots n)$$

den Wert $a_{11}, \ldots a_{nn}$ hat, oder was nach (2) dasselbe bedeutet

$$(3) \qquad D(e_1, \ldots e_n) = 1.$$

Dabei ist e_j die Zahlenfolge, bei der alle Zahlen außer der j-ten verschwinden. Die j-te selbst hat den Wert 1.

Nun ist die interessante Tatsache die, daß es **genau** eine Funktion D gibt, die diesen drei Forderungen genügt. Davon werden wir uns erst überzeugen und dann nach Feststellung gewisser weiterer Eigenschaften derselben zeigen, daß sie auch die Resultanteneigenschaft für das lineare Gleichungssystem besitzt.

3. Existenz der Determinanten. Ich zeige zunächst durch explizite Angabe eines Beispieles, daß es Funktionen der a_{ik} gibt, welche die drei angegebenen Eigenschaften besitzen. Dazu müssen wir erst etwas über die möglichen Anordnungen von n Objekten sagen. Die Ziffern $1, 2, \ldots n$ kann man in $n!$ verschiedene Anordnungen bringen. Diese Anordnungen (auch Permutationen genannt) teilen wir in zwei Klassen ein, die **geraden** und die **ungeraden**. Um das Einteilungsprinzip angeben zu können, betrachten wir das Differenzenprodukt

$$(x_1 - x_2)(x_1 - x_3) \ldots (x_1 - x_n)$$
$$(x_2 - x_3) \ldots (x_2 - x_n)$$
$$(x_{n-1} - x_n)$$

von n unabhängigen Veränderlichen, das wir abgekürzt mit $P(x_1, \ldots x_n)$ bezeichnen. Bei Vertauschung von zweien derselben ändert es sein Vorzeichen

$$P(x_1, \ldots, x_j, \ldots, x_k, \ldots, x_n) = - P(x_1, \ldots, x_k, \ldots, x_j, \ldots, x_n).$$

Denn: die Differenz $x_j - x_k$ ändert ihr Vorzeichen. Weiter bleiben die Differenzen unverändert, die weder x_j noch x_k enthalten. $x_\lambda - x_j$ und

$x_\lambda - x_k$ vertauschen ihre Plätze, wenn $\lambda < j$ ist. $x_j - x_\lambda$ und $x_k - x_\lambda$ vertauschen ihre Plätze, wenn $\lambda > k$ ist. $x_j - x_\lambda$ und $x_\lambda - x_k$ vertauschen ihre Plätze und wechseln beide das Vorzeichen, wenn $j < \lambda < k$ ist. Man beachte weiter, daß man jede Anordnung der Ziffern $1, \ldots n$ aus dieser natürlichen Anordnung bekommen kann, indem man mehrfach je zwei der Ziffern miteinander vertauscht: man schaffe nur durch sukzessives Vertauschen mit ihrem rechten Nachbarn zuerst die Ziffer ans Ende, die dort stehen soll, verfahre dann analog mit der Ziffer, die den vorletzten Platz einnehmen soll usw. Daher ist für jede Anordnung $x_{\lambda_1}, \ldots, x_{\lambda_n}$ der $x_1 \ldots x_n$

$$P(x_{\lambda_1}, \ldots x_{\lambda_n}) = \pm\, P(x_1, \ldots x_n).$$

Wenn $+$ steht, so nennen wir die Anordnung gerade, sonst ungerade. Alsdann betrachte man die Summe

$$(1) \qquad\qquad \Delta\,(\mathfrak{a}_1 \ldots \mathfrak{a}_n) = \Sigma \pm a_{\lambda_1 1} a_{\lambda_2 2}, \ldots a_{\lambda_n n}$$

erstreckt über alle $n!$ Anordnungen $\lambda_1, \ldots \lambda_n$ der Ziffern $1 \ldots n$ und setze dabei das Vorzeichen $+$ oder $-$, je nachdem ob es eine gerade oder ungerade Anordnung ist. Diese Funktion ist die **Determinante** n-ter **Ordnung**.

Beispiele: Die Determinante zweiten Grades ist

$$\begin{vmatrix} a_{11} a_{12} \\ a_{21} a_{22} \end{vmatrix} = a_{11} a_{22} - a_{12} a_{21}.$$

Die Determinante dritten Grades ist

$$\begin{vmatrix} a_{11} a_{12} a_{13} \\ a_{21} a_{22} a_{23} \\ a_{31} a_{32} a_{33} \end{vmatrix} = \begin{aligned} &a_{11} a_{22} a_{33} - a_{11} a_{23} a_{32} + a_{12} a_{23} a_{31} - a_{12} a_{21} a_{33} \\ &\qquad\qquad + a_{13} a_{21} a_{32} - a_{13} a_{22} a_{31}. \end{aligned}$$

Die Determinante vierten Grades enthält bereits 24 Glieder, entsprechend den 24 Permutationen der Zahlen 1, 2, 3, 4:

$$\begin{vmatrix} a_{11} a_{12} a_{13} a_{14} \\ a_{21} a_{22} a_{23} a_{24} \\ a_{31} a_{32} a_{33} a_{34} \\ a_{41} a_{42} a_{43} a_{44} \end{vmatrix} = \begin{aligned} &a_{11} a_{22} a_{33} a_{44} - a_{11} a_{22} a_{34} a_{43} + a_{11} a_{23} a_{34} a_{42} \\ &\qquad\quad - a_{11} a_{23} a_{32} a_{44} + \cdots \end{aligned}$$

In jedem Glied der Summe (1) kommt genau ein Faktor vor, der der i-ten Zeile angehört, der die vordere Nummer i trägt. Ebenso kommt in jedem Glied genau ein Faktor vor, der die hintere Nummer i trägt.

Die Funktion $\varDelta(\mathfrak{a}_1, \ldots \mathfrak{a}_n)$ hat dann die folgenden Eigenschaften

$$(1) \qquad \varDelta(\mathfrak{a}_1, \ldots \mathfrak{a}_k, \ldots, \ \mathfrak{a}_j, \ldots \mathfrak{a}_n)$$
$$= - \varDelta(\mathfrak{a}_1, \ldots \mathfrak{a}_j, \ldots, \ \mathfrak{a}_k, \ldots \mathfrak{a}_n).$$

Denn die Vertauschung von $\mathfrak{a}_j$ mit $\mathfrak{a}_k$ hat zur Folge, daß man jedes Glied der Summe (1) durch eines ersetzt, das aus ihm durch eine Vertauschung von zwei der ersten Nummern der a hervorgeht, das also das andere Vorzeichen hat.

$$(2) \qquad \varDelta(\mathfrak{a}_1, \ldots \mathfrak{a}_j + \mathfrak{b}_j, \ldots \mathfrak{a}_n)$$
$$= \varDelta(\mathfrak{a}_1, \ldots \mathfrak{a}_j, \ldots \mathfrak{a}_n) + \varDelta(\mathfrak{a}_1, \ldots \mathfrak{b}_j, \ldots \mathfrak{a}_n).$$

Dabei sei $\qquad\qquad \mathfrak{b}_j = b_{j1}, \ldots b_{jn}$

eine weitere Zahlenreihe und $\mathfrak{a}_j + \mathfrak{b}_j$ bedeute die Reihe $a_{j1} + b_{j1}, \ldots$ $a_{jn} + b_{jn}$. Dies folgt sofort daraus, daß $\varDelta$ von den Elementen jeder „Zeile" $a_{j1}, \ldots a_{jn}$ homogen und linear abhängt. Man nehme nur die Einsetzung in den einzelnen Gliedern der Summe (1) vor.

Aus (1) folgt, daß

$$(1\,\mathrm{a}) \qquad \varDelta(\mathfrak{a}_1, \ldots \mathfrak{a}_j, \ldots \mathfrak{a}_j, \ldots \mathfrak{a}_n) = 0.$$

D. h. daß ein $\varDelta$ mit zwei gleichen „Zeilen" Null ist. Denn bei Vertauschung von diesen beiden Zeilen bekommt es nach (1) den Faktor -1, während es doch tatsächlich unverändert bleibt.

Aus (2) folgt im Verein mit (1 a), daß

$$(2\,\mathrm{a}) \qquad \varDelta(\mathfrak{a}_1, \ldots \mathfrak{a}_j + \mathfrak{a}_k, \ldots \mathfrak{a}_n)$$
$$= \varDelta(\mathfrak{a}_1, \ldots \mathfrak{a}_j, \ldots \mathfrak{a}_n). \qquad (j \neq k)$$

Denn es ist $\qquad \varDelta(\mathfrak{a}_1, \ldots \mathfrak{a}_j + \mathfrak{a}_k, \ldots \mathfrak{a}_n)$
$$= \varDelta(\mathfrak{a}_1, \ldots \mathfrak{a}_j, \ldots \mathfrak{a}_k, \ldots, \mathfrak{a}_n)$$
$$+ \varDelta(\mathfrak{a}_1, \ldots \mathfrak{a}_k, \ldots \mathfrak{a}_k, \ldots, \mathfrak{a}_n).$$

Nach (1 a) aber ist $\quad \varDelta(\mathfrak{a}_1, \ldots \mathfrak{a}_k, \ldots \mathfrak{a}_k, \ldots \mathfrak{a}_n) = 0.$

Damit ist die erste Grundeigenschaft der Determinanten bei der Funktion $\varDelta$ nachgewiesen. Die zweite folgt sofort daraus, daß $\varDelta$ linear und homogen von den Gliedern jeder Zahlenfolge $\mathfrak{a}_j$ abhängt. Die dritte verifiziert man sofort, denn für $\mathfrak{e}_j = \mathfrak{a}_j \ (j = 1 \ldots n)$ bleibt nur ein Summand von $\varDelta$ stehen; und der ist $+1$.

4. Folgeeigenschaften. Ich zeige nun weiter, daß $\varDelta(\mathfrak{a}_1, \ldots \mathfrak{a}_n)$ die einzige Funktion ist, welche die drei Grundeigenschaften besitzt. Der Grundgedanke dieses Beweises ist dieser: Man zeigt, daß eine Funktion

$D(a_1, \ldots a_n)$ für jedes System $a_1, \ldots a_n$ nur einen einzigen Wert besitzen kann, der durch die $a_1, \ldots a_n$ und die drei Grundeigenschaften vollkommen festgelegt ist. Um das zu diesem Beweis nötige Berechnungsverfahren angeben zu können, schicken wir einige weitere Eigenschaften jeder Funktion
$$D(a_1, \ldots a_n) \quad \text{voraus.}$$

I. Es ist
$$D(a_1, \ldots a_j + \lambda a_k, \ldots a_k, \ldots a_n)$$
$$= D(a_1, \ldots a_j \quad , \ldots, \quad a_k, \ldots a_n), \qquad (j \neq k)$$

wenn λ eine beliebige Zahl ist.

Denn es ist für $\lambda \neq 0$, was allein interessiert,
$$D(a_1 \ldots a_j \qquad \ldots a_k \ldots a_n)$$
$$= \frac{1}{\lambda} D(a_1 \ldots a_j \qquad \ldots \lambda a_k \ldots a_n)$$
$$= \frac{1}{\lambda} D(a_1 \ldots a_j + \lambda a_k \ldots \lambda a_k \ldots a_n)$$
$$= D(a_1 \ldots a_j + \lambda a_k \ldots a_k \ldots a_n).$$

II. Es ist
$$D(a_1 \ldots a_k \ldots a_j \ldots a_n)$$
$$= - D(a_1 \ldots a_j \ldots a_k \ldots a_n).$$

Denn es ist $D(a_1 \ldots a_k \qquad \ldots a_j \qquad \ldots a_n)$
$$= \quad D(a_1 \ldots a_k + a_j \qquad \ldots a_j \qquad \ldots a_n)$$
$$= \quad D(a_1 \ldots a_k + a_j \qquad \ldots a_j - (a_k + a_j) \ldots a_n)$$
$$= \quad D(a_1 \ldots a_k + a_j \qquad \ldots - a_k \qquad \ldots a_n)$$
$$= \quad D(a_1 \ldots a_k + a_j - a_k \ldots - a_k \qquad \ldots a_n)$$
$$= \quad D(a_1 \ldots a_j \qquad \ldots - a_k \qquad \ldots a_n)$$
$$= - D(a_1 \ldots a_j \qquad \ldots a_k \qquad \ldots a_n).$$

III. Es ist
$$D(a_1 \ldots a_{j-1}, \mathfrak{O}, a_{j+1}, \ldots a_k, \ldots a_n)$$
$$= 0.$$

Dabei ist $\mathfrak{O}$ die Zahlenfolge $0, 0 \ldots 0$, die aus lauter Nullen besteht. Denn es ist ja
$$D(a_1, \ldots \mathfrak{O} \ldots a_n)$$
$$= 0 \cdot D(a_1, \ldots a_j \ldots a_n).$$

5. Unitätsbeweis. Wir führen nun den zu Beginn von (2, 1, 4) in Aussicht genommenen Beweis für die Einzigkeit der Funktion D nach dem dort angegebenen Gedanken durch. Wir achten zu dem Zweck zunächst auf die ersten Zahlen $a_{11}, a_{21}, \ldots a_{n1}$ der n Folgen $a_1, \ldots a_n$ und stellen fest, ob darunter von Null verschiedene Zahlen vorkommen. Ist das der Fall, so sei a_{j1} diejenige kleinster Nummer, die von Null verschieden ist. Indem wir dann die Multipla $\dfrac{a_{k1}}{a_{j1}}\, a_j$ von den folgenden a_k abziehen, ändern wir den Wert von D nach (2, 1, 4) nicht, erreichen aber, daß in der ersten „Kolonne" $a_{11}, \ldots a_{n1}$ nicht mehr als eine von Null verschiedene Zahl steht. Sie steht an j-ter Stelle. In dem wir dann noch a_j der Reihe nach mit den vorausgehenden Zeilen vertauschen, bringen wir es an erste Stelle und bringen um diesen Austausch auszugleichen, gleichzeitig den Faktor $(-1)^j$ an dem nun noch zu berechnenden D an. Dies neue D ist wieder eine Funktion von n Zahlenfolgen, welche nach wie vor die drei Grundeigenschaften besitzt. Wir bezeichnen ihre n Zahlenfolgen mit $a_1' \ldots a_n'$. Nur a_1' hat dann noch eine von Null verschiedene erste Zahl $a_{11}' = a_{j1}'$, während die ersten Zahlen

$$a_{21}' \ldots a_{n1}'$$

alle verschwinden. Wir achten nun auf die Zahlen der zweiten Kolonne

$$a_{22}' \ldots a_{n2}'$$

der zweiten und der darauf folgenden Zahlenfolgen und stellen fest, ob darunter von Null verschiedene vorkommen. Ist dies der Fall, so sei a_{k2}' die von Null verschiedene kleinster Nummer. Indem wir dann $\dfrac{a_{i2}'}{a_{k2}'}\, a_k'$ von den folgenden a_i' abziehen, ändern wir den Wert von D nicht, erreichen aber, daß die zweiten Zahlen der auf a_k' folgenden Zahlenfolgen alle Null werden. Alsdann vertauschen wir wieder a_k' der Reihe nach mit den Zahlenfolgen kleinerer Nummer, bis es an die zweite Stelle gerückt ist und bringen zum Ausgleich dieser Vertauschungen den Faktor $(-1)^{k-1}$ an. So bleibt nun nur ein D zu berechnen, bei dem nur die erste Zahlenfolge eine von Null verschiedene erste Zahl und nur die zweite Zahlenfolge eine von Null verschiedene zweite Zahl besitzen kann. Mit den dritten Ziffern verfahren wir dann ebenso und erhalten so nach n-maliger Wiederholung des Verfahrens ein D, das nun von n Zahlenfolgen dieser Art abhängt:

$$
\begin{aligned}
\mathfrak{A}_1 &= (A_{11}, A_{12}, && \ldots A_{1n}) \\
\mathfrak{A}_2 &= (0, \quad A_{22}, && \ldots A_{2n}) \\
\mathfrak{A}_3 &= (0 \quad\; 0 \quad\; A_{33}, \ldots A_{3n}) \\
\mathfrak{A}_n &= (0 \quad\; 0 \qquad\;\; 0\; A_{nn}).
\end{aligned}
$$

Nunmehr sehen wir zu, ob

$$A_{nn} = 0 \quad \text{oder} \quad A_{nn} \neq 0 \quad \text{ist.}$$

Ist $A_{nn} = 0$, so ist nach III von **4.**

$$D(\mathfrak{A}_1, \ldots \mathfrak{A}_n) = 0$$

und also auch $D(\mathfrak{a}_1, \ldots \mathfrak{a}_n) = 0$, da dies ihm gleich ist.

Ist $A_{nn} \neq 0$, so ziehen wir

$$\mathfrak{A}_n \frac{A_{kn}}{A_{nn}}$$

von $\mathfrak{A}_k$ ab und gewinnen so n neue Zahlenfolgen, deren letzte Zahl außer bei $\mathfrak{A}_n$ verschwindet. D aber bleibt bei diesem Vorgang unverändert. Auch $A_{n-1,\,n-1}, A_{n-2,\,n-2}, \ldots A_{11}$ bleiben dabei ganz unverändert. Wir achten nur auf $A_{n-1,\,n-1}$. Ist $A_{n-1,\,n-1} = 0$, so ist $D = 0$. Ist $A_{n-1.\,n-1} \neq 0$, so gehen wir genau wie vorher zu neuen Zahlenfolgen über, deren $n-1$-te Zahlen alle außer bei $\mathfrak{A}_{n-1}$ zu Null werden. Setzen wir dies Verfahren fort, so erkennen wir, daß

$$D(\mathfrak{a}_1, \ldots \mathfrak{a}_n) = (-1)^{j+k-1+\cdots} D(\mathfrak{A}_1, \ldots \mathfrak{A}_n)$$

$$= (-1)^{j+k-1+\cdots} A_{11} A_{22}, \ldots A_{nn} D(\mathfrak{e}_1, \ldots \mathfrak{e}_n)$$

$$= (-1)^{j+k-1+\cdots} A_{11}, \ldots A_{nn}$$

ist. Das Rechenverfahren ist durch die Werte der ursprünglichen $\mathfrak{a}_j$ eindeutig bestimmt. Also ist inbesondere

$$D(\mathfrak{a}_1, \ldots \mathfrak{a}_n) = \Delta(\mathfrak{a}_1, \ldots \mathfrak{a}_n)$$

für jedes System $\mathfrak{a}_1, \ldots \mathfrak{a}_n$.

Statt $\qquad\qquad\qquad D(\mathfrak{a}_1, \ldots \mathfrak{a}_n)$

pflegt man zu schreiben

$$\begin{vmatrix} a_{11} \cdots a_{1n} \\ a_{21} \cdots a_{2n} \\ \cdot\ \ \cdot\ \ \cdot\ \ \cdot\ \ \cdot \\ a_{n1} \cdots a_{nn} \end{vmatrix}$$

oder auch $\| a_{ik} \|$.

6. Eine Verallgemeinerung. Wenn für eine Funktion $\mathfrak{D}(\mathfrak{a}_1 \ldots \mathfrak{a}_n)$ die beiden ersten Eigenschaften von **2.** gelten, statt (3) aber $\mathfrak{D}(\mathfrak{e}_1 \ldots \mathfrak{e}_n) = d$ irgendwie vorgeschrieben ist, so ist

$$\mathfrak{D}(\mathfrak{a}_1 \ldots \mathfrak{a}_n) = d D(\mathfrak{a}_1 \ldots \mathfrak{a}_n).$$

Dies lehrt der Beweis in **5.** unmittelbar. Denn da wurde nur zu allerletzt der Wert von $D(\mathfrak{e}_1 \ldots \mathfrak{e}_n)$ benutzt.

7. Eine weitere Eigenschaft der Determinanten. Eine erste Eigenschaft entnehmen wir der in **3.** betrachteten Summendarstellung der Determinanten. Wir haben dort die Determinanten entwickelt, indem wir die ersten Indizes der a_{ik} permutierten; man könnte aber auch die zweiten Indizes permutieren und die ersten in der Ordnung 1, 2, 3 ... n belassen oder, was auf dasselbe hinauskommt, man kann in jedem Gliede die ersten und zweiten Zeiger vertauschen. Dabei wird das Zeichen des Gliedes nicht geändert; denn nach der Definition hängt das Zeichen des Gliedes nur davon ab, ob die Reihenfolge der zwei Indizesreihen von derselben Klasse sind oder nicht. **Daraus folgt, daß die Determinante sich nicht ändert, wenn man in allen Elementen die ersten und zweiten Indizes vertauscht, wodurch in dem Quadrat der Elemente die Horizontalreihen in die Vertikalreihen, und umgekehrt, übergehen.** Es ist also

$$\begin{vmatrix} a_{11}a_{12}a_{13} \ldots a_{1n} \\ a_{21}a_{22}a_{23} \ldots a_{2n} \\ \cdot \;\; \cdot \;\; \cdot \;\; \cdot \;\; \cdot \;\; \cdot \\ \cdot \;\; \cdot \;\; \cdot \;\; \cdot \;\; \cdot \;\; \cdot \\ \cdot \;\; \cdot \;\; \cdot \;\; \cdot \;\; \cdot \;\; \cdot \\ a_{n1}a_{n2}a_{n3} \ldots a_{nn} \end{vmatrix} = \begin{vmatrix} a_{11}a_{21} \ldots a_{n1} \\ a_{12}a_{22} \ldots a_{n2} \\ a_{13}a_{23} \ldots a_{n3} \\ \cdot \;\; \cdot \;\; \cdot \;\; \cdot \;\; \cdot \\ \cdot \;\; \cdot \;\; \cdot \;\; \cdot \;\; \cdot \\ a_{1n}a_{2n} \ldots a_{nn} \end{vmatrix}$$

Statt Horizontalreihe gebrauchen wir, wie schon mehrfach im Vorstehenden, auch den Ausdruck: Zeile. Statt Vertikalreihe sagen wir auch Kolonne.

8. Entwicklung einer Determinante nach den Elementen einer Kolonne. Aus dem analytischen Ausdruck der Determinanten, oder aus dem in (2, 1, 5) auseinandergesetzten Berechnungsverfahren, folgt, daß eine Determinante eine homogene lineare Funktion ihrer letzten Kolonne ist. Da aber bei Vertauschung der Kolonnen sich nur das Vorzeichen ändern kann, so gilt das für jede Kolonne. Da man weiter Zeilen und Kolonnen austauschen kann, ohne die Determinante zu ändern, so gilt das auch für die einzelnen Zeilen. Es sei nun gesetzt

$$D(\mathfrak{a}_1 \ldots \mathfrak{a}_n) = \sum_i a_{ik} A_{ik}. \qquad (k=1, \ldots n)$$

Dann ist, wie gezeigt werden soll,

$$A_{ik} = (-1)^{i+k} D_{ik}.$$

Dabei ist D_{ik} die $n-1$-reihige Determinante, die aus D entsteht, wenn man die i-te Zeile und die k-te Kolonne beseitigt. Es ist nämlich

$$A_{ik} = D(\mathfrak{a}_1 \ldots \mathfrak{a}_{i-1}, \mathfrak{e}_k, \mathfrak{a}_{i+1} \ldots \mathfrak{a}_n).$$

Dabei ist e_k die Zahlenfolge, deren k-tes Element 1 ist, deren übrige Elemente aber verschwinden.

Zieht man in $$D(a_1 \ldots a_{i-1}, e_k, a_{i+1}, \ldots a_n)$$

$$a_{\lambda, k}\, e_k \quad \text{von} \quad a_\lambda$$

ab, so erkennt man, daß

$$D(a_1 \ldots a_{i-1}, e_k, a_{i+1} \ldots a_n)$$
$$= D(a_1' \ldots a_{i-1}', e_k, a_{i+1}' \ldots a_n')$$

ist. Dabei ist a_λ' diejenige Zahlenfolge, die aus a_λ entsteht, indem man $a_{\lambda k}$ durch 0 ersetzt, die übrigen Elemente von a_λ aber unverändert beibehält. Nun ist weiter

$$D(a_1' \ldots a_{i-1}', e_k, a_{i+1}' \ldots a_n')$$
$$= (-1)^{i+k} D(a_1' \ldots a_{i-1}', a_{i+1}' \ldots a_n')$$

Denn setzen wir zunächst einmal

$$D(a_1' \ldots a_{i-1}', e_k, a_{i+1}' \ldots a_n')$$
$$= \mathfrak{D}(a_1' \ldots a_n'), \qquad\qquad \text{so ist}$$

$$(1) \qquad \mathfrak{D}(a_1' \ldots a_\lambda' + a_\mu', \ldots a_n')$$
$$= \mathfrak{D}(a_1' \ldots a_n')\ (\mu \neq \lambda).$$

$$(2) \qquad \mathfrak{D}(a_1' \ldots k a_\lambda' \ldots a_n') = k \mathfrak{D}(a_1' \ldots a_\lambda' \ldots a_n').$$

$$(3) \qquad \mathfrak{D}(e_1 \ldots e_{i-1}, e_{i+1} \ldots e_n) = (-1)^{i+k}.$$

Um das letztere einzusehen, vertauscht man erst die i-te Zeile mit der $i-1$-ten, dann der $i-2$-ten usw., bis sie zur ersten geworden ist; dann vertausche man die k-te Kolonne mit der $k-1$-ten, dann mit der $k-2$-ten Kolonne usw., bis zur ersten geraden ist. Dadurch findet man

$$\mathfrak{D}(e_1 \ldots e_{i-1}, e_{i+1} \ldots e_n)$$
$$= D(e_1 \ldots e_{i-1}, e_k, e_{i+1} \ldots e_n)$$
$$= (-1)^{i+k} D(e_1, e_2 \ldots e_i, e_{i+1} \ldots e_n)$$
$$= (-1)^{i+k} D(e_1, e_2, \ldots e_n)$$
$$= (-1)^{i+k}.$$

Daher folgt nach **5.** die Richtigkeit unserer Behauptung, da die drei eben festgestellten Eigenschaften für die Funktion $(-1)^{i+k} D(a_1' \ldots a_{i-1}', a_{i+1}' \ldots a_n')$ chrakteristisch sind.

Aus der eben gefundenen Zerlegung

$$(1) \qquad D = \sum_i a_{ik} A_{ik} \qquad\qquad (k=1,\ldots n)$$

folgt weiter

$$(2) \qquad 0 = \sum_i a_{ik} A_{il} \ \text{ für } \ k \neq l.$$

Denn nach (1) ist ja $\quad D(a_1 \ldots a_k \ldots \overset{\centerdot}{a}_l \ldots a_n)$

$$= \sum_i a_{il} A_{il}$$

für jede Zahlenfolge a_l. Setzt man insbesondere $a_l = a_k$, so wird die Determinante 0, und daraus folgt (2). Vertauscht man Zeilen und Kolonnen, so wird man zu den Relationen

$$D = \sum_k a_{ik} A_{ik}$$

$$0 = \sum_k a_{ik} A_{jk}, \quad i \neq j \quad \text{geführt.}$$

Zweites Kapitel.
Systeme linearer Gleichungen.

1. Inhomogene Gleichungen. Aus den Eigenschaften der Determinanten ergibt sich nun sofort die Auflösung eines Systems von linearen Gleichungen.

Es seien die n linearen Gleichungen zwischen den n Unbekannten $x_1, x_2, \ldots x_n$ gegeben.

$$
\begin{aligned}
a_{11} x_1 + a_{12} x_2 + \cdots + a_{1n} x_n &= c_1 \\
a_{21} x_1 + a_{22} x_2 + \cdots + a_{2n} x_n &= c_2 \\
\cdots \quad\cdots\quad\cdots\quad\cdots\quad\cdots& \\
a_{n1} x_1 + a_{n2} x_2 + \cdots + a_{nn} x_n &= c_n.
\end{aligned}
$$

(Nummer (1) steht links neben der zweiten Gleichung.)

Wir bilden aus sämtlichen n^2 Koeffizienten der Unbekannten x in der Ordnung, wie sie in den n Gleichungen stehen, die Determinante des Systems

$$(2) \qquad A = \begin{vmatrix} a_{11} a_{12} \ldots a_{1n} \\ a_{21} a_{22} \ldots a_{2n} \\ \cdots\ \cdots\ \cdots \\ a_{n1} a_{n2} \ldots a_{nn} \end{vmatrix}.$$

Die Entwicklung dieser Determinante nach den Elementen der einzelnen Kolonnen liefert nach S. 52 die Relationen

$$(3\,\text{a}) \qquad a_{1k}A_{1k} + a_{2k}A_{2k} + \cdots + a_{nk}A_{nk} = A \qquad \text{und}$$

$$(3\,\text{b}) \qquad a_{1i}A_{1k} + a_{2i}A_{2k} + \cdots + a_{ni}A_{nk} = 0. \quad (i \neq k)$$

Nehmen wir zunächst an, es gebe n Zahlen $x_1 \ldots x_n$, die den Gleichungen (1) genügen. Multiplizieren wir dann die erste Gleichung des Systems (1) mit A_{1k}, die zweite mit A_{2k} usf., die n-te mit A_{nk} und addieren hierauf die sämtlichen n Gleichungen, so ergibt sich unmittelbar

$$(4) \qquad A \cdot x_k = c_1 A_{1k} + c_2 A_{2k} + \cdots c_n A_{nk}.$$

Hier sind nun zwei Fälle zu unterscheiden, je nachdem A von Null verschieden oder gleich Null ist.

2. Die Determinante ist von Null verschieden. Ist erstens A von Null verschieden, so kann man die Gleichungen (4) durch A dividieren, wodurch man die Werte der x erhält, welche allein den Gleichungen (1) genügen können. Es bleibt nun aber noch zu zeigen, daß die Werte (4) wirklich die Gleichungen (1) erfüllen. (Denn auf die Werte (4) führte uns die Annahme, es existierten Lösungen.) Multipliziert man aber in (4) beide Seiten mit a_{ik} und summiert von $k = 1$ bis $k = n$, so kommt

$$A \Sigma\, a_{ik} x_k = c_1 \Sigma\, a_{ik} A_{1k} + c_2 \Sigma\, a_{ik} A_{2k} + \cdots + c_n \Sigma\, a_{ik} A_{nk}.$$

Nach den Relationen (3b) folgt aber

$$A \Sigma\, a_{ik} x_k = c_i A,$$

so daß wegen $A \neq 0$ sich ergibt, daß

$$\Sigma\, a_{ik} x_k = c_i$$

ist. Daher sind die Gleichungen (1) durch die Werte (4) der x gelöst.

Man wird bemerken, daß die Determinante A der gemeinschaftliche Nenner der sämtlichen Werte der x ist. Aber die rechte Seite der Gleichung (4), also der Zähler von x_k, kann ebenfalls als Determinante geschrieben werden. Derselbe geht nämlich aus A hervor, wenn man an die Stelle der Elemente $a_{1k}, a_{2k}, \ldots a_{nk}$ der k-ten Vertikalreihe die Größen $c_1, c_2, \ldots c_n$ einsetzt. Es ist daher auch

$$(5) \qquad x_k = \frac{1}{A} \cdot \begin{vmatrix} a_{11} a_{12} \cdots a_{1,k-1} c_1 a_{1,k+1} \cdots a_{1n} \\ a_{21} a_{22} \cdots a_{2,k-1} c_2 a_{2,k+1} \cdots a_{2n} \\ \cdots \cdots \cdots \cdots \cdots \cdots \cdots \\ a_{n1} a_{n2} \cdots a_{n,k-1} c_n a_{n,k+1} \cdots a_{nn} \end{vmatrix},$$

und die Werte der verschiedenen x unterscheiden sich nur dadurch, daß in der Determinante des Zählers die Größen $c_1, c_2, \ldots c_n$ nacheinander die erste, zweite, $\ldots n$-te Vertikalreihe der a ersetzen.

3. Die Determinante verschwindet. Ganz anders verhält sich aber die Sache im zweiten Fall, wenn

$$(6) \qquad\qquad\qquad A = 0$$

ist. Dann reduziert sich die linke Seite von (4) auf Null, und daher muß das gleiche von der rechten Seite gelten, damit die Gleichungen (1) überhaupt zusammen bestehen können. Man findet demnach die notwendige Bedingung

$$c_1 A_{1k} + c_2 A_{2k} + \cdots + c_n A_{nk} = 0$$

für $k = 1, 2, \ldots n$. Ob nun aber, wenn diese erfüllt ist, eine Lösung auch wirklich existiert und wie sie gefunden werden kann, ergibt sich aus unserer Methode noch nicht, da sich die Gleichungen (4) jetzt identisch auf $0 = 0$ reduzieren.

Es empfiehlt sich in diesem Fall, unsere ursprünglichen Gleichungen durch Einführung einer neuen Unbekannten x_0 homogen zu machen. Setzen wir nämlich $\frac{x_1}{x_0}, \ldots \frac{x_n}{x_0}$ an Stelle von $x_1, \ldots x_n$ und schreiben noch der Symmetrie wegen $-a_{10}, \ldots -a_{n0}$ statt $c_1, \ldots c_n$, so nehmen die Gleichungen (1) die Form an:

$$
\begin{aligned}
& a_{10} x_0 + a_{11} x_1 + \cdots + a_{1n} x_n = 0 \\
(7) \quad & \cdots \cdots \cdots \cdots \cdots \cdots \cdots \cdots \\
& a_{n0} x_0 + a_{n1} x_1 + \cdots + a_{nn} x_n = 0.
\end{aligned}
$$

Ein solches homogenes Gleichungssystem hat immer die triviale Lösung

$$x_0 = x_1 = \cdots = x_n = 0,$$

von welcher wir absehen wollen. Dann wird man bemerken, daß das System, wenn es überhaupt eine (weitere) Lösung zuläßt, deren gleich unendlich viele hat; denn wenn etwa

$$x_0 = a_0, \; x_1 = a_1, \ldots x_n = a_n$$

eine Lösung darstellt, so ist offenbar auch

$$x_0 = \varrho a_0, \; x_1 = \varrho a_1, \ldots x_n = \varrho a_n$$

eine Lösung, wo ϱ ein beliebiger Faktor ist.

Nehmen wir nun an, daß wir für die Gleichungen (7) eine Lösung gefunden haben, bei der x_0 von Null verschieden ist, so haben wir wegen der Willkürlichkeit des Faktors ϱ auch eine Lösung mit $x_0 = 1$ und haben dann sogleich eine Lösung des Systems (1). Wenn dagegen die Gleichungen (7) nur solche Lösungen zulassen, für welche $x_0 = 0$ ist, so haben die Gleichungen (1) offenbar gar keine Lösung, d. h. sie widersprechen sich, so lange nicht alle c_i Null sind. Beispielsweise würden die zwei Gleichungen

$$x + y = 1, \quad x + y = 2$$

mit den Unbekannten x, y augenscheinlich diesem Typus angehören.

4. Homogene Gleichungen. Durch diese Erwägungen wird die vollständige Auflösung der Gleichungen (1) zurückgeführt auf das homogene System (7). Dieses enthält eine Unbekannte mehr als Gleichungen. Ehe wir aber derartige Gleichungssysteme untersuchen, ist es nützlich, zuerst solche homogene Systeme zu betrachten, die ebenso viele Unbekannte wie Gleichungen enthalten. Ist etwa n diese Anzahl, so haben wir

$$
\begin{aligned}
a_{11} x_1 + a_{12} x_2 + \cdots + a_{1n} x_n &= 0 \\
a_{21} x_1 + a_{22} x_2 + \cdots + a_{2n} x_n &= 0 \\
& \cdots \cdots \cdots \cdots \\
a_{n1} x_1 + a_{n2} x_2 + \cdots + a_{nn} x_n &= 0.
\end{aligned}
$$

(1)

Um diese Gleichungen aufzulösen, bemerke man, daß sie sich von dem zuerst behandelten System (2, 2, 1) nur dadurch unterscheiden, daß die rechts stehenden Größen $c_1, \ldots c_n$ alle durch Null ersetzt sind. Verfahren wir also wie dort, indem wir die Gleichungen der Reihe nach mit A_{1k}, $A_{2k}, \ldots A_{nk}$ multiplizieren und dann addieren, so erhalten wir

$$A x_k = 0, \qquad \text{wobei wieder}$$

(2)
$$
A = \begin{vmatrix}
a_{11} a_{12} \ldots a_{1n} \\
\cdot \cdot \cdot \cdot \cdot \cdot \cdot \\
a_{n1} a_{n2} \ldots a_{nn}
\end{vmatrix}
$$

gesetzt ist. Ist A von Null verschieden, so hat das System (1) nur die selbstverständliche Lösung

$$x_1 = x_2 = \cdots = x_n = 0.$$

Sollen also noch weitere Lösungen existieren, so muß jedenfalls $A = 0$ sein. Weil somit die Bedingung $A = 0$ notwendig ist für das Zusammenbestehen der Gleichungen (1), so wird A als **Resultante** dieser Gleichungen bezeichnet.

Wir müssen nun aber noch untersuchen, ob die Bedingung $A = 0$ auch hinreichend ist dafür, daß die Gleichungen (1) eine Lösung haben, und wie sie gefunden werden kann. Zu dem Zweck setzen wir zuerst voraus, daß von der Determinante A nicht auch alle Unterdeterminanten[1] $(n-1)$-ten Grades verschwinden, daß sie also, wie man sagt, den Rang $n-1$ besitzt.

Ist speziell z. B. A_{nn} nicht Null, so setzen wir die linken Seiten der Gleichungen (1) zur Abkürzung $u_1, u_2, \ldots u_n$, so daß also

$$u_1 \equiv a_{11}x_1 + a_{12}x_2 + \cdots + a_{1n}x_n$$

(3)
$$\cdots \cdots \cdots \cdots \cdots \cdots \cdots$$

$$u_n \equiv a_{n1}x_1 + a_{n2}x_2 + \cdots + a_{nn}x_n$$

ist. Dann folgt wegen $A = 0$

$$A_{1n}u_1 + A_{2n}u_2 + \cdots + A_{nn}u_n = A\,x_n = 0,$$

oder auch, da A_{nn} nach Voraussetzung nicht Null ist

$$u_n = -\frac{A_{1n}}{A_{nn}}u_1 - \frac{A_{2n}}{A_{nn}}u_2 - \cdots - \frac{A_{n-1,n}}{A_{nn}}u_{n-1}.$$

Daher setzt sich u_n linear aus den übrigen u_i zusammen, und folglich befriedigt jedes Wertesystem $x_1, \ldots x_n$, welches den Gleichungen

$$(4) \qquad\qquad u_1 = 0, \quad u_2 = 0, \ldots u_{n-1} = 0$$

genügt, ganz von selbst auch die Gleichung $u_n = 0$. Diese ist also in unserm System überschüssig und braucht nicht weiter berücksichtigt zu werden. Um aber die Gleichungen (4), das sind die $n-1$-ten der Gleichungen (1), aufzulösen, schreiben wir sie in der Form

$$a_{11}x_2 + a_{12}x_2 + \cdots + a_{1,n-1}x_{n-1} = \qquad -a_{1n}x_n$$

$$\cdots \cdots \cdots \cdots \cdots \cdots \cdots \cdots$$

$$a_{n-1,1}x_1 + a_{n-1,2}x_2 + \cdots + a_{n-1,n-1}x_{n-1} = -a_{n-1,n}x_n.$$

Denken wir uns hierin x_n ganz willkürlich, so ist die Determinante dieses Gleichungssystems gleich A_{nn}, also nicht Null, so daß wir die Lösungsmethode von (2, 2, 2) anwenden können, wobei nur an Stelle von A jetzt A_{nn} tritt. Es kommt dann:

$$x_k = \frac{1}{A_{nn}} \begin{vmatrix} a_{11} \cdots & a_{1,k-1} & -a_{1n}x_n\, a_{1,k+1} \cdots & a_{1,n-1} \\ \cdots \cdots & \cdots \cdots & \cdots \cdots \cdots \cdots & \cdots \cdots \\ a_{n-1,1} \cdots a_{n-1,k-1} & -a_{n-1,n}x_n\, a_{n-1,k+1} \cdots & a_{n-1,n-1} \end{vmatrix}.$$

Schiebt man hier die k-te Vertikalreihe über die folgenden hinweg und zieht aus ihr den Faktor x_n, so ergibt sich:

$$(5) \qquad\qquad x_k = \frac{A_{kn}}{A_{nn}}\,x_n$$

---

1) **Unterdeterminante** einer gegebenen Determinante D heißt allgemein eine Determinante, die aus D durch Weglassen einiger Zeilen und Kolonnen entsteht.

für $k = 1, 2, \ldots n-1$. Man erkennt hieraus, daß unser Gleichungssystem wirklich eine Lösung hat, und zwar bleibt eine Unbekannte, nämlich x_n, ganz willkürlich, während die anderen Unbekannten durch x_n eindeutig bestimmt sind. Man sagt daher, das System ist einfach unbestimmt, und die Lösungen bilden eine einfache oder eindimensionale Mannigfaltigkeit.

Wir können die Lösungen (5) auch in der übersichtlichen Form schreiben:

$$x_1 : x_2 : \cdots : x_n = A_{1n} : A_{2n} : \cdots : A_{nn};$$

oder auch symbolisch

$$x_1 : x_2 : \cdots : x_n = \left\| \begin{array}{cccc} a_{11} & a_{12} & \ldots & a_{1n} \\ \cdot & \cdot & \cdots & \cdot \\ a_{n-1,1} & a_{n-1,1} & \cdots & a_{n-1,n} \end{array} \right\|,$$

wodurch eben ausgedrückt werden soll, daß die links stehenden Größen proportional sind den Determinanten des rechts stehenden Schemas, mit abwechselnden Vorzeichen.

Wenn nun aber $A_{nn} = 0$ ist, so wird eine andere Unterdeterminante $(n-1)$-ten Grades, etwa A_{ik}, nicht verschwinden, und es kommt ebenso:

$$x_1 : x_2 : \cdots : x_n = A_{1k} : A_{2k} : \cdots : A_{nk}.$$

Überhaupt erkennt man, daß diese Proportion für jeden Index k besteht, bei dem nicht alle Glieder der rechten Seite verschwinden. Daher muß auch

$$A_{1k} : A_{2k} : \cdots : A_{nk} = A_{1i} : A_{2i} : \cdots : A_{ni}$$

sein, was wir später auch auf andere Weise bestätigen werden.

Wir könnten jetzt zu dem Fall aufsteigen, daß nicht nur A selbst, sondern auch alle Unterdeterminanten $(n-1)$-ten Grades verschwinden. Dann wären zwei Gleichungen überschüssig, und das System wäre zweifach unbestimmt, indem zwei Unbekannte willkürlich blieben. An dritter Stelle käme dann der Fall, daß auch noch alle Unterdeterminanten $(n-2)$-ten Grades, aber nicht mehr alle $(n-3)$-ten Grades verschwinden, usw.

Indes wollen wir diese Untersuchung gleich an einem sehr viel allgemeineren Gleichungssystem durchführen, indem wir annehmen, daß μ homogene Gleichungen mit ν Unbekannten vorliegen, wobei es ganz gleichgültig ist, ob μ gleich, größer oder kleiner als ν ist.

Sind etwa

$$
\begin{aligned}
a_{11}x_1 + a_{12}x_2 + \cdots + a_{1\nu}x_\nu &= 0 \\
a_{21}x_1 + a_{22}x_2 + \cdots + a_{2\nu}x_\nu &= 0 \\
\cdots \cdots \cdots \cdots \cdots \cdots \cdots \\
a_{\mu 1}x_1 + a_{\mu 2}x_2 + \cdots + a_{\mu\nu}x_\nu &= 0
\end{aligned}
\tag{6}
$$

unsere Gleichungen, so schreiben wir ihre Koeffizienten in der Anordnung, wie sie in den Gleichungen auftreten, in ein Schema von μ Horizontal- und ν Vertikalreihen zusammen:

$$(7) \qquad \left\| \begin{array}{c} a_{11} a_{12} \ldots a_{1\nu} \\ \cdots \cdots \cdots \\ a_{\mu 1} a_{\mu 2} \ldots a_{\mu \nu} \end{array} \right\| .$$

Ein solches Schema wird „Matrix" genannt, und wir können aus dieser Matrix in mannigfacher Weise Determinanten gewinnen, indem wir einige Horizontal- und Vertikalreihen unterdrücken. Eine Determinante vom n-ten Grad ($n \le \nu$, $n \le \mu$) wird z. B. immer entstehen, wenn irgend $\mu - n$ Horizontal- und $\nu - n$ Vertikalreihen weggelassen werden, und folglich ist die Anzahl der Determinanten n-ten Grades, die sich aus der Matrix herausschneiden lassen, gleich $\binom{\nu}{n}\binom{\mu}{n}$.

Man sagt nun, die Matrix ist vom „Range" n, wenn ihre Determinanten n-ten Grades nicht alle gleich Null sind, wohl aber die Determinanten höheren Grades (wenn es solche gibt). Es zeigt sich, daß es bei der Auflösung der Gleichungen (6) wesentlich auf den Rang der Matrix (7) ankommt. Nehmen wir nämlich an, die Matrix sei vom Range n, und es sei etwa speziell die aus den n ersten Horizontal- und Vertikalreihen gebildete Determinante, d. i.

$$(8) \qquad A = \left| \begin{array}{c} a_{11} a_{12} \ldots a_{1n} \\ \cdots \cdots \cdots \\ a_{n1} a_{n2} \ldots a_{nn} \end{array} \right|$$

von Null verschieden.[1]) Dann läßt sich zunächst zeigen, daß die $\mu - n$ letzten unserer Gleichungen (6) von den ersten n linear abhängen, daß sie also überschüssig sind. Greifen wir nämlich von den Gleichungen (6) die n ersten und noch irgendeine der $\mu - n$ letzten heraus, und bezeichnen ihre linken Seiten mit $u_1, u_2, \ldots u_p$, so ist

$$(9) \qquad \begin{aligned} u_1 &= a_{11} x_1 + a_{12} x_2 + \cdots + a_{1\nu} x_\nu \\ &\cdots \cdots \cdots \cdots \cdots \cdots \cdots \\ u_n &= a_{n1} x_1 + a_{n2} x_2 + \cdots + a_{n\nu} x_\nu \\ u_p &= a_{p1} x_1 + a_{p2} x_2 + \cdots + a_{p\nu} x_\nu, \end{aligned}$$

---

1) Sollte $A = 0$ sein, aber eine andere Determinante $n$ten Grades von Null verschieden, so ließe sich die Sache ebenso behandeln. Man kann aber diesen Fall auch einfach dadurch auf den des Textes reduzieren, daß man die Reihenfolge unserer Gleichungen in geeigneter Weise abändert und auch die Unbekannten passend umnumeriert.

wo p eine beliebige der Zahlen $n + 1$, $n + 2$, ... μ bedeutet. Bilden wir dann die Determinante $(n + 1)$-ten Grades

$$(10) \qquad \begin{vmatrix} a_{11}a_{12} \dots a_{1n}u_1 \\ \cdot \; \cdot \; \cdot \; \cdot \; \cdot \; \cdot \; \cdot \\ a_{n1}a_{n2} \dots a_{nn}u_n \\ a_{p1}a_{p2} \dots a_{pn}u_p \end{vmatrix},$$

so sind die Elemente ihrer letzten Vertikalreihe ν-gliedrige Summen. Die Determinante ist daher nach S. 46 eine Summe von ν Determinanten der Form

$$\begin{vmatrix} a_{11}a_{12} \dots a_{1n}a_{1i}x_i \\ \cdot \; \cdot \; \cdot \; \cdot \; \cdot \; \cdot \; \cdot \\ a_{n1}a_{n2} \dots a_{nn}a_{ni}x_i \\ a_{p1}a_{p2} \dots a_{pn}a_{pi}x_i \end{vmatrix} = x_i \begin{vmatrix} a_{11}a_{12} \dots a_{1n}a_{1i} \\ \cdot \; \cdot \; \cdot \; \cdot \; \cdot \; \cdot \; \cdot \\ a_{n1}a_{n2} \dots a_{nn}a_{ni} \\ a_{p1}a_{p2} \dots a_{pn}a_{pi} \end{vmatrix}.$$

Diese Determinanten sind aber alle gleich Null; denn sie sind zum Teil solche, deren letzte Vertikalreihe mit einer früheren übereinstimmt, zum andern Teil sind es $(n + 1)$-reihige Determinanten der Matrix (7), die verschwinden, weil der Rang nur gleich n ist. Somit ist die Determinante (10) in der Tat identisch Null. Entwickelt man sie aber nach den Elementen der letzten Vertikalreihe und beachtet, daß dabei der Koeffizient von u_p gerade die Determinante A, also von Null verschieden ist, so erhält man dadurch u_p ausgedrückt als lineare Funktion von $u_1, u_2, \dots u_n$. Die Gleichung $u_p = 0$ ist also eine lineare Verbindung der n ersten und folglich in der Tat überschüssig.

Hiernach brauchen wir nur noch die n ersten der Gleichungen (6) aufzulösen. Schreiben wir diese aber in Gestalt

$$a_{11}x_1 + a_{12}x_2 + \cdots + a_{1n}x_n = -(a_{1,n+1}x_{n+1} + \cdots + a_{1\nu}x_\nu)$$
$$(11) \qquad \cdot \; \cdot \; \cdot \; \cdot \; \cdot \; \cdot \; \cdot \; \cdot \; \cdot \; \cdot \; \cdot \; \cdot \; \cdot \; \cdot \; \cdot \; \cdot \; \cdot \; \cdot \; \cdot \; \cdot$$
$$a_{n1}x_1 + a_{n2}x_2 + \cdots + a_{nn}x_n = -(a_{n,n+1}x_{n+1} + \cdots + a_{n\nu}x_\nu),$$

so erkennt man, daß die Unbekannten $x_{n+1}, \dots x_\nu$ ganz willkürlich gewählt werden können, während x_1, x_2, ... x_n nach der in (2, 2, 2) gegebenen Methode dann eindeutig bestimmt sind; denn die Determinante A ist ja nicht Null.

Es ist aber zu beachten, daß man nicht $\nu - n$ beliebige der Unbekannten willkürlich wählen darf, wie wir an Beispielen näher sehen werden. Ferner bemerke man, daß gewiß dann immer Lösungen vorhanden sind, wenn die Anzahl der Gleichungen geringer ist als die der Unbekannten.

Dann ist nämlich $\mu < \nu$, also erst recht $n < \nu$, und daher die Dimension $\nu - n$ positiv.

Noch mag man bemerken, daß der Beweis des eben ausgesprochenen Satzes die Annahme $n \neq 0$ benutzte. Der Satz bleibt aber auch für $n = 0$, d. h. für den Fall, daß alle Gleichungskoeffizienten verschwinden, richtig.

Wenn man von den homogenen Gleichungen (6) mehrere Lösungen kennt, etwa

$$x_1 = a_1, \quad x_2 = a_2, \ldots x_\nu = a_\nu$$
$$x_1 = b_1, \quad x_2 = b_2, \ldots x_\nu = b_\nu$$
$$\cdots \cdots \cdots \cdots \cdots,$$

so kann man daraus neue herleiten durch lineare Verbindungen, indem ja offenbar

$$x_1 = \alpha a_1 + \beta b_1 + \cdots, \quad x_2 = \alpha a_2 + \beta b_2 + \cdots, \quad x_\nu = \alpha a_\nu + \beta b_\nu + \cdots$$

ebenfalls Lösungen sind, die Multiplikatoren α, β mögen sein, welche sie wollen. Man sieht nun leicht, daß es genau $\nu - n$ Lösungen gibt, aus denen alle anderen linear zusammengesetzt werden können. Solche $\nu - n$ Lösungen nennen wir ein „Fundamentalsystem". Da $x_{n+1}, \ldots x_\nu$ willkürlich bleiben, so können etwa die folgenden $\nu - n$ Lösungen als Fundamentalsystem gewählt werden:

$$x_{n+1} = 1, \quad x_{n+2} = 0, \ldots x_\nu = 0$$
$$x_{n+1} = 0, \quad x_{n+2} = 1, \ldots x_\nu = 0$$
$$\cdots \cdots \cdots \cdots \cdots \cdots$$
$$x_{n+1} = 0, \quad x_{n+2} = 0, \ldots x_\nu = 1,$$

wobei die jeweils zugehörigen Werte von $x_1, \ldots x_n$ aus (11) zu berechnen sind. Allgemein werden die $\nu - n$ Lösungen

$$x_k = a_{ki} \; (k = 1,2 \ldots \nu; \; i = 1,2 \ldots \nu - n)$$

immer dann ein Fundamentalsystem darstellen, wenn die $(\nu - n)$-reihige Determinante

$$\begin{vmatrix} a_{n+1\,1} & \cdots & a_{\nu 1} \\ \cdots & \cdots & \cdots \\ a_{n+1\,\nu-n} & \cdots & a_{\nu\,\nu-n} \end{vmatrix} \qquad \text{nicht Null ist.}$$

Um dies einzusehen, brauchen wir nur zu zeigen, daß jede Lösung sich linear aus ihnen zusammensetzen läßt, daß also zu willkürlichen Werten $x_{n+1}, \ldots x_\nu$ sich die Multiplikatoren $\alpha_1, \alpha_2, \ldots \alpha_{\nu-n}$ derart bestimmen lassen, daß

$$\alpha_1 a_1 + \alpha_2 a_2 + \cdots + \alpha_{\nu-n} a_{\nu-n} = x_{n+1}$$
$$\alpha_1 b_1 + \alpha_2 b_2 + \cdots + \alpha_{\nu-n} b_{\nu-n} = x_{n+2}$$
$$\cdots \cdots \cdots \cdots \cdots \cdots \cdots \cdots$$
$$\alpha_1 g_1 + \alpha_2 g_2 + \cdots + \alpha_{\nu-n} g_{\nu-n} = x_\nu$$

wird. Dies ist aber, wenn Q nicht verschwindet, nach $(2, 1, 1)$ in der Tat möglich, und zwar nur auf eine Weise. W. z. b. w.

Anhang: Die Gesamtheit aller Lösungen $(x_1 \ldots x_\nu)$ **von (6) bildet eine sogenannte** $\nu - n$**-dimensionale Mannigfaltigkeit.** Damit soll gesagt sein, daß man jede Lösung, wie wir schon zeigten, aus $\nu - n$ Lösungen (eines Fundamentalsystems) linear darstellen kann, daß es aber nicht möglich ist, alle Lösungen aus weniger als $\nu - n$ derselben linear darzustellen. Sind nämlich

$$(a_{1i} \ldots a_{\nu i}) \qquad\qquad (i=1,2\ldots\mu,\,\mu<n-\nu)$$

Lösungen, deren Matrix den Rang μ hat und sind

$$(b_{1\varrho} \ldots b_{\nu\varrho}) \qquad\qquad (\varrho=1\ldots n-\nu)$$

daraus linear kombinierte Lösungen, so ist der Rang der Matrix dieser $n - \nu$ Lösungen stets höchstens μ, während er auch den Wert $n - \nu$ müßte haben können, wenn es möglich wäre, alle Lösungen, namentlich also auch die des vorhin aufgestellten Fundamentalsystems daraus linear darzustellen. Diese Behauptung ist gewiß richtig, wenn der Rang der Matrix aus beliebigen μ Lösungen b stets kleiner als μ ist. Anderenfalls seien

$$b_{k\sigma} = z_{1\sigma}a_{k1} + z_{2\sigma}a_{k2} \cdots + z_{\mu\sigma}a_{k\mu} \qquad (k=1,\ldots\nu;\,\sigma=1,2\ldots\mu)$$

μ Lösungen, deren Matrix den Rang μ hat. Daher ist die Determinante $\|z_{ik}\| \neq 0.$[1]) Ist dann

$$b_k = z_1 a_{k1} \cdots + z_\mu a_{k\mu} \qquad\qquad (k=1\ldots\nu)$$

irgendeine weitere Lösung, so kann man die Zahlen $\lambda_1 \ldots \lambda_\mu$ stets so bestimmen, daß die Gleichungen

$$z_\nu = \lambda_1 z_{1\nu} \cdots + \lambda_\mu z_{\mu\nu} \qquad\qquad (\nu=1\ldots\mu)$$

erfüllt sind. Daher ist dann

$$b_k = \lambda_1 b_{k1} + \cdots + \lambda_\mu b_{k\mu}, \qquad\qquad (k=1\ldots\nu)$$

und daher ist der Rang der Matrix

$$\begin{matrix} b_{11} & \ldots & b_{\nu 1} \\ \cdot & \cdot & \cdot \\ b_{1\mu} & \ldots & b_{\nu\mu} \\ b_1 & \ldots & b_\mu \end{matrix}$$

gleichfalls μ. (Man vgl. hierzu auch was S. 91/92 über lineare Abhängigkeit gesagt werden wird.)

---

[1]) Dies lehrt der Multiplikationssatz der Determinanten, dessen Beweis auf S. 65 folgt.

5. Beispiele. Ein paar Beispiele mögen das in den letzten Nummern Gesagte erläutern.

Erstes Beispiel. Seien die fünf Gleichungen mit fünf Unbekannten gegeben

$$x - 2y + 3z - u - v = 0$$
$$2x - y + z + 0u - 2v = 0$$
$$-2x - 5y + 8z - 4u + 3v = 0$$
$$-x - y + 2z - u + v = 0$$
$$-x - y + z - u + 2v = 0.$$

Die Matrix dieses Systems ist

$$\left\|\begin{array}{rrrrr} 1 & -2 & 3 & -1 & -1 \\ 2 & -1 & 1 & 0 & -2 \\ -2 & -5 & 8 & -4 & 3 \\ -1 & -1 & 2 & -1 & 1 \\ -1 & -1 & 1 & -1 & 2 \end{array}\right\|.$$

Ihre fünfreihige Determinante verschwindet, wie die Ausrechnung zeigt. Aber auch die Determinanten vierten Grades sind sämtlich Null. Dagegen ist von den dreireihigen z. B. die aus den drei ersten Horizontal- und Vertikalreihen gebildete gleich

$$\left|\begin{array}{rrr} 1 & -2 & 3 \\ 2 & -1 & 1 \\ -2 & -5 & 8 \end{array}\right| = -3,$$

also von Null verschieden. Demnach müssen die zwei letzten Gleichungen überschüssig sein. Man erkennt auch in der Tat, daß die vierte Gleichung nichts anderes ist als die Differenz der zwei ersten, während die fünfte dadurch aus den drei ersten entsteht, daß man sie mit $-3, 2, 1$ multipliziert und dann addiert.

Um die drei ersten Gleichungen aufzulösen, schreiben wir sie in der Form

$$x - 2y + 3z = u + v$$
$$2x - y + z = 2v$$
$$-2x - 5y + 8z = 4u - 3v.$$

Es bleiben also u, v willkürlich, und für x, y, z findet man

$$-3x = \begin{vmatrix} u+v & -2 & 3 \\ 2v & -1 & 1 \\ 4u-3v & -5 & 8 \end{vmatrix}; \quad -3y = \begin{vmatrix} 1 & u+v & 3 \\ 2 & 2v & 1 \\ -2 & 4u-3v & 8 \end{vmatrix};$$

$$-3z = \begin{vmatrix} 1 & -2 & u+v \\ 2 & -1 & 2v \\ -2 & -5 & 4u-3v \end{vmatrix},$$

oder durch Ausrechnung der Determinanten

$$x = \tfrac{1}{3}(-u+4v), \; y = \tfrac{1}{3}(-2u+5v), \; z = v.$$

Aus diesem Beispiel erkennt man wieder, daß nicht zwei beliebige der Unbekannten willkürlich gewählt werden dürfen; z und v nämlich nicht, weil bei jeder Lösung $z = v$ sein muß.

Um ein Fundamentalsystem zu erhalten, setzen wir einmal $u = 3$, $v = 0$, sodann $u = 0$, $v = 3$, wodurch man die beiden Lösungen erhält

$$x = -1, \; y = -2, \; z = 0, \; u = 3, \; v = 0$$

und

$$x = 4, \; y = 5, \; z = 3, \; u = 0, \; v = 3.$$

Die allgemeine Lösung hat daher die Form

$$x = -\alpha + 4\beta, \; y = -2\alpha + 5\beta, \; z = 3\beta, \; u = 3\alpha, \; v = 3\beta.$$

Wir können aber auch irgendein anderes Fundamentalsystem wählen, etwa dasjenige, welches für $u = 1$, $v = 1$ und $u = -2$, $v = 1$ resultiert. Dann erhalten wir die allgemeine Lösung in der Form:

$$x = \alpha' + 2\beta', \; y = \alpha' + 3\beta', \; z = \alpha' + \beta', \; u = \alpha' - 2\beta', \; v = \alpha' + \beta'.$$

Dies muß natürlich auf das gleiche hinauslaufen wie vorhin, was man auch leicht bestätigt, indem man

$$\alpha' = \alpha + 2\beta, \; \beta' = -\alpha + \beta \quad \text{setzt.}$$

Man wird übrigens bei numerisch gegebenen Gleichungen durch kleine Kunstgriffe meist die allgemeine Methode umgehen oder doch wesentlich abkürzen können. So ergibt sich bei unserem Beispiel, indem man die beiden letzten Gleichungen voneinander abzieht, sogleich $z = v$. Setzt man dies in die zweite ein, so kommt

$$z = v = 2x - y,$$

und sodann aus der ersten

$$u = x - 2y + 2z = 5x - 4y.$$

Führt man diese Werte von z, v, u in die drei letzten Gleichungen ein, so werden sie identisch befriedigt, so daß die Auflösung bereits fertig geleistet ist, indem x, y willkürlich bleiben. Man sieht leicht, daß diese Lösung mit der vorigen übereinstimmt.

Zweites Beispiel. Gegeben sind die drei Ebenen mit den Gleichungen

$$a_1 x + b_1 y + c_1 z + d_1 = 0$$
$$a_2 x + b_2 y + c_2 z + d_2 = 0$$
$$a_3 x + b_3 y + c_3 z + d_3 = 0.$$

Man bestimme ihren Schnittpunkt, eventuell die ihnen gemeinsamen Punkte.

Wir bezeichnen die dreireihigen Determinanten der Matrix

$$\left\| \begin{array}{cccc} a_1 & b_1 & c_1 & d_1 \\ a_2 & b_2 & c_2 & d_2 \\ a_3 & b_3 & c_3 & d_3 \end{array} \right\|$$

mit α, β, γ, δ. Wenn dann δ nicht Null ist, so kommt

$$x : y : z : 1 = \alpha : -\beta : \gamma : -\delta,$$

oder
$$x = -\frac{\alpha}{\delta}, \quad y = \frac{\beta}{\delta}, \quad z = -\frac{\gamma}{\delta}.$$

Die Ebenen haben also in diesem Fall einen im Endlichen gelegenen Punkt miteinander gemein.

Wenn aber $\delta = 0$ ist, dagegen nicht alle dreireihigen Determinanten der Matrix verschwinden, so machen wir die Gleichungen homogen, indem wir $\frac{x}{t}$, $\frac{y}{t}$, $\frac{z}{t}$ an Stelle von x, y, z setzen. Es kommt dann

$$x : y : z : t = \alpha : -\beta : \gamma : 0.$$

Die Ebenen haben daher jetzt keinen im Endlichen gelegenen Punkt miteinander gemein, wohl aber einen und zwar nur einen unendlich fernen. Die Richtung, in der dieser unendlich ferne Punkt liegt, bestimmt sich durch die Gleichungen

$$x : y : z = \alpha : -\beta : \gamma.$$

Wir kommen jetzt zu dem Fall, daß alle dreireihigen Determinanten verschwinden, aber nicht alle zweireihigen. Wenn dann speziell in der Determinante

$$\delta = \left| \begin{array}{ccc} a_1 & b_1 & c_1 \\ a_2 & b_2 & c_2 \\ a_3 & b_3 & c_3 \end{array} \right|$$

eine von Null verschiedene zweireihige Unterdeterminante enthalten ist, so werden wir t und eine passende der anderen Unbekannten willkürlich wählen können; z. B. t und z, wenn schon die zwei ersten Vertikalreihen eine von Null verschiedene Determinante aufweisen. Die allgemeine Lösung hat dann die Form

$$x = \lambda z + \mu t, \; y = \nu z + \varrho t,$$

und dies zeigt, daß die drei Ebenen eine im Endlichen gelegene Gerade miteinander gemein haben.

Wenn aber die zweireihigen Unterdeterminanten von δ alle verschwinden, so können nur zwei passende von den Größen x, y, z willkürlich gewählt werden, während t immer gleich Null wird. Die allgemeine Lösung hat daher jetzt die Form

$$a x + b y + c z = 0, \; t = 0;$$

daher haben die Ebenen eine unendlich ferne Gerade miteinander gemein, sind also parallel.

Endlich betrachten wir den Fall, daß auch alle zweireihigen Determinanten Null sind. Dann bleiben drei der homogenen Unbekannten willkürlich, und zwei Gleichungen sind überschüssig. Die drei Ebenen fallen daher jetzt in eine einzige zusammen.

Drittes Kapitel.

Weiteres über Determinanten.

1. Der Multiplikationssatz der Determinanten. Setzen wir, dem Gebrauch der Vektorrechnung folgend, für das innere Produkt zweier Zahlenfolgen

$$\mathfrak{a}_i \cdot \mathfrak{b}_k = \sum_{\lambda=1}^{n} a_{i\lambda} b_{k\lambda},$$

so ist

$$\begin{vmatrix} a_{11} \dots a_{1n} \\ a_{21} \dots a_{2n} \\ \cdot \cdot \cdot \cdot \cdot \\ a_{n1} \dots a_{nn} \end{vmatrix} \cdot \begin{vmatrix} b_{11} \dots b_{1n} \\ b_{21} \dots b_{2n} \\ \cdot \cdot \cdot \cdot \cdot \\ b_{n1} \dots b_{nn} \end{vmatrix} = \begin{vmatrix} \mathfrak{a}_1\mathfrak{b}_1 \; \mathfrak{a}_1\mathfrak{b}_2 \dots \mathfrak{a}_1\mathfrak{b}_n \\ \mathfrak{a}_2\mathfrak{b}_1 \; \mathfrak{a}_2\mathfrak{b}_2 \dots \mathfrak{a}_2\mathfrak{b}_n \\ \cdot \cdot \cdot \cdot \cdot \cdot \cdot \cdot \cdot \\ \mathfrak{a}_n\mathfrak{b}_1 \; \mathfrak{a}_n\mathfrak{b}_2 \dots \mathfrak{a}_n\mathfrak{b}_n \end{vmatrix} .$$

Denn auf der linken Seite steht eine Funktion

$$\Delta(\mathfrak{b}_1 \dots \mathfrak{b}_n), \qquad \text{für die}$$

$$\Delta(\mathfrak{b}_1 \dots \mathfrak{b}_\lambda + \mathfrak{b}_\mu \dots \mathfrak{b}_n) \tag{1}$$

$$= \Delta(\mathfrak{b}_1 \dots \mathfrak{b}_\lambda \dots \mathfrak{b}_n) \quad (\lambda \neq \mu)$$

$$(2) \qquad \Delta(\mathfrak{b}_1 \ldots k\mathfrak{b}_\lambda \ldots \mathfrak{b}_n) = k\Delta(\mathfrak{b}_1, \ldots \mathfrak{b}_n)$$

$$(3) \qquad \Delta(\mathfrak{e}_1 \ldots \mathfrak{e}_n) = \|\, a_{ik}\, \|.$$

Dadurch ist nach (2, 1, 6) die Funktion Δ eindeutig festgelegt.

Auf der rechten Seite steht aber eine Funktion

$$f(\mathfrak{b}_1, \ldots \mathfrak{b}_n),$$

für die $(\lambda \neq \mu)$

$$f(\mathfrak{b}_1 \ldots \mathfrak{b}_\lambda + \mathfrak{b}_\mu \ldots \mathfrak{b}_n)$$

$$= \begin{vmatrix} \ldots \mathfrak{a}_1(\mathfrak{b}_\lambda + \mathfrak{b}_\mu) \ldots \\ \cdots \cdots \cdots \\ \ldots \mathfrak{a}_n(\mathfrak{b}_\lambda + \mathfrak{b}_\mu) \ldots \end{vmatrix}$$

$$= \begin{vmatrix} \ldots \mathfrak{a}_1\mathfrak{b}_\lambda \ldots \\ \cdots \cdots \cdots \\ \ldots \mathfrak{a}_n\mathfrak{b}_\lambda \ldots \end{vmatrix} + \begin{vmatrix} \ldots \mathfrak{a}_1\mathfrak{b}_\mu \ldots \\ \cdots \cdots \cdots \\ \ldots \mathfrak{a}_1\mathfrak{b}_\mu \ldots \end{vmatrix}.$$

Dies ergibt sich ja sofort aus (2, 18), wenn man nach der λ-ten Kolonne entwickelt. Nun aber stimmt in dem zweiten Summanden die λ-te Kolonne mit der μ-ten überein. Daher ist

$$(4) \qquad f(\mathfrak{b}_1 \ldots \mathfrak{b}_\lambda + \mathfrak{b}_\mu \ldots \mathfrak{b}_n)$$

$$= f(\mathfrak{b}_1 \ldots \mathfrak{b}_n). \qquad\qquad \text{Weiter gilt}$$

$$(5) \qquad f(\mathfrak{b}_1 \ldots k\mathfrak{b}_\lambda \ldots \mathfrak{b}_n) = kf(\mathfrak{b}_1 \ldots \mathfrak{b}_n)$$

wie man sofort verifiziert.

Endlich ist

$$(6) \qquad f(\mathfrak{e}_1 \ldots \mathfrak{e}_n) = \|\, a_{ik}\, \|.$$

Denn es ist $\qquad \mathfrak{a}_i \cdot \mathfrak{e}_k = a_{ik}.$

Daher ist nach (2, 2, 6) $\quad f(\mathfrak{b}_1 \ldots \mathfrak{b}) = \Delta(\mathfrak{b}_1 \ldots \mathfrak{b})$

Damit ist der Multiplikationssatz bewiesen.

Da nach S. 50 der Wert einer jeden Determinante unverändert bleibt, wenn man die Zeilen und die Kolonnen derselben miteinander vertauscht, so muß man bei der Produktbildung nicht notwendig die Zeilen in die Zeilen multiplizieren, sondern man kann auch die Zeilen in die Kolonnen, oder die Kolonnen mit den Zeilen, oder die Kolonnen mit den Kolonnen multiplizieren.

Beispiele. Multipliziert man die Zeilen mit den Zeilen, so gibt

$$\begin{vmatrix} a & b & c \\ a' & b' & c' \\ a'' & b'' & c'' \end{vmatrix} \cdot \begin{vmatrix} x & y & z \\ x' & y' & z' \\ x'' & y'' & z'' \end{vmatrix} = \begin{vmatrix} ax+by+cz & ax'+by'+cz' & ax''+by''+cz'' \\ a'x+b'y+c'z & a'x'+b'y'+c'z' & a'x''+b'y''+c'z'' \\ a''x+b''y+c''z & a''x'+b''y'+c''z' & a''x''+b''y''+c''z'' \end{vmatrix}.$$

Multipliziert man jedoch die Kolonnen mit den Kolonnen, so ist das Produkt

$$= \begin{vmatrix} ax + a'x' + a''x'' & bx + b'x' + b''x'' & cx + c'x' + c''x'' \\ ay + a'y' + a''y'' & by + b'y' + b''y'' & cy + c'y' + c''y'' \\ az + a'z' + a''z'' & bz + b'z' + b''z'' & cz + c'z' + c''z'' \end{vmatrix} \cdot$$

Setzt man die zwei Faktoren gleich, so erhält man das Quadrat einer Determinante wieder als Determinante. So ist

$$\begin{vmatrix} a & b & c \\ a' & b' & c' \\ a'' & b'' & c'' \end{vmatrix}^2 = \begin{vmatrix} a & b & c \\ a' & b' & c' \\ a'' & b'' & c'' \end{vmatrix} \cdot \begin{vmatrix} a & b & c \\ a' & b' & c' \\ a'' & b'' & c'' \end{vmatrix}$$

$$= \begin{vmatrix} a^2 + b^2 + c^2 & aa' + bb' + cc' & aa'' + bb'' + cc'' \\ aa' + bb' + cc' & a'^2 + b'^2 + c'^2 & a'a'' + b'b'' + c'c'' \\ aa'' + bb'' + cc'' & a'a'' + b'b'' + c'c'' & a''^2 + b''^2 + c''^2 \end{vmatrix}$$

$$= \begin{vmatrix} a^2 + a'^2 + a''^2 & ab + a'b' + a''b'' & ac + a'c' + a''c'' \\ ab + a'b' + a''b'' & b^2 + b'^2 + b''^2 & bc + b'c' + b''c'' \\ ac + a'c' + a''c'' & bc + b'c' + b''c'' & c^2 + c'^2 + c''^2 \end{vmatrix} \cdot$$

Das Quadrat einer Determinante ist, wie dieses Beispiel zeigt, eine sogenannte **symmetrische** Determinante, welche die Eigenschaft hat, daß für alle Werte der Indizes i, k stets $a_{ik} = a_{ki}$ ist.

2. Erweiterung. Die Regel für die Multiplikation zweier Determinanten gleichen Grades läßt sich sofort auf die Multiplikation von Determinanten verschiedenen Grades ausdehnen, da man jede Determinante auch als Determinante höheren Grades schreiben kann. So ist z. B.

$$\begin{vmatrix} a_1 & b_1 & c_1 & d_1 \\ a_2 & b_2 & c_2 & d_2 \\ a_3 & b_3 & c_3 & d_3 \\ a_4 & b_4 & c_4 & d_4 \end{vmatrix} \cdot \begin{vmatrix} \alpha & \beta \\ \gamma & \delta \end{vmatrix} = \begin{vmatrix} a_1 & b_1 & c_1 & d_1 \\ a_2 & b_2 & c_2 & d_2 \\ a_3 & b_3 & c_3 & d_3 \\ a_4 & b_4 & c_4 & d_4 \end{vmatrix} \cdot \begin{vmatrix} \alpha & \beta & 0 & 0 \\ \gamma & \delta & 0 & 0 \\ 0 & 0 & 1 & 0 \\ 0 & 0 & 0 & 1 \end{vmatrix}$$

$$= \begin{vmatrix} a_1\alpha + b_1\beta & a_1\gamma + b_1\delta & c_1 & d_1 \\ a_2\alpha + b_2\beta & a_2\gamma + b_2\delta & c_2 & d_2 \\ a_3\alpha + b_3\beta & a_3\gamma + b_3\delta & c_3 & d_3 \\ a_4\alpha + b_4\beta & a_4\gamma + b_4\delta & c_4 & d_4 \end{vmatrix} \cdot$$

Es läßt sich demnach auch das Produkt beliebig vieler Determinanten verschiedenen Grades immer als Determinante darstellen.

Durch diesen Kunstgriff, eine Determinante als Determinante höheren Grades zu schreiben, läßt sich auch das Produkt zweier Determinanten gleichen Grades auf verschiedene Formen bringen. Es ist z. B.

$$
\begin{vmatrix} a & b & c \\ a' & b' & c' \\ a'' & b'' & c'' \end{vmatrix} \cdot \begin{vmatrix} \alpha & \beta & \gamma \\ \alpha' & \beta' & \gamma' \\ \alpha'' & \beta'' & \gamma'' \end{vmatrix} = \begin{vmatrix} a & b & c & 0 \\ a' & b' & c' & 0 \\ a'' & b'' & c'' & 0 \\ 0 & 0 & 0 & 1 \end{vmatrix} \cdot (-1) \begin{vmatrix} \alpha & \beta & 0 & \gamma \\ \alpha' & \beta' & 0 & \gamma' \\ \alpha'' & \beta'' & 0 & \gamma'' \\ 0 & 0 & 1 & 0 \end{vmatrix}
$$

$$
= \begin{vmatrix} a & b & c & 0 & 0 \\ a' & b' & c' & 0 & 0 \\ a'' & b'' & c'' & 0 & 0 \\ 0 & 0 & 0 & 1 & 0 \\ 0 & 0 & 0 & 0 & 1 \end{vmatrix} \cdot \begin{vmatrix} \alpha & 0 & 0 & \beta & \gamma \\ \alpha' & 0 & 0 & \beta' & \gamma' \\ \alpha'' & 0 & 0 & \beta'' & \gamma'' \\ 0 & 1 & 0 & 0 & 0 \\ 0 & 0 & 1 & 0 & 0 \end{vmatrix} \cdot
$$

Je nachdem wir die eine oder andere Form wählen, erhalten wir, wenn man Horizontalreihen mit Horizontalreihen multipliziert,

$$
\begin{vmatrix} a & b & c \\ a' & b' & c' \\ a'' & b'' & c'' \end{vmatrix} \cdot \begin{vmatrix} \alpha & \beta & \gamma \\ \alpha' & \beta' & \gamma' \\ \alpha'' & \beta'' & \gamma'' \end{vmatrix} = \begin{vmatrix} a\alpha + b\beta + c\gamma & \ldots \ldots \ldots \ldots \\ \ldots \ldots \ldots & a''\alpha'' + b''\beta'' + c''\gamma'' \end{vmatrix}
$$

$$
= - \begin{vmatrix} a\alpha + b\beta & a\alpha' + b\beta' & a\alpha'' + b\beta'' & c \\ a'\alpha + b'\beta & a'\alpha' + b'\beta' & a'\alpha'' + b'\beta'' & c' \\ a''\alpha + b''\beta & a''\alpha' + b''\beta' & a''\alpha'' + b''\beta'' & c'' \\ \gamma & \gamma' & \gamma'' & 0 \end{vmatrix}
$$

$$
= \begin{vmatrix} a\alpha & a\alpha' & a\alpha'' & b & c \\ a'\alpha & a'\alpha' & a'\alpha'' & b' & c' \\ a''\alpha & a''\alpha' & a''\alpha'' & b'' & c'' \\ \beta & \beta' & \beta'' & 0 & 0 \\ \gamma & \gamma' & \gamma'' & 0 & 0 \end{vmatrix}
$$

oder schließlich
$$
= - \begin{vmatrix} 0 & 0 & 0 & a & b & c \\ 0 & 0 & 0 & a' & b' & c' \\ 0 & 0 & 0 & a'' & b'' & c'' \\ \alpha & \beta & \gamma & 0 & 0 & 0 \\ \alpha' & \beta' & \gamma' & 0 & 0 & 0 \\ \alpha'' & \beta'' & \gamma'' & 0 & 0 & 0 \end{vmatrix} \cdot
$$

3. Matrizenprodukte. Das Theorem der Multiplikation läßt sich erweitern. Es seien zwei Systeme von Elementen gegeben in je n Horizontalreihen und p Vertikalreihen geordnet:

$$
(1) \qquad
\begin{array}{ll}
a_{11}a_{12}\ldots a_{1p} & b_{11}b_{12}\ldots b_{1p} \\[4pt]
a_{21}a_{22}\ldots a_{2p} & b_{21}b_{22}\ldots b_{2p} \\[4pt]
\cdot\ \cdot\ \cdot\ \cdot\ \cdot\ \cdot & \cdot\ \cdot\ \cdot\ \cdot\ \cdot\ \cdot \\[4pt]
a_{n1}a_{n2}\ldots a_{np} & b_{n1}b_{n2}\ldots b_{np}.
\end{array}
$$

Multiplizieren wir die Horizontalreihen mit den Horizontalreihen, wie bei der Multiplikation von Determinanten, so erhalten wir n^2 Elemente h_{ik} einer Determinante

$$
(2) \qquad H =
\begin{vmatrix}
h_{11}h_{12}\ldots h_{1n} \\
\cdot\ \cdot\ \cdot\ \cdot\ \cdot\ \cdot \\
h_{n1}h_{n2}\ldots h_{nn}
\end{vmatrix}, \qquad \text{wo}
$$

$$
(3) \qquad h_{ik} = a_{i1}b_{k1} + a_{i2}b_{k2} + \cdots a_{ip}b_{kp} = \sum_{r=1}^{r=p} a_{ir}b_{kr}.
$$

Das erste Glied dieser Determinante H ist

$$
h_{11}h_{22}\ldots h_{nn} = \sum_{r} a_{1r}b_{1r} \cdot \sum_{s} a_{2s}b_{2s} \ldots \sum_{v} a_{nv}b_{nv}
$$

$$
= \sum_{r,s,t\ldots v} a_{1r}a_{2s}a_{3t}\ldots a_{nv}b_{1r}b_{2s}b_{3t}\ldots b_{nv},
$$

wo die Summe sich auf die Werte von $r, s, t, \ldots v$ von 1 bis p erstreckt. Aus diesem Anfangsglied erhält man alle Glieder der Determinante H durch Permutation der zweiten Indizes der h. Dadurch permutieren sich aber nur die ersten Indizes der b; alle andern Zeiger bleiben unverändert. Daher ist

$$
H = \Sigma \pm h_{11}h_{22}\ldots h_{nn} = \sum_{r,s,t\ldots v} (a_{1r}a_{2s}a_{3t}\ldots a_{nv} \cdot \Sigma \pm b_{1r}b_{2s}b_{3t}\ldots b_{nv})
$$

$$
= \sum_{r,s,t,\ldots v} a_{1r}a_{2s}a_{3t}\ldots a_{nv} \cdot B_{r,s,t,\ldots v},
$$

wo $B_{r,s,t,\ldots v}$ die Determinante n-ten Grades aus der Matrix der b ist, welche die n Vertikalreihen mit den Indizes $r, s, t, \ldots v$ in dieser Reihenfolge enthält.

In dieser Summe Σ ist jedes Glied Null, in welchem die Kombination $rst\ldots v$ nicht aus lauter verschiedenen Zahlen besteht.

Ist mithin $p < n$, so ist $H = 0$; denn unter den n Indizes $r, s, t, \ldots v$, die aus der Reihe der Zahlen $1, 2, 3, \ldots p$ genommen sind, müssen mehrere gleich sein; folglich ist jedes $B_{r,s,t,\ldots v} = 0$.

Ist $p = n$, so lassen die n Indizes $r, s, t, \ldots v$ nur eine Kombination aus lauter verschiedenen zu, und die Summe Σ erstreckt sich nur auf die Permutationen der Zahlen $1, 2, 3, \ldots n$. Ist also B die aus dem System der b gebildete Determinante, so ist $B_{r,s,t,\ldots v} = \pm\, B$, je nachdem die Permutation $r s t \ldots v$ mit der Anordnung $1\, 2\, 3 \ldots n$ gleicher Klasse ist oder nicht. Es ist mithin

$$H = B \cdot \Sigma \pm a_{11} a_{22} \ldots a_{nn} = B \cdot A,$$

wenn A die Determinante der a ist. Dies ist der Satz von der Multiplikation der Determinanten A, B, der damit erneut bewiesen ist.

Ist aber $p > n$, so kann man zunächst in dem Ausdruck für H das Summenzeichen Σ nur auf eine Kombination der n Indizes $r, s, t, \ldots$ ausdehnen und in dieser die Indizes permutieren. Man erhält dann, wie im vorigen Falle, das Produkt $A_{r,s,t,\ldots v} \cdot B_{r,s,t,\ldots v}$, wo $A_{r\ldots v}$ die aus der Matrix der a gebildete Determinante n-ten Grades ist, in welche die Vertikalreihen mit den Indizes $r, s, t, \ldots v$ eingehen: folglich ist in diesem Falle

$$(4) \qquad\qquad H = \Sigma\, A_{r,s,t,\ldots v}\, B_{r,s,t,\ldots v},$$

wo sich die Summe auf die (p_n) Kombinationen $r, s, t, \ldots v$ erstreckt, welche aus den Zahlen $1, 2, \ldots p$ zu je n gebildet werden können; d. h. **die Determinante H ist die Summe aller n-reihigen Determinanten, die aus der Matrix A entnommen werden können, jede multipliziert mit der entsprechenden Determinante aus der Matrix der b.**

Es ist zu bemerken, daß die Resultate für $p < n$ und $p > n$ sich vertauschen, wenn man die zwei Systeme statt nach Horizontalreihen nach Vertikalreihen multipliziert.

Als Beispiel zu obigem Satze betrachten wir die zwei Systeme (1)

$$\begin{matrix} a & b & c \\ a' & b' & c' \end{matrix} \qquad\qquad \begin{matrix} \alpha & \beta & \gamma \\ \alpha' & \beta' & \gamma', \end{matrix}$$

dann ergibt sich nach (4) die sogenannte Identität von Lagrange

$$(5) \qquad \begin{vmatrix} a\alpha + b\beta + c\gamma & a'\alpha + b'\beta + c'\gamma \\ a\alpha' + b\beta' + c\gamma' & a'\alpha' + b'\beta' + c'\gamma' \end{vmatrix} = (ab' - ba')(\alpha\beta' - \beta\alpha') \\ + (bc' - cb')(\beta\gamma' - \gamma\beta') \\ + (ac' - ca')(\alpha\gamma' - \gamma\alpha').$$

Nehmen wir aus der Matrix A von (1) irgend r Horizontalreihen, z. B. die r ersten und ebenso die r ersten der Matrix B von (1) und multiplizieren die zwei Systeme, so erhalten wir die Unterdeterminante $\begin{vmatrix} h_{11} & & \\ & \ddots & \\ & & h_{rr} \end{vmatrix}$ von H

(vgl. 2), und nach (4) wird

$$(6) \qquad \begin{vmatrix} h_{11} & & \\ & \ddots & \\ & & h_{rr} \end{vmatrix} = \Sigma \begin{vmatrix} a_{11} & & \\ & \ddots & \\ & & a_{rr} \end{vmatrix} \cdot \begin{vmatrix} b_{11} & & \\ & \ddots & \\ & & b_{rr} \end{vmatrix},$$

wo die Summe Σ sich erstreckt auf alle Determinanten r-ten Grades, die wir aus den r Horizontalreihen der a bilden können, jede multipliziert in dieselbe Determinante r-ten Grades aus den Reihen der b.

4. Adjungierte Matrix. Es sei wie bisher A_{ik} der Koeffizient von a_{ik} in der Determinante

$$R = \begin{vmatrix} a_{11} \cdots a_{1n} \\ \cdots \cdots \\ \cdots \cdots \\ a_{n1} \cdots a_{nn} \end{vmatrix}.$$

Wir betrachten die von den A gebildete Matrix

$$A_{11} A_{12} \ldots A_{1n}$$

$$\cdots \cdots \cdots$$

$$A_{n1} A_{n2} \ldots A_{nn}$$

(die zu der Matrix der a adjungierte Matrix).

Ist S die Determinante, aus dieser Matrix der A, so folgt

$$S \cdot R = \begin{vmatrix} h_{11} \ldots h_{1n} \\ \cdots \cdots \\ h_{n1} \ldots h_{nn} \end{vmatrix},$$

wo $\qquad h_{ik} = A_{i1} a_{k1} + A_{i2} a_{k2} + \cdots + A_{in} a_{kn}.$

Nach S. 52 ist h_{ik} immer $= 0$, außer für $i = k$, in welchem Falle h den Wert R hat, und also

$$(1) \qquad\qquad S \cdot R = R^n.$$

Daher ist $\qquad\qquad S = R^{n-1}$ für $R \neq 0$.

Die aus der Matrix der A gebildete Determinante ist folglich die $(n-1)$-te Potenz der ursprünglichen Determinante R.

Bei dieser Formulierung des Ergebnisses haben wir auf die Voraussetzung $R \neq 0$ verzichtet. Das Ergebnis gilt nämlich auch ohne diese Voraussetzung. Denn aus $R = 0$ folgt $S = 0$. Dies ist zunächst selbstverständlich für den Fall, daß der Rang der zu R gehörigen Matrix kleiner als $n-1$ ist. Denn dann verschwinden alle Elemente von S. Hat aber R den Rang $n-1$ und verschwinden beispielsweise nicht alle aus den $n-1$ ersten Kolonnen von R zu bildende Determinanten, so kann man durch beliebig kleine Abänderung der Elemente in der letzten Kolonne von R zu einem von 0 verschiedenen R übergehen. Da für dieses dann unser Ergebnis gilt, so ist es durch Grenzübergang auch für ein R vom Range $n-1$ und damit allgemein als richtig erkannt.

Einen allgemeineren Satz über die Matrix der A erhalten wir, wenn wir R mit einer Unterdeterminante m-ten Grades von S multiplizieren. Dieselbe mag zunächst aus den m ersten Horizontal- und Vertikalreihen gebildet sein.

Wir schreiben sie behufs der Multiplikation als Determinante n-ten Grades in der Form:

$$\begin{vmatrix} A_{11} \cdots A_{1m} & A_{1,\,m+1} \cdots A_{1n} \\ A_{21} \cdots A_{2m} & A_{2,\,m+1} \cdots A_{2n} \\ \cdot\ \cdot\ \cdot\ \cdot\ \cdot\ \cdot\ \cdot\ \cdot\ \cdot\ \cdot \\ A_{m1} \cdots A_{mm} & A_{m,\,m+1} \cdots A_{mn} \\ 0 \ldots 0 & 1 \quad 0 \quad 0 \ldots 0 \\ 0 \ldots 0 & 0 \quad 1 \quad 0 \ldots 0 \\ \cdot\ \cdot\ \cdot\ \cdot\ \cdot\ \cdot\ \cdot\ \cdot\ \cdot\ \cdot \\ 0 \ldots 0 & 0 \quad 0 \quad 0 \ldots 1 \end{vmatrix}.$$

Dann ist das Resultat der Multiplikation mit R

$$\begin{vmatrix} R & 0 & 0 \ldots 0 & a_{1,m+1} \cdots a_{1n} \\ 0 & R & 0 \ldots 0 & a_{2,m+1} \cdots a_{2n} \\ \cdot & \cdot & \cdot & \cdot \\ 0 & 0 & 0 \ldots R & a_{m,m+1} \cdots a_{mn} \\ 0 & 0 & 0 \ldots 0 & a_{m+1,m+1} \cdot a_{m+1,n} \\ \cdot & \cdot & \cdot & \cdot \\ 0 & 0 & 0 \ldots 0 & a_{n,m+1} \cdots a_{n,n} \end{vmatrix} = R^m \begin{vmatrix} a_{m+1,m+1} \cdots a_{m+1,n} \\ a_{m+2,m+1} \cdots a_{m+2,n} \\ \cdot\ \cdot\ \cdot\ \cdot\ \cdot\ \cdot \\ \cdot\ \cdot\ \cdot\ \cdot\ \cdot\ \cdot \\ a_{n,m+1} \cdots \quad a_{n,n} \end{vmatrix}.$$

Es ist mithin

$$\begin{vmatrix} A_{11} \cdots A_{1m} \\ \cdot\ \cdot\ \cdot\ \cdot \\ \cdot\ \cdot\ \cdot\ \cdot \\ A_{m,1} \cdots A_{m,m} \end{vmatrix} = R^{m-1} \begin{vmatrix} a_{m+1,m+1} \cdots a_{m+1,n} \\ \cdot\ \cdot\ \cdot\ \cdot\ \cdot\ \cdot \\ \cdot\ \cdot\ \cdot\ \cdot\ \cdot\ \cdot \\ a_{n,m+1} \cdots \quad a_{n,n} \end{vmatrix}.$$

Dieses Resultat läßt sich sogleich auf eine beliebige Unterdeterminante der Matrix der A ausdehnen. Sind $r_1, r_2, \ldots r_m$; $s_1, s_2, \ldots s_m$ die Indizes der Horizontal- und Vertikalreihen derselben und $g, h, i \ldots, u, v, w$ die der komplementären Unterdeterminante, so hat man

$$(2) \quad \begin{vmatrix} A_{r_1 s_1} \cdots A_{r_1 s_m} \\ A_{r_2 s_1} \cdots A_{r_2 s_m} \\ \cdots \cdots \cdots \\ A_{r_m s_1} \cdots A_{r_m s_m} \end{vmatrix} = (-1)^\mu R^{m-1} \begin{vmatrix} a_{gu} a_{gv} a_{gw} \cdots \\ a_{hu} a_{hv} a_{hw} \cdots \\ a_{iu} a_{iv} a_{iw} \cdots \\ \cdots \cdots \cdots \end{vmatrix},$$

wo $\mu = \Sigma r + \Sigma s$ oder auch $= (g + h + i + \cdots) + (u + v + w + \cdots)$.

Dieses zunächst nur für $R \neq 0$ hergeleitete Ergebnis gilt auch für $R = 0$. Man erkennt dies ähnlich wie früher durch Grenzübergang.

Beispiel. Ist
$$R = \begin{vmatrix} a_{11} \cdots a_{15} \\ \cdots \cdots \cdots \\ a_{51} \cdots a_{55} \end{vmatrix},$$

so ist
$$\begin{vmatrix} A_{12} & A_{14} & A_{15} \\ A_{32} & A_{34} & A_{35} \\ A_{42} & A_{44} & A_{45} \end{vmatrix} = -R^2 \begin{vmatrix} a_{21} & a_{23} \\ a_{51} & a_{53} \end{vmatrix}.$$

Allgemein sagt Gleichung (2) aus: Eine Unterdeterminante m-ten Grades der adjungierten Matrix ist gleich der entsprechenden komplementären Unterdeterminante von R, multipliziert mit der $(m-1)$-ten Potenz von R.

Die komplementäre Unterdeterminante von a_{rs} ist gleich dem Differentialquotienten von R nach a_{rs}, wenn man dabei die a_{ik} der Determinante als voneinander unabhängige Veränderliche ansieht. Daher wird die Gleichung (2)

$$(3) \quad \begin{vmatrix} A_{r_1 s_1} \cdots A_{r_1 s_m} \\ \cdots \cdots \cdots \\ \cdots \cdots \cdots \\ A_{r_m s_1} \cdots A_{r_m s_m} \end{vmatrix} = R^{m-1} \cdot \frac{\partial^m R}{\partial a_{r_1 s_1} \partial a_{r_2 s_2} \cdots \partial a_{r_m s_m}}.$$

Insbesondere ist

$$(4) \quad \begin{vmatrix} A_{rs} & A_{rs'} \\ A_{r's} & A_{r's'} \end{vmatrix} = R \cdot \frac{\partial^2 R}{\partial a_{rs} \partial a_{r's'}}$$

oder anders geschrieben

$$(4') \quad \frac{\partial R}{\partial a_{rs}} \cdot \frac{\partial R}{\partial a_{r's'}} - \frac{\partial R}{\partial a_{rs'}} \cdot \frac{\partial R}{\partial a_{r's}} = R \frac{\partial^2 R}{\partial a_{rs} \partial a_{r's'}},$$

eine oft benutzte Formel.

Zusatz. Ist $R = 0$, so verschwindet nicht nur die Determinante S der adjungierten Matrix, sondern nach (2) auch alle ihre Unterdeterminanten vom zweiten oder höheren Grade.

Aus

$$\begin{vmatrix} A_{rs} & A_{rs'} \\ A_{r's} & A_{r's'} \end{vmatrix} = A_{rs} A_{r's'} - A_{rs'} A_{r's} = 0$$

folgt dann

$$A_{rs} : A_{rs'} = A_{r's} : A_{r's'}$$

$$A_{rs} : A_{r's} = A_{rs'} : A_{r's'}$$

und daraus

$$A_{r1} : A_{r2} : \cdots : A_{rn} = A_{r'1} : A_{r'2} : \cdots : A_{r'n}$$

$$A_{1s} : A_{2s} : \cdots : A_{ns} = A_{1s'} : A_{2s'} : \cdots : A_{ns'},$$

ein Satz, welcher schon früher gefunden wurde.

Ist insbesondere das System so beschaffen, daß $A_{ik} = \pm A_{ki}$ (siehe symmetrische und schiefsymmetrische Determinanten in den nächsten Nummern), so ist für $R = 0$

$$\begin{vmatrix} A_{ii} & A_{ik} \\ \pm A_{ik} & A_{kk} \end{vmatrix} = 0, \text{ also } A_{ik} = \sqrt{\pm A_{ii} A_{kk}},$$

woraus

$$A_{i1} : A_{i2} : A_{i3} : \cdots = A_{1k} : A_{2k} : A_{3k} : \cdots$$

$$= \sqrt{A_{11}} : \sqrt{A_{22}} : \sqrt{A_{33}} : \cdots,$$

wo die Zeichen der Wurzelgröße so zu nehmen sind, daß sie mit den Zeichen der A_{ik} stimmen.

5. Symmetrische Determinanten. Eine Determinante heißt symmetrisch, wenn $a_{ik} = a_{ki}$. So ist z. B.

$$\begin{vmatrix} a & b & d \\ b & c & e \\ d & e & f \end{vmatrix}$$

eine symmetrische Determinante. In einer solchen Determinante ist mithin die i-te Horizontalreihe gleich der i-ten Vertikalreihe. Vertauscht man die Horizontalreihen mit den Vertikalreihen, so bleibt nicht nur der Wert, sondern auch die Form der Determinante dieselbe.

Es ist demnach auch

$$A_{ik} = A_{ki},$$

und ebenso ändert sich auch keine Unterdeterminante, wenn man die Indizes der Horizontalreihen und Vertikalreihen vertauscht.

6. Schiefsymmetrische Determinanten. Schiefsymmetrische Determinante heißt eine Determinante, wenn

$$a_{ik} = - a_{ki}, \quad \text{also} \quad a_{ii} = 0$$

ist. Da in einer solchen Determinante die Elemente der i-ten Horizontalreihe gleich und entgegengesetzt sind denen der i-ten Vertikalreihe, so ist klar, daß wenn man die Horizontalreihen mit den Vertikalreihen vertauscht, alle Elemente ihr Zeichen wechseln. Die Determinante R geht mithin über in $(-1)^n R$, wenn n der Grad der Determinante ist. Aber dabei hat die Determinante ihren Wert nicht geändert. Ist also n ungerade, so muß $R = 0$ sein.

Jede schiefsymmetrische Determinante von ungeradem Grade verschwindet.

Beispiel.
$$\begin{vmatrix} 0 & a & b \\ -a & 0 & c \\ -b & -c & 0 \end{vmatrix} = 0.$$

Da ferner auch A_{ki} aus A_{ik} hervorgeht, wenn man alle Zeichen der Elemente wechselt, so ist

$$A_{ki} = (-1)^{n-1} A_{ik}.$$

Es ist mithin
$$A_{ki} = A_{ik}, \quad \text{wenn } n \text{ ungerade},$$
$$A_{ki} = - A_{ik}, \quad \text{wenn } n \text{ gerade}.$$

Ist also R eine schiefsymmetrische Determinante von ungeradem Grade so ist die aus den A_{ik} gebildete Determinante eine gewöhnliche symmetrische Determinante, welche aber den Wert Null hat, wie R selbst.

Der Koeffizient A_{ii} von a_{ii} ist wieder eine schiefsymmetrische Determinante vom Grade $n-1$ für jeden Wert von n; also

$$A_{ii} = 0, \quad \text{wenn } n \text{ gerade}.$$

Die Determinante der adjungierten Matrix ist folglich, wenn n gerade, wieder eine schief-symmetrische Determinante.

Nun beweist man unschwer den Satz: Jede schief-symmetrische Determinante R von geradem Grade ist das Quadrat einer ganzen rationalen Funktion ihrer Elemente.

Die Determinante zweiten Grades
$$\begin{vmatrix} 0 & a \\ -a & 0 \end{vmatrix} = + a^2$$

ist ein Quadrat. Nach (4) in (2, 3, 4) ist ferner

$$\begin{vmatrix} A_{ii} A_{ik} \\ A_{ki} A_{kk} \end{vmatrix} = R \frac{\partial^2 R}{\partial a_{ii} \partial a_{kk}}.$$

$\dfrac{\partial^2 R}{\partial a_{ii}\,\partial a_{kk}}$ geht aus R hervor durch Streichung der Reihen, die sich in a_{ii} und a_{kk} schneiden. Es ist also selbst eine schiefsymmetrische Determinante vom $(n-2)$-ten Grade, wenn R vom n-ten Grade ist. Bezeichnen wir sie mit R_{n-2}, so liefert die vorige Gleichung, da $A_{ii} = A_{kk} = 0$ für ein gerades n, und $A_{ik} = -A_{ki}$,

$$A^2_{ik} = R\,R_{n-2}.$$

Für $n = 4$ ist R_{n-2} ein Quadrat und folglich ist R auch das Quadrat einer rationalen Funktion, Ist R vom sechsten Grad, so ist R_{n-2} vom vierten Grad, also ein Quadrat, mithin ist R ebenfalls ein Quadrat, usf. Hiermit ist der Satz durch vollständige Induktion erwiesen.

Durch diese Betrachtung ist freilich zunächst nur gezeigt, daß R das Quadrat einer rationalen Funktion ist. Wir behaupteten aber, R sei das Quadrat einer ganzen rationalen Funktion. Es ist also noch zu zeigen, daß eine rationale Funktion $f(x_1 \ldots x_m)$, deren Quadrat ganz ist, selbst ganz ist. Dies lehrt das Euklidische Teilerverfahren. Wir betrachten Zähler und Nenner von f, also zwei ganze rationale Funktionen, als Funktionen einer x_μ der m Veränderlichen, während wir den anderen feste Werte geben. Wenn dann Zähler und Nenner als ganze Funktionen von x_μ einen gemeinsamen Teiler haben, so liefert ihn das Euklidische Teilerverfahren mit Koeffizienten, die rational von den übrigen x abhängen. Man kann ihn daher durch Division beseitigen und daher annehmen, daß Zähler und Nenner als Funktionen von x_μ teilerfremd sind. Da aber das Quadrat von f eine ganze rationale Funktion von x_μ ist, so kann x_μ im Nenner gar nicht vorkommen. Denn sonst wären Zähler und Nenner von f^2 nicht teilerfremd; es wäre vielmehr der Nenner ein Teiler des Zählers. Daher hätte auch der Nenner von f einen Teiler mit dem Zähler gemein.

Beispiel. Für $n = 4$ sei

$$R = \begin{vmatrix} 0 & x & y & z \\ -x & -0 & c & b \\ -y & -c & 0 & a \\ -z & -b & -a & 0 \end{vmatrix},$$

dann ist

$$A_{21} = -\begin{vmatrix} x & y & z \\ -c & 0 & a \\ -b & -a & 0 \end{vmatrix} = -a(ax - by + cz),$$

$$\frac{\partial^2 R}{\partial a_{11}\,\partial a_{22}} = \begin{vmatrix} 0 & a \\ -a & 0 \end{vmatrix} = +a^2,$$

mithin

$$R = (ax - by + cz)^2.$$

Viertes Kapitel.

Quadratische und bilineare Formen.

1. Matrizenkalkül. Es seien die n linearen Funktionen

$$(1) \qquad \begin{aligned} u_1 &= a_{11}x_1 + a_{12}x_2 + \cdots + a_{1n}x_n \\ &\cdots\cdots\cdots\cdots\cdots\cdots\cdots \\ u_n &= a_{n1}x_1 + a_{n2}x_2 + \cdots + a_{nn}x_n \end{aligned}$$

gegeben. Transformieren wir dieselben durch die **lineare Substitution**

$$(2) \qquad \begin{aligned} x_1 &= b_{11}y_1 + b_{12}y_2 + \cdots + b_{1n}y_n \\ &\cdots\cdots\cdots\cdots\cdots\cdots\cdots \\ x_n &= b_{n1}y_1 + b_{n2}y_2 + \cdots + b_{nn}y_n, \end{aligned}$$

so erhält man das transformierte System

$$(3) \qquad \begin{aligned} u_1 &= p_{11}y_1 + \cdots + p_{1n}y_n \\ &\cdots\cdots\cdots\cdots\cdots \\ u_n &= p_{n1}y_1 + \cdots + p_{nn}y_n, \end{aligned} \qquad \text{wo}$$

$$(4) \qquad p_{ik} = a_{i1}b_{1k} + a_{i2}b_{2k} + \cdots + a_{in}b_{nk}.$$

Ist also A die Determinante des Systems (1), B die Determinante der Substitution, und P die Determinante des transformierten Systems (3), so ist

$$(5) \qquad P = A \cdot B.$$

Da die Determinante des transformierten Systems sich nur durch den Faktor B, den Modul der Substitution, von der Determinante des ursprünglichen Systems unterscheidet, so sagt man, die Determinante A sei eine **Invariante** der n linearen Funktionen (1) gegenüber linearen Substitutionen ihrer Variablen.

Ist die Determinante B der Substitution nicht Null (reguläre Substitution), so kann P nur verschwinden, wenn A verschwindet.

Wir haben früher gesehen (2,3,3), daß die Unterdeterminanten des Produkts P sich linear aus den Unterdeterminanten desselben Grades von A zusammensetzen.

Sind

$$(6) \qquad \mathfrak{A} = \begin{vmatrix} a_{11} \ldots a_{1m} \\ \cdots\cdots\cdots \\ a_{n1} \ldots a_{nm} \end{vmatrix} \quad \text{und} \quad \mathfrak{B} = \begin{vmatrix} b_{11} \ldots b_{1\mu} \\ \cdots\cdots\cdots \\ b_{m1} \ldots b_{m\mu} \end{vmatrix}$$

zwei Matrizen, so versteht man unter ihrem **Produkt** die Matrix

$$(7) \qquad \mathfrak{P} = \begin{vmatrix} p_{11} \cdots p_{1\mu} \\ \cdots \cdots \cdots \\ p_{n1} \cdots p_{n\mu} \end{vmatrix}, \qquad\qquad \text{wo}$$

$$(8) \qquad p_{ik} = \sum_{\sigma=1}^{\sigma=m} a_{i\sigma} b_{\sigma k}$$

gesetzt ist. Man schreibt $\qquad \mathfrak{P} = \mathfrak{A} \cdot \mathfrak{B}$

und multipliziert also bei der Produktbildung die Zeilen von $\mathfrak{A}$ in die Kolonnen von $\mathfrak{B}$. Man kann also sagen, die Matrix von (3) sei das Produkt
der Matrix von (1) und der Matrix von (2). Man muß aber dabei scharf auf
die Reihenfolge der Faktoren achten. Die Matrix $\mathfrak{B} \cdot \mathfrak{A}$ ist begrifflich
und sachlich etwas anderes als die eben besprochene Matrix $\mathfrak{A} \cdot \mathfrak{B}$. Denn
$\mathfrak{B} \cdot \mathfrak{A}$ würde vorkommen, wenn b_{ik} die Koeffizienten der Linearformen (1)
und a_{ik} die Koeffizienten der Substitutionen (2) wären. Es könnten aber
trotz dieser begrifflichen Verschiedenheit die beiden Produkte sachlich
übereinstimmen, d. h. aus denselben Elementen bestehen. Daß sie aber
nur in besonderen Fächern sachlich übereinstimmen können — z. B. wenn
beide Faktoren gleich sind — lehrt schon dieses Beispiel

$$\mathfrak{A} = \begin{vmatrix} 1 & 0 \\ 0 & -1 \end{vmatrix}, \quad \mathfrak{B} = \begin{vmatrix} 0 & 1 \\ 1 & 0 \end{vmatrix}, \quad \mathfrak{A} \cdot \mathfrak{B} = \begin{vmatrix} 0 & 1 \\ -1 & 0 \end{vmatrix}, \quad \mathfrak{B} \cdot \mathfrak{A} = \begin{vmatrix} 0 & -1 \\ 1 & 0 \end{vmatrix}.$$

Für die Multiplikation der Matrizen gilt also nicht das kommutative Gesetz. Wohl aber gilt das assoziative Gesetz, d. h. es ist

$$\mathfrak{A} \cdot (\mathfrak{B} \cdot \mathfrak{C}) = (\mathfrak{A} \cdot \mathfrak{B})\mathfrak{C} = \mathfrak{A}\mathfrak{B}\mathfrak{C}.$$

Es sei noch $\qquad\qquad \mathfrak{C} = \begin{vmatrix} c_{11} \cdots c_{1\lambda} \\ \cdots \cdots \cdots \\ c_{\mu 1} \cdots c_{\mu\lambda} \end{vmatrix}.$

Dann ist $\qquad\qquad \mathfrak{B} \cdot \mathfrak{C} = \begin{vmatrix} \pi_{11} \cdots \pi_{1\lambda} \\ \cdots \cdots \cdots \\ \pi_{m1} \cdots \pi_{m\lambda} \end{vmatrix},$

wo $\qquad\qquad\qquad \pi_{ik} = \sum_{\varrho=1}^{\varrho=\mu} b_{i\varrho} c_{\varrho k},$

Also $\qquad\qquad \mathfrak{A} \cdot (\mathfrak{B} \cdot \mathfrak{C}) = \begin{vmatrix} P_{11} \cdots P_{1\lambda} \\ \cdots \cdots \cdots \\ P_{n1} \cdots P_{n\lambda} \end{vmatrix},$

wo
$$P_{\alpha\beta}=\sum_{\sigma=1}^{\sigma=m}a_{\alpha\sigma}\pi_{\sigma\beta}=\sum_{\sigma=1}^{\sigma=m}\sum_{\varrho=1}^{\varrho=\mu}a_{\alpha\sigma}b_{\sigma\varrho}c_{\varrho\beta}.$$

Setzt man aber
$$(\mathfrak{A}\cdot\mathfrak{B})\mathfrak{C}=\begin{vmatrix} P'_{11} \ldots P'_{1\lambda} \\ \cdots\cdots \\ P'_{n1} \ldots P'_{n\lambda} \end{vmatrix},$$

so wird
$$P'_{\alpha\beta}=\sum_{\varrho=1}^{\varrho=\mu}p_{\alpha\varrho}c_{\varrho\beta}=\sum_{\varrho=1}^{\varrho=\mu}\sum_{\sigma=1}^{\sigma=m}a_{\alpha\sigma}b_{\sigma\varrho}c_{\varrho\beta}$$
$$=P_{\alpha\beta}.$$

Setzt man noch
$$\mathfrak{x}=\begin{vmatrix} x_1 \\ \cdots \\ x_n \end{vmatrix},$$
$$\mathfrak{u}=\begin{vmatrix} u_1 \\ \cdots \\ u_n \end{vmatrix},$$
$$\mathfrak{y}=\begin{vmatrix} y_1 \\ \cdots \\ y_n \end{vmatrix},$$

so kann man (1), (2), (3) so schreiben

(1')
$$\mathfrak{u}=\mathfrak{A}\cdot\mathfrak{x}$$

(2')
$$\mathfrak{x}=\mathfrak{B}\cdot\mathfrak{y}$$

(3')
$$\mathfrak{u}=\mathfrak{A}\cdot\mathfrak{B}\cdot\mathfrak{y},$$

so daß sich alles als Anwendung der Matrizenmultiplikation herausstellt.

2. Bilinearformen. Ist eine ganze Funktion linear und homogen in zwei Reihen von je n Variablen $x_1,\ldots x_n, y_1,\ldots y_n$, so nennt man sie eine **bilineare**. Sie ist mithin von der Form

(1)
$$f=\Sigma\,a_{ik}x_iy_k\quad(i,k=1,2,\ldots n)$$
$$=a_{11}x_1y_1+\cdots+a_{nn}x_ny_n+a_{12}x_1y_2+a_{21}x_2y_1+\cdots$$

Dann ist

(2)
$$\frac{\partial f}{\partial x_i}=a_{i1}y_1+a_{i2}y_2+\cdots+a_{in}y_n$$
$$\frac{\partial f}{\partial y_k}=a_{1k}x_1+a_{2k}x_2+\cdots+a_{nk}x_n.$$

Die Determinante der a

$$(3) \qquad D = \begin{vmatrix} a_{11} \ldots a_{1n} \\ \cdot \ \cdot \ \cdot \ \cdot \ \cdot \ \cdot \\ a_{n1} \ldots a_{nn} \end{vmatrix}$$

heißt die Determinante oder auch Diskriminante der bilinearen Form.

Man versteht noch unter der Transponierten $\mathfrak{A}'$ irgendeiner Matrix $\mathfrak{A}$ diejenige Matrix, die sich aus $\mathfrak{A}$ durch Vertauschung von Zeilen und Kolonnen ergibt. Man setzt also z. B. $\mathfrak{x}' = (x_1 \ldots x_n)$, wenn

$$\mathfrak{x} = \begin{vmatrix} x_1 \\ \ldots \\ x_n \end{vmatrix}$$

ist. Dann kann man f so schreiben

$$f \equiv \mathfrak{x}' \mathfrak{A} \mathfrak{y},$$

wo
$$\mathfrak{A} = \begin{vmatrix} a_{11} \ldots a_{1n} \\ \cdot \ \cdot \ \cdot \ \cdot \ \cdot \ \cdot \ \cdot \\ a_{n1} \ldots a_{nn} \end{vmatrix}$$

die Matrix der bilinearen Form ist.

Ist
$$\mathfrak{A} \cdot \mathfrak{B} = \mathfrak{P},$$

so ist
$$\mathfrak{B}' \mathfrak{A}' = \mathfrak{P}'.$$

Denn, sind wie vorhin $\mathfrak{A}$, $\mathfrak{B}$, $\mathfrak{P}$ durch (6), (7), (8) erklärt, so ist

$$\mathfrak{A}' = \begin{vmatrix} a_{11} \ldots a_{n1} \\ \cdot \ \cdot \ \cdot \ \cdot \ \cdot \ \cdot \\ a_{1m} \ldots a_{nm} \end{vmatrix},$$

$$\mathfrak{B}' = \begin{vmatrix} b_{11} \ldots b_{m1} \\ \cdot \ \cdot \ \cdot \ \cdot \ \cdot \ \cdot \\ b_{1\mu} \ldots b_{m\mu} \end{vmatrix},$$

$$\mathfrak{P}' = \begin{vmatrix} p_{11} \ldots p_{n1} \\ \cdot \ \cdot \ \cdot \ \cdot \ \cdot \ \cdot \\ p_{1\mu} \ldots p_{n\mu} \end{vmatrix},$$

wo
$$p_{ik} = \sum_{\sigma=1}^{\sigma=m} b_{\sigma k} a_{i\sigma}$$

wirklich zugleich die Elemente von $\mathfrak{B}'\mathfrak{A}'$ sind. Transformiert man also jetzt f durch die linearen Transformationen

$$\mathfrak{x} = \mathfrak{S} \cdot \mathfrak{u}$$

$$\mathfrak{y} = \mathfrak{T} \cdot \mathfrak{v},$$

so wird $\qquad\qquad f = \mathfrak{x}'\mathfrak{A}\mathfrak{y} = \mathfrak{u}'\mathfrak{S}' \cdot \mathfrak{A}\mathfrak{T}\mathfrak{v},$

so daß also $\qquad\qquad \mathfrak{S}'\mathfrak{A}\mathfrak{T}$

die Matrix der transformierten Bilinearformen sind. Sind $A,\ T,\ S$ die Determinanten der Matrizen $\mathfrak{A},\ \mathfrak{T},\ \mathfrak{S}$, so wird

$$A \cdot T \cdot S$$

die Determinante der transformierten Form.

3. Quadratische Formen. Läßt man in der bilinearen Form die zwei Reihen der Variablen zusammenfallen und setzt zugleich $a_{ik} = a_{ki}$ für irgendwelche Indizes $i,\ k$ voraus, so geht die Form in die **quadratische** Form von n Variablen

$$(1) \qquad u = \Sigma\, a_{ik} x_i x_k \quad (i,\ k = 1,\ 2,\ \ldots n)$$

$$= a_{11} x_1{}^2 + \cdots + 2 a_{12} x_1 x_2 + \cdots \quad \text{über.}$$

Bezeichnen wir die halben Abgeleiteten von u nach je einer Variablen $x_1,\ x_2,\ \ldots x_n$ mit $u_1,\ u_2,\ \ldots u_n$, so ist für $i = 1,\ 2,\ \ldots n,$

$$(2) \qquad u_i = a_{i1} x_1 + a_{i2} x_2 + \cdots + a_{in} x_n,$$

und nach dem Satze von den homogenen Funktionen ist identisch

$$(3) \qquad u_1 x_1 + u_2 x_2 + \cdots + u_n x_n = u.$$

Die Resultante aus dem Gleichungssystem

$$u_1 = 0,\ u_2 = 0,\ \ldots u_n = 0$$

$$(4) \qquad D = \begin{vmatrix} a_{11} \ldots a_{1n} \\ \cdot\ \cdot\ \cdot\ \cdot\ \cdot \\ a_{n1} \ldots a_{nn} \end{vmatrix}$$

heißt die Determinante oder Diskriminante der quadratischen Form. Da nun $a_{ik} = a_{ki}$ vorausgesetzt ist, so ist die Determinante so wie die Matrix der quadratischen Form **symmetrisch**, während die der bilinearen Form es im allgemeinen nicht ist.

Man kann die quadratische Form (1) so schreiben:

$$u = \mathfrak{x}'\mathfrak{A}\mathfrak{x}.$$

Macht man dann die Substitution

$$\mathfrak{x} = \mathfrak{B}\mathfrak{y},$$

so wird

$$u = \mathfrak{x}'\mathfrak{A}\mathfrak{x} = \mathfrak{y}\,\mathfrak{B}'\mathfrak{A}\mathfrak{B}\cdot\mathfrak{y}.$$

Die Matrix

$$\mathfrak{C} = \mathfrak{B}'\mathfrak{A}\mathfrak{B}$$

ist wieder symmetrisch. Denn es ist

$$\mathfrak{C}' = (\mathfrak{B}'\mathfrak{A}\cdot\mathfrak{B})' = \mathfrak{B}'\mathfrak{A}'\mathfrak{B} = \mathfrak{B}'\mathfrak{A}\mathfrak{B}.$$

Die Determinante der transformierten Form wird

$$A\cdot B^2,$$

d. h. **die Diskriminante der transformierten Funktion ist gleich der Diskriminante der ursprünglichen quadratischen Funktion, multipliziert mit dem Quadrat des Moduls der Substitution.**

Da die Determinante D der quadratischen Form bei der Transformation der Form nur mit einer Potenz des Moduls der Substitution multipliziert wird, so sagt man, diese Determinante sei **invariant** gegenüber einer linearen Substitution oder sie sei eine **Invariante** der Form.

4. Reziproke Matrix. Aus den Gleichungen (2), d. h. aus

$$\mathfrak{u} = \mathfrak{A}\mathfrak{x}$$

ergibt sich unter der Voraussetzung $A \neq 0$

$$\mathfrak{x} = \mathfrak{A}^{-1}\mathfrak{u}.$$

Dabei ist

$$\mathfrak{A}^{-1} = \begin{vmatrix} A^{11} \ldots A^{1n} \\ \cdot\ \cdot\ \cdot\ \cdot\ \cdot\ \cdot\ \cdot \\ A^{n1} \ldots A^{nn} \end{vmatrix},$$

wo

$$A^{ik} = \frac{A_{ki}}{A} = \frac{A_{ik}}{A}.$$

Man nennt $\mathfrak{A}^{-1}$ die zu $\mathfrak{A}$ reziproke oder inverse Matrix. Daher ist

$$\mathfrak{u} = \mathfrak{x}'\mathfrak{A}\mathfrak{x} = \mathfrak{u}'(\mathfrak{A}^{-1})'\mathfrak{A}\mathfrak{A}^{-1}\mathfrak{u}$$

$$= \mathfrak{u}'\mathfrak{A}^{-1}\cdot\mathfrak{u}.$$

Man nennt

$$\mathfrak{u}'\mathfrak{A}^{-1}\mathfrak{u}$$

die zu

$$\mathfrak{x}'\mathfrak{A}\mathfrak{x} \quad \text{reziproke Form.}$$

5. Rang. Wenn in der Matrix der quadratischen Form alle Unterdeterminanten von höherem Grade als dem r-ten verschwinden, aber nicht zugleich alle vom r-ten, so sagen wir, die Matrix sei vom Range r. Überträgt man nun diese Bezeichnung auch auf die quadratische Form selbst, so bleibt dieser Rang ungeändert durch eine lineare Substitution mit nicht verschwindender Determinante. Denn, da B^2 wieder als Determinante geschrieben werden kann, ergibt sich analog wie S. 64/70, daß alle Unterdeterminanten einer beliebigen Ordnung von $A \cdot B^2 = \bar{A}$ lineare Funktionen von Unterdeterminanten gleicher Ordnung von A sind. Ist also A vom Range r, so kann $\bar{A}$ nicht von höherem Range sein. Es kann aber auch $\bar{A}$ nicht von niedrigerem Range sein als A; denn sonst müßte sich der Rang der Determinante erhöhen, wenn man durch die reziproke Substitution von der transformierten quadratischen Funktion auf die ursprüngliche zurückgeht.

Ist speziell A nicht $= 0$, mithin vom Range n, so gilt dasselbe von $\bar{A}$.

Aus dieser Betrachtung folgt beiläufig auch, daß die Determinante der linearen Transformation, welche die Unterdeterminanten erfahren, von Null verschieden ist. Denn sind A_i die Unterdeterminanten r-ter Ordnung von A, $\mathfrak{a} = \begin{vmatrix} A_1 \\ \cdots \\ A_k \end{vmatrix}$ ihre Matrix und hat $\bar{A}_i$, $\bar{\mathfrak{a}}$ die entsprechende Bedeutung für $\bar{A}$, so haben wir zwei lineare Transformationen mit den Matrizen $\mathfrak{S}$ und $\bar{\mathfrak{S}}$, so daß

$$\bar{\mathfrak{a}} = \mathfrak{S}\mathfrak{a} \quad \text{und} \quad \mathfrak{a} = \bar{\mathfrak{S}}\mathfrak{a}.$$

Also ist $\bar{\mathfrak{a}} = \mathfrak{S}\bar{\mathfrak{S}} \cdot \bar{\mathfrak{a}}$. Also ist

$$\mathfrak{S}\bar{\mathfrak{S}} = \mathfrak{J} = \begin{vmatrix} 1 & 0 & \ldots & 0 \\ 0 & 1 & \ldots & 0 \\ 0 & & \ldots & 1 \end{vmatrix}$$

die Matrix der identischen Transformation. Daher ist das Produkt der Determinanten von $\mathfrak{S}$ und $\bar{\mathfrak{S}}$ gleich Eins und daher kann keine von beiden Determinanten verschwinden.

6. Transformation einer quadratischen Form auf eine Summe von Quadraten. Man kann die lineare Transformation

$$\mathfrak{x} = \mathfrak{S}\mathfrak{u} \quad \text{mit} \quad S \neq 0$$

stets so wählen, daß die durch dieselbe aus

$$f = \mathfrak{x}'\mathfrak{A}\mathfrak{x}$$

erhaltene Form $\qquad f = \mathfrak{u}'\mathfrak{S}'\mathfrak{A}\mathfrak{S}\mathfrak{u}$

die Gestalt $\qquad f = \sum \lambda_i \mathfrak{u}_i^2$

hat. Die Zahl der von Null verschiedenen λ_i ist dabei gleich dem Rang von f.

Beweis. Wenn sämtliche Koeffizienten von $f \equiv \Sigma\, a_{ik} x_i x_k$ Null sind, so ist der Rang 0 und es bleibt nichts zu beweisen. Anderenfalls darf man annehmen, daß eines der $a_{\mu\mu}$, also der Koeffizient eines der quadratischen Glieder $x_\mu^2 \neq 0$ ist. Denn sind sie alle Null, ist aber $a_{\lambda\mu}\,(\lambda \neq \mu)$ von Null verschieden, so führe man durch

$$x_\nu = y_\nu \quad (\nu \neq \lambda,\ \nu \neq \mu)$$

$$x_\lambda = y_\lambda + y_\mu$$

$$x_\mu = y_\lambda - y_\mu$$

neue Hilfsvariable ein. Dies ist eine Substitution $\mathfrak{x} = \mathfrak{T}\mathfrak{y}$ mit von Null verschiedener Determinante. Denn man kann sie ja umkehrbar eindeutig auflösen. Durch sie geht f in eine quadratische Form über, in der $2a_{\lambda\mu}$ der Koeffizient von y_λ^2 ist. Nehmen wir also an, in $f \equiv \Sigma\, a_{ik} x_i x_k$ sei $a_{\nu\nu} \neq 0$. Alsdann hängt

$$f - a_{\nu\nu}\left(x_\nu + \sum_{\varrho \neq \nu} \frac{a_{\nu\varrho}}{a_{\nu\nu}}\, x_\varrho\right)^2 = f_1$$

von x_ν nicht mehr ab. Also ist f_1 eine Form von nur $n - 1$ Variablen, wenn f deren n enthielt.

Wir machen daher die Transformation

$$Z_\nu = x_\nu + \sum_{\varrho \neq \nu} \frac{a_{\nu\varrho}}{a_{1\nu}}\, x_\varrho$$

$$Z_\lambda = x_\lambda \quad (\lambda \neq \nu)$$

mit von Null verschiedener Determinante und gewinnen, damit die Darstellung

$$f(x_1 \ldots x_n) = a_{\nu\nu}\, Z_\nu^2 + f_1,$$

wo f_1 nur noch von $n - 1$ Variablen abhängt. Wiederholung dieses Schlusses führt zur Darstellung von f als Summe von Quadraten linearer Funktionen.

Bei jedem Schritt wird nämlich eine lineare Transformation von Null verschiedener Determinante ausgeübt. Wir bekommen so schließlich

$$f \equiv \mathfrak{u}'\,\mathfrak{S}_h'\,\mathfrak{S}_{h-1}' \ldots \mathfrak{S}_1'\,\mathfrak{A}\,\mathfrak{S}_1 \ldots \mathfrak{S}_{h-1}\,\mathfrak{S}_h \cdot \mathfrak{u},$$

falls h lineare Transformationen nacheinander anzuführen waren, und es ist

$$\mathfrak{x} = \mathfrak{S}_1\,\mathfrak{S}_2 \ldots \mathfrak{S}_h\,\mathfrak{u}.$$

Daß nun die Zahl der von Null verschiedenen Koeffizienten λ_i im Schlußresultat

$$f \equiv \Sigma\, \lambda_i\, \mathfrak{u}_i^2$$

dem Rang gleich ist, ergibt sich daraus, daß nach (2, 4, 5) der Rang von f bei linearer Transformation unverändert bleibt, und daß der Rang einer Matrix

$$\begin{vmatrix} \lambda_1 & 0 & \ldots & 0 \\ 0 & \lambda_2 & \ldots & 0 \\ \cdot & \cdot & \cdot & \cdot \\ 0 & 0 & \ldots & \lambda_n \end{vmatrix}$$

gleich der Anzahl der von Null verschiedenen λ ist.

Beispiel.

$$f \equiv 2x_1^2 + x_2^2 + 2x_3^2 - 4x_4^2 + 4x_1x_2 - 4x_1x_3 - 4x_2x_3 + 4x_2x_4$$

hat die Matrix

$$\begin{vmatrix} 2 & 2 & -2 & 0 \\ 2 & 1 & -2 & 2 \\ -2 & -2 & 2 & 0 \\ 0 & 2 & 0 & -4 \end{vmatrix}.$$

Ihre Determinante, sowie alle dreireihigen Unterdeterminanten sind Null.

Dagegen ist $\begin{vmatrix} 2 & 2 \\ 2 & 1 \end{vmatrix} = -1$ von Null verschieden. Der Rang ist also zwei.

In der Tat hat man

$$f \equiv 2(x_1 + x_2 - x_3)^2 - x_2^2 - 4x_4^2 + 4x_2x_4$$
$$= 2(x_1 + x_2 - x_3)^2 - (x_2 - 2x_4)^2 = 2y_1^2 - y_2^2.$$

Die Substitution
$$\begin{aligned} y_1 &= x_1 + x_2 - x_3 \\ y_2 &= x_2 - 2x_4 \\ y_3 &= x_3 \\ y_4 &= x_4 \end{aligned}$$

mit der Determinante 1 liefert also die Transformation in eine Summe von zwei Quadraten.

Bemerkung. Ganz analog ergibt sich auch, daß man mit Hilfe derselben Matrix $\mathfrak{S}$ die Bilinearform

$$\mathfrak{x}' \mathfrak{A} \mathfrak{y}$$

auf die Form
$$\Sigma \, \lambda_i \cdot \mathfrak{u}_i \cdot v_i$$

bringen kann. Denn durch die Transformation

$$\mathfrak{x} = \mathfrak{S}\mathfrak{u}, \; \mathfrak{y} = \mathfrak{S}\mathfrak{v}$$

wird ja
$$\mathfrak{x}' \mathfrak{A} \mathfrak{y} = \mathfrak{u}' \mathfrak{S}' \mathfrak{A} \mathfrak{S} \mathfrak{v}$$

und $\mathfrak{S}' \mathfrak{A} \mathfrak{S}$ hat ja gerade die Form einer Diagonalmatrix.

7. Trägheitsgesetz der quadratischen Formen. Wird eine quadratische Form irgendwie durch eine Substitution mit nicht verschwindender Determinante in eine Summe von Quadraten verwandelt, so ist nicht nur, wie wir schon wissen, die Gesamtzahl der vorkommenden Quadrate dem Rang der Form gleich, also ein für allemal dieselbe, sondern es ist auch in der transformierten Form die Zahl der Quadrate mit positiven Koeffizienten und mithin auch die mit negativen Koeffizienten konstant, d. h. von der Art der Transformation in eine Quadratsumme unabhängig.

Dieses Gesetz, das von Sylvester herrührt, wurde von ihm das „Trägheitsgesetz der quadratischen Form" genannt.

Es sei die quadratische Funktion u von n Variablen $x_1, \ldots x_n$ durch die zwei Substitutionen

$$(1) \qquad \begin{aligned} x_i &= b_{i1}y_1 + \cdots + b_{in}y_n, \\ x_i &= c_{i1}z_1 + \cdots + c_{in}z_n, \end{aligned} \qquad (i = 1, 2, \ldots n)$$

mit nicht verschwindenden Determinanten auf die Formen gebracht

$$(2) \qquad u = \lambda_1 y_1^2 + \cdots + \lambda_n y_n^2, \; u = \mu_1 z_1^2 + \cdots + \mu_n z_n^2.$$

Nun ist durch die zwei Substitutionen (1) ein System linearer Gleichungen zwischen den Variablen y und z gegeben:

$$(3) \qquad b_{i1}y_1 + \cdots + b_{in}y_n = c_{i1}z_1 + \cdots + c_{in}z_n, \quad (i = 1, 2, \ldots n).$$

Vermöge dieser Abhängigkeit der Variablen y und z voneinander muß identisch

$$(4) \qquad \lambda_1 y_1^2 + \cdots + \lambda_n y_n^2 = \mu_1 z_1^2 + \cdots + \mu_n z_n^2$$

sein. Nehmen wir nun an, auf der rechten Seite dieser Gleichung seien h Glieder, auf der linken Seite $h + k$ Glieder negativ. Wir können dann die h Größen z der negativen Glieder und die $n - h - k$ Größen y der positiven Glieder verschwinden lassen. Es bleiben sodann immer noch $n + k$ Größen y und z übrig, um den n Gleichungen (3) genügen zu können. Hierdurch bleiben aber nun auf der rechten Seite der Gleichung (4) nur positive Glieder, auf der linken nur negative stehen. Die Gleichung (4) würde unmöglich sein. Die Annahme also, daß die zwei Formen (2) von u eine ungleiche Anzahl negativer Glieder enthalten, ist falsch.

Durch das „Trägheitsgesetz" können die quadratischen Formen in Arten eingeteilt werden nach der Differenz der Anzahl der positiven und negativen Glieder bei der Darstellung derselben als eine Summe von Quadraten.

Nach Gauß nennt man diejenigen Formen von n Variablen, bei welchen diese Differenz $= n$ ist und mithin alle Quadrate gleiches Zeichen haben, definite Formen, weil für reelle Werte der Variablen der Zahlenwert derselben nie verschiedenes Zeichen hat; die andern Formen bezeichnet man als indefinite, da sie sowohl positive als negative Werte annehmen können. Insbesondere heißt eine Form positiv definit, wenn sie nur positive Werte annehmen kann, d. h. also wenn sie definit ist, mit dem Zusatz, daß sie (außer für alle $x_i = 0$) nie verschwindet, und nur positive Werte annimmt. Sie heißt negativ definit, wenn sie nur negativer Werte fähig ist, sofern nicht alle x_i verschwinden. Den absoluten Betrag der Differenz zwischen der Anzahl der positiven und der negativen Quadrate nennt man die Signatur der Form.

8. Definite Formen. Ein Spezialfall der in (2, 4, 6) behandelten Transformation sei noch besonders angemerkt. Es sei angenommen, daß die dort erwähnte Hilfstransformation nie nötig werde, sondern daß bei jedem Schritt eine Variable rein quadratisch vorkomme. Man kann sich dieselben dann so numeriert denken, daß sie in ihrer natürlichen Reihenfolge Verwendung finden. Die dann der Reihe nach zu leistenden Transformationen haben alle eine dreieckige Matrix. Sie sind nämlich von der Form

$$x_1' = x_1 + a_{12}x_2 + \cdots + a_{1n}x_n$$
$$x_2' = \qquad\quad x_2$$
$$x_3' = \qquad\qquad\quad x_3$$
$$\cdots \cdots \cdots \cdots \cdots \cdots$$
$$x_n' = \qquad\qquad\qquad\qquad\quad x_n \; ;$$
$$x_1'' = x_1'$$
$$x_2'' = \qquad x_2' + a_{23}x_3' + \cdots + a_{2n}x_n'$$
$$x_3'' = \qquad\qquad\quad x_3'$$
$$\cdots \cdots \cdots \cdots \cdots \cdots$$
$$x_2'' = \qquad\qquad\qquad\qquad\qquad x_n'$$

Nur oberhalb der Hauptdiagonalen haben die Matrizen dieser Transformationen von Null verschiedene Elemente. Ist so

$$\mathfrak{x}' = \mathfrak{S}_1\mathfrak{x}; \quad \mathfrak{x}'' = \mathfrak{S}_2\mathfrak{x}' \ldots; \quad \mathfrak{u} = \mathfrak{S}_n\mathfrak{x}^{(n-1)},$$

so hat auch $\qquad\qquad \mathfrak{u} = \mathfrak{S}\mathfrak{x} = \mathfrak{S}_n\mathfrak{S}_{n-1} \ldots \mathfrak{S}_1\mathfrak{x}$

eine dreieckige Matrix. Die Matrix der transformierten quadratischen Form wird

$$\mathfrak{S}'\mathfrak{A}\mathfrak{S} = \mathfrak{B}.$$

Aus der dreieckigen Form der Matrix $\mathfrak{S}$

$$\mathfrak{S} = \begin{vmatrix} 1 & \beta_{12} \ldots & & \beta_{1n} \\ 0 & 1 & \beta_{23} & \beta_{2n} \\ \cdot & \cdot & \cdot \cdot \cdot & \cdot \\ 0 & \ldots & & 0 \ 1 \end{vmatrix}.$$

folgt, daß die folgenden Unterdeterminanten der Matrix $\mathfrak{A}$ unverändert bleiben.

$$A = A_n = \begin{vmatrix} a_{11} \ldots a_{1n} \\ \cdot \cdot \cdot \cdot \cdot \cdot \\ a_{n1} \ldots a_{nn} \end{vmatrix}; \quad A_{n-1} = \begin{vmatrix} a_{11} a_{12} \ldots a_{1\,n-1} \\ \cdot \cdot \cdot \cdot \cdot \cdot \cdot \cdot \\ a_{n-1,1} \ldots a_{n-1,\,n-2} \end{vmatrix};$$

$$A_{n-2} = \begin{vmatrix} a_{11} \ldots a_{1\,n-2} \\ \cdot \cdot \cdot \cdot \cdot \cdot \cdot \cdot \\ a_{n-2,1} \ldots a_{n-2,\,n-2} \end{vmatrix} \ldots A_1 = a_{11},$$

d. h. die aus den gleichen Zeilen und Kolonnen gebildeten Determinanten der transformierten Matrix $\mathfrak{B}$ haben jeweils dieselben Werte. Nun ist aber

$$\mathfrak{B} = \begin{vmatrix} \lambda_1 & 0 & \ldots & 0 \\ 0 & \lambda_2 & \ldots & 0 \\ \cdot & \cdot & \cdot & \cdot \\ 0 & 0 & \ldots & \lambda_n \end{vmatrix}.$$

Also ist $\quad A_n = \lambda_1 \lambda_2 \ldots \lambda_n; \quad A_{n-1} = \lambda_1 \ldots \lambda_{n-1}; \quad A_1 = \lambda_1.$

Also wird $\qquad \lambda_1 = A_1, \quad \lambda_2 = \dfrac{A_2}{A_1} \cdots \quad \lambda_n = \dfrac{A_n}{A_{n-1}}.$

Hiernach sieht man, daß die Zahl der negativen λ_i gleich der Anzahl der Vorzeichenwechsel in der Reihe

$$1, A_1, A_2 \ldots A_n$$

ist. Die von uns gemachte Voraussetzung läuft darauf hinaus, daß alle $A_k \neq 0$ sind. Denn zunächst ist ja $A_1 = a_{11}$. Spaltet man dann beim ersten Schritt x_1^2 ab, so bleiben die Determinanten A_2 ff. unverändert. Also wird $\dfrac{A_2}{A_1}$ der Koeffizient im rein quadratischen Glied der zweiten Variablen usw.

Dafür also, daß eine quadratische Form positiv definit sei, ist hinreichend, daß alle $A_k > 0$ sind. Dafür, daß sie negativ definit sei, ist hinreichend, daß $A_1 > 0$ und daß die A_n abwechselndes Vorzeichen haben.

Die eben ausgesprochenen hinreichenden Bedingungen erweisen sich bei näherem Zusehen auch als notwendig. Wenn nämlich in der gegebenen Form ein a_{ii} z. B. $a_{11} = 0$ ist, so setze man $x_1 = 1$, die übrigen x_i aber Null. Dann verschwindet die Form, ist also sicher weder positiv noch negativ definit. Daher müssen alle a_{kk} von Null verschieden sein. Durch eine Transformation

$$y_1 = x_1 + \frac{a_{12}}{a_{11}} x_2 + \cdots + \frac{a_{1n}}{a_{11}} x_n$$
$$y_2 = \qquad x_2$$
$$\cdots \cdots \cdots \cdots \cdots$$
$$y_n = \qquad\qquad\qquad x_n$$

wird $a_1 y_1^2$ abgespaltet. Bei dieser Transformation bleiben aber alle unter Verwendung der ersten Zeile und Kolonne zu bildenden Hauptunterdeterminanten von A unverändert, d. h. also alle Unterdeterminanten, deren Matrix zur Hauptdiagonalen

$$a_{11}$$
$$a_{12}$$
$$\cdots$$
$$a_{nn}$$

symmetrisch ist. Da aber zugleich in der ersten Zeile und in der ersten Kolonne nur $a_{11} = 0$ bleibt, so werden die zweireihigen dieser Hauptunterdeterminanten dividiert durch a_{11} nunmehr die Koeffizienten der übrigen rein quadratischen Glieder. Soll die Form positiv oder negativ definit sein, so kann wieder keine derselben Null sein. Denn sonst könnte man $x_1 = 0$ setzen und auf die verbleibende Restform den früheren Schluß anwenden und so die Form auf nichttriviale Weise zum Verschwinden bringen. Setzt man diese Schlußweise fest, so gewinnt man das Ergebnis.

Dafür, daß eine quadratische Form positiv definit sei, ist notwendig und hinreichend, daß die Hauptunterdeterminanten $A_1 \ldots A_n$ alle positiv sind.

Dafür, daß die Form negativ definit sei, ist notwendig und hinreichend die Folge

$$1, A_1, \ldots A_n$$

n Vorzeichenwechsel aufweist, daß also $A_1 < 0$, und daß die A_k abwechselndes Vorzeichen besitzen.

Durch ähnliche Schlüsse kann man auch den Fall behandeln, daß die Form definit ist. Ist dann μ der Rang, so lautet das Ergebnis:

Dafür, daß eine Form vom Rang μ nie negativ sei, ist notwendig und hinreichend, daß man die Variablen so numerieren könne, daß die Hauptunterdeterminanten $A_1 \ldots A_\mu$ alle positiv sind.

Dafür, daß eine Form vom Range μ nie negativ sei, ist notwendig und hinreichend, daß man die Variablen so numerieren könne, daß die Folge $1, A_1, \ldots A_\mu$ abwechselnde Vorzeichen aufweist.

Daß diese Bedingung hinreicht, sieht man ganz wie im positiv oder negativ definiten Fall ein. Daß sie notwendig ist, sieht man so ein.

Ist $\mu = 0$, so verschwinden alle a_{ik}, und unsere Behauptung ist richtig. Ist $\mu > 0$, so verschwinden nicht alle a_{ik}. Wären aber alle $a_{ii} = 0$, aber z. B. $a_{12} \neq 0$, so setzt man $x_1 = y_1 + y_2$, $x_2 = y_1 - y_2$, $x_i = y_i \, (i > 2)$. Dann kommen in der transformierten Form die beiden Glieder $2 a_{12} y_1^2 - 2 a_{12} y_2^2$ vor. Setzt man $y_i = 0$ für $i > 2$, so sieht man, daß die Form nicht definiert sein kann. Also ist mindestens ein $a_{ii} \neq 0$. Man numeriere so, daß $a_{11} \neq 0$ ist und setze wie vorhin eine erste Transformation an, um $a_{11} y_1^2$ abzuspalten. Ist der Rang $\mu = 1$, so verschwindet die noch verbleibende Form identisch. Für $\mu > 1$ muß eine der zweireihigen Hauptunterdeterminanten von Null verschieden sein.

Denn diese sind wieder die Koeffizienten der rein quadratischen Glieder. Diese können aber nicht alle Null sein, da sonst die Form nicht definit wäre. So weiterschließend gelangt man zum Beweis der Behauptung.

9. Orthogonale Transformationen. In der analytischen Geometrie und anderwärts taucht die Frage auf, ob man mit Hilfe orthogonaler Transformationen eine jede quadratische Form auf die Summe von Quadraten transformieren kann. Wir haben es weiterhin mit Formen mit reellen Koeffizienten und mit reellen Transformationen zu tun. Orthogonale Transformationen

$$\mathfrak{u} = \mathfrak{S}\mathfrak{x}$$

sind dadurch charakterisiert, daß für sie die quadratische Form

$$\mathfrak{x}'\mathfrak{x} = \Sigma \, x_i^2$$

unverändert bleibt, daß also die Gleichung

$$\mathfrak{u}'\mathfrak{u} = \mathfrak{x}'\mathfrak{x} \qquad\qquad \text{gilt, d. h. daß}$$

(1)
$$\mathfrak{S}'\mathfrak{S} = \mathfrak{J}$$

die Einheitsmatrix ist. Setzt man dann

$$\mathfrak{S} = \begin{vmatrix} c_{11} \, c_{12} \, \ldots \, c_{1n} \\ c_{21} \, c_{22} \, \ldots \, c_{2n} \\ \cdot \; \cdot \; \cdot \; \cdot \; \cdot \; \cdot \; \cdot \\ c_{n1} \, c_{n2} \, \ldots \, c_{nn} \end{vmatrix},$$

so ist $\mathfrak{S}'\mathfrak{S} = \mathfrak{J}$ mit den Relationen

$$\sum_{i=1}^{i=n} c_{ik} c_{il} = \begin{cases} 0 \ \text{für } k \neq l \\ 1 \ \text{für } k = l \end{cases}$$

gleichwertig. D. h. das Produkt zweier verschiedener Kolonnen ist 0, das Quadrat einer Kolonne ist eins; das ist ja gerade der analytische Ausdruck dafür, daß die n Einheitsvektoren der Koordinaten in n paarweise senkrechte Einheitsvektoren übergeführt werden.

Die Relation (1) besagt, daß $S = \pm 1$, d. h. daß die Determinante einer orthogonalen Matrix ± 1 ist. Denn $\mathfrak{S}'$ und $\mathfrak{S}$ sind ja zueinander transponiert und haben also die gleiche Determinante, deren Quadrat nach (1) den Wert 1 hat.

Die Relation (1) besagt weiter, daß $\mathfrak{S}'$ gleichzeitig die Inverse von $\mathfrak{S}$ ist. Für orthogonale Matrizen ist es also charakteristisch, daß Inverse und transponierte Matrix identisch sind.

Aus (1) folgt weiter

$$(2) \qquad\qquad \mathfrak{S} \cdot \mathfrak{S}' = \mathfrak{J}.$$

Diese Relation besagt, daß auch die Gleichungen

$$\sum_{i=1}^{i=n} c_{ki} c_{li} = \begin{cases} 0 \ \text{für } k \neq l \\ 1 \ \text{für } k = l \end{cases} \quad \text{gelten.}$$

Wir schicken der orthogonalen Transformation der quadratischen Formen noch die Betrachtung des Prozesses der Orthogonalisierung voraus.

Seien
$$\mathfrak{b}_1 = (b_{11} \ldots b_{1n})$$
$$\cdot \; \cdot \; \cdot \; \cdot \; \cdot \; \cdot \; \cdot \; \cdot$$
$$\mathfrak{b}_k = (b_{k1} \ldots b_{kn})$$

k einreihige Matrizen, so setzen wir

$$\lambda_1 \mathfrak{b}_1 + \cdots + \lambda_k \mathfrak{b}_k = \left(\sum_{i=1}^{k} \lambda_i b_{i1} \cdots \sum_{i=1}^{i=k} \lambda_i b_{in} \right)$$

und sagen, die Matrizen seien linear unabhängig, wenn die Relation

$$\sum \lambda_i \mathfrak{b}_i = (0, 0 \ldots 0)$$

nur dann besteht, wenn alle $\lambda_i = 0$ sind. Andernfalls heißen die Matrizen **linear abhängig**. Sind nun die Matrizen $\mathfrak{b}_i$ paarweise orthogonal, gelten also die Relationen

$$\mathfrak{b}_i'\mathfrak{b}_i \neq 0, \ \mathfrak{b}_i'\mathfrak{b}_k = 0, \ i \neq k \qquad (i, k = 1 \ldots n),$$

so sind sie ganz von selbst linear unabhängig, eine Verallgemeinerung der früheren Feststellung, daß die Determinante einer orthogonalen Transformation von Null verschieden ist. Wäre nämlich

$$\lambda_1\mathfrak{b}_1 + \cdots + \lambda_k\mathfrak{b}_k = (0, \ldots 0),$$

so multipliziere man mit $\mathfrak{b}_i'$. Dann wird

$$\lambda_i\mathfrak{b}_i'\mathfrak{b}_i = 0.$$

Also wegen $\mathfrak{b}_i'\mathfrak{b}_i \neq 0$ ist $\lambda_i = 0$.

Nun der Prozeß der Orthogonalisierung. Seien

$$\mathfrak{a}_1 \ldots \mathfrak{a}_k$$

irgendwelche einreihige Matrizen. Dann suchen wir darunter zunächst eine, von der Nullmatrix $(0 \ldots 0)$ verschiedene, falls es eine solche gibt. Nur dieser Fall interessiert uns weiter. Sei also

$$\mathfrak{a}_1'\mathfrak{a}_1 \neq 0;$$

dann setze ich $\mathfrak{x}_1 = \dfrac{\mathfrak{a}_1}{\sqrt{\mathfrak{a}_1'\mathfrak{a}_1}}$, so daß also $\mathfrak{x}_1'\mathfrak{x}_1 = 1$ wird.

Alsdann sehe ich zu, ob es unter den Matrizen $\mathfrak{a}$ solche gibt, die keine Multipla von $\mathfrak{x}_1$ sind, d. h. die von $\mathfrak{x}_1$ linear unabhängig sind; nur der Fall, wo es solche gibt, verlangt eine weitere Behandlung. Sei $\mathfrak{a}_2$ von $\mathfrak{x}_1$ linear unabhängig. Dann setze ich mit unbestimmten Koeffizienten a, b

$$(3) \qquad \mathfrak{x}_2 = a\mathfrak{x}_1 + b\mathfrak{a}_2$$

an und suche a, b so zu bestimmen, daß

$$\mathfrak{x}_1'\mathfrak{x}_2 = 0, \ \mathfrak{x}_2'\mathfrak{x}_2 = 1$$

wird. Zunächst liefert $\mathfrak{x}_1'\mathfrak{x}_2 = 0$ die Bedingung

$$a + b\mathfrak{x}_1'\mathfrak{a}_2 = 0,$$

woraus

$$a = -b\mathfrak{x}_1'\mathfrak{a}_2$$

folgt. Also ist

$$\mathfrak{x}_2 = b\bigl(-(\mathfrak{x}_1'\mathfrak{a}_2)\mathfrak{x}_1 + \mathfrak{a}_2\bigr).$$

Da $\mathfrak{x}_1$ und $\mathfrak{a}_2$ linear unabhängig sind, so ist $\mathfrak{a}_2 - (\mathfrak{x}_1'\mathfrak{a}_2)\mathfrak{x}_2$ keine Nullmatrix, und daher kann man b so bestimmen, daß $\mathfrak{x}_2'\mathfrak{x}_2 = 1$ wird. Da also jedenfalls $b \neq 0$ ausfällt, so kann man aus (3) wieder $\mathfrak{a}_2$ durch $\mathfrak{x}_2$ und $\mathfrak{x}_1$ linear darstellen. Daher sind alle von $\mathfrak{a}_1$ und $\mathfrak{a}_2$ linear abhängigen Vektoren auch von $\mathfrak{x}_1$ und $\mathfrak{x}_2$ linear abhängig. Sind dann alle anderen $\mathfrak{a}$

von $\mathfrak{a}_1$ und $\mathfrak{a}_2$ linear abhängig, so ist der Rang des Systemes der Matrizen $\mathfrak{a}$ gleich 2 und der Prozeß der Orthogonalisierung beendet; wir haben zwei paarweise orthogonale Matrizen gefunden, aus denen sich alle $\mathfrak{a}$ linear zusammensetzen lassen. Gibt es aber ein $\mathfrak{a}_3$, das von $\mathfrak{a}_1$ und $\mathfrak{a}_2$ und damit von $\mathfrak{x}_1$ und $\mathfrak{x}_2$ linear abhängt, so setzen wir

$$\mathfrak{x}_3 = a_1\mathfrak{x}_1 + a_2\mathfrak{x}_2 + a_3\mathfrak{a}_3$$

an und suchen die a_i so zu bestimmen, daß

$$\mathfrak{x}_1'\mathfrak{x}_3 = a_1 + a_3\mathfrak{x}_1'\mathfrak{a}_3 = 0$$
$$\mathfrak{x}_2'\mathfrak{x}_3 = a_2 + a_3\mathfrak{x}_2'\mathfrak{x}_3 = 0$$
$$\mathfrak{x}_3'\mathfrak{x}_3 = 1$$

wird. Aus den beiden ersten Gleichungen folgt jedenfalls

$$\mathfrak{x}_3 = - a_3 \left[(\mathfrak{x}_1'\mathfrak{a}_3)\,\mathfrak{x}_1 + (\mathfrak{x}_2'\mathfrak{a}_3)\,\mathfrak{x}_2 - \mathfrak{x}_3 \right]$$

und daher wie vorhin, daß man $c_3 \neq 0$ so wählen kann, daß $\mathfrak{x}_3'\mathfrak{x}_3 = 1$ wird.

Nun wird es deutlich sein, wie man aus den $\mathfrak{a}$ so viele paarweise orthogonale Matrizen herstellen kann, als der Rang der $\mathfrak{a}$ beträgt, derart, daß man aus ihnen alle $\mathfrak{a}$ durch lineare Kombination gewinnen kann.

Nun zur orthogonalen Transformation der quadratischen Formen auf eine Summe von Quadraten. In Gedanken an die Anwendung dieses Prozesses in der analytischen Geometrie sagt man statt dessen auch „Hauptachsentransformation". Es wird also gefordert, eine orthogonale Transformation

$$\mathfrak{x} = \mathfrak{S}\mathfrak{u}$$

so zu finden, daß die quadratische Form

$$\Sigma\, a_{ik} x_i x_k$$

in einer von der Gestalt $\Sigma\mu_i\mathfrak{u}_i^2$ übergeht, daß also

$$\mathfrak{S}'\mathfrak{A}\mathfrak{S} = \begin{vmatrix} \mu_1 & 0 & \ldots & 0 \\ 0 & \mu_2 & \ldots & 0 \\ \cdot & \cdot & \cdot & \cdot \\ 0 & 0 & \ldots & \mu_n \end{vmatrix}.$$

Nennen wir die einreihigen Matrizen, welche die Zeilen von $\mathfrak{A}$ ausmachen,

$$\mathfrak{a}_1 \ldots \mathfrak{a}_n$$

und seien

$$\mathfrak{z}_1 \ldots \mathfrak{z}_n$$

die Kolonnen von $\mathfrak{S}$, so soll also

$$\mathfrak{z}_k'\mathfrak{a}_k\mathfrak{z}_i = \begin{cases} \mu_i \ \text{für}\ k = i \\ 0 \ \ \text{für}\ k \neq i \end{cases}$$

sein. D. h. also die Matrix $\begin{vmatrix} a_1 \mathfrak{S}_i \\ \cdots \\ a_n \mathfrak{S}_i \end{vmatrix} = \mathfrak{c}_i$ ist zu den Matrizen $\mathfrak{S}_k$ mit $k \neq i$

orthogonal.

Daher muß $$\mathfrak{c}_i = \mu \mathfrak{S}_i$$

sein. D. h. also jede Kolonne von $\mathfrak{S}$ ist für passende μ Lösung der linearen Gleichungen

$$a_{11} x_1 + \cdots + a_{1n} x_n = \mu x_1$$

(4) $$\cdots \cdots \cdots \cdots \cdots$$

$$a_{n1} x_1 + \cdots + a_{nn} x_n = \mu x_n.$$

Damit diese Gleichung eine Lösung besitze, deren x nicht alle verschwinden — nur solche x sind als Kolonnen von $\mathfrak{S}$ brauchbar —, muß μ der Gleichung

(5) $$\begin{vmatrix} a_{11} - \mu & a_{12} & a_{1n} \\ a_{12} & a_{22} - \mu & a_{2n} \\ \cdots & \cdots & \cdots \\ a_{1n} & a_{2n} & a_{nn} - \mu \end{vmatrix} = 0$$

genügen. Sind dann in der Tat μ_1 und μ_2 zwei verschiedene Lösungen von (5), so sind die zugehörigen Lösungen $\mathfrak{x}_1' = (x_{11} \ldots x_{1n})$ und $\mathfrak{x}_2' = (x_{21} \ldots x_{2n})$ zueinander orthogonal. Denn es wird nach (4)

$$\mathfrak{x}_1' \cdot \mathfrak{A} \mathfrak{x}_2 = \mu_1 \mathfrak{x}_1' \mathfrak{x}_2 = \mu_1 \mathfrak{x}_2' \mathfrak{x}_1$$

$$\mathfrak{x}_2' \cdot \mathfrak{A} \mathfrak{x}_1 = \mu_2 \mathfrak{x}_2' \mathfrak{x}_1.$$

Nun aber ist $\quad \mathfrak{x}_2' \mathfrak{A} \mathfrak{x}_1 = (\mathfrak{A} \mathfrak{x}_1)' \cdot \mathfrak{x}_2 = \mathfrak{x}_1' \mathfrak{A}' \mathfrak{x}_2 = \mathfrak{x}_1' \mathfrak{A} \mathfrak{x}_2.$

Denn wegen $a_{ik} = a_{ki}$ ist $\mathfrak{A}' = \mathfrak{A}$. Also folgt

$$(\mu_1 - \mu_2) \mathfrak{x}_2' \mathfrak{x}_1 = 0.$$

Wegen $\mu_1 \neq \mu_2$ ist daher $\mathfrak{x}_2' \mathfrak{x}_1 = 0$.

Beiläufig folgt daraus, daß die Wurzeln von (5) alle reell sind, wenn die a_{ik} reell sind, wie das bisher schon immer angenommen war. Denn sonst könnte man μ_1 und μ_2 und daher auch $\mathfrak{x}_1$ und $\mathfrak{x}_2$ konjugiert imaginär annehmen; dann wäre

$$\mathfrak{x}_2' \mathfrak{x}_1 = \Sigma |x_{1k}|^2 = 0.$$

Also $\mathfrak{x}_1$ sowie $\mathfrak{x}_2$ die Nullmatrix.

Sind nun die Wurzeln von (5) alle verschieden, so liefern die n Wurzeln durch Auflösung von (4) die n Kolonnen einer orthogonalen Transformation $\mathfrak{S}$, für die nach dem Vorstehenden

$$(6) \qquad \mathfrak{S}'\mathfrak{A}\mathfrak{S} = \begin{vmatrix} \mu_1 & 0 & \ldots & 0 \\ 0 & \mu_2 & & 0 \\ \multicolumn{4}{c}{\cdots\cdots\cdots} \\ 0 & 0 & & \mu_n \end{vmatrix}$$

ausfällt. μ_i sind dabei die Wurzeln von (5).

Sind aber nicht alle μ_i verschieden, so muß etwas anders geschlossen werden, um $\mathfrak{S}$ zu finden. Das Ergebnis wird wieder durch (6) gegeben sein. Einer solchen allgemein gültigen Methode zur Auffindung von $\mathfrak{S}$ wenden wir uns jetzt zu. Sie beruht darauf, daß zu jedem μ_i soviel linear unabhängige Lösungen von (4) gehören, als die Vielfachheit von μ_i als Lösung von (5) beträgt. Diese Lösungen orthogonalisiert man. Da die zu verschiedenen μ gehörigen Lösungen ohnedies orthogonal zueinander sind, so gelangt man so wieder zu $\mathfrak{S}$. Die Schwierigkeit liegt nun darin, zu erkennen, daß die Vielfachheit von μ_i mit der Zahl der linear unabhängigen Lösungen der zugehörigen (4) übereinkommt. Nennen wir die linke Seite von (5) die charakteristische Funktion der Matrix $\mathfrak{A}$ und nennen wir für eine orthogonale Matrix $\mathfrak{S}$ die Matrizen $\mathfrak{A}$ und $\mathfrak{S}'\mathfrak{A}\mathfrak{S}$ orthogonal äquivalent, so gilt zunächst der Satz:

Orthogonal äquivalente Matrizen haben die gleiche charakteristische Funktion.

Denn es ist $\qquad \mathfrak{S}'\mathfrak{A}\mathfrak{S} - \mu\mathfrak{J} = \mathfrak{S}'(\mathfrak{A} - \mu\mathfrak{J})\mathfrak{S}.$

Also ist die Determinante von $\mathfrak{S}'\mathfrak{A}\mathfrak{S} - \mu\mathfrak{J}$ gleich der Determinante von $\mathfrak{S}'(\mathfrak{A} - \mu\mathfrak{J})\mathfrak{S}$. Diese ist aber gleich der Determinante von $\mathfrak{A} - \mu\mathfrak{J}$, weil $\mathfrak{S}'\mathfrak{S} = \mathfrak{J}$ ist.

Eine jede Wurzel der charakteristischen Funktion von $\mathfrak{A}$ nennen wir einen Eigenwert von $\mathfrak{A}$. Die zu einem Eigenwert μ gehörigen Lösungen von (4) nennen wir Eigenmatrizen, die aus ihren Elementen als Koeffizienten gebildeten Linearformen heißen Eigenformen.

Wir kommen nun zu dem Beweis der Behauptung, daß die Anzahl der linear unabhängigen Lösungen, die (4) für $\mu = \mu_i$ besitzt, gleich der Vielfachheit ist, die μ_i als Wurzel von (5) besitzt. Sei zunächst $\mathfrak{x}_1$ eine zu μ_i gehörige nichttriviale d. h. von der Nullmatrix verschiedene Lösung von (4). Dann kann man eine orthogonale Matrix bestimmen, deren erste Kolonne $\mathfrak{x}_1$ ist. Denn setzt man $\mathfrak{x}_1' = (x_{11}, x_{12} \ldots x_{1n})$ und ist z. B. $x_{11} \neq 0$, so sind die Matrizen $(0\,1\,0 \ldots 0), (0\,0,1 \ldots 0) \ldots (0\,1\,0, \ldots 1)$ voneinander und von $\mathfrak{x}_1'$ linear unabhängig. Der Prozeß der Orthogonalisierung erlaubt es daher, aus diesen n Matrizen die n Kolonnen einer orthogonalen Matrix herzustellen, so daß $\mathfrak{x}_1$ die erste Kolonne wird. Sei $\mathfrak{S}_1$ diese Matrix, dann wird

$$\mathfrak{S}_1' \mathfrak{A} \mathfrak{S}_1 = \begin{vmatrix} \mu_i & 0 & \ldots 0 \\ 0 & a_{22}' & \ldots a_{2n}' \\ \cdot & \cdot & \cdot \cdot \cdot \cdot \\ 0 & a_{2n}' & \ldots a_{nn}' \end{vmatrix}.$$

Man erkennt dies am raschesten, wenn man zunächst die erste Kolonne von $\mathfrak{A}\mathfrak{S}_1$ bestimmt; diese wird

$$\mathfrak{a}_1 \mathfrak{x}_1 = \mu_i x_{11}$$
$$\mathfrak{a}_2 \mathfrak{x}_1 = \mu_i x_{12}$$
$$\cdot \quad \cdot \quad \cdot \quad \cdot \quad \cdot \quad \cdot$$
$$\mathfrak{a}_n \mathfrak{x}_1 = \mu_i x_{1n}.$$

Daher wird die erste Kolonne von $\mathfrak{S}_1' \mathfrak{A} \mathfrak{S}_1$ die vorhin angegebene. Daß auch die erste Zeile die angegebenen Werte hat, entnimmt man am raschesten der Tatsache, daß $(\mathfrak{S}_1' \mathfrak{A} \mathfrak{S}_1)' = \mathfrak{S}_1' \mathfrak{A}' \mathfrak{S}_1 = \mathfrak{S}_1' \mathfrak{A} \mathfrak{S}_1$, daß also die Matrix der transformierten Form wieder symmetrisch ist.

Setzt man
$$\mathfrak{A}' = \begin{vmatrix} a_{22}' & \ldots a_{2n}' \\ \cdot & \cdot \cdot \cdot \cdot \cdot \\ a_{2n}' & \ldots a_{nn}' \end{vmatrix},$$

so wird
$$(\mu_i - \mu) \, |\, \mathfrak{A}' - \mu \mathfrak{J}\,|$$

die charakteristische Funktion von $\mathfrak{A}$. μ_i ist also dann und nur dann k-facher Eigenwert von $\mathfrak{A}$, wenn es $k-1$-facher Eigenwert von $\mathfrak{A}'$ ist.

$$\begin{aligned} \mu_i y_1 &= \mu y_1 \\ a_{22}' y_2 + \cdots + a_{2n}' y_n &= \mu y_2 \\ \cdot \quad \cdot \quad \cdot \quad \cdot \quad \cdot \quad \cdot \quad \cdot \quad \cdot \quad & \\ a_{2n}' y_2 + \cdots + a_{nn}' y_n &= \mu y_n \end{aligned}$$
(4')

sind die charakteristischen Gleichungen der transformierten Form. Ihre Lösungen sind durch

$$\mathfrak{x} = \mathfrak{S} \mathfrak{y}$$

d. i.
$$\mathfrak{y} = \mathfrak{S}' \mathfrak{x}$$

gegeben, so daß die Zahl der linear unabhängigen Lösungen bei (4) und (4') die gleiche ist.

Zu
$$\mu = \mu_i$$

gehören aber als Lösungen von (4') neben der Matrix $(y_1 \ldots y_n) = (1, 0 \ldots 0)$ die Lösungen $(0, y_2 \ldots y_n)$, wobei $(y_2 \ldots y_n)$ die weiteren

Lösungen der charakteristischen Gleichungen (4') für $\mu = \mu_i$ sind. Die Zahl der zu $\mu = \mu_i$ gehörigen linear unabhängigen Eigenmatrizen ist also genau um 1 größer als die Zahl der zu $\mu = \mu_i$ gehörigen linear unabhängigen Eigenmatrizen von $\mathfrak{A}'$.

Ist also insbesondere μ_i ein einfacher Eigenwert von $\mathfrak{A}$, so ist es 0-facher Eigenwert von $\mathfrak{A}'$. Zu $\mathfrak{A}'$ und $\mu = \mu_i$ gehört dann gar keine Eigenform. Also gehört zu einem einfachen Eigenwert eine einzige Eigenmatrix. Wenden wir vollständige Induktion an und nehmen also unsere Behauptung für $k-1$-fache Eigenwerte beliebiger Matrizen als richtig an. Dann gehören zu dem $k-1$-fachen Eigenwert μ_i von $\mathfrak{A}'$ genau $k-1$ linear unabhängige Matrizen, die auch von der Eigenmatrix $(1, 0 \ldots 0)$ von $\mathfrak{A}$ linear unabhängig sind. Zu $\mathfrak{A}$ und $\mu = \mu_i$ gehören also genau k linear unabhängige Eigenmatrizen. Sind weiter

$$\mathfrak{x}_1, \ldots, \mathfrak{x}_k$$

Lösungen von (4), d. h. von $\quad \mathfrak{a}\mathfrak{x} = \mu_i\mathfrak{x},$

so ist auch $\qquad\qquad \sum \lambda_\alpha \mathfrak{x}_1$

eine Lösung. Denn aus $\qquad \mathfrak{a}\mathfrak{x}_1 = \mu_i\mathfrak{x}_1$

folgt durch Addition $\quad \mathfrak{a}\sum \lambda_\alpha \mathfrak{x}_1 = \mu_i\sum \lambda_\alpha \mathfrak{x}_1.$

Daher sind auch die durch den Prozeß der Orthogonalisierung erhältlichen, paarweise orthogonalen Matrizen, Lösungen. Bilden wir nun aus allen so erhaltenen Matrizen als Kolonnen eine neue n-reihige Matrix, so besitzt diese genau n Kolonnen, und diese sind paarweise orthogonal. Denn die Summe der Vielfachheiten der Eigenwerte ist n. Zu jedem Eigenwert gehören so viele Kolonnen, als seine Vielfachheit beträgt. Die zu verschiedenen Eigenwerten gehörigen Kolonnen sind von selbst paarweise orthogonal. Die zu einem Eigenwert gehörigen Kolonnen sind nach dem Prozeß der Orthogonalisierung paarweise orthogonal und zur Quadratsumme 1 normiert. Wir haben so eine orthogonale Matrix $\mathfrak{S}$ gewonnen. Für sie ist

$$\mathfrak{S}'\mathfrak{A}\mathfrak{S} = \begin{vmatrix} \mu_1 & 0 & \ldots & 0 \\ 0 & \mu_2 & \ldots & 0 \\ \cdot & \cdot & \cdot & \cdot \\ 0 & 0 & \ldots & \mu_n \end{vmatrix},$$

wie man sofort nachrechnet.

Wir haben also jetzt $\qquad \mathfrak{x}'\mathfrak{A}\mathfrak{x} = \mathfrak{u}'\mathfrak{S}'\mathfrak{A}\mathfrak{S}\mathfrak{u},$

d. h. $\qquad\qquad\qquad \sum a_{ik}x_ix_k = \sum \mu_i u_i^2,$

und es ist $\qquad\qquad\qquad \mathfrak{u} = \mathfrak{S}'\mathfrak{x},$

d. h. die $\qquad\qquad\qquad u_i = \sum l_{ik}x_k$

sind die n paarweise orthogonalen normierten Eigenformen der Matrix $\mathfrak{A}$. Normiert bedeutet, daß in jeder die Quadratsumme der Koeffizienten Eins ist. Die μ_i sind die Eigenwerte der Matrix $\mathfrak{A}$, so daß u_i immer eine zu μ_i gehörige Eigenform ist.

10. Hermitesche Formen. Eine Bilinearform

$$(1) \qquad A(x,y) = \sum_{1 \ldots n} a_{\lambda\mu} x_\lambda y_\mu = \mathfrak{x}'\mathfrak{A}\mathfrak{y}, \quad \mathfrak{A} = \begin{vmatrix} a_{11} \cdots a_{1n} \\ \cdots \cdots \cdots \\ a_{n1} \cdots a_{nn} \end{vmatrix}$$

und eine quadratische Form

$$(2) \qquad A(x,\bar{x}) = \sum_{1 \ldots n} a_{\lambda\mu} x_\lambda \bar{x}_\mu = \mathfrak{x}'\mathfrak{A}\bar{\mathfrak{x}}$$

heißen hermitesch, wenn $a_{\lambda\mu} = \bar{a}_{\mu\lambda}$, d. h. $A' = \bar{A}$ ist. Dabei wird durch Überstreichen das konjugiert Komplexe bezeichnet. Namentlich ist $a_{\lambda\lambda}$ reell. Wendet man auf die Variablen die Transformation

$$\mathfrak{x} = \mathfrak{S}\mathfrak{u}, \quad \mathfrak{y} = \bar{\mathfrak{S}}\mathfrak{v}$$

an, wo $\mathfrak{S}$ und $\bar{\mathfrak{S}}$ konjugiert komplexe Matrizen sind, so geben die Formen (1) und (2) in

$$(1') \qquad A^*(u, v) = \mathfrak{u}'\mathfrak{S}'\mathfrak{A}\bar{\mathfrak{S}}\mathfrak{v} \qquad\qquad \text{und}$$

$$(2') \qquad A^*(u, \bar{u}) = \mathfrak{u}'\mathfrak{S}'\mathfrak{A}\bar{\mathfrak{S}}\mathfrak{u}$$

über. Diese sind wieder hermitesch. Denn es ist

$$(\mathfrak{S}'\mathfrak{A}\bar{\mathfrak{S}})' = \bar{\mathfrak{S}}'\mathfrak{A}'\mathfrak{S} = \bar{\mathfrak{S}}'\bar{\mathfrak{A}}\mathfrak{S} = \overline{(\mathfrak{S}'\mathfrak{A}\bar{\mathfrak{S}})}.$$

Die Theorie der Hermiteschen Formen ist ganz analog der der quadratischen Formen.

Insbesondere kann man wieder die Matrix $\mathfrak{S}$ so wählen, daß die transformierte Form die Gestalt

$$\sum b_\varrho u_\varrho v_\varrho \quad \text{bzw.} \quad \sum b_\varrho u_\varrho \bar{u}_\varrho$$

bekommt. Wieder ist dabei der Rang der Matrix gleich der Zahl der von Null verschiedenen b_ϱ. Den Beweis wird der Leser an Hand der Nummer **9.** leicht selbst durchführen.

Auch den Beweis des Trägheitsgesetzes wird der Leser leicht übertragen. Was endlich die orthogonale Transformation der Hermiteschen Formen anlangt, so treten hier an Stelle der in 9. betrachteten durch $\mathfrak{S}'\mathfrak{S} = J$ definierten Transformationen, die durch

$$\bar{\mathfrak{S}}'\mathfrak{S} = J$$

definierten sogenannten unitären Transformationen, die die Form $\bar{\mathfrak{x}}'\mathfrak{x}$ in $\bar{\mathfrak{u}}'\mathfrak{u}$ überführen.

Dritter Abschnitt.

Haupteigenschaften der algebraischen Gleichungen.

Erstes Kapitel.
Symmetrische Funktionen.

1. Einfachste symmetrische Funktionen. Man nennt eine Funktion s y m -
m e t r i s c h in bezug auf gewisse Variable $x_1, x_2, \ldots$, die sie enthält, wenn
sie bei beliebiger Vertauschung dieser Variablen untereinander ungeändert
bleibt. Wir betrachten hier nur rationale ganze Funktionen. Dieselben
werden im allgemeinen nicht homogen sein in bezug auf diese Variäblen.

So ist
$$\alpha_1^2 + \alpha_2^2 + \alpha_1 + \alpha_2$$

eine symmetrische Funktion von α_1 und α_2, aber dieselbe ist nicht homogen; ebenso ist
$$(\alpha_1 + p)(\alpha_2 + p) = \alpha_1 \alpha_2 + p(\alpha_1 + \alpha_2) + p^2$$

eine symmetrische, aber nicht homogene Funktion von α_1 und α_2, da $\alpha_1 \alpha_2$
vom zweiten Grad, $p(\alpha_1 + \alpha_2)$ vom ersten Grad und p^2 vom 0-ten Grad
in bezug auf α_1, α_2 ist. Da nun bei der Vertauschung von α_1 und α_2 nur
Glieder von gleichem Grade ineinander übergehen können, so müssen diese
Funktionen in einfachere homogene symmetrische Funktionen zerfallen;
so zerfällt die erste in die homogenen Funktionen $\alpha_1^2 + \alpha_2^2$ und $\alpha_1 + \alpha_2$;
die letztere in die drei homogenen Funktionen $\alpha_1 \alpha_2$, $p(\alpha_1 + \alpha_2)$ und p^2.
Man sieht, daß dies allgemein gültig ist. Ist die symmetrische Funktion
nicht homogen, so muß sie die Summe von homogenen symmetrischen
Funktionen sein. Aber auch die homogenen symmetrischen Funktionen
können in einfachere symmetrische Funktionen zerfallen. So ist
$$(\alpha_1 + \alpha_2)(\alpha_2 + \alpha_3)(\alpha_3 + \alpha_1)$$

homogen und symmetrisch in bezug auf die drei Variablen $\alpha_1, \alpha_2, \alpha_3$. Die
Entwicklung des Produkts gibt
$$\alpha_1^2 \alpha_2 + \alpha_2^2 \alpha_3 + \alpha_3^2 \alpha_1$$
$$+ \alpha_1 \alpha_2^2 + \alpha_2 \alpha_3^2 + \alpha_3 \alpha_1^2 + 2\alpha_1 \alpha_2 \alpha_3.$$

Da das letzte Glied selbst symmetrisch ist, so muß auch die Summe der sechs ersten Glieder für sich eine symmetrische Funktion bilden. Betrachten wir noch die homogene symmetrische Funktion von $\alpha_1, \alpha_2, \alpha_3$

$$(\alpha_1 + \alpha_2 + \alpha_3)^4.$$

Dieselbe enthält, wie leicht zu sehen, die Glieder α_1^4, $4\alpha_1^3\alpha_2$, $6\alpha_1^2\alpha_2^2$, $12\alpha_1^2\alpha_2\alpha_3$, und da die Funktion symetrisch ist, muß sie alle Glieder enthalten, die aus diesen durch Vertauschung der Variablen hervorgehen. Da nun nur Glieder mit gleichviel Elementen ineinander sich vertauschen können, so bilden die Glieder mit einem Element, mit zwei Elementen und mit drei Elementen für sich symmetrische Funktionen. Aber auch die Glieder, welche zwei Elemente von der Form $\alpha_1^3\alpha_2$ und $\alpha_1^2\alpha_2^2$ enthalten, können bei der Vertauschung der Elemente nicht ineinander übergehen, da die einen Glieder die Exponenten 3, 1, die andern die Exponenten 2, 2 haben. Die Funktion zerfällt also in vier symmetrische Funktionen. Bezeichnen wir nun allgemein mit

$$\sum \alpha_1^{p_1} \alpha_2^{p_2} \alpha_3^{p_3} \cdots$$

die symmetrische Funktion, welche alle die verschiedenen Glieder umfaßt, die aus dem ersten $\alpha_1^{p_1} \alpha_2^{p_2} \alpha_3^{p_3} \cdots$ durch Vertauschung der Elemente hervorgehen, so ergibt sich

$$(\alpha_1 + \alpha_2 + \alpha_3)^4 = \sum \alpha_1^4 + 4 \sum \alpha_1^3 \alpha_2 + 6 \sum \alpha_1^2 \alpha_2^2 + 12 \sum \alpha_1^2 \alpha_2 \alpha_3,$$

wo

$$\sum \alpha_1^4 = \alpha_1^4 + \alpha_2^4 + \alpha_3^4$$

$$\sum \alpha_1^3 \alpha_2 = \alpha_1^3 \alpha_2 + \alpha_1 \alpha_2^3 + \alpha_2^3 \alpha_3 + \alpha_2 \alpha_3^3 + \alpha_3^3 \alpha_1 + \alpha_3 \alpha_1^3$$

$$\sum \alpha_1^2 \alpha_2^2 = \alpha_1^2 \alpha_2^2 + \alpha_2^2 \alpha_3^2 + \alpha_3^2 \alpha_1^2$$

$$\sum \alpha_1^2 \alpha_2 \alpha_3 = \alpha_1^2 \alpha_2 \alpha_3 + \alpha_1 \alpha_2^2 \alpha_3 + \alpha_1 \alpha_2 \alpha_3^2.$$

Daß in der Entwicklung alle Glieder von $(\alpha_1 + \alpha_2 + \alpha_3)^4$ berücksichtigt sind, ergibt sich daraus, daß diese vierte Potenz $3 \cdot 3 \cdot 3 \cdot 3 = 81$ einfache Glieder enthält, während die Zerlegung drei Glieder enthält, welche einfach, sechs Glieder, welche vierfach, drei Glieder, welche sechsfach, und drei, welche zwölffach in der Funktion enthalten sind; dieselbe zählt also $3 + 4 \cdot 6 + 6 \cdot 3 + 12 \cdot 3$, d. i. ebenfalls 81 Glieder.

Aus dem Vorhergehenden ist ersichtlich:

Alle (homogenen und nichthomogenen) symmetrischen ganzen Funktionen bestehen aus einer Summe von einfacheren symmetrischen Funktionen, welche in jedem Gliede gleich viel Elemente mit denselben Exponenten haben.

Es ist leicht, eine solche symmetrische Funktion zu bilden und ihre Gliederzahl zu berechnen. Denn ist n die Zahl der zu vertauschenden Elemente $\alpha_1, \alpha_2, \alpha_3 \ldots \alpha_n$ und enthält die zu berechnende symmetrische Funktion

$$\sum \alpha_1{}^{p_1} \alpha_2{}^{p_2} \alpha_3{}^{p_3} \cdots$$

in jedem Gliede m der Elemente, so bilde man zunächst die Kombinationen der m-ten Klasse ohne Wiederholung aus den n Elementen. Die Anzahl derselben ist

$$M = \frac{n(n-1)(n-2)\cdots(n-m+1)}{1\cdot 2\cdot 3\cdots m}.$$

Dann versehe man in jeder dieser Kombinationen die Variablen der Reihe nach mit dem Exponenten $p_1, p_2, p_3 \ldots$ und permutiere dieselben. Diese Exponenten seien zunächst voneinander verschieden. Da die Anzahl der Permutationen der m Exponenten $1 \cdot 2 \cdot 3 \ldots m$ beträgt, so gehen aus jeder Kombination ebenso viele Glieder der symmetrischen Funktion hervor. Dieselbe enthält also

$$n(n-1)(n-2)\ldots(n-m+1) \quad \text{Glieder.}$$

Sind aber unter den Exponenten Gruppen von $s, s_1, \ldots$ gleichen Exponenten, so ist die Anzahl der verschiedenen Permutationen der m Exponenten

$$\frac{1\cdot 2\cdot 3\cdots m}{1\cdot 2\cdots s\cdot 1\cdot 2\cdots s_1\cdots}$$

und demgemäß die Anzahl der verschiedenen Glieder der symmetrischen Funktion, jedes Glied einmal gezählt,

$$\frac{n(n-1)(n-2)\cdots(n-m+1)}{1\cdot 2\cdots s\cdot 1\cdot 2\cdots s_1\cdots}.$$

So ist in obigem Beispiel die Anzahl der Glieder in $\Sigma \alpha_1^3 \alpha_2$ für $n = 3$, $m = 2$ gleich sechs, hingegen in $\Sigma \alpha_1^2 \alpha_2^2$, da die zwei Exponenten gleich sind, nur drei. In $\Sigma \alpha_1^2 \alpha_2 \alpha_3$ gibt es nur eine Kombination $\alpha_1 \alpha_2 \alpha_3$ und drei Permutationen der Exponenten $2, 1, 1$, also ergeben sich nur drei Glieder.

2. Elementarsymmetrische Funktionen. Es sei die Gleichung gegeben

$$(1) \qquad f(x) = x^n + a_1 x^{n-1} + a_2 x^{n-2} + \cdots + a_n = 0,$$

wo wir der Einfachheit wegen den ersten Koeffizienten $a_0 = 1$ setzen, da derselbe ja immer durch Division mit a_0 auf die Einheit reduziert werden kann. Die Wurzeln dieser Gleichung seien $\alpha_1, \alpha_2, \ldots \alpha_n$. Dann ist das Polynom auf der linken Seite

$$(2) \qquad f(x) = (x - \alpha_1)(x - \alpha_2) \ldots (x - \alpha_n).$$

Dies ist aber eine symmetrische Funktion der α, und folglich müssen nach S. 28 auch die Koeffizienten $a_1, a_2, \ldots a_n$ der Gleichung symmetrisch sein in bezug auf die Wurzeln α. In der Tat, entwickelt man das Produkt auf der rechten Seite, so erhielten wir S. 28 durch Vergleichung mit der gegebenen Gleichung sofort folgende Relationen:

$$\alpha_1 + \alpha_2 + \cdots + \alpha_n = -a_1$$

$$\alpha_1\alpha_2 + \alpha_1\alpha_3 + \cdots + \alpha_{n-1}\alpha_n = +a_2$$

$$(3) \qquad \alpha_1\alpha_2\alpha_3 + \cdots + \alpha_{n-2}\alpha_{n-1}\alpha_n = -a_3$$

$$\cdots\cdots\cdots\cdots\cdots\cdots\cdots\cdots$$

$$\alpha_1\alpha_2\alpha_3 \cdots \alpha_n = (-1)^n a_n.$$

Es sind also die Koeffizienten der Gleichung symmetrische Funktionen der Wurzeln, und zwar die einfachsten symmetrischen Funktionen der ersten, zweiten, dritten ... Ordnung; und zwar ist $-a_1$ gleich der Summe der Wurzeln, $+a_2$ gleich der Summe ihrer Kombinationen zu zweien, $-a_3$ gleich der Summe ihrer Kombinationen zu je dreien, usf., endlich $(-1)^n a_n$ das Produkt sämtlicher Wurzeln. Wäre der erste Koeffizient a_0 der Gleichung nicht $= 1$, so würde in den Gleichungen an Stelle von $a_1, a_2, \ldots a_n$ nur $\frac{a_1}{a_0}, \frac{a_2}{a_0}, \ldots \frac{a_n}{a_0}$ zu setzen sein. Wir nennen diese Funktionen elementarsymmetrisch.

Man bemerke, daß aus der ersten der Relationen (3) folgt, daß, wenn das zweite Glied $a_1 x^{n-1}$ einer Gleichung fehlt, die Summe der Wurzeln Null ist; und aus der letzten, daß, wenn das konstante Glied $a_n = 0$ ist, die Gleichung eine Wurzel $x = 0$ hat, was an sich evident ist.

Bemerkung. Man könnte versucht sein, zu glauben, daß man die Auflösung einer gegebenen Gleichung erleichtert, indem man sie durch das System der Relationen (3) ersetzt. Dieser Versuch scheitert aber an der symmetrischen Form dieser Relationen. Für eine Gleichung dritten Grades z. B.

$$x^3 + a_1 x^2 + a_2 x + a_3 = 0$$

ist

$$\alpha_1 + \alpha_2 + \alpha_3 = -a_1,$$

$$\alpha_1\alpha_2 + \alpha_1\alpha_3 + \alpha_2\alpha_3 = a_2,$$

$$\alpha_1\alpha_2\alpha_3 = -a_3.$$

Sucht man aus diesen Relationen α_1 zu bestimmen, so gelangt man zu der Gleichung

$$\alpha_1^3 + a_1\alpha_1^2 + a_2\alpha_1 + a_3 = 0,$$

welche dieselbe ist wie die gegebene. Dies war vorauszusehen. Denn da die Relationen, von welchen man ausging, sich nicht ändern, wenn man α_1 mit α_2 oder α_3 vertauscht, so muß die für α_1 gefundene Gleichung zugleich für α_2 und α_3 gelten.

3. Potenzsummen. Die Wichtigkeit der symmetrischen Funktionen für die Theorie der Gleichungen geht aus folgendem Satz hervor:

Jede rationale symmetrische Funktion von $\alpha_1 \ldots \alpha_n$ läßt sich rational durch die elementarsymmetrischen ausdrücken.

Zunächst beweisen wir diesen Satz für die einfachen symmetrischen Funktionen, welche in jedem Gliede nur eine Wurzel enthalten, die Potenzsummen der Wurzeln

$$(4) \qquad \sum \alpha^m = \alpha_1^m + \alpha_2^m + \alpha_3^m + \cdots + \alpha_n^m = s_m,$$

wo m irgendeine ganze positive Zahl sein kann. Zu diesem Zwecke vergleichen wir die Abgeleiteten der zwei Formen (1), (2) der Funktion $f(x)$ in **2.** Die Abgeleitete von $f(x) = (x - \alpha_1) \ldots (x - \alpha_n)$ wird da die Abgeleitete des einzelnen Faktors $x - \alpha$ gleich der Einheit ist,

$$f'(x) = (x - \alpha_2)(x - \alpha_3) \ldots (x - \alpha_n) + (x - \alpha_1)(x - \alpha_3) \ldots (x - \alpha_n) + \cdots$$
$$+ (x - \alpha_1)(x - \alpha_2)(x - \alpha_3) \ldots (x - \alpha_{n-1}),$$

d. h. die Abgeleitete $f'(x)$ ist die Summe der Kombinationen der n Faktoren von $f(x)$ zu je $n - 1$. Wir können also auch schreiben:

$$(5) \qquad f'(x) = \frac{f(x)}{x - \alpha_1} + \frac{f(x)}{x - \alpha_2} + \cdots + \frac{f(x)}{x - \alpha_n} \,.$$

Führt man die Divisionen aus, addiert und bezeichnet die erste, zweite, $\ldots$ Potenzsumme der Wurzeln mit $s_1, s_2, \ldots$, so erhält man

$$
\begin{aligned}
f'(x) = n\, x^{n-1} + s_1 \quad&\Big|\quad x^{n-2} + s_2 \quad\Big|\quad x^{n-3} + \cdots + s_{n-1} \\
+ n\, a_1 \quad&\Big|\qquad\quad + a_1 s_1 \quad\Big|\qquad\quad + a_1 s_{n-2} \\
\quad&\Big|\qquad\quad + n\, a_2 \quad\Big|\qquad\quad + a_2 s_{n-3} \\
&\qquad\qquad\qquad\qquad\qquad\quad \vdots \\
&\qquad\qquad\qquad\qquad\qquad + a_{n-2} s_1 \\
&\qquad\qquad\qquad\qquad\qquad + n\, a_{n-1} \,.
\end{aligned}
$$

Sind also $b_0, b_1, \ldots b_{n-1}$ die Koeffizienten von $f'(x)$, so ist

$$b_i = s_i + a_1 s_{i-1} + a_2 s_{i-2} + \cdots + a_i s_0,$$

wenn wir s_0 für n setzen.

Nun gibt aber die Form (1) von $f(x)$ als Polynom

$$f'(x) = n \cdot x^{n-1} + (n - 1)a_1 x^{n-2} + (n - 2)a_2 x^{n-3} + \cdots + a_{n-1},$$

also $b_i = (n-i)a_i$. Die Vergleichung dieser zwei Werte für b_i liefert, wenn wir der Reihe nach $i = 1, 2, \ldots n-1$ setzen, folgendes System von Gleichungen:

$$s_1 + a_1 = 0$$
$$s_2 + a_1 s_1 + 2a_2 = 0$$
$$s_3 + a_1 s_2 + a_2 s_1 + 3a_3 = 0$$

(6)
$$\cdots\cdots\cdots\cdots\cdots$$
$$s_i + a_1 s_{i-1} + a_2 s_{i-2} + \cdots + i a_i = 0$$
$$\cdots\cdots\cdots\cdots\cdots\cdots$$
$$s_{n-1} + a_1 s_{n-2} + a_2 s_{n-3} + \cdots + a_{n-2} s_1 + (n-1)a_{n-1} = 0.$$

Diese Formeln heißen die **Newtonschen Formeln**, da sie schon Newton in seiner „Arithmetica Universalis" gegeben hat. Man kann dieselben leicht für beliebig hohe Potenzsummen fortsetzen; denn die Wurzeln $a_1, a_2, \ldots a_n$ erfüllen die Reihe von Gleichungen

$$f(x) = 0, \; x \cdot f(x) = 0, \; x^2 \cdot f(x) = 0 \; \text{usf.}$$

Setzt man in irgendeine dieser Gleichungen für x die Werte $a_1, a_2, \ldots a_n$ ein und addiert die so erhaltenen Gleichungen, so resultiert eine Relation zwischen Potenzsummen.

Man erhält auf diese Weise nachfolgendes System von Relationen, welche dasselbe Gesetz wie die Relationen (6) zeigen, wenn man nur bemerkt, daß die Koeffizienten $a_{n+1}, a_{n+2}, \ldots$ nicht vorhanden sind, also $= 0$ zu setzen sind:

$$s_n + a_1 s_{n-1} + a_2 s_{n-2} + \cdots + a_{n-1} s_1 + n a_n = 0$$

(7)
$$s_{n+1} + a_1 s_n + a_2 s_{n-1} + \cdots + a_{n-1} s_2 + a_n s_1 = 0$$
$$s_{n+2} + a_1 s_{n+1} + a_2 s_n + \cdots + a_{n-1} s_3 + a_n s_2 = 0$$
$$\cdots\cdots\cdots\cdots\cdots\cdots$$

Aus den **Newtonschen** Gleichungen berechnen sich nun folgende Werte für die Potenzsummen:

$$s_1 = -a_1$$
$$s_2 = a_1^2 - 2a_2$$

(8)
$$s_3 = -a_1^3 + 3a_1 a_2 - 3a_3$$
$$s_4 = a_1^4 - 4a_1^2 a_2 + 4a_1 a_3 + 2a_2^2 - 4a_4$$
$$s_5 = -a_1^5 + 5a_1^3 a_2 - 5a_1^2 a_3 - 5(a_2^2 - a_4)a_1 + 5(a_2 a_3 - a_5)$$
$$\cdots\cdots\cdots\cdots\cdots\cdots$$
$$\cdots\cdots\cdots\cdots\cdots\cdots$$

Da in den Rekursionsformeln (6) die höchste Potenzsumme s immer den Faktor 1 hat, ergeben sich in den Formeln (8) nur ganze Zahlenkoeffizienten. Ist also in einer Geleichung $a_0 = 1$ und sind alle andern Koeffizienten ganze Zahlen, so sind auch alle Potenzsummen ihrer Wurzeln ganze Zahlen.

Um die Gleichungssysteme (6) ... (8) auf die Gleichung

$$a_0 x^n + a_1 x^{n-1} + \cdots + a_n = 0$$

anzuwenden, in welcher a_0 nicht der Einheit gleich ist, hat man in denselben $\frac{a_1}{a_0}, \frac{a_2}{a_0}, \ldots \frac{a_n}{a_0}$ statt $a_1, a_2, \ldots a_n$ zu setzen. Dann werden dieselben homogen in den Koeffizienten a, und man erhält für die Potenzsummen die Ausdrücke

$$s_1 = -\frac{a_1}{a_0}$$

$$s_2 = \frac{a_1{}^2 - 2a_2 a_0}{a_0{}^2}$$

(8')

$$s_3 = -\frac{a_1{}^3 + 3a_0 a_1 a_2 - 3a_0{}^2 a_3}{a_0{}^3}$$

$$\cdot \quad \cdot \quad \cdot \quad \cdot \quad \cdot \quad \cdot \quad \cdot \quad \cdot$$

Es wird mithin s_i eine homogene Funktion der Koeffizienten a vom i-ten Grad, dividiert durch a_0^i. Außerdem ersieht man, daß die i-te Potenzsumme zur Berechnung nur die Koeffizienten $a_0, a_1, \ldots a_i$ beansprucht. Sind also in zwei Gleichungen die Koeffizienten $a_0, a_1, \ldots a_i$ gleich, so sind auch die Summen der i ersten Potenzen ihrer Wurzeln, bis zur i-ten Potenz inkl., gleich.

4. Zweite Methode für Potenzsummen. Man kann zur Berechnung der Potenzsummen auch noch ein anderes Verfahren anwenden. Es ist für jeden Wert von a_0,

$$\frac{f'(x)}{f(x)} = \frac{1}{x - a_1} + \frac{1}{x - a_2} + \frac{1}{x - a_3} + \cdots + \frac{1}{x - a_n}.$$

Nun ist

$$\frac{1}{x - a} = \frac{1}{x} + \frac{a}{x^2} + \frac{a^2}{x^3} + \cdots,$$

also erhält man sogleich

$$\frac{f'(x)}{f(x)} = \frac{n}{x} + \frac{s_1}{x^2} + \frac{s_2}{x^3} + \cdots \qquad \text{oder auch}$$

(9)

$$\frac{x \cdot f'(x)}{f(x)} = n + \frac{s_1}{x} + \frac{s_2}{x^2} + \cdots$$

Ordnet[1]) man also $x \cdot f'(x)$ und $f(x)$ nach fallenden Potenzen von x, so erhält man durch Division unmittelbar die Potenzsummen $s_1, s_2, s_3 \ldots$

---

1) Die so erhaltenen Reihen konvergieren nach den Prinzipien der Funktionentheorie für genügend große $|x|$.

Man kann auf diese Weise auch die Potenzsumme der reziproken Werte der Wurzeln

$$\sum \frac{1}{a_1{}^i} = \frac{1}{a_1{}^i} + \frac{1}{a_2{}^i} + \cdots + \frac{1}{a_n{}^i} = s_{-i}$$

erhalten. Denn man hat auch

$$\frac{1}{x-a} = -\left(\frac{1}{a} + \frac{x}{a^2} + \frac{x^2}{a^3} + \cdots\right),$$

und hiermit ergibt sich

$$-\frac{f'(x)}{f(x)} = s_{-1} + s_{-2} \cdot x + s_{-3} \cdot x^2 + \cdots$$

Ordnet man also $f'(x)$ und $f(x)$ nach steigenden Potenzen von x, so erhält man durch Division die Potenzsummen $s_{-1}, s_{-2}, \ldots$

Übrigens lassen sich die Potenzsummen s_{-i} auch mittels der Newtonschen Gleichungen berechnen. Es reicht dazu hin, aus $f(x) = 0$ die Gleichung $f\left(\frac{1}{x}\right) = 0$ zu bilden, welche die Wurzeln $\frac{1}{a_1}, \frac{1}{a_2}, \cdots \frac{1}{a_n}$ hat, und für diese die s_i zu suchen.[1]

5. Formalsymmetrisch und wertesymmetrisch. Wir haben bisher nur Funktionen der Variablen $a_1 \ldots a_n$ betrachtet, die formalsymmetrisch waren, bei der also die Summanden nur ihre Plätze vertauschen, die Faktoren nur umwechseln, wenn man die Variablen vertauscht. Etwas anderes ist zunächst begrifflich, die Forderung, daß eine Funktion einen unveränderten Wert hat, wenn man ihre Variablen vertauscht. Z. B. ist $\frac{a_1^2 - a_2^2}{a_1 - a_2}$ in diesem Sinne wertesymmetrisch, ohne formalsymmetrisch zu sein. So

---

1) Einen expliziten Ausdruck für die Potenzsummen hat schon Waring gegeben (Meditationes algebraicae, Cambridge 1782). Die Formel lautet

$$s_i = i \sum (-1)^{\lambda_1 + \lambda_2 + \cdots \lambda_n} \frac{(\lambda_1 + \lambda_2 + \cdots + \lambda_n - 1)!}{\lambda_1! \, \lambda_2! \ldots \lambda_n!} \, a_1{}^{\lambda_1} a_2{}^{\lambda_2} \ldots a_n{}^{\lambda_n},$$

wo die Summe Σ auf alle λ ($\lambda = 0$ eingerechnet) zu erstrecken ist, für welche

$$\lambda_1 + 2\lambda_2 + 3\lambda_3 + \cdots + n\lambda_n = i$$

ist. Eine andere Formel für die Berechnung der Potenzsummen s. „Traité de la résolution des équations numériques" par Lagrange. An. VI Note XI p. 248. Für die Summe der $n$ten Potenzen der Wurzeln der quadratischen Gleichung

$$x^2 - bx + a = 0 \qquad \text{findet Lagrange daselbst}$$

$$a^n + \beta^n = b^n - nab^{n-2} + \frac{n(n-3)}{1\cdot 2} a^2 b^{n-4} - \frac{n(n-4)(n-5)}{1\cdot 2\cdot 3} a^3 b^{n-6} + \cdots$$

(die Reihe fortgesetzt, so lange die Potenzen von b positiv bleiben), eine Formel, die sich übrigens auch aus der Waringschen Summe entnehmen läßt.

ist $(\alpha_1 - \alpha_2)(\alpha_1 - \alpha_2)$ wertesymmetrisch, ohne formalsymmetrisch geschrieben zu sein. Ist aber $f(\alpha_1 \ldots \alpha_n)$ wertesymmetrisch, so ist

$$\frac{\Sigma f(a_{\lambda 1} \ldots a_{\lambda n})}{n!} = \varphi(\alpha_1 \ldots \alpha_n)$$

formalsymmetrisch, wenn man die Summe über alle $n!$ Permutationen der α erstreckt. Da aber dabei sich f seinem Wert nach nicht ändert, so ist $f = \varphi$. Es genügt also, die formalsymmetrischen Funktionen zu betrachten.

Ist eine gebrochene rationale Funktion

$$\frac{f_1(a_1 \ldots a_n)}{f_2(a_1 \ldots a_n)}$$

wertesymmetrisch, und sind Zähler und Nenner nicht symmetrisch, so erweitere man den Bruch mit allen den Funktionen, die aus f_2 bei Vertauschung der α gewonnen werden können. Danach sind Zähler und Nenner symmetrisch , so daß also jede symmetrische rationale Funktion Quotient von zwei ganzen rationalen symmetrischen Funktionen ist.

6. Der Hauptsatz. Jede ganze rationale symmetrische Funktion $f(\alpha_1 \ldots \alpha_n)$ ist eine ganze rationale Funktion der elementarsymmetrischen Funktionen der α, deren Koeffizienten jedem Körper angehören, der die Koeffizienten von f enthält. Nach (3, 1, 5) darf man annehmen, daß f formal symmetrisch ist. Zum Beweis bedienen wir uns des Prinzipes der lexikographischen Anordnung. Dieses fassen wir so. Unter der Höhe eines Gliedes $A \alpha_1^{\nu_1} \ldots \alpha_n^{\nu_n}$ verstehen wir die Zahlenfolge $(\nu_1, \ldots, \nu_n)$. Wir nehmen an, daß nur ein Glied gegebener Höhe vorkommt, d. h. daß wir alle Glieder gleicher Exponentenfolge in einer zusammenfassen. Wir nennen dann $(\mu_1 \ldots \mu_n)$ niedriger als $(\nu_1 \ldots \nu_n)$, in Zeichen $(\mu_1 \ldots \mu_\nu) < (\nu_1 \ldots \nu_n)$, wenn die erste nicht verschwindende Differenz $\mu_i - \nu_i$ negativ ist. Ordnen wir dann die Glieder nach absteigender Höhe an, so sagen wir, wir hätten sie lexikographisch geordnet.

Bei den elementarsymmetrischen Funktionen sind $\alpha_1, \alpha_1\alpha_2, \ldots \alpha_1 \ldots \alpha_n$ die höchsten Glieder. Die höchste Form eines Produkts ist das Produkt der höchsten Form der Faktoren. Ist nämlich

$$(\mu_1 \ldots \mu_n) > (\nu_1 \ldots \nu_n)$$
$$(\lambda_1 \ldots \lambda_n) > (\pi_1 \ldots \pi_n),$$

so ist $\qquad (\mu_1 + \lambda_1 \ldots \mu_n + \lambda_n) > (\nu_1 + \pi_1, \ldots \nu_n + \pi_n).$

Denn es ist sowohl die erste nichtverschwindende Differenz $\mu_i - \nu_i > 0$, als auch die erste nichtverschwindende Differenz $\lambda_i - \pi_i > 0$. Ist $(\mu_1 \ldots \mu_n)$ die Höhe des höchsten Gliedes einer formalsymmetrischen Funktion, so ist

$$\mu_1 \geqq \mu_2 \geqq \mu_3 \geqq \ldots \geqq \mu_n.$$

Denn wegen der formalen Symmetrie kommen alle die Höhen vor, die sich aus $(\mu_1 \ldots \mu_n)$ durch beliebige Permutation der μ_k ergeben. Also muß im höchsten Glied μ_1 das Maximum aller μ_k sein, denn sonst gäbe es ein Glied, in dem α_1 zu einem höheren Exponenten vorkommt, und dies wäre höher. Aus dem gleichen Grund muß im höchsten Glied μ_2 das Maximum der Zahlen $\mu_2 \ldots \mu_n$ sein.

Ist nun $A\,\alpha_1^{\mu_1} \ldots \alpha_n^{\mu_n}$ das höchste Glied einer formalsymmetrischen Funktion, so hat nach den vorausgegangenen Bemerkungen

$$A\, e_n^{\mu_n}\, e_{n-1}^{\mu_{n-1}-\mu_n} \ldots e_1^{\mu_1-\mu_2}$$

dasselbe höchste Glied. Dabei ist $e_1 = \sum \alpha_1,\; e_2 = \sum \alpha_1 \alpha_2 \ldots e_n = \alpha_1 \ldots \alpha_n$. Zieht man also diese symmetrische Funktion von der gegebenen ab, so bleibt eine symmetrische Funktion mit niedrigerem höchsten Glied übrig. Für seine Höhe kommen aber nur endlich viele Folgen $(\nu_1 \ldots \nu_n)$ in Betracht, deren Elemente alle kleiner sind als μ_1. Fortsetzung des eingeschlagenen Verfahrens muß daher nach endlich vielen Schritten zur Darstellung der gegebenen Funktion als ganzrationale Funktion der elementarsymmetrischen führen.

Man mag noch bemerken, daß die Koeffizienten dieser ganzen rationalen Funktion der elementarsymmetrischen sich ganz und rational aus den Koeffizienten der gegebenen rationalen symmetrischen Funktion $f(\alpha_1 \ldots \alpha_n)$ darstellen. Das ergibt sich ohne weiteres aus dem grade zu Ende geführten Beweis.

Eine ganze ganzzahlige (d. h. mit ganzzahligen Koeffizienten versehene) symmetrische Funktion ergibt sich also z. B. als ganzzahlig, jedesmal dann, wenn die elementarsymmetrischen Funktionen ganzzahlige Werte haben.

Beispiel. Es sei $\sum \alpha_1^2 \alpha_2^2 \alpha_3$ zu berechnen. Das höchste Glied ist $2\,\alpha_1^2 \alpha_2^2 \alpha_3$. Das gleiche höchste Glied besitzt: $2\,e_3 \cdot e_2$. Es ist

$$\sum \alpha_1^2 \alpha_2^2 \alpha_3 - 2\,e_3 e_2 = 2\,\alpha_1^2 \alpha_2^2 \alpha_3 + 2\,\alpha_1^2 \alpha_3^2 \alpha_2$$
$$+\, 2\,\alpha_2^2 \alpha_3^2 \alpha_1 - 2\,\alpha_1 \alpha_2 \alpha_3 (\alpha_1 \alpha_2 + \alpha_1 \alpha_3 + \alpha_2 \alpha_3)$$
$$= 0.$$

Also ist $\sum \alpha_1^2 \alpha_2^2 \alpha_3 = 2\,e_2 e_3$.

7. Grad und Gewicht. Die Berechnung der symmetrischen Funktionen führt meistens zu langen Rechnungen. Aber mittels der folgenden zwei Theoreme, die man Cayley und Brioschi verdankt, läßt sich im voraus erkennen, welche Glieder allein in dem Resultat vorkommen können und welche aus demselben verschwinden müssen. Diese Theoreme lauten

Ist $\qquad\qquad\qquad \sum \alpha_1^p \alpha_2^q \alpha_3^r \cdots = \sum C\, \alpha_1^{\lambda_1} \alpha_2^{\lambda_2} \alpha_3^{\lambda_3} \cdots$

so ist der Grad des letzteren Ausdrucks dem größten der Exponenten $p, q, r \ldots$ gleich, und die Summe der Indizes in jedem seiner Glieder ist konstant, indem in jedem Gliede

$$\lambda_1 + 2\lambda_2 + 3\lambda_3 + \cdots = p + q + r \cdots$$

gleich dem Grade der symmetrischen Funktion ist.

Um den ersten Satz zu beweisen, darf man nur bemerken, daß die Koeffizienten a lineare Funktionen sind in bezug auf irgendeine der Wurzeln $\alpha_1, \alpha_2, \ldots \alpha_n$. Ist α_k eine dieser Wurzeln, so ist also

$$a_i = M_k^{(i)} \alpha_k + N_k^{(i)},$$

wo $M_k^{(i)}, N_k^{(i)}$ Funktionen der anderen Wurzeln sind, aber α_k nicht enthalten. Insbesondere ist $M_k^{(i)} \neq 0$. Damit wird

$$\sum a_1^p a_2^q a_3^r \cdots = \sum C (M_k^{(1)} \alpha_k + N_k^{(1)})^{\lambda_1} (M_k^{(2)} \alpha_k + N_k^{(2)})^{\lambda_2} \cdots (M_k^{(n)} \alpha_k + N_k^{(n)})^{\lambda_n}.$$

Ist nun p der größte der Exponenten $p, q, r \ldots$, so ist der höchste Grad, in welchem α_k in der symmetrischen Funktion vorkommt, $= p$; folglich muß

$$\lambda_1 + \lambda_2 + \lambda_3 + \cdots = p$$

sein, womit der erste Satz erwiesen ist.

Ebensoleicht beweist man den zweiten Satz. Denn läßt man die Wurzeln $\alpha_1, \alpha_2, \ldots \alpha_n$ übergehen in $k\alpha_1, k\alpha_2, \ldots k\alpha_n$, so erhält die symmetrische Funktion den Faktor $k^{p+q+r+\cdots}$. Zugleich aber gehen die Koeffizienten über in $ka_1, k^2 a_2, k^3 a_3, \ldots$, damit erhält aber das Glied $C a_1^{\lambda_1} a_2^{\lambda_2} a_3^{\lambda_3} \ldots$ den Faktor $k^{\lambda_1 + 2\lambda_2 + 3\lambda_3 + \cdots}$. Da nun aber k ganz willkürlich ist, so muß es auf der rechten und auf der linken Seite in der gleichen Potenz auftreten, so daß es ganz hinausfällt. Es muß also jedes Glied der Summe $\sum C a_1^{\lambda_1} a_2^{\lambda_2} a_3^{\lambda_3} \ldots$ denselben Faktor in k haben, und für jedes Glied muß

$$\lambda_1 + 2\lambda_2 + 3\lambda_3 + \cdots = p + q + r \ldots \quad \text{sein.}$$

Diese Summe $\lambda_1 + 2\lambda_2 + 3\lambda_3 + \cdots$, welche gleich ist der Summe der Indizes, nennt man das Gewicht des Gliedes und sagt demnach, der Ausdruck $\sum C a_1^{\lambda_1} a_2^{\lambda_2} a_3^{\lambda_3} \ldots$ sei von gleichem Gewichte oder isobarisch.

Sind die α_i-Wurzeln einer Gleichung, deren höchster Koeffizient $a_0 \neq 1$ ist, so muß man bei den vorausgegangenen Betrachtungen a_k durch $\dfrac{a_k}{a_0}$ ersetzen. Dann würde sich ergeben

$$\sum \alpha_1^p \alpha_2^q \alpha_3^r \cdots = \frac{\sum C a_0^{\lambda_0} a_1^{\lambda_1} \cdots}{a_0^p},$$

immer vorausgesetzt, daß p der größte der Exponenten p, q, r ist. Die Summe auf der rechten Seite (in welcher C ein Zahlenfaktor ist) ist dann eine homogene Funktion von $a_0, a_1 \ldots$ vom Grade p und vom Gewichte

$$0 \cdot \lambda_0 + 1 \cdot \lambda_1 + \cdots = p + q + r + \cdots$$

Man kann mit Hilfe obiger Theoreme angeben, welche Glieder in der Darstellung durch die elementarsymmetrischen Funktionen wirklich vorkommen können. So muß

$$\sum \alpha_1^2 \alpha_2^2 \alpha_3$$

von der Form

$$C e_3 e_2$$

sein. Denn der Grad muß 2 und das Gewicht muß 5 sein. Den Koeffizienten C kann man dann dadurch ermitteln, daß man ein besonderes Beispiel heranzieht. Sind nämlich z. B. alle $\alpha_i = 1$, so wird $e_2 = 3$, $e_3 = 1$ und $\sum \alpha_1^2 \alpha_2^2 \alpha_3 = 6$. Also ist $C = 2$.

8. Zweiter Beweis des Hauptsatzes. Für den Hauptsatz der Theorie der symmetrischen Funktionen möge noch ein zweiter Beweis[1] von Cauchy[2] auseinandergesetzt werden, welcher zugleich auf sehr sinnreiche Weise zeigt, wie die Darstellung berechnet werden kann.

Es sei $\quad f(x) = x^n + a_1 x^{n-1} + a_2 x^{n-2} + \cdots = 0$

die gegebene Gleichung, $\alpha_1, \alpha_2, \ldots \alpha_n$ ihre Wurzeln und U eine gegebene ganze symmetrische Funktion derselben.

Nehmen wir an, man habe auf irgendeine Weise die Funktion U so umgewandelt, daß sie nur noch eine Wurzel α enthalte und für dasselbe das Polynom erhalten

$$U = p_0 \alpha^m + p_1 \alpha^{m-1} + p_2 \alpha^{m-2} + \cdots + p_m,$$

wo $p_0, p_1, \ldots p_m$ Konstante sind, rational aus den Koeffizienten der Gleichung zusammengesetzt. Dies vorausgesetzt, dividiere man diesen Ausdruck mit $f(\alpha)$, dann hat man, wenn Q der Quotient der Division, R der Rest ist,

$$U = Q \cdot f(\alpha) + R$$

oder, da $f(\alpha) = 0$, $\qquad\qquad U = R.$

Dieser Rest R kann nur vom $(n-1)$-ten Grade sein; die Gleichung ist also von der Form

$$U = q_0 \alpha^{n-1} + q_1 \alpha^{n-2} + \cdots + q_{n-2} \alpha + q_{n-1}.$$

---

1) Einen solchen hat auch Gauß gegeben in seinem zweiten Beweis des Fundamentalsatzes der Algebra „Demonstratio nova altera etc." (Werke Bd. III p. 36).

2) Anciens exercices de Mathématiques, 4me année, 1829, und Œuvres de Cauchy II. Sér. Tome IX p. 132 § VI.

Da aber U symmetrische Funktion der n Wurzeln $\alpha_1, \alpha_2, \ldots \alpha_n$ ist, so kann man die Wurzel mit irgendeiner andern vertauschen, und da hierbei sich die Koeffizienten q nicht ändern, so muß die Gleichung

$$q_0 x^{n-1} + q_1 x^{n-2} + \cdots + q_{n-2} x + q_{n-1} - U = 0$$

durch alle Wurzeln $\alpha_1, \alpha_2, \ldots \alpha_n$ erfüllt werden. Sie muß folglich identisch sein, d. h. es muß

$$q_0 = q_1 = q_2 \cdots = q_{n-2} = 0$$

sein und $$U = q_{n-1}.$$

Es ist also q_{n-1} der gesuchte Wert von U.

Auf der wiederholten Anwendung dieses Satzes beruht nun die Berechnung von U. Zu diesem Zweck bilde man die Gleichungsreihe

$$f(x) = 0, \quad \frac{f(x)}{x - a_1} = f_1(x) = 0, \quad \frac{f_1(x)}{x - a_2} = f_2(x) = 0, \ldots$$

$$\frac{f_{n-2}(x)}{x - a_{n-1}} = f_{n-1}(x) = 0.$$

Die Divisionen vollziehen sich nach der Formel in $(1, 5, 1)$. Es treten hierbei die Wurzeln nach und nach in die Koeffizienten der Gleichungen ein; $f_1(x)$ enthält α_1 in den Koefffizienten, hat aber nur noch die Wurzeln $\alpha_2, \alpha_3, \ldots \alpha_n$; $f_2(x)$ enthält α_1 und α_2 in den Koeffizienten, hat aber nur noch die Wurzeln $\alpha_3, \alpha_4, \ldots \alpha_n$ usf.; $f_{n-2}(x)$ hat nur noch die Wurzeln α_{n-1} und α_n; $f_{n-1}(x) = 0$ ist nur noch vom ersten Grade, von der Form

$$x + \alpha_1 + \alpha_2 + \cdots + \alpha_{n-1} + a_1 = 0,$$

und hat nur noch die Wurzel $x = \alpha_n$. Man entnimmt daraus

$$\alpha_n = - (\alpha_1 + \alpha_2 + \cdots + \alpha_{n-1} + a_1),$$

und substituiert diesen Wert in U; dann enthält U nur noch eine der Wurzeln von $f_{n-2}(x)$, nämlich α_{n-1}, und die Division mit $f_{n-2}(\alpha_{n-1})$ läßt nach obigem Satze einen Rest frei von α_{n-1}. Dieser Rest ist die Funktion U. Da U nun nur noch die Wurzeln $\alpha_1, \alpha_2, \ldots \alpha_{n-2}$ enthält, also nur noch eine der drei Wurzeln $\alpha_{n-2}, \alpha_{n-1}, \alpha_n$ der Gleichung $f_{n-3}(x) = 0$, so kann nun diese Wurzel α_{n-2} durch Division mit $f_{n-3}(\alpha_{n-2})$ aus U entfernt werden usf. Schließlich enthält U nur noch eine Wurzel α_1 und die Division mit $f(\alpha_1)$ gibt sodann U als Rest der Division frei von Wurzeln als Funktion der a.

Es kann bei diesen Divisionen der Fall eintreten, daß zugleich mit der zu eliminierenden Wurzel α_i noch eine andere α_k und, da diese irgendeine der noch übrigen Wurzeln sein kann, alle übrigen Wurzeln zugleich aus U verschwinden, wodurch die Operationen wesentlich abgekürzt werden.

Ferner ist zu bemerken, daß die Methode nur Divisionen erfordert und alle Divisoren die Einheit als Koeffizienten ihres höchsten Gliedes haben. Daraus ergibt sich der schon früher ausgesprochene Satz.

Beispiel. Gegeben die homogene symmetrische Funktion

$$U = (\alpha + \beta)(\beta + \gamma)(\gamma + \alpha)$$

der drei Elemente α, β, γ. Dieselben seien Wurzeln der Gleichung

$$f(x) = x^3 + a_1 x^2 + a_2 x + a_3 = 0.$$

Dann ist $\quad \dfrac{f(x)}{x - a} = f_1(x) = x^2 + (\alpha + a_1)x + \alpha^2 + a_1 \alpha + a_2,$

$$\frac{f_1(x)}{x - \beta} = f_2(x) = x + \alpha + \beta + a_1.$$

$f_1(x) = 0$ hat die Wurzeln β, γ; $f_2(x) = 0$ nur noch die Wurzel γ. Also ist

$$\gamma = -(\alpha + \beta + a_1).$$

Damit wird

$$U = (\alpha + \beta)(a_1 + \beta)(a_1 + \alpha) = (a_1 + \alpha)(\beta^2 + (a_1 + \alpha)\beta + a_1 \alpha).$$

Dies dividiert mit $f_1(\beta)$ läßt als Rest den neuen Wert von U:

$$U = -(a_1 + \alpha)(\alpha^2 + a_2) = -\alpha^3 - a_1 \alpha^2 - a_2 \alpha - a_1 a_2.$$

Dieser Wert dividiert mit $f(\alpha)$ liefert als Rest den gesuchten Wert von U:

$$U = a_3 - a_1 a_2.$$

9. Rationale Funktionen der Gleichungswurzeln. Mittels der Theorie der symmetrischen Funktionen läßt sich folgendes Theorem beweisen:

Jede mit Koeffizienten aus einem Körper K gebildete rationale gebrochene Funktion einer Wurzel α einer Gleichung $f(x) = 0$ vom n-ten Grade läßt sich durch eine ganze Funktion des α von niedrigerem Grade als dem n-ten darstellen, deren Koeffizienten demselben Körper K angehören, wofern auch die Koeffizienten von f dem Körper K angehören.

Es seien $\varphi(x)$ und $\psi(x)$ ganze rationale Funktionen ohne gemeinsamen Teiler; $\alpha_1, \alpha_2, \ldots \alpha_n$ die Wurzeln der gegebenen Gleichung $f(x) = 0$; so hat man identisch[1])

$$(1) \qquad \frac{\varphi(\alpha_1)}{\psi(\alpha_1)} = \varphi(\alpha_1) \cdot \frac{\psi(\alpha_2)\,\psi(\alpha_3)\ldots\psi(\alpha_n)}{\psi(\alpha_1)\,\psi(\alpha_2)\ldots\psi(\alpha_n)}.$$

Der Nenner $\psi(\alpha_1)\,\psi(\alpha_2)\ldots\psi(\alpha_n)$ ist aber eine rationale symmetrische Funktion der Wurzeln mit Koeffizienten aus K und kann mithin rational

---

1) Es werde vorausgesetzt, daß ψ und f keinen gemeinsamen Faktor haben, also $\psi(\alpha)$ für keine Wurzel α verschwinde.

mit Koeffizienten aus K durch die Koeffizienten der Gleichung $f(x) = 0$ ausgedrückt werden, gehört also selbst zum Körper K. Was den Zähler $\psi(\alpha_2)\,\psi(\alpha_3)\ldots\psi(\alpha_n)$ betrifft, so ist derselbe ebenfalls eine rationale symmetrische Funktion der Wurzeln $\alpha_2, \alpha_3, \ldots \alpha_n$, d. h. der Wurzeln der Gleichung

$$\frac{f(x)}{x - a_1} = 0$$

mit Koeffizienten aus K und ergibt sich also als ganze rationale Funktion der Koeffizienten dieser Gleichung, welche selbst ganze Funktionen der einen Wurzel α_1 sind. Alle diese Funktionen besitzen Koeffizienten aus K. Damit erhält man folglich

$$(2) \qquad \frac{\varphi(\alpha)}{\psi(\alpha)} = \varphi(\alpha)\,\overline{\omega}(\alpha),$$

wo $\tilde{\omega}(\alpha)$ eine ganze Funktion von α mit Koeffizienten aus K ist. Die gebrochene Funktion $\frac{\varphi(\alpha)}{\psi(\alpha)}$ ist demnach durch eine ganze Funktion $\varphi(\alpha)\cdot\tilde{\omega}(\alpha)$ mit Koeffizienten aus K ersetzt; und zwar gilt diese Gleichung für jede Wurzel α der Gleichung $f(x) = 0$, da man in (1) die Wurzel α_1 mit einer beliebigen andern vertauschen kann.

Ist das Produkt $\varphi(\alpha)\cdot\tilde{\omega}(\alpha)$ vom n-ten oder höheren Grade, so kann man es durch einen Ausdruck von niedrigerem Grade als dem n-ten ersetzen. Denn dividieren wir es mit $f(\alpha)$, so wird

$$\varphi(\alpha)\tilde{\omega}(\alpha) = Q \cdot f(\alpha) + R$$

oder, da $f(\alpha) = 0$, $\qquad \varphi(\alpha) \cdot \tilde{\omega}(\alpha) = R,$

wo R höchstens vom $(n-1)$-ten Grade ist.

Die allgemeinste rationale Funktion einer Wurzel einer Gleichung vom n-ten Grade ist mithin eine ganze Funktion vom $(n-1)$-ten Grade.

Eine andere Methode, eine gebrochene rationale Funktion einer Wurzel durch eine ganze Funktion zu ersetzen, ergibt sich aus einem in (1, 5, 6) gefundenen Satze. Wir haben dort gesehen, wie sich, wenn $f(x)$ und $\psi(x)$ zwei ganze Funktionen sind, welche keinen gemeinsamen Teiler haben, immer zwei ganze Funktionen X, Y so bestimmen lassen, daß

$$Xf(x) + Y\,\psi(x) = R_\nu,$$

wo R_ν eine Konstante ist, die rational aus den Koeffizienten von f und ψ zusammengesetzt ist. Setzen wir in dieser Gleichung $x = \alpha$, wo α eine Wurzel der Gleichung $f(x) = 0$, so wird

$$R_\nu = \psi(\alpha) \cdot Y(\alpha),$$

wo $Y(\alpha)$ eine ganze Funktion von α und hiermit

$$\frac{\varphi(\alpha)}{\psi(\alpha)} = \frac{\varphi(\alpha) \cdot Y(\alpha)}{R_\nu}.$$

Da R_ν von α unabhängig ist, so stimmt diese Gleichung mit Gleichung (2) überein.

Beispiel. Ist α eine Wurzel der Gleichung

$$x^3 - 3x^2 - x + 3 = 0,$$

und $$\psi(\alpha) = \alpha^2 + 1,$$

so ergibt das Euklidische Teilerverfahren

$$(-\tfrac{1}{2}\alpha^2 + \tfrac{11}{2})\,\psi(\alpha) = 10.$$

Also, wenn $$\varphi(\alpha) = \alpha - 1,$$

$$\frac{\varphi(\alpha)}{\psi(\alpha)} = \frac{\alpha - 1}{\alpha^2 + 1} = \frac{(\alpha - 1)(-\tfrac{1}{2}\alpha^2 + \tfrac{11}{2})}{10}$$

oder, reduziert, $$\frac{\alpha - 1}{\alpha^2 + 1} = -\frac{1}{10}\alpha^2 + \frac{1}{2}\alpha - \frac{2}{5}.$$

Dasselbe Resultat hätte man nach der ersten Methode erhalten müssen. Da die Wurzeln der gegebenen Gleichung $\alpha = -1, +1, +3$ sind, ist die Übereinstimmung der zwei Formeln für jede der drei Wurzeln sofort zu prüfen.

Wenn die gebrochene Funktion $\dfrac{\varphi}{\psi}$ außer der Wurzel α noch eine zweite Wurzel β der Gleichung $f(x) = 0$ enthalten würde, so könnte man zunächst die gebrochene Funktion durch eine ganze Funktion in bezug auf α in der Form

$$A_0\alpha^{n-1} + A_1\alpha^{n-2} + \cdots + A_{n-1}$$

ersetzen. Die Wurzel β würde dann rational in die Koeffizienten A eingehen. Ergeben sich dieselben als gebrochene Funktionen von β, so können dieselben wieder nach obigen Methoden durch ganze Funktionen von β ersetzt werden. Mithin kann auch jede gebrochene Funktion von mehreren Wurzeln einer Gleichung durch eine ganze Funktion dieser Wurzeln ersetzt werden.

Es kann bei der Umsetzung der gebrochenen Funktion $\dfrac{\varphi(\alpha)}{\psi(\alpha)}$ in eine ganze Funktion vorkommen, daß die zwei Methoden verschiedene ganze Funktionen liefern; dann bleibt überhaupt eine Unbestimmtheit, und es gibt unendlich viele solche Funktionen vom $(n-1)$-ten oder niedrigerem Grade, welche die Aufgabe lösen. Dies läßt sich aus den obigen Methoden nicht unmittelbar ersehen. Der Fall tritt dann ein, wenn die Gleichung $f(x) = 0$ im Körper K reduzibel ist. Ist z. B. $f_1(x)$ ein in K irreduzibler

Faktor von $f(x)$, für den $f_1(\alpha) = 0$ ist, so ist f_1 von höchstens $(n-1)$-tem Grad. Hat $f(x)$ z. B. r gleiche Wurzeln, so kann man, wie wir (1, 5, 7) sahen, eine Gleichung $f_1(x) = 0$ bilden, welche nur die verschiedenen Wurzeln von $f(x) = 0$ enthält, und jede nur einmal. Wenn nun $\omega(\alpha)$ eine ganze Funktion $(n-1)$-ten Grades ist, welche der Aufgabe genügt, so genügt ihr auch die Funktion

$$\omega(\alpha) + M f_1(\alpha),$$

wo M eine beliebige Zahl aus K ist. Denn der Ausdruck ist vom $(n-1)$-ten Grade und, da für α die Gleichung $f_1(\alpha) = 0$, ist er $= \omega(\alpha)$ für jede Wurzel der Gleichung $f_1(x) = 0$. Hat insbesondere $f(x)$ nur mehrfache Wurzeln, so kann man nach S. 36 $f_1(x)$ so wählen, daß ihm sämtliche Wurzeln von $f(x)$ genügen. Dann besteht die gleiche Unbestimmtheit für alle α zugleich.

Man kann dies auch so darlegen: Wenn man schon die Wurzeln von $f(x) = 0$ kennt, so setze man dieselben nacheinander in die Gleichung

$$\frac{\varphi(\alpha)}{\psi(\alpha)} = A_0 \alpha^{n-1} + A_1 \alpha^{n-2} + \cdots + A_{n-1}$$

ein; $\frac{\varphi(\alpha)}{\psi(\alpha)}$ läßt sich für jede Wurzel berechnen, und man hat dann n Gleichungen zur Bestimmung der Koeffizienten A. Hat aber $f(x) = 0$ gleiche Wurzeln, so hat man weniger Gleichungen zur Bestimmung der A, und mehrere derselben bleiben unbestimmt.

Ist z. B. die Gleichung

$$x^3 - 4x^2 + 5x - 2 = 0$$

gegeben, deren Wurzeln 1, 1, 2 sind, und

$$\frac{1}{\alpha^2 + \alpha + 1}$$

als ganze Funktion zu berechnen, so ergibt sich nach der zweiten der obigen Methoden:

$$\frac{1}{\alpha^2 + \alpha + 1} = \frac{17}{21} - \frac{13}{21}\alpha + \frac{1}{7}\alpha^2.$$

Setzt man nun aber

$$\frac{\varphi(\alpha)}{\psi(\alpha)} = \omega(\alpha) = A_0 \alpha^2 + A_1 \alpha + A_2$$

und hierin für α die Wurzelwerte 1, 2 ein, so hat man die zwei Gleichungen

$$\tfrac{1}{3} = A + A_1 + A_2, \quad \tfrac{1}{7} = 4A + 2A_1 + A_2,$$

woraus $\qquad A_1 = -3A - \tfrac{4}{21}, \quad A_2 = 2A + \tfrac{11}{21}.$

Mithin $\qquad \omega(\alpha) = A(\alpha^2 - 3\alpha + 2) + \tfrac{11}{21} - \tfrac{4}{21}\alpha.$

A bleibt völlig willkürlich; $\alpha^2 - 3\alpha + 2 = 0$ ist eben die Gleichung $f_1(\alpha) = 0$ mit den einfachen Wurzeln $1, 2$. Für $A = \frac{1}{2}$ hat man obiges Resultat.

10. Algebraische Zahlen. Unter einer algebraischen Zahl versteht man eine Zahl, die Wurzel einer algebraischen Gleichung $a_0 z^n + a_1 z^{n-1} + \cdots + a_n = 0$ mit ganzen rationalen Koeffizienten sein kann. Die Menge dieser Zahlen ist abzählbar, woraus die Existenz nichtalgebraischer, sog. transzendenter Zahlen folgt. Hier mag es sich um die Feststellung handeln, daß eine rationale Funktion $r(\alpha_1, \ldots \alpha_n)$ von algebraischen Zahlen wieder eine algebraische Zahl ist. Der Beweis folgt leicht aus dem Hauptsatz über symmetrische Funktionen. Wir dürfen annehmen, daß $\alpha_1 \ldots \alpha_n$ die sämtlichen Wurzeln einer algebraischen Gleichung mit rationalen Koeffizienten sind:

$$z^n - e_1 z^{n-1} + e_2 z^{n-2} + \cdots + (-1)^n e_n = 0.$$

Eventuell bekommt man diese Gleichung durch Multiplikation der Einzelgleichungen, welchen die α genügen. Die Schreibweise $r(\alpha_1 \ldots \alpha_n)$ verlangt ja auch nicht, daß sämtliche $\alpha_1 \ldots \alpha_n$ in r wirklich eingehen. Nun bilde man die $n!$ Funktionen $r_1 = r, r_2, \ldots$, die sich aus r durch die sämtlichen Permutationen der α ergeben. Das Polynom

$$\prod_{i=1}^{i=n} (z - r_i)$$

wird dann für alle r_i zu Null. Seine Koeffizienten sind symmetrische Funktionen der r_i, und daher symmetrische Funktionen der α, drücken sich also rational durch die e aus, sind also wie diese rational. Multipliziert man das Polynom $\prod(z - r_i)$ noch mit dem Generalnenner seiner Koeffizienten, so erhält man das gesuchte Polynom mit ganzen rationalen Koeffizienten. Seine Nullstelle r ist also eine algebraische Zahl.

11. Resultanten. Schon auf S. 33 haben wir im Euklidischen Teilerverfahren ein Mittel kennengelernt, um festzustellen, ob zwei gegebene Polynome einen gemeinsamen Teiler und damit auch, ob sie gemeinsame Nullstellen besitzen. Die Theorie der symmetrischen Funktionen lehrt ein weiteres Kriterium. Sind nämlich $A(x)$ und $B(x)$ zwei Polynome, deren höchste Potenzen der Koeffizienten 1 besitzen, und sind $\alpha_1 \ldots \alpha_n$ die Wurzeln von $A, \beta_1 \ldots \beta_m$ die Wurzeln von B, so ist

$$A(\beta_1) A(\beta_2) \ldots A(\beta_m) = (-1)^{mn} B(\alpha_1) \ldots B(\alpha_n),$$

wie man sofort aus der Linearfaktorzerlegung ersieht. Jedes der beiden Produkte nennt man **Resultante** von A und B. Ihr Verschwinden ist die notwendige und hinreichende Bedingung dafür, daß A und B gemeinsame Nullstellen besitzen. Die Resultante

$$R = \prod_{i=1}^{i=m} A(\beta_i)$$

ist eine symmetrische Funktion der β und natürlich auch der α. Zu ihrer Berechnung kann man folgendes Verfahren einschlagen. Nehmen wir an, es sei $n \geqq m > 0$, so gibt es zwei Polynome Q und R so, daß

$$A = QB + R_1,$$

und so, daß R_1 einen niedrigeren Grad hat als B. Dann ist

$$R = \prod_{i=1}^{i=m} A(\beta_i) = \prod_{i=1}^{i=m} R_1(\beta_i).$$

Ist R_1 konstant, so ist damit die Berechnung der Resultante schon erledigt; es ist ja dann $R = R_1{}^m$. Ist aber R_1 nicht konstant, so ist $\Pi R_1(\beta_i)$ die Resultante von B und R_1, so daß die Berechnung der Resultante von A und B auf die Berechnung der Resultante zweier Polynome niedrigeren Grades, nämlich B und R_1 reduziert ist. Man kann so durch Fortsetzung des Verfahrens zum Ziele kommen.

12. Diskriminanten. Die Resultante eines Polynoms $f(x)$ und seiner Abgeleiteten $f'(x)$ nennt man **Diskriminante** von $f(x)$. Ihr Verschwinden liefert die notwendige und hinreichende Bedingung für das Vorhandensein mehrfacher Wurzeln von $f(x)$. Sind $\alpha_1 \ldots \alpha_n$ die Wurzeln von $f(x)$, und ist $f(x) = x^n + a_1 x^{n-1} + \cdots + a_n$, so ist auch

$$f(x) = \prod_k (x - \alpha_k)$$

und

$$f'(x) = \sum_i \prod_k{}'{}_i (x - \alpha_k),$$

wo $\Pi'_i(x - \alpha_k)$ aus $\Pi(x - \alpha_n)$ dadurch hervorgeht, daß man den Faktor $x - \alpha_i$ streicht. Daher ist die Diskriminante

$$(-1)^{\frac{n(n-1)}{2}} D = \prod_k f'(\alpha_i) = \prod_i \prod_k{}'{}_i (\alpha_i - \alpha_k)$$

$$= \Delta^2 (-1)^{\frac{n(n-1)}{2}},$$

wo

$$\Delta = \prod_{i>k} (\alpha_i - \alpha_k).$$

Nun aber bemerkt man, daß

$$\Delta = \begin{vmatrix} 1 & \alpha_1 & \dots & \alpha_1^{n-1} \\ 1 & \alpha_2 & \dots & \alpha_2^{n-1} \\ \cdot & \cdot & \cdot & \cdot \\ 1 & \alpha_n & \dots & \alpha_n^{n-1} \end{vmatrix}.$$

Man ziehe nur die erste Zeile von allen folgenden ab. Dann wird

$$\Delta = \begin{vmatrix} 1 & \alpha_1 & \dots & \alpha_1^{n-1} \\ 0 & \alpha_2-\alpha_1 & \dots & \alpha_2^{n-1}-\alpha_1^{n-1} \\ \cdot & \cdot & \cdot & \cdot \\ 0 & \alpha_n-\alpha_1 & \dots & \alpha_n^{n-1}-\alpha_1^{n-1} \end{vmatrix}$$

$$= (\alpha_2-\alpha_1)(\alpha_3-\alpha_1)\dots(\alpha_n-\alpha_1) \begin{vmatrix} 1 & \alpha_2+\alpha_1 & \dots & \alpha_2^{n-2}+\alpha_2^{n-3}\alpha_1+\cdots \\ \cdot & \cdot & \cdot & \cdot \\ 1 & \alpha_n+\alpha_1 & \dots & \alpha_n^{n-2}+\alpha_n^{n-3}\alpha_1+\cdots \end{vmatrix}$$

$$= (\alpha_2-\alpha_1)\dots(\alpha_n-\alpha_1) \begin{vmatrix} 1 & \alpha_2 & \dots & \alpha_2^{n-2} \\ \cdot & \cdot & \cdot & \cdot \\ 1 & \alpha_n & \dots & \alpha_n^{n-2} \end{vmatrix}.$$

Man sieht die letzte Umformung ein, wenn man die α_1-fache vorletzte Kolonne von der letzten abzieht, wenn man ebenso alsdann die α_1-fache vorvorletzte Kolonne von der vorletzten abzieht usw. Bei der nun verbleibenden Determinante nehme man wieder nacheinander alle Operationen vor, die an der Determinante Δ vorgenommen wurden. So kommt man zur Einsicht, daß Δ durch die Determinante dargestellt wird. Die Diskriminante wird dann

$$(1) \qquad D = \begin{vmatrix} 1 & \alpha_1 & \dots & \alpha_1^{n-1} \\ \cdot & \cdot & \cdot & \cdot \\ \cdot & \cdot & \cdot & \cdot \\ 1 & \alpha_n & \dots & \alpha_n^{n-1} \end{vmatrix}^2 = \begin{vmatrix} s_0 & s_1 & \dots & s_{n-1} \\ s_1 & s_2 & \dots & s_n \\ \cdot & \cdot & \cdot & \cdot \\ s_{n-1} & s_n & \dots & s_{2n-2} \end{vmatrix}.$$

Hier ist wieder $\qquad s_k = \alpha_1^k + \cdots + \alpha_n^k$

die k-te Potenzsumme. Man sieht die Umformung ein, indem man bei der Determinantenmultiplikation Kolonnen und Kolonnen multipliziert.

Mit Hilfe der von S. 104 bekannten Newtonschen Relation zwischen den Potenzsummen der Wurzeln

$$a_0 s_i + a_1 s_{i-1} + a_2 s_{i-2} + \cdots + i \cdot a_i = 0$$

kann D als ganze homogene Funktion der Koeffizienten a berechnet werden. Man wird dabei in der Weise verfahren, daß man die letzte Vertikalreihe der s mit a_0 multipliziert, $a_0 s_{n-1}, a_0 s_n, \dots$ mittels der Relation durch niedrigere Potenzsummen ersetzt, die vorhergehenden

Reihen mit $a_1, a_2, \ldots$ multipliziert, sodann zu der letzten addiert und diese Operation wiederholt. Z. B. für $n = 3$ ist

$$D = \begin{vmatrix} s_0 & s_1 & s_2 \\ s_1 & s_2 & s_3 \\ s_2 & s_3 & s_4 \end{vmatrix} = a_0^3 \begin{vmatrix} s_0 & s_1 & a_2 \\ s_1 & s_2 & -3a_3 \\ s_2 & s_3 & -a_3 s_1 \end{vmatrix} = \begin{vmatrix} s_0 & 2a_1 & a_2 \\ s_1 & -2a_2 & -3a_3 \\ s_2 & -a_2 s_1 & -3a_3 - a_3 s_1 \end{vmatrix}$$

$$\begin{vmatrix} 3a_0 & 2a_1 & a_2 \\ -a_1 & -2a_2 & -3a_3 \\ -a_1 s_1 - 2a_2 & -a_2 s_1 - 3a_3 & -a_3 s_1 \end{vmatrix} = \begin{vmatrix} 3a_0 & 2a_1 & a_2 \\ -a_1 & -2a_2 & -3a_3 \\ +a_1^2 - 2a_2 a_0 & a_2 a_1 - 3a_3 a_0 & a_3 a_1 \end{vmatrix}$$

$$= \begin{vmatrix} 3a_0 & 2a_1 & a_2 \\ a_1 & 2a_2 & 3a_3 \\ 2a_2 a_0 & 3a_3 a_0 + a_2 a_1 & 2a_1 a_3 \end{vmatrix}.$$

13. Verallgemeinerung. Die Determinantenformel

$$D = \prod_{i > k} (\alpha_i - \alpha_k)^2 = \begin{vmatrix} s_0 & \cdots & s_{n-1} \\ \cdot & \cdot \cdot \cdot \cdot \cdot & \cdot \\ s_{n-1} & \cdots & s_{2n-2} \end{vmatrix}$$

ist nur das Glied einer Reihe von ähnlichen Formeln. Gehen wir z. B. von der Matrix

$$A_k = \begin{vmatrix} 1 & 1 & 1 & \ldots & 1 \\ \alpha_1 & \alpha_2 & \alpha_3 & \ldots & \alpha_n \\ \alpha_1^2 & \alpha_2^2 & \alpha_3^2 & \ldots & \alpha_n^2 \\ \cdot & \cdot & \cdot & \ldots & \cdot \\ \alpha_1^{k-1} & \alpha_2^{k-1} & \alpha_3^{k-1} & \ldots & \alpha_n^{k-1} \end{vmatrix}$$

aus. Multiplizieren wir diese nach Horizontalreihen mit sich selbst, so erhalten wir die Determinante

$$\begin{vmatrix} s_0 & s_1 & \ldots & s_{k-1} \\ s_1 & s_2 & \ldots & s_k \\ s_2 & s_3 & \ldots & s_{k+1} \\ \cdot & \cdot & \ldots & \cdot \\ s_{k-1} & s_k & \ldots & s_{2k-2} \end{vmatrix}.$$

Diese so erhaltene Determinante ist aber (nach $(2,3,3)$) gleich der Summe der Quadrate aller Determinanten, die sich aus je k Vertikalreihen der Matrix A_k bilden lassen.

Es ist somit, für irgendeine Zahl $k < n$,

$$\begin{vmatrix} s_0 & s_1 & \ldots & s_{k-1} \\ s_1 & s_2 & \ldots & s_k \\ \cdot & \cdot & \cdot & \cdot \\ s_{k-1} & s_k & \ldots & s_{2k-2} \end{vmatrix} = \sum \begin{vmatrix} 1 & 1 & & 1 \\ a_1 & a_2 & \ldots & a_k \\ a_1^2 & a_2^2 & \ldots & a_k^2 \\ \cdot & \cdot & \cdot & \cdot \\ a_1^{k-1} & a_2^{k-1} & \ldots & a_k^{k-1} \end{vmatrix}^2$$

$$(9) \qquad = \sum (a_1 - a_2)^2 (a_1 - a_3)^2 \ldots (a_{k-1} - a_k)^2.$$

Hierin bezeichnet s_i immer die i-te Potenzsumme der n Wurzeln $a_1, a_2, \ldots, a_n$; die Summe auf der rechten Seite erstreckt sich auf alle Kombinationen der n Wurzeln zu je k. So ist z. B.

$$\begin{vmatrix} s_0 & s_1 \\ s_1 & s_2 \end{vmatrix} = \sum (a_1 - a_2)^2$$

$$\begin{vmatrix} s_0 & s_1 & s_2 \\ s_1 & s_2 & s_3 \\ s_2 & s_3 & s_4 \end{vmatrix} = \sum (a_1 - a_2)^2 (a_1 - a_3)^2 (a_2 - a_3)^2 \quad \text{usw.}$$

14. Berechnung der Diskriminante in einigen besonderen Fällen. Die Diskriminante (1) von S. 118 ist in bezug auf jedes a_i vom Grade $2(n-1)$. Sie ist weiter als Funktion aller a_i vom Grade $n(n-1)$. Drückt man sie also durch die elementarsymmetrischen Funktionen aus, so wird sie nach (3, 1, 7) vom Grade $2(n-1)$ und vom Gewicht $n(n-1)$.

So wird für die Gleichung zweiten Grades

$$x^2 + a_1 x + a_2$$

$$D = (a_1 - a_2)^2 = a_1^2 - 4a_2.$$

Für die Gleichung dritten Grades

$$x^3 + a_1 x^2 + a_2 x + a_3$$

ist D vom Grade 4 und vom Gewicht 6. Daher ist D von der Form

$$D = A a_3^2 + B a_3 a_2 a_1 + C a_3 a_1^3 + D a_2^3 + E a_2^2 a_1^2$$

Die Bestimmung der $A, B \ldots$ gelingt durch Anwendung auf konkrete Beispiele. Man findet

$$D = -27 a_3^2 + 18 a_3 a_2 a_1 - 4 a_3 a_1^3 - 4 a_2^3 + a_2^2 a_1^2.$$

Liegt insbesondere die Gleichung

$$x^3 + a_2 x + a_3 = 0$$

vor, ist also $a_1 = 0$, so wird

$$D = -27 a_3^2 - 4 a_2^3.$$

Zweites Kapitel.
Die Transformation von Gleichungen.

1. Beseitigung des zweiten Gliedes. Unter Transformation einer Gleichung verstehen wir die Operation, durch welche wir aus einer gegebenen Gleichung eine andere ableiten, deren Wurzeln in einer bestimmten algebraischen Beziehung zu den Wurzeln der gegebenen stehen. Wir haben die einfachsten dieser Transformationen schon früher S. 29 unmittelbar aus der Zerlegung einer ganzen Funktion in ihre linearen Faktoren geschlossen. So haben wir gesehen, daß man sofort aus der gegebenen Gleichung eine andere ableiten kann, deren Wurzeln um k größer sind. Man hat zu diesem Zwecke nur

$$y = x + k, \quad \text{also} \quad x = y - k,$$

zu setzen. Ist also die Gleichung gegeben

$$f(x) = a_0 x^n + a_1 x^{n-1} + a_2 x^{n-2} + \cdots + a_n = 0,$$

so genügt die neue Variable y der Gleichung

$$f(y - k) = a_0(y - k)^n + a_1(y - k)^{n-1} + a_2(y - k)^{n-2} + \cdots = 0$$

oder, nach Potenzen von y geordnet,

$$a_0 y^n - n a_0 k \left| y^{n-1} + \frac{n(n-1)}{2} a_0 k^2 \right| y^{n-2} + \cdots = 0.$$
$$+ a_1 \left| \quad - (n-1) a_1 k \right|$$
$$+ a_2 \quad$$

Die Wurzelwerte dieser Gleichung in y sind um k größer als die Wurzelwerte der Gleichung in x. Wir können nun k so bestimmen, daß ein Koeffizient der Gleichung verschwindet. Am einfachsten ist es, den Koeffizienten von y^{n-1} verschwinden zu machen, da derselbe linear in k ist. Setzen wir also

$$k = \frac{a_1}{n a_0}, \quad x = y - \frac{a_1}{n a_0},$$

so geht die Gleichung $f(x) = 0$ über in eine Gleichung der Form

$$a_0 y^n + c_2 y^{n-2} + c_3 y^{n-3} + \cdots + c_n = 0,$$

in welcher das Glied in y^{n-1} fehlt, und welche mithin die Eigenschaft hat, daß die Summe ihrer Wurzeln $= 0$ ist.

Diese einfache Transformation findet sehr häufig Anwendung, um gewisse Rechnungen zu vereinfachen. Wenden wir sie an auf die Gleichung vom zweiten Grade

$$a_0 x^2 + a_1 x + a_2 = 0,$$

so führt sie sogleich zur Auflösung der Gleichung. Es ist hier zu setzen $x = y - \frac{a_1}{2a_0}$. Dann wird

$$a_0 y^2 - \frac{a_1^2}{4a_0} + a_2 = 0$$

$$y^2 = \frac{a_1^2 - 4a_2 a_0}{4a_0^2},$$

also, wie bekannt, $\qquad x = \frac{-a_1 \pm \sqrt{a_1^2 - 4a_2 a_0}}{2a_0}.$

2. Tschirnhaus-Transformation. Tschirnhaus hat eine Methode angegeben, eine Gleichung so zu transformieren, daß mehrere Glieder zugleich aus derselben verschwinden.[1]) Es sei

$$(1) \qquad x^n + a_1 x^{n-1} + \cdots + a_n = 0$$

die gegebene Gleichung. Transformieren wir dieselbe, indem wir

$$y = A + A_1 x$$

setzen, so kann man, wie wir soeben sahen, in der Gleichung in y das Glied in y^{n-1} verschwinden machen; man hat hierzu nur $\frac{A}{A_1} = \frac{a_1}{n}$ zu nehmen.

Die Tschirnhaussche Methode besteht nun in einer Verallgemeinerung dieser Substitution, indem man die neue Variable y an x durch die Relation

$$(2) \qquad y = A + A_1 x + A_2 x^2 \cdots + A_r x^r$$

gebunden annimmt. Es handelt sich darum, die Gleichung in y darzustellen. Da jedem der n Werte von x ein Wert von y entspricht, so hat y ebenfalls n Werte $y_1, y_2, \ldots y_n$, und die gesuchte Gleichung ist ebenfalls von n-ten Grade, nämlich

$$(y - y_1)(y - y_2) \ldots (y - y_n) = 0 \qquad\qquad \text{oder}$$

$$(3) \qquad y^n + p_1 y^{n-1} + p_2 y^{n-2} + \cdots + p_n = 0,$$

wo $\qquad p_1 = -\Sigma y_1, \quad p_2 = \Sigma y_1 y_2, \ldots$

Um nun die Koeffizienten p zu berechnen, bilde man aus (2) die zweite, dritte, ... n-te Potenz von y und bemerke, daß eine ganze Funktion einer Wurzel der Gleichung (1), wenn sie vom n-ten oder höheren Grade ist,

---

1) Acta eruditorum. Leipzig 1683.

immer auf den $(n-1)$-ten Grad reduzierbar ist (weshalb auch r immer $< n$ sein wird); wir erhalten so:

$$
\begin{aligned}
y &= A + A_1 x + A_2 x^2 + \cdots + A_r x^r \\
y^2 &= B + B_1 x + B_2 x^2 + \cdots + B_{n-1} x^{n-1} \\
y^3 &= C + C_1 x + C_2 x^2 + \cdots + C_{n-1} x^{n-1} \\
&\qquad \cdots \cdots \cdots \cdots \cdots \cdots \cdots \\
y^n &= G + G_1 x + G_2 x^2 + \cdots + G_{n-1} x^{n-1},
\end{aligned}
$$

(4)

wo die B homogen vom zweiten Grade, die C homogen vom dritten Grade in den Koeffizienten A sind usf. Zugleich enthalten sie rational die Koeffizienten der Gleichung (1).

Diese Gleichungen (4) gelten für jede Wurzel der Gleichung (1). Bezeichnet man die Potenzsummen der Wurzeln Σx^i mit s_i und die Potenzsummen der entsprechenden Werte von y mit σ_i, so erhält man die Gleichungen

$$
\begin{aligned}
\sigma_1 &= nA + A_1 s_1 + A_2 s_2 + \cdots + A_r s_r \\
\sigma_2 &= nB + B_1 s_1 + B_2 s_2 + \cdots + B_{n-1} s_{n-1} \\
&\qquad \cdots \cdots \cdots \cdots \cdots \cdots \cdots
\end{aligned}
$$

Da sich die s_i mittels der Newtonschen Formeln aus den a berechnen lassen, so sind auch die σ_i bekannt, und man kann dann aus diesen wieder mittels der Newtonschen Formeln die Koeffizienten p berechnen. Es ergibt sich nämlich aus denselben

$$
\begin{aligned}
\sigma_1 &= -p_1 \\
\sigma_2 &= p_1^2 - 2p_2 \\
\sigma_3 &= -p_1^3 + 3p_1 p_2 - 3p_3 \\
&\qquad \cdots \cdots \cdots \cdots \cdots
\end{aligned}
$$

Da σ_i ein homogener Ausdruck i-ten Grades in den A ist, so ersieht man, daß auch p_i eine homogene Funktion i-ten Grades in den A ist.

Ist so die Gleichung (3) in y gefunden und ist ihre Auflösung gelungen, so kann man nach dem Verfahren des größten gemeinsamen Teilers, die zu einer ihrer Wurzeln gehörige Wurzel x ermitteln. Denn dann müssen ja

$$
x^n + a_1 x^{n-1} + \cdots + a_n = 0
$$

und
$$
y - A - A_1 x \ldots A_r x^r = 0
$$

eine gemeinsame Wurzel haben, und zwar nur eine, wenn man annimmt, daß (3) keine mehrfachen Wurzeln hat.

3. Beispiele. Mittels dieser Transformation kann man nun, da die Koeffizienten A willkürlich sind, hoffen, r Koeffizienten der Gleichung in y verschwinden zu machen. Will man z. B. die Glieder y^{n-1} bis y^{n-r} zum Verschwinden bringen, so muß man setzen

$$p_1 = 0,\, p_2 = 0,\, \ldots p_r = 0,$$

und aus diesen homogenen Gleichungen in den $A,\, A_1,\, \ldots A_r$ vom Grade $1, 2, \ldots r$ müßte das Verhältnis dieser Größen berechnet werden.

Die Gleichung dritten Grades läßt sich auf diese Weise auf die Auflösung einer Gleichung zweiten Grades zurückführen durch die Substitution

$$y = A + A_1 x + A_2 x^2.$$

Man hat dazu in der transformierten Gleichung $p_1 = 0$, $p_2 = 0$ zu setzen, also eine quadratische Gleichung zur Bestimmung der A zu lösen. Dann reduziert sich die Gleichung (3) auf

$$y^3 + p_3 = 0,$$

woraus sich durch Wurzelausziehen die drei Werte von y ergeben. Die entsprechenden Werte von x finden wir aus den Gleichungen (4)

$$y = A + A_1 x + A_2 x^2$$
$$y^2 = B + B_1 x + B_2 x^2$$

durch Wegschaffung von x^2 in der Form

$$x = q_0 + q_1 y + q_2 y^2.$$

Ebenso liefert diese Methode auch eine Auflösung der Gleichung vierten Grades mittels der Substitution

$$y = A + A_1 x + A_2 x^2,$$

indem man in der Gleichung in y die Koeffizienten p_1 und p_3 zu Null macht. Die Auflösung dieses Systems führt zu einer Gleichung dritten Grades in den A. Dann wird die Gleichung (3) in y von der Form

$$y^4 + p_2 y^2 + p_4 = 0,$$

deren Auflösung, wenn man $y^2 = z$ setzt, auf die einer quadratischen Gleichung sich reduziert.

Immer kann man bei einer Gleichung von beliebigem Grade nach der Methode von Tschirnhaus das zweite und dritte Glied mittels der Auflösung einer Gleichung zweiten Grades wegschaffen. Aber um mehr Glieder wegzuschaffen, hat man im allgemeinen eine Gleichung von höherem Grade als die vorgelegte aufzulösen.

4. Jerrards Transformation. Indessen hat der englische Mathematiker Jerrard gezeigt[1]), daß man immer das zweite, dritte und vierte Glied mittels der Auflösung quadratischer Gleichungen und einer Gleichung dritten Grades wegschaffen kann, indem man die Substitution

$$y = A + A_1 x + A_2 x^2 + A_3 x^3 + A_4 x^4$$

anwendet, in welcher man eine überschüssige Konstante A hat, die dazu dient, durch passende Verwendung die Gleichung sechsten Grades, auf welche das System der Gleichungen $p_1 = 0$, $p_2 = 0$, $p_3 = 0$ führt, zu vermeiden.[2])

Man kann hierzu folgenden Weg einschlagen (Serret, Alg. Sup. I 4me éd. p. 429). Zunächst erinnern wir daran, daß eine homogene quadratische Funktion von n Variablen $x_1, x_2, \ldots x_n$ immer in eine Summe von Quadraten umgesetzt werden kann (vgl. (2, 4, 6)).

Dies wenden wir auf die Aufgabe an, mittels der Substitution

$$y = A + A_1 x + A_2 x^2 + A_3 x^3 + A_4 x^4$$

in der Gleichung (3) zugleich p_1, p_2, p_3 zum Verschwinden zu bringen. Mittels der linearen Gleichung $p_1 = 0$ entferne man ein A aus den Gleichungen $p_2 = 0$, $p_3 = 0$; dieselben enthalten sodann noch vier Koeffizienten A. Die Gleichung $p_2 = 0$ bringe man sodann auf die Form

$$\lambda_1 P_1^2 + \lambda_2 P_2^2 + \lambda_3 P_3^2 + \lambda_4 P_4^2 = 0,$$

wo die P lineare Funktionen der A und die λ von A unabhängig sind. Nun bestimme man die A so, daß

$$\lambda_1 P_1^2 + \lambda_2 P_2^2 = 0, \quad \lambda_3 P_3^2 + \lambda_4 P_4^2 = 0$$

wird. Diese zwei Gleichungen sind erfüllt, wenn die linearen Gleichungen

$$\sqrt{\lambda_1}\, P_1 = \sqrt{-\lambda_2}\, P_2, \quad \sqrt{\lambda_3}\, P_3 = \sqrt{-\lambda_4}\, P_4$$

erfüllt sind. Man bestimme daher aus denselben A_1 und A_2 und substituiere sie in $p_3 = 0$; so hat man eine Gleichung dritten Grades homogen in A_3, A_4. Eine dieser Konstanten kann man beliebig wählen, dann sind die andern A sämtlich bestimmt.

---

1) Mathematical Researches Part II (1834). Geschichtliches s. F. Klein, „Über das Ikosaeder" (1884), II. Abschnitt, S. 142.

2) Das Verfahren läßt sich nicht anwenden auf eine Gleichung vom 4. Grade, da die allgemeinste rationale Funktion einer Wurzel der Gleichung vierten Grades

$$y = A + A_1 x + A_2 x^2 + A_3 x^3$$

st, also obige Form für y nur scheinbar eine überschüssige Konstante enthielte. Man kann daher auch die Gleichung vierten Grades mittels dieser Methode nicht auf die Form $x^4 + p = 0$ reduzieren.

Man sieht, daß man auf dieselbe Weise p_1, p_2 und p_4 verschwinden machen kann, mittels der Auflösung einer Gleichung vom vierten Grade.

Mittels dieser Methode läßt sich mithin eine Gleichung fünften Grades auf die Form

$$y^5 + p_4 y + p_5 = 0$$

oder auch auf die Form $y^5 + p_3 y^2 + p_5 = 0$

bringen. Man kann dann noch, indem man $y = \varrho \varepsilon$ setzt und ϱ passend bestimmt, einen der Koeffizienten auf die Einheit reduzieren, so daß die erste Gleichung

$$z^5 - z + q = 0$$

wird, also nur noch einen Parameter q enthält. Eine Auflösung der Gleichung ist damit jedoch nicht gegeben.

5. Verallgemeinerung. Wäre nun die allgemeine Aufgabe gestellt, aus der Gleichung $f(x) = 0$ eine andere abzuleiten, deren Wurzeln y rationale Funktionen der einzelnen Wurzeln x sind, so hätte man zwischen x und y eine Relation derart

$$(1) \qquad y = \frac{\varphi(x)}{\psi(x)},$$

wo φ und ψ rationale ganze Funktionen.

Nun haben wir aber gesehen, daß, wenn $f(x) = 0$ vom n-ten Grade ist, jede rationale Funktion eines Wurzelwertes x der Gleichung ersetzt werden kann durch eine ganze Funktion $(n-1)$-ten (oder niedrigeren) Grades. Berechnen wir diese ganze Funktion $(3, 1, 8)$, so ist die Relation ersetzt durch eine Beziehung von der Form

$$(2) \qquad y = A_0 + A_1 x + A_2 x^2 + \cdots + A_{n-1} x^{n-1},$$

und man ersieht, daß die Herstellung der Gleichung in y auf die Tschirnhaussche Transformation hinauskommt.

Man kann aber auch aus einer gegebenen Gleichung $f(x) = 0$ eine andere ableiten, welche die Werte einer rationalen Funktion von mehreren Wurzeln der gegebenen Gleichung zu Wurzeln hat. Sei $f(x)$ vom n-ten Grad und es seien α_1, α_2, $\ldots \alpha_n$ die Wurzeln der Gleichung $f(x) = 0$. Ferner sei

$$(3) \qquad y = \varphi(\alpha_1, \alpha_2, \ldots \alpha_k)$$

eine ganze Funktion von k Wurzeln α. Es handelt sich dann darum, die Gleichung in y aufzustellen, deren Wurzeln die Werte sind, welche φ annimmt, wenn man darin k Wurzeln α in beliebiger Ordnung einsetzt. Da die n Wurzeln $\alpha \ \dfrac{n(n-1)\cdots(n-k+1)}{1\cdot 2 \cdot 3 \cdots k}$ Kombinationen zulassen und in jeder Kombination die α auf $1 \cdot 2 \ldots k$ Weisen permutiert werden können, so gibt es im allgemeinen

$$n(n-1)(n-2)\ldots(n-k+1)$$

verschiedene Werte der Funktion φ, d. h. so viele, als es Variationen k-ter Klasse ohne Wiederholung von n Elementen gibt. Je nach der Natur der Funktion φ kann aber auch diese Anzahl eine weit geringere sein. Nehmen wir an, sie sei μ und $y_1, y_2, \ldots y_\mu$ seien die μ Werte von φ; dann ist die Gleichung in y, welche diese Werte zu Wurzeln hat,

$$(y-y_1)(y-y_2)\ldots(y-y_\mu)=0 \qquad \text{oder}$$

$$\text{(4)} \qquad y^\mu + C_1 y^{\mu-1} + C_2 y^{\mu-2} + \cdots + C_\mu = 0,$$

wo
$$-C_1 = y_1 + y_2 + \cdots + y_\mu = \Sigma y_1$$
$$+ C_2 = y_1 y_2 + \cdots = \Sigma y_1 y_2$$
$$-C_3 = \Sigma y_1 y_2 y_3$$
$$\cdots\cdots\cdots\cdots\cdots\cdots\cdots\cdots$$
$$\pm C_\mu = y_1 y_2 y_3 \ldots y_\mu.$$

Nun sind diese Koeffizienten C symmetrische Funktionen der Werte $y_1, y_2, \ldots y_\mu$. Bei einer beliebigen Vertauschung der α vertauschen sich aber nur die $y_1, y_2, \ldots y_\mu$ nach der Voraussetzung. Also ändern sich die Koeffizienten C nicht bei einer Vertauschung der α und sind mithin selbst symmetrische Funktionen derselben, welche direkt aus den Koeffizienten von $f(x)$ berechnet werden können. Die Methode bleibt übrigens dieselbe, wenn φ alle Wurzeln enthält ($k = n$) oder nur eine ($k = 1$).

Beispiel 1. Um dies an einem sehr einfachen Falle zu erläutern, sei die Gleichung dritten Grades gegeben:

$$f(x) = a_0 x^3 + a_1 x^2 + a_2 x + a_3 = 0,$$

die Wurzeln derselben seien α, β, γ; man sucht die Gleichung, deren Wurzeln die Produkte von α, β, γ zu je zweien sind. Hier ist also

$$y = \varphi(\alpha, \beta) = \alpha\beta.$$

Die Anzahl der Variationen ist $3 \cdot 2 = 6$. Da aber je zwei Produkte $\alpha\beta$ und $\beta\alpha$ immer gleich sind, reduziert sich die Anzahl der verschiedenen Werte von φ auf drei:

$$y_1 = \alpha\beta, \; y_2 = \alpha\gamma, \; y_3 = \beta\gamma,$$

und die Gleichung in y wird wieder vom dritten Grade:

$$y^3 + C_1 y^2 + C_2 y + C_3 = 0.$$

Nun ist $- C_1 = y_1 + y_2 + y_3 = \alpha\beta + \alpha\gamma + \beta\gamma = \dfrac{a_2}{a_0}$

$\qquad + C_2 = y_1 y_2 + y_1 y_3 + y_2 y_3 = \alpha^2\beta\gamma + \alpha\beta^2\gamma + \alpha\beta\gamma^2$

$$= \alpha\beta\gamma(\alpha + \beta + \gamma) = \frac{a_1 a_3}{a_0^2}$$

$\qquad - C_3 = y_1 y_2 y_3 = \alpha^2\beta^2\gamma^2 = \dfrac{a_3^2}{a_0^2}.$

Die gesuchte Gleichung ist mithin

$$a_0^2 y^3 - a_0 a_2 y^2 + a_1 a_3 y - a_3^2 = 0.$$

Diese Gleichung erhält man übrigens auch unmittelbar, wenn man bemerkt, daß

$$\alpha\beta\gamma = - \frac{a_3}{a_0}.$$

Die drei Werte von y sind also gegeben durch die Gleichung

$$y = - \frac{a_3}{a_0} \cdot \frac{1}{x},$$

wenn x eine Wurzel der gegebenen Gleichung ist. Setzt man mithin in derselben

$$x = - \frac{a_3}{a_0} \cdot \frac{1}{y},$$

so erhält man die Endgleichung in y.

Beispiel 2. Setzen wir

$$y = \varphi(\alpha, \beta) = \alpha + 2\beta,$$

so gibt es sechs Variationen der Wurzeln,

$$\alpha + 2\beta, \ \beta + 2\alpha; \ \ \alpha + 2\gamma, \gamma + 2\alpha; \ \ \beta + 2\gamma, \ \gamma + 2\beta,$$

und die Gleichung in y wird vom sechsten Grade.

Vierter Abschnitt.
Numerische Auflösung der Gleichungen.

Erstes Kapitel.
Näherungsweise Ermittlung der reellen Wurzeln.

1. Obere Schranke der Wurzeln. Es sei eine algebraische Gleichung mit reellen Koeffizienten vorgelegt:

$$(1) \qquad x^n + a_1 x^{n-1} + \cdots + a_n = 0.$$

Zuerst fragen wir nach den Grenzen, zwischen welchen die reellen Wurzeln liegen müssen, wenn die Gleichung überhaupt solche besitzt.

Nun haben wir schon in (1, 3, 1) gefunden, daß, wenn h der größte der absoluten Werte der Koeffizienten der Gleichung (1) ist, der absolute Wert von x^n größer ist als der absolute Wert der Summe aller übrigen Glieder, wenn $|x| \geqq 1 + h$. Es liegen also alle (reellen und komplexen) Wurzeln der Gleichung in dem Kreis $|x| < 1 + h$ der Zahlenebene.

Sind die Koeffizienten a reelle positive oder negative Zahlen, so lassen sich schärfere Schranken für die reellen Wurzeln angeben. Jedenfalls folgt aus dem vorigen Absatz sofort, daß, wenn H der absolute Betrag des größten negativen Koeffizienten ist, x^n jedenfalls größer ist als die Summe der negativen Glieder der Gleichung, sowie x den Wert $1 + H$ erreicht. Für jeden Wert von x, der diese Zahl überschreitet, hat das Gleichungspolynom $f(x)$ folglich einen positiven Wert, und es ist mithin

$$(2) \qquad x = 1 + H$$

eine obere Grenze der positiven Wurzeln.

Diese Grenze ist jedoch meistens viel zu hoch. Wenn nicht schon a_1 negativ ist, läßt sich durch dieselbe Überlegung, die zu dem eben genannten Ergebnis führte, eine niedrigere Grenze finden. Ist nämlich a_i der erste negative Koeffizient und wieder H der absolute Betrag des absolut größten negativen Koeffizienten, so wird $f(x)$ jedenfalls einen positiven Wert erhalten, wenn x so bestimmt wird, daß

$$x^n \gtrless H(x^{n-i} + x^{n-i-1} + \cdots + 1)$$

oder also
$$x^n \gtrless H \frac{x^{n-i+1}-1}{x-1}.$$

Dieser Bedingung wird ($x > 1$ vorausgesetzt) genügt, wenn

$$x^n \gtrless H \frac{x^{n-i+1}}{x-1}, \text{ mithin } x^{i-1}(x-1) \gtrless H$$

genommen wird, und um so eher, wenn

$$(x-1)^{i-1}(x-1) \gtrless H, \text{ d. i. } (x-1)^i \gtrless H$$

gesetzt wird, woraus $\quad x \gtrless 1 + \sqrt[i]{H}.$ $\qquad$ Es ist mithin auch

$$(3) \qquad x = 1 + \sqrt[i]{H}$$

eine obere Schranke der positiven Wurzeln.

2. Cauchys Methode. Eine andere Regel hat Cauchy gegeben. Es seien $a_r, a_s, a_t, \ldots$ die absoluten Beträge der negativen Koeffizienten in $f(x)$ und k die Anzahl derselben. Dann gibt die größte der Zahlen

$$(4) \qquad (ka_r)^{\frac{1}{r}}, \; (ka_s)^{\frac{1}{s}}, \; (ka_t)^{\frac{1}{i}}, \ldots$$

eine obere Schranke der positiven Wurzeln.

Denn ist g eine Zahl größer als die Zahlen (4), so ist

$$g^r > ka_r, g^s > ka_s, g^t > ka_t, \ldots,$$

folglich $\quad g^n > ka_r g^{n-r}, g^n > ka_s g^{n-s}, g^n > ka_t g^{n-t}, \ldots$

und, wenn man diese Ungleichheiten addiert und bemerkt, daß k die Anzahl derselben ist, so folgt

$$g^n > a_r g^{n-r} + a_s g^{n-s} + a_t g^{n-t} + \cdots$$

Es wird mithin für $x = g$ das erste Glied in $f(x)$ größer als die Summe aller negativen Glieder. g ist daher eine obere Schranke der positiven Wurzeln.

3. Newtons Methode. Eine wesentlich andere Methode, eine obere Schranke der positiven Wurzeln zu bestimmen, hat Newton angegeben. Ist $f(x) = 0$ die gegebene Gleichung (1) und setzen wir $x = y + \alpha$, so geht dieselbe über in

$$f(y+\alpha) = f(\alpha) + f'(\alpha) \cdot y + \frac{f''(\alpha)}{1 \cdot 2} y^2 + \cdots + \frac{f^{n-1}(\alpha)}{1 \cdot 2 \cdots n-1} y^{n-1} + y^n = 0.$$

Bestimmt man nun eine positive Zahl α so, daß alle Polynome

$$(5) \qquad f(\alpha), \; f'(\alpha), \; \frac{f''(\alpha)}{1 \cdot 2}, \; \cdots$$

positiv werden, so ist dieses α eine obere Schranke der positiven Wurzeln. Denn wenn alle Koeffizienten der Gleichung in y positiv sind, kann dieselbe durch keinen positiven Wert von y erfüllt werden, und folglich kann auch $x = y + \alpha$ den Wert α für keine Wurzel von (1) nicht erreichen.

4. Untere Schranke der reellen Wurzeln. Auf dieselbe Weise, wie wir eine obere Schranke der positiven Wurzeln bestimmen können, läßt sich auch eine untere Schranke der negativen Wurzeln bestimmen, d. i. eine negative Zahl, über welche hinaus keine negative Wurzel liegen kann. Man hat hierzu nur in der Gleichung $- x$ statt x zu setzen. Eine obere Schranke der positiven Wurzeln der Gleichung $f(- x) = 0$ ist offenbar eine untere Schranke der negativen Wurzeln der Gleichung $f(x) = 0$.

Man könnte mit denselben Mitteln auch eine untere Schranke der positiven und eine obere Schranke der negativen Wurzeln, d. i. eine positive Zahl kleiner als die kleinste positive Wurzel, oder eine negative Zahl absolut kleiner als die kleinste negative Wurzeln, auffinden. Man hat zu diesem Zwecke nur aus der Gleichung $f(x) = 0$ die Gleichungen $f\left(\dfrac{1}{x}\right) = 0$ oder $f\left(- \dfrac{1}{x}\right) = 0$ zu bilden und für diese eine obere Grenze der positiven Wurzeln zu ermitteln.

Beispiel. Es sei gegeben
$$f(x) = x^5 - x^4 - 9x^3 + 10x^2 - 11x + 9 = 0.$$

Hier liefert (2) und (3) dieselbe Schranke der positiven Wurzeln, nämlich
$$1 + 11 = 12.$$

Die Cauchysche Regel (4) gibt, da $k = 3$, die größte der drei Zahlen
$$3 \cdot 1, \ \sqrt{3 \cdot 9}, \ \sqrt[4]{3 \cdot 11},$$
d. i. $\qquad\qquad\qquad\qquad 3; \ 5,2; \ 2, \ldots,$

also 5,2 als obere Schranke der positiven Wurzeln.

Nach dem Newtonschen Verfahren (5) haben wir zu bilden:
$$f(x) = x^5 - x^4 - 9x^3 + 10x^2 - 11x + 9$$
$$f'(x) = 5x^4 - 4x^3 - 27 \cdot x^2 + 20x - 11$$
$$\frac{f''(x)}{1 \cdot 2} = 10x^3 - 6x^2 - 27 \cdot x + 10$$
$$\frac{f'''(x)}{1 \cdot 2 \cdot 3} = 10x^2 - 4x - 9$$
$$\frac{f''''(x)}{1 \cdot 2 \cdot 3 \cdot 4} = 5x - 1$$

und eine Zahl x zu suchen, für welche alle diese Polynome einen positiven Wert annehmen. Man findet leicht, daß $x = 4$ dieser Bedingung genügt, also ist $x = 4$ eine obere Schranke.

Um eine untere Schranke der negativen Wurzeln zu finden, suchen wir eine obere Schranke der positiven Wurzeln von

$$- f(- x) = x^5 + x^4 - 9 x^3 - 10 x^2 - 11 x - 9.$$

Die Formel (3) gibt $\qquad 1 + \sqrt{11} = 4{,}3 \ldots$

Die Cauchysche Regel (4) gibt die höhere Schranke 6 als größte der Zahlen $(k = 4)$

$$\sqrt{4 \cdot 9}, \quad \sqrt[3]{4 \cdot 10}, \quad \sqrt[4]{4 \cdot 11}, \quad \sqrt[5]{4 \cdot 9}.$$

Man kann bemerken, daß man oft durch passende Zusammenfassung der Glieder von $f(x)$ sofort eine obere Schranke der Wurzeln ersehen kann.

Schreibt man z. B. die obige Gleichung in der Form

$$x^3 (x^2 - x - 9) + 10 x (x - \tfrac{11}{10}) + 9 = 0,$$

so bemerkt man sogleich, daß für $x \geq 4$ die beiden Klammerausdrücke positiv sind und folglich $x = 4$ eine obere Schranke der positiven Wurzeln ist.

Wollte man auch eine untere Schranke der positiven Wurzeln bestimmen, so hätte man die Gleichung

$$f\left(\tfrac{1}{x}\right) = \frac{1}{x^5} - \frac{1}{x^4} - 9 \cdot \frac{1}{x^3} + \frac{10}{x^2} - \frac{11}{x} + 9 = 0,$$

d. i. $\qquad x^5 - \tfrac{11}{9} x^4 + \tfrac{10}{9} x^3 - x^2 - \tfrac{1}{9} x + \tfrac{1}{9} = 0$

zu bilden. Eine obere Schranke der positiven Wurzeln ist hier 2, folglich ist $x = \tfrac{1}{2}$ eine untere Schranke der positiven Wurzeln der vorgelegten Gleichung $f(x) = 0$.

5. Prinzip der Vorzeichen. Um die reellen Wurzeln einer Gleichung, die wir uns von mehrfachen Wurzeln befreit denken, aufzufinden, kann man zunächst Schranken für die einzelnen reellen Wurzeln der Gleichung aufsuchen, ein Verfahren, welches man das „Trennen" der Wurzeln nennt. Hierzu kann folgende einfache Überlegung dienen. Da die Koeffizienten der Gleichung als reell vorausgesetzt werden, so zerlegt sich das Gleichungspolynom $f(x)$ in lineare Faktoren $x - \alpha$, $x - \beta$, $x - \gamma$, . . ., die den reellen Wurzeln $\alpha, \beta, \gamma, \ldots$ entsprechen, und in reelle quadratische Faktoren von der Form $(x - a)^2 + b^2$, welche einem Paar konjugiert imaginärer Wurzeln $a \pm bi$ entsprechen. Läßt man nun x reelle Werte durchlaufen, so ändern diese quadratische Faktoren ihr Zeichen nicht, da sie für keinen reellen Wert von x Null werden, hingegen wird, wenn x einen reellen

Wurzelwert α überschreitet, der entsprechende Faktor $x - \alpha$ und folglich auch $f(x)$ das Zeichen ändern. Hieraus folgt:

Sind p und q reelle Zahlen und haben $f(p)$ und $f(q)$ verschiedene Zeichen, so liegt zwischen p und q jedenfalls eine reelle Wurzel der Gleichung $f(x) = 0$, oder um eine gerade Anzahl mehr; haben aber $f(p)$ und $f(q)$ gleiches Zeichen, so liegt zwischen p und q entweder keine Wurzel oder eine gerade Anzahl derselben.

Übrigens folgt dies Ergebnis sofort auch aus der von S. 17 her bekannten Stetigkeit des Polynoms $f(x)$ als Funktion x. Denn ein bekannter Satz über stetige Funktionen[1]) besagt, daß zwischen zwei Stellen p und q, wo $f(p)$ und $f(q)$ verschiedene Vorzeichen besitzen, eine ungerade Zahl von Nullstellen von $f(x)$ liegt.

Aus dem eben gewonnenen Resultat ergeben sich einige weitere Sätze:

Eine Gleichung ungeraden Grades hat immer mindestens eine reelle Wurzel, deren Zeichen dem Zeichen des konstanten Gliedes entgegengesetzt ist.

Ist nämlich in der Gleichung

$$f(x) = x^n + \cdots + a_n = 0$$

a_n negativ, so ist $f(0) = a_n$ negativ, setzt man aber für x einen hinreichend großen positiven Wert ein, so ist $f(x)$ nach S. 14 positiv. Ist hingegen a_n positiv und n ungerade, so wird $f(x)$, wenn man darin einen hinreichend hohen negativen Wert von x einsetzt, selbst negativ, während $f(0) = a_n$ positiv ist. Die Gleichung hat also sicher, wenn a_n negativ, eine positive, wenn a_n positiv, eine negative Wurzel.

Eine Gleichung geraden Grades, deren konstantes Glied negativ ist, hat jedenfalls eine positive und eine negative Wurzel.

Denn ist n gerade, so hat $f(x)$ für hinreichend große positive oder negative Werte von x das positive Zeichen, während $f(0) = a_n$ negativ ist.

6. Trennung der Wurzeln. Um nun aber obigen Satz zum Trennen der reellen Wurzeln zu verwenden, wird man in das Gleichungspolynom $f(x)$ für x eine Reihe von Werten, etwa die ganzen Zahlen, welche innerhalb der Grenzen der Wurzeln liegen, substituieren. Ein Zeichenwechsel in zwei aufeinanderfolgenden Substitutionsresultaten wird sodann das Vorhandensein von wenigstens einer reellen Wurzel zwischen den für x substituierten Zahlen anzeigen.

---

1) Vgl. z. B. Bieberbach, Leitfaden der Differentialrechnung. 3. Aufl. (1927) S. 60.

Ist z. B. die Gleichung

$$f(x) = x^3 - 6x + 2 = 0$$

gegeben, so findet man sogleich, daß die Wurzeln zwischen ± 3 liegen; wir berechnen demnach

$$f(3) = +11, f(2) = -2, f(1) = -3, f(0) = +2,$$

$$f(-1) = +7, f(-2) = +6, f(-3) = -7$$

und ersehen hieraus, daß eine reelle Wurzel zwischen $+3$ und $+2$, eine zwischen $+1$ und 0 und eine dritte zwischen -2 und -3 liegt. Die drei Wurzeln der Gleichung sind reell.

Als zweites Beispiel nehmen wir die schon früher betrachtete Gleichung

$$f(x) = x^5 - x^4 - 9x^3 + 10x^2 - 11x + 9 = 0,$$

deren Wurzeln zwischen ± 4 liegen. Wir erhalten dann

$$f(4) = +317, f(3) = -15, f(2) = -29, f(1) = -1, f(0) = 9,$$

$$f(-1) = +37, f(-2) = +95, f(-3) = +51, f(-4) = -491.$$

Die Gleichung hat also jedenfalls eine reelle Wurzel zwischen $+4$ und $+3$, eine zweite zwischen $+1$ und 0, und eine dritte zwischen -3 und -4.

Man könnte nun die Wurzeln genauer bestimmen, indem man durch Einschalten neuer Werte von x die Grenzen enger zieht. So kann man in dem zweiten Beispiel, um die Wurzel zwischen $+1$ und 0 genauer zu bestimmen, $x = \frac{1}{2}$ in $f(x)$ einsetzen und erhält $f(\frac{1}{2}) = +4, \ldots$, woraus zu ersehen, daß die Wurzel zwischen 1 und $\frac{1}{2}$ liegt, usw. Auf diese Weise könnte man für jede der einzelnen Wurzeln einen hinreichend genäherten Wert finden, um mittels desselben nach später auseinanderzusetzenden Methoden die Wurzel mit beliebiger Genauigkeit berechnen zu können.

7. Graphische Verfahren. Zur Auffindung von Näherungswerten für die Wurzeln, d. h. von möglichst engen Intervallen, in welchen mit Sicherheit Wurzeln liegen, bedient man sich jedoch mit Vorteil verschiedener zeichnerischer Methoden, von denen wir jetzt einige auseinandersetzen wollen. Außer Betracht bleibe dabei, das allzu primitive Verfahren einer Aufzeichnung der Kurve $y = f(x)$ in rechtwinkligen Koordinaten durch Berechnung einiger Punkte (x, y) der Kurve und Verbindung derselben nach Augenmaß. Wenn auch dies Verfahren zu brauchbaren Ergebnissen führt, so wird es doch dadurch zu umständlich, daß die Rechenarbeit groß ist und zunächst die Werte von $f(x)$ an Stellen liefert, die gar kein Interesse für die Auflösung der Gleichung bieten.

An die Spitze stelle ich ein Verfahren, das die geringsten Vorarbeiten und Hilfsmittel verlangt: das Lillsche Rechtwinkelverfahren. Zu seiner Darlegung beschreibe ich zunächst, wie man nach dem sog. Hornerschen Schema am raschesten den Wert y berechnet, den ein Polynom $y = f(x)$ einem gegebenen Wert x zuordnet. Sei das Polynom

$$y = f(x) \equiv a_0 x^n + a_1 x^{n-1} + \cdots + a_n,$$

so berechnet man erst $a_0 x$, fügt a_1 hinzu, multipliziert die so erhaltene Summe $a_0 x + a_1$ wieder mit x, fügt a_2 hinzu usw.

Folgendes Beispiel möge zeigen, wie man die Rechnung am besten schematisch anordnet. Es sei $x^5 - x^4 - 9 x^3 + 10 x^2 - 11 x + 9$ für $x = 4$ zu berechnen

$$
\begin{array}{rrrrr}
-1 & -9 & 10 & -11 & 9 \\
4 & 12 & 12 & 88 & 308 \\
\hline
3 & 3 & 22 & 77 & 317.
\end{array}
$$

Dies Verfahren ist für die Verwendung des Rechenschiebers bequem, weil man dabei für jedes x nur eine Schieberstellung nötig hat. Das Verfahren ist aber auch für die graphische Rechnung bequem. Soll man nämlich eine Zahl ξ mit einer Zahl η multiplizieren, so wird man $\xi\eta$ aus der beistehenden Figur 7 ablesen (ähnliche Dreiecke).

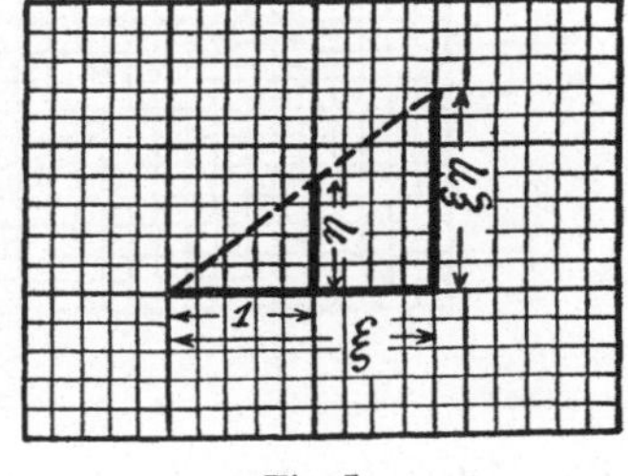

Fig. 7.

Um auch die Vorzeichen richtig zu bekommen, wird man noch verabreden, daß positive ξ nach rechts, negative ξ nach links, positive η nach oben, negative η nach unten abgetragen werden. Das Produkt wird dann gleichfalls durch eine gerichtete Strecke (Vektor) dargestellt, die im Endpunkt der ξ darstellenden Strecke beginnt. Das Vorzeichen des Produktes ist dann positiv oder negativ, je nachdem der das Produkt darstellende Vektor mit der positiven Achse der Figur gleich oder entgegengesetzt gerichtet ist. Wir können diese Figur verwenden, um dem Hornerschen Schema entsprechend $a_0 x$ zu be-

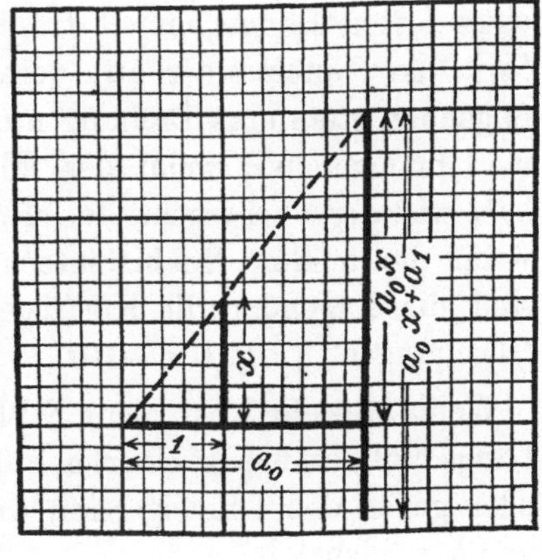

Fig. 8.

stimmen. Wir wählen dazu $\xi = a_0$, $\eta = x$. Es liegt nahe, in der Figur gleich $a_0 x + a_1$ zu bestimmen, indem man a_1 an den $a_0 x$ darstellenden Vektor anfügt. Es ist zweckmäßig, diese Anfügung am Fußpunkt des Vektors vorzunehmen. (Fig. 8.)

Um nun wieder mit x zu multiplizieren, denken wir uns die Konstruktion von vorhin wiederholt, und dazu die Zeichenebene entgegen dem Uhrzeigersinn um 90° gedreht. Man erkennt, daß man zur Ausführung

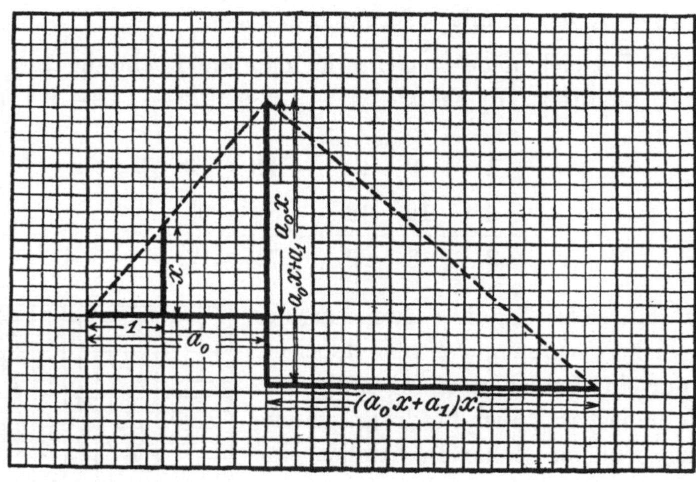

Fig. 9.

der Multiplikation $(a_0 x + a_1) x$ nun auf OP im Punkte P ein Lot zu errichten hat (ähnliche Dreiecke). (Fig. 9.) Nun übersieht man schon, wie das Verfahren fortzusetzen ist. Als Gerippe desselben verzeichnet man sich in einem Rechtwinkelzug das Koeffizientenbild der Gleichung. Nach Wahl einer festen Längeneinheit trägt man Strecken von den Längen $|a_0|$, $|a_1|$, usw. aneinander an, derart, daß man beim Übergang zu der folgenden stets eine Drehung um 90° vornimmt. Diese Drehung erfolgt im Uhrzeigersinn, wenn der folgende Koeffizient dasselbe Vorzeichen hat, wie der vorhergehende, erfolgt aber entgegen dem Uhrzeigersinn, wenn die beiden Koeffizienten verschiedene Vorzeichen besitzen. So sind die folgenden die Koeffizientenbilder der darunter geschriebenen Gleichungen. (Fig. 10a—10f.)

Wenn also ein Koeffizient Null ist, so entspricht ihm eine Strecke der Länge Null, und es ist einerlei, ob man die ihm entsprechende Drehung im oder gegen den Uhrzeigersinn vorgenommen denkt, wie der Vergleich von b, e, f lehrt.

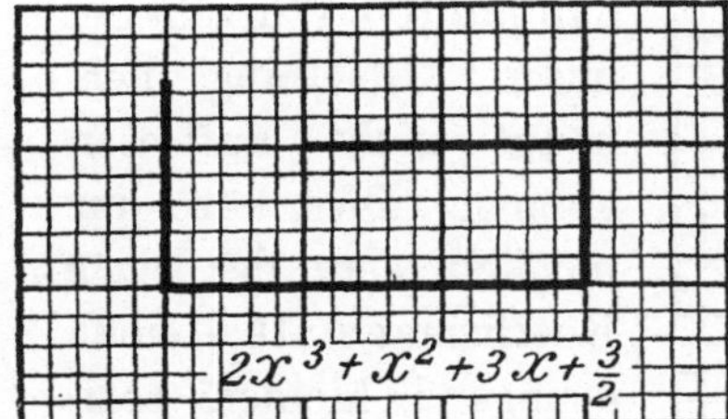

Fig 10a

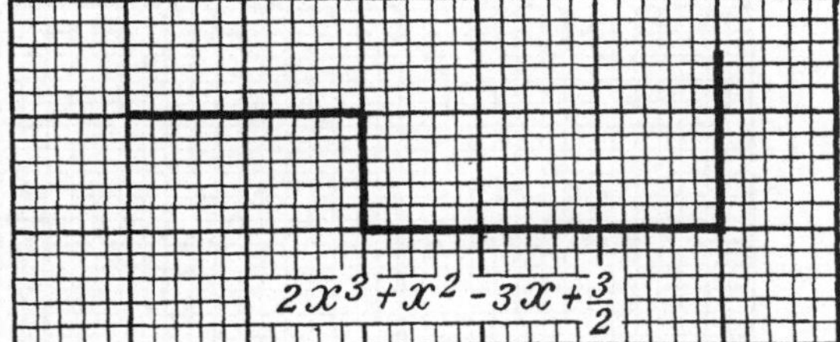

Fig. 10b.

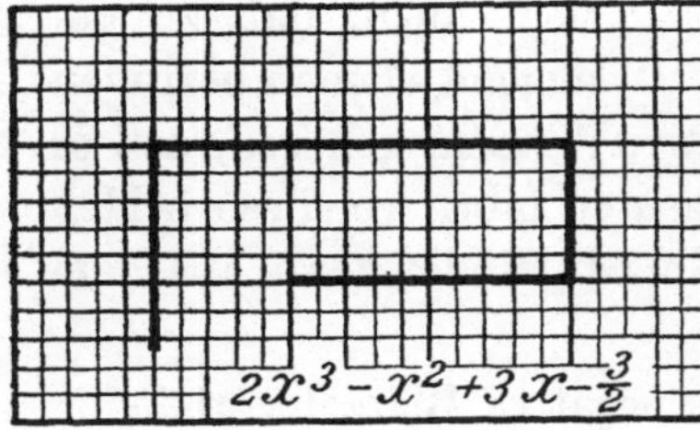

Fig. 10c.

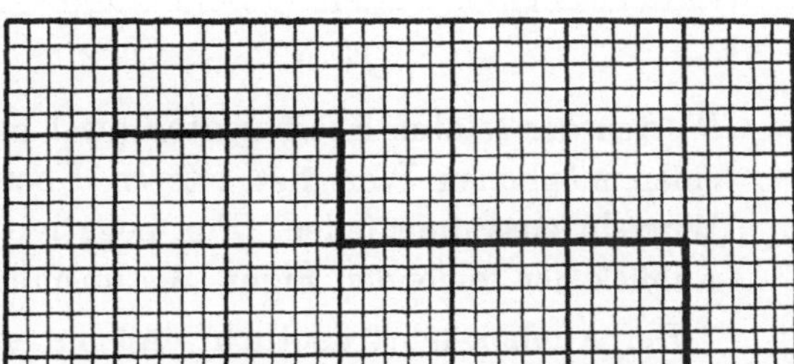

Fig 10d.

Die Bestimmung von

$$y = 2x^3 + x^2 - 3x + \tfrac{3}{2}$$

für $x=0{,}9$ verläuft dann z. B. so. (Fig. 11.)

y ist hier positiv. Man übersieht sofort, daß für x-Werte größer als 0,9 noch größere y-Werte herauskommen, daß also jenseits 0,9 sicher keine positiven Wurzeln der Gleichung liegen. Die oben beschriebenen Verfahren hätten sämtlich eine größere obere Schranke für die positiven Wurzeln ergeben. Hier sieht man sogar sofort die Möglichkeit einer weiteren Verkleinerung der oberen Schranke der positiven Wurzeln. Man sieht auch bei weiterem Probieren nach dem Augenmaß,

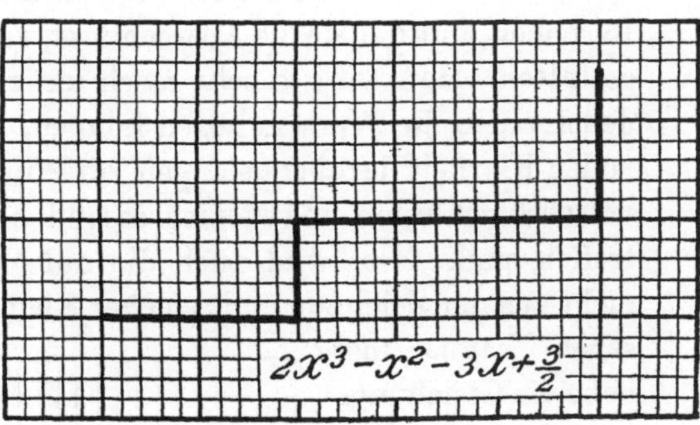

Fig. 10e.

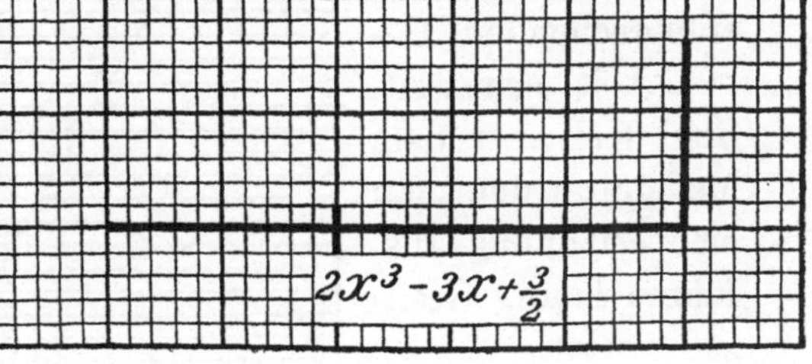

Fig. 10f.

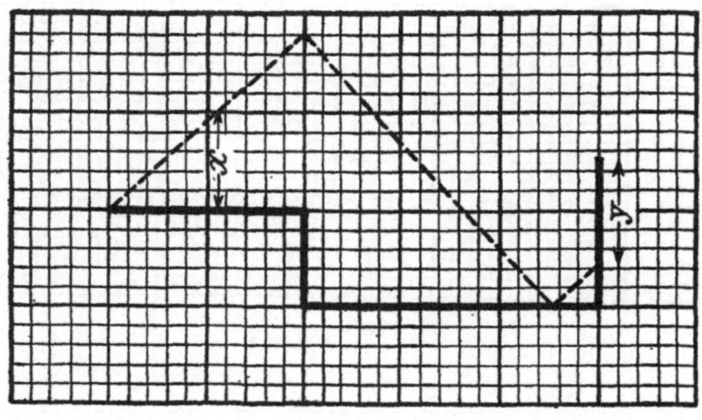

Fig. 11.

daß positive Wurzeln bei unserer Gleichung überhaupt nicht auftreten können. Dies wäre nur möglich, wenn der letzte Koeffizient statt $\frac{2}{3}$ einen genügend kleinen positiven — oder einen negativen Wert hätte. Man sieht auch, daß zu genügend kleinen positiven Werten des letzten Koeffizienten zwei positive Wurzeln gehören, daß es einen möglichen Wert des letzten Koeffizienten gibt, wo diese beiden Wurzeln zusammenfallen. Für negative Wurzeln findet man aus dem Anblick der folgenden Figur 12 Aufschluß.

Der Anblick lehrt deutlich, daß nur eine negative Wurzel vorhanden ist, die ungefähr bei $x = -1,65$ liegt. Man merkt bei Durchführung der Zeichnung deutlich, daß die Wurzel sicher zwischen $-1,6$ und $-1,7$ liegt.

8. Kritisches. Der Wert solcher zeichnerischen Verfahren beruht in der Raschheit, mit der sie die Ausrechnung von $f(x)$ für die einzelnen x-Werte gestatten. Man wird so sehr rasch auf recht enge Intervalle geführt, in denen allein die Wurzeln liegen können. Man wird aber nicht immer zur vollen Klarheit darüber gelangen, ob Wurzeln in dem verdächtigen Intervall wirklich liegen, und wieviele es sind, oder ob keine Wurzeln darin anzutreffen sind. Man wird auch die auf Wurzeln verdächtigen Intervalle nicht aus der Zeichnung mit solcher Kleinheit ermitteln können, daß man sagen kann, man habe die Gleichungswurzeln mit einer den gerade vorliegenden Bedürfnissen entsprechenden Genauigkeit ermittelt. Sind doch auch dem Maßstab, in dem man eine Zeichnung ausführen kann, Grenzen gesetzt.

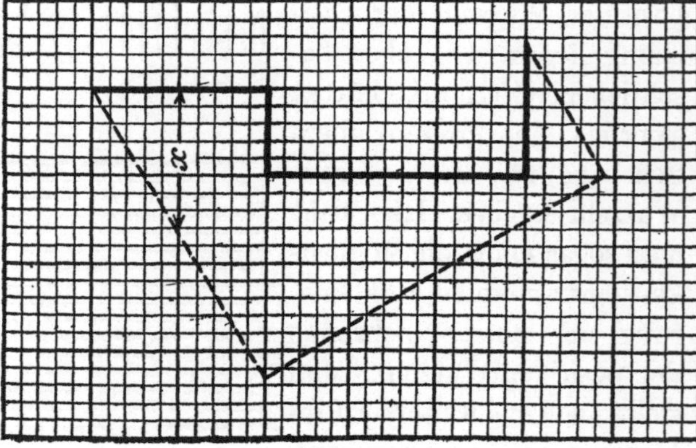

Fig. 12.

Es bleiben daher weiter folgende Aufgaben zu lösen. 1. Wie kann man die Wurzeln wirklich trennen, d. h. Intervalle ermitteln, in denen genau eine Wurzel liegt. 2. Wie kann man bereits gefundene Näherungswerte weiter so verbessern, daß die Wurzeln mit jeder erwünschten Genauigkeit ermittelt sind.

Zur Lösung der ersten Aufgabe darf man sich nach früheren Ergebnissen auf Gleichungen mit nur einfachen Wurzeln beschränken. Wenn man dann den Maximalwert d des absoluten Betrages der Differenz zweier reellen Wurzeln kennt, so ist man sicher, daß in einem Intervall der Länge d nur höchstens eine Wurzel liegen kann. Dies d ermittelt man dadurch, daß man diejenige Gleichung bestimmt, deren Wurzeln die Quadrate der Differenzen der Wurzeln der eigentlich zu untersuchenden Gleichung sind. Die Theorie der symmetrischen Funktionen lehrt, wie man diese Gleichung aufschreiben kann, ohne die Wurzeln selbst zu kennen.

Ein anderes Verfahren zur Lösung der Aufgabe ist dieses: Man gibt ein allgemeines Verfahren an, die Anzahl der reellen Wurzeln in einem gegebenen Intervall zu ermitteln. Solche Verfahren werden wir bald (S. 146 ff.) kennenlernen. Lehrt dann diese Methode, daß in einem wurzelverdächtigen Intervall wirklich mehrere Wurzeln liegen, so wird man das Intervall durch sukzessives Halbieren so zu zerlegen suchen, daß schließlich in jedem Teil nur noch eine Wurzel liegt. Bei Gleichungen ohne mehrfache Wurzeln muß man so — theoretisch — zum Ziel kommen.

Zur Lösung der zweiten Aufgabe, Verbesserung der gefundenen Näherungen dienen verschiedene Verfahren, z. B. regula falsi oder Newtonsche Methode, die wir bald kennenlernen werden.

9. Die Nomographie. Schließlich sei noch darauf hingewiesen, daß die Nomographie Hilfsmittel bereitstellt, die für gewisse oft vorkommende Gleichungstypen die Näherungswerte der Wurzeln unmittelbar aus dem Nomogramm abzulesen gestatten. Die Nomographie liefert nämlich graphische Darstellungen des Funktionszusammenhangs zwischen den Koeffizienten und den Wurzeln der Gleichungen. Ich begnüge mich, als Beispiel das fertige Nomogramm der Gleichungen dritten Grades nebst Gebrauchsanweisung hierherzusetzen. (Fig. 13.) Die Tafel ist der Enzyclopädie der mathematischen Wissenschaften Bd. I S. 1044, Artikel Mehmke entnommen.

Sie bezieht sich auf $x^3 + a x^2 + b x + c = 0$.

Jedem c entspricht eine krumme Kurve. Die Werte von a und b liest man auf der vertikalen Achse ab. Jedem Wurzelwert entspricht eine der mit Nummern versehenen Parallelen zu den Koordinatenachsen. Soll z. B. die oben schon behandelte Gleichung

$$x^3 + 0{,}5\,x^2 - 1{,}5\,x + 0{,}75$$

gelöst werden, so verbindet man die Punkte $a=0{,}5$ und $b=-1{,}5$ der Achsen durch eine gerade Linie. Diese bringt man mit der Kurve zum Schnitt, an der 0,75 steht. Durch die Schnittpunkte gehen Vertikalgeraden, an deren Enden die gesuchten Wurzeln angeschrieben sind. In der Tafel sind nur die positiven Wurzeln so unmittelbar abzulesen. Zur Bestimmung der negativen suche man die positiven Wurzeln von

$$x^3 - 0{,}5\,x^2 - 1{,}5\,x - 0{,}75$$

auf. So wird man wieder zu dem früheren Ergebnis geführt.

10. Verbesserung der Näherungswerte. Hat man zwei Näherungswerte von Gleichungswurzeln gefunden und wünscht man, bessere Werte der Wurzeln zu gewinnen, als es die graphischen Mittel erlauben, so kann man durch Probieren weiterkommen, indem man in passenden Punkten des Intervalles, dem die Wurzel angehört, die Polynomwerte ermittelt, und sich wieder darauf stützt, daß in einem Intervall sicher dann Wurzeln liegen, wenn am Anfang und Ende das Polynom verschiedenes Vorzeichen hat. Ein solches Probieren wird man planvoll anlegen müssen, wenn es nicht unnötig viel Mühe verursachen soll. Der Gedanke an das Kurvenbild $y = f(x)$ in rechtwinkligen Koordinaten legt es nahe, die Kurve in dem Intervall, in dem eine Wurzel gesucht wird, durch eine Sehne oder durch eine Tangente zu ersetzen. Die Approximation durch eine Sehne führt zur regula falsi, die durch eine Tangente zum Newtonschen Verfahren. (Fig. 14 S. 142.)

11. Die Regula falsi. Ist $f(x) = 0$ die zu lösende Gleichung und ist das Vorzeichen von $f(a_1)$ ein anderes als das von $f(a_2)$, so liegen zwischen a_1 und a_2 eine ungerade Zahl von Wurzeln von $f(x)$. Die Gleichung der Sehne zwischen den beiden Punkten $a_1, f(a_1)$ und $a_2, f(a_2)$ der Kurve $y = f(x)$ ist

$$y = f(a_1) + \frac{f(a_2) - f(a_1)}{a_2 - a_1}\,(x - a_1).$$

Der Gedanke der regula falsi ist es, den Schnittpunkt dieser Geraden mit $y = 0$, also

$$x = a_1 + \frac{(a_2 - a_1)\,f(a_1)}{f(a_1) - f(a_2)}$$

als neuen Näherungswert einzuführen. Er ist auf alle Fälle besser, als der eine der beiden bisherigen. Es wird auch vernünftiger sein, ihn zu verwenden, als etwa den Mittelpunkt $\dfrac{a_1 + a_2}{2}$, weil bei der regula falsi a_1 und a_2

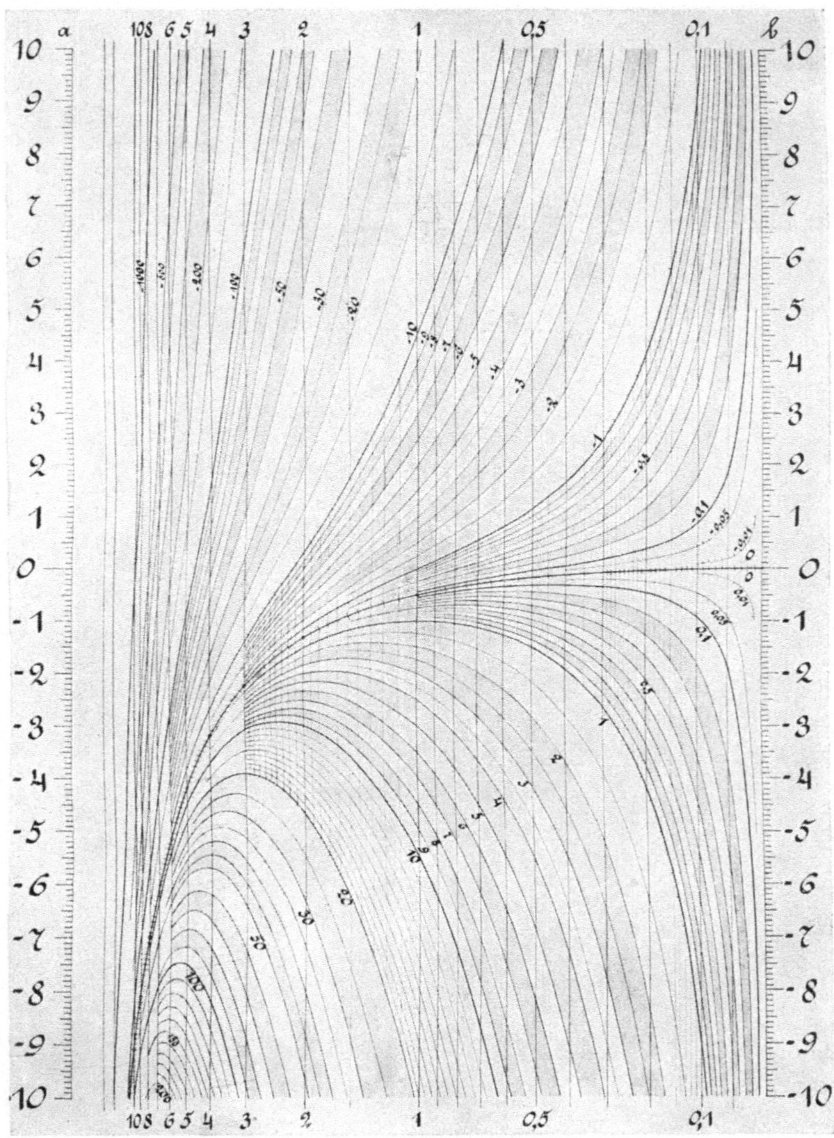

Fig. 13. Tafel zur Auflösung vollständiger kubischer Gleichungen.

mit gewissen Gewichten behaftet sind und so berücksichtigt wird, inwieweit $f(a_1)$ und $f(a_2)$ der Null nahe kommen.

Bei der Verwendung der regula falsi genügen ganz grobe Näherungen als Unterlage.

Beispiel. Die Gleichung

$$f(x) = x^3 + x - 5 = 0$$

hat genau eine reelle Wurzel zwischen 1 und 2, wie man durch eine ganz oberflächliche Betrachtung des Lillschen Verfahrens erkennt. Um dieselbe besser zu bestimmen, setzen wir als erste Annahme

$$a_1 = 1, f(a_1) = -3$$
$$a_2 = 2, f(a_2) = +5.$$

Damit erhalten wir als einen der Wurzel näheren Wert

$$x = 1 + \frac{-3}{-3-5} = 1\tfrac{3}{8}.$$

Wir nehmen der leichteren Rechnung wegen dafür 1,4 und setzen nun

$$a_1 = 1,4, f(1,4) = -0,86$$
$$a_2 = 2, \quad f(2) = +5.$$

Daraus berechnet sich $\quad x = 1,4 + \dfrac{0,6 \cdot 0,86}{0,86 + 5} = 1,49.$

Bei der noch rohen Annäherung nehmen wir 1,5 statt dieses Wertes von x und setzen

$$a_1 = 1,4, f(1,4) = -0,86$$
$$a_2 = 1,5, f(1,5) = -0,125.$$

Hiermit[1]) liefert die regula falsi

$$x = 1,5170.$$

Nun sei $\qquad a_1 = 1,5, \quad f(1,5) = -0,125$

$$a_2 = 1,517, f(1,517) = +0,008.$$

Hieraus als neue Näherung $\quad x = 1,51598.$

Dieser Wert eingesetzt in $f(x)$ gibt

$$f(x) = -0,000002.$$

Der Wert $x = 1,515979$ gibt in die Gleichung eingesetzt

$$f(x) = -0,008.$$

---

1) Eine etwas sorgfältigere Verwendung des Lillschen Verfahrens hätte erlaubt, erst hier weiter zu rechnen.

Der wahre Wurzelwert liegt also zwischen

$$1{,}515\,98 \text{ und } 1{,}516$$

und könnte nun mittels dieser beiden Werte, für a_1 und a_2 genommen, leicht auf 10 Stellen genau berechnet werden.

12. Die Newtonsche Näherungsmethode. Bei ihr wird die Kurve $y = f(x)$ durch eine Tangente statt durch eine Sehne approximiert. Schon ein Blick auf die beistehende Figur 14 lehrt, daß man so nicht immer zu einem besseren Näherungswert gelangen wird.

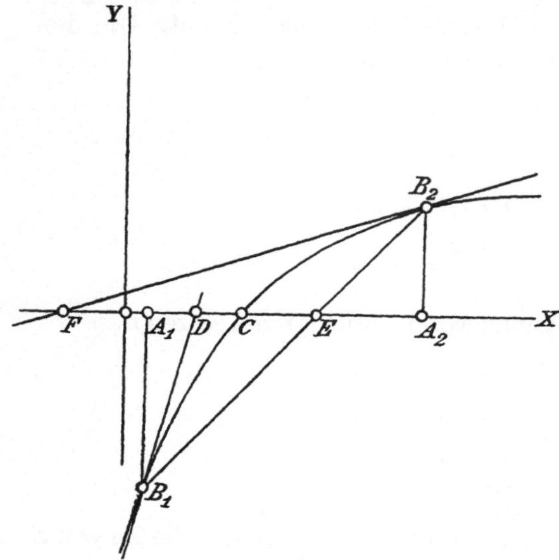

Fig. 14.

Während die Sehne, welche die Kurvenpunkte B_1 und B_2 verbindet, einen Näherungswert E für die Wurzel C liefert, der A_1 und A_2 verbessert, liefert die Tangente in B_1 zwar einen besseren Wert D, während aber die Tangente in B_2 einen schlechteren Wert vermittelt.

$$y = f(a_1) + f'(a_1)(x - a_1)$$

wird die Gleichung der Tangente. Ihr Schnitt mit der x-Achse liegt bei

$$x = a_1 - \frac{f(a_1)}{f'(a_1)}.$$

Dies ist also der neue Näherungswert der Newtonschen Methode.

Beispiele. 1. Es sei wieder die Gleichung gegeben

$$f(x) = x^3 + x - 5 = 0.$$

Wir nehmen $a_1 = 1{,}5$; dann ist $f(a_1) = -0{,}125$, $f'(a_1) = 3a^2 + 1 = 7{,}75$.

Damit wird $x = 1{,}5 + \frac{0{,}125}{7{,}75} = 1{,}5 + 0{,}016 = 1{,}516.$

2. Die Gleichung

$$f(x) = x^5 - 4x^4 + 3x^3 - x + 9 = 0,$$

hat, da $f(1) = 8, f(2) = -1, f(3) = +6, \ldots$

ist, eine Wurzel zwischen 1 und 2 und eine zwischen 2 und 3. Nehmen wir, um letztere zu berechnen, als Näherungswert $a = 2{,}5$, so ergibt sich $f(a) = -5{,}21, f'(a) = +0{,}56$ und damit

$$x = a - \frac{f(a)}{f'(a)} = 2{,}5 - \frac{-5{,}21}{0{,}56} = 11{,}8 \ldots$$

Wir erhalten mithin für x einen Wert, der weit über die Grenzen der Wurzeln hinausfällt. Um die Newtonsche Formel mit Sicherheit anzuwenden, müßte man von einem viel mehr genäherten Wert a ausgehen; ein solcher ist hier leicht zu ersehen; denn da $f(2{,}5) = -5{,}2, f(3) = +6$, so ist anzunehmen, daß der wahre Wurzelwert etwa in der Mitte liegt, und man würde mithin von $a = 2{,}75$ ausgehen.

Wir verzichten hier darauf, näher die Bedingungen aufzusuchen, die erfüllt sein müssen, wenn die Newtonsche Methode bessere Näherungswerte liefern soll. In den Anwendunges hat man doch stets Intervalle zur Verfügung, in denen die Wurzeln liegen, und wird daher die regula falsi bevorzugen. Beim Newtonschen Verfahren bliebe ja doch immer die Frage noch zu beantworten, wie genau die gefundenen Näherungen sind. Sie wird ja eben durch Angabe eines Intervalles beantwortet, in dem eine Wurzel liegt. Das darüber hinausgehende Interesse an der Konvergenz des Newtonschen Verfahrens gilt keiner algebraischen Frage. Seine Befriedigung mag daher hier durch einen Literaturnachweis angebahnt werden:

G. Faber, Über die Newtonsche Näherungsformel. Journal für die reine und angewandte Mathematik, Bd. 138 und Bd. 146.

13. Methode von Lagrange. Eine weitere Methode, die Wurzeln einer Gleichung durch sukzessive Annäherung zu bestimmen, hat Lagrange gegeben. Er benutzt hierzu eine Kettenbruchentwicklung.

Es seien a und $a + 1$ zwei aufeinanderfolgende ganze Zahlen, welche eine Wurzel, und zwar nur eine Wurzel der Gleichung $f(x) = 0$, einschließen. Man setze nun $x = a + \dfrac{1}{y}$; so wird die resultierende Gleichung in y, $f_1(y) = 0$ eine positive Wurzel größer als 1 haben, und zwar nur eine, weil sonst $f(x) = 0$ gegen die Voraussetzung mehrerer Wurzeln in dem Intervall a bis $a + 1$ besäße.

Man kann daher durch Substitution von ganzen Zahlen bestimmen, zwischen welchen Zahlen dieser Wert von y liegt. Er liege zwischen den ganzen Zahlen b und $b + 1$; dann setze man $y = b + \dfrac{1}{z}$ und bilde die Gleichung in z, $f_2(z) = 0$. Diese Gleichung wird wieder eine, und nur eine, positive Wurzel haben, welche größer als 1 ist. Sie liege zwischen den ganzen Zahlen c und $c + 1$. Man setze $z = c + \dfrac{1}{u}$ und bilde die Gleichung in u, $f_3(u) = 0$. Indem man auf diese Weise fortfährt, erhält man x ausgedrückt durch einen Kettenbruch

$$x = a + \frac{1}{y} = a + \cfrac{1}{b + \cfrac{1}{z}} = a + \cfrac{1}{b + \cfrac{1}{c + \cfrac{1}{u}}} = a + \cfrac{1}{b + \cfrac{1}{c + \cfrac{1}{d + \cdots}}},$$

welchen man so weit berechnen wird, bis die verlangte Genauigkeit erreicht wird. Ist die Wurzel rational, so bricht der Kettenbruch von selbst ab.

Als Beispiel berechnen wir die Wurzel der Gleichung

$$f(x) = x^3 - 2x - 5 = 0,$$

welche zwischen 2 und 3 liegt. Setzt man in die Gleichung n-ten Grades $f(x) = 0$, $x = a + \dfrac{1}{y}$ ein, so erhält man

$$f(a) + f'(a) \cdot \frac{1}{y} + \frac{1}{2} f''(a) \cdot \frac{1}{y^2} + \cdots + \frac{1}{2 \cdot 3 \ldots n} f^{(n)}(a) \cdot \frac{1}{y^n} = 0$$

oder

$$f(a) y^n + f'(a) y^{n-1} + \frac{1}{2} f''(a) y^{n-2} + \cdots + \frac{1}{2 \cdot 3 \ldots n} f^{(n)}(a) = 0.$$

In unserm Falle wird, wenn man $x = 2 + \dfrac{1}{y}$ setzt, die transformierte Gleichung

$$f_1(y) = y^3 - 10 y^2 - 6 y - 1 = 0.$$

Diese Gleichung hat nur eine positive Wurzel; dieselbe liegt zwischen 10 und 11. Wir setzen nun $y = 10 + \dfrac{1}{z}$, dann wird

$$f_2(z) = 61 z^3 - 94 z^2 - 20 z - 1 = 0.$$

Die positive Wurzel liegt zwischen 1 und 2. Für $z = 1 + \dfrac{1}{u}$ wird

$$f_3(u) = 54 u^3 + 25 u^2 - 89 u - 61 = 0.$$

Wieder liegt eine positive Wurzel zwischen 1 und 2. Für $u = 1 + \dfrac{1}{v}$ wird

$$f_4(v) = 71 v^3 + 123 v^2 - 187 v - 54 = 0.$$

Eine Wurzel liegt zwischen 1 und 2. Für $v = 1 + \dfrac{1}{w}$ wird

$$f_5(w) = 47 w^3 - 272 w^2 - 333 v - 71 = 0.$$

Eine Wurzel liegt zwischen 6 und 7. Bleiben wir hier stehen, so erhalten wir für x den Wert

$$x = 2 + \cfrac{1}{10 + \cfrac{1}{1 + \cfrac{1}{1 + \cfrac{1}{1 + \cfrac{1}{6 + \cdots}}}}}$$

Hieraus ergeben sich die Näherungswerte

$$2,\ \frac{21}{10},\ \frac{23}{11},\ \frac{44}{21},\ \frac{67}{32},\ \frac{446}{213} = 2,09389.$$

Ist $\dfrac{M_s}{N_s}$ der s-te Näherungsbruch, so ist nach der Lehre von den Kettenbrüchen der Fehler, den man begeht, wenn man diesen Bruch statt x nimmt, $< \dfrac{1}{N_s^2}$. (Vgl. Anhang S. 317 ff.) Der Fehler des letzten Näherungswertes in unserm Beispiel ist mithin $< \dfrac{1}{213^2}$ oder kleiner als 2 in der fünften Dezimale.

Wir haben vorausgesetzt, daß zwischen a und $a + 1$ nur eine Wurzel der Gleichung $f(x) = 0$ liegt. Liegen aber z. B. zwei Wurzeln in diesem Intervall, so wird die Gleichung $f_1(y) = 0$ zwei Wurzeln, positiv und größer als 1, enthalten. Liegen dieselben zwischen den ganzen Zahlen b und $b + 1$, b' und $b' + 1$, so wird man, indem man $y = b + \dfrac{1}{z}$ setzt, auf dem angegebenen Wege die eine Wurzel erhalten, wenn man aber von $y = b' + \dfrac{1}{z}$ ausgeht, die andere. Man kann aber auch in diesem Falle anders verfahren. Setzt man nämlich $x = \dfrac{x'}{k}$, so werden die Wurzeln der Gleichung $f\left(\dfrac{x'}{k}\right) = 0$ sämtlich k mal so groß, und man kann nun k so wählen, daß in dieser Gleichung nicht zwei Werte von x' zwischen zwei aufeinanderfolgende ganze Zahlen fallen.

Diese Lagrangesche Methode, so einfach in ihrem Prinzip, hat jedoch den großen Nachteil, daß die wiederholten Transformationen der Gleichung sehr ermüdend sind.

Man wird daher im allgemeinen eine der vorigen Näherungsmethoden vorziehen.[1])

---

1) Es sei hier auf eine Arbeit von Vincent, in dem von Liouville gegründeten Journal de Mathématiques pures et appliquées, t. I. (1836) p. 341, aufmerksam gemacht. Vincent beweist, daß, wenn man von irgendeiner Zahl a ausgehend die Lagrangeschen Transformationen $x = a + \dfrac{1}{y}$, $y = b + \dfrac{1}{z}$ usf. macht, man notwendig auf eine Gleichung kommen muß, welche entweder nur noch einen Zeichenwechsel hat, oder aber gar keinen Zeichenwechsel, also auch keine positive Wurzel hat (vgl. hierzu S. 146). Er zeigt sodann, daß diese Eigenschaft in Verbindung mit

Zweites Kapitel.

Anzahl der reellen Wurzeln in einem Intervall.

1. Die Cartesische Zeichenregel. Schon S. 139 stießen wir auf die Frage nach Methoden zur Bestimmung der Anzahl der reellen Wurzeln in einem gegebenen Intervall. Dieser Frage wenden wir uns jetzt zu.

Zwei nebeneinander stehende Koeffizienten einer Gleichung bilden eine Zeichenfolge, wenn sie gleiche Zeichen, einen Zeichenwechsel, wenn sie ungleiche Zeichen haben. Wir nennen ferner eine Gleichung $x^n + a_1 x^{n-1} + a_2 x^{n-2} + \cdots = 0$ „vollständig", wenn keiner ihrer Koeffizienten a Null ist.

Die Cartesische Zeichenregel lautet: I. Jede Gleichung mit reellen Koeffizienten hat so viele positive Wurzeln als Zeichenwechsel, oder um eine gerade Anzahl weniger.

Beweis. Wir legen der Betrachtung eine Gleichung

$$x^n + a_1 x^{n-1} + \cdots + a_n = 0$$

mit reellen Koeffizienten zugrunde.

Wir zerlegen das Polynom auf der linken Seite in Abschnitte

$$f(x) = f_1(x) + f_2(x) + \cdots + f_r(x)$$

derart, daß jeder Summand aus der Zusammenfassung aufeinanderfolgender Glieder von $f(x)$ besteht, derart, daß in jedem $f_k(x)$ alle Koeffizienten gleiches Vorzeichen haben oder verschwinden, und daß stets $f_k(x)$ und $f_{k+1}(x)$ Koeffizienten von verschiedenem Vorzeichen enthalten. Es liegen also bei $f(x)$ genau $r-1$ Vorzeichenwechsel vor. Ist dann α eine positive Zahl, so weist

$$(x - \alpha)f(x)$$

r Vorzeichenwechsel auf, oder eine gerade Anzahl mehr. Denn es seien

$$x^n, \; a_{\lambda_2} x^{n-\lambda_2}, \; \ldots \; a_{\lambda_r} x^{n-\lambda_r}$$

die Glieder höchster Ordnung in den $f_k(x)$, also $a_{\lambda_k} \neq 0$. Endlich sei $a_{\lambda_{r+1}} x^{n-\lambda_{r+1}+1}$ das Glied niedrigster Ordnung in $f_r(x)$, also $a_{\lambda_{r+1}} \neq 0$. Dann kommen in $(x - \alpha)f(x)$ die Glieder

$$x^{n+1}, \left(a_{\lambda_2} - \alpha a_{\lambda_2 - 1}\right) x^{n-\lambda_2+1}, \; \ldots \; \left(a_{\lambda_r} - \alpha a_{\lambda_r - 1}\right) x^{n-\lambda_r+1}, \; -\alpha a_{\lambda_{r+1}} x^{n-\lambda_{r+1}}$$

---

dem Fourierschen Theorem (S. 151) die Wurzeln immer zu trennen gestattet. Läßt nämlich die Fouriersche Folge beim Übergang von $x = a$ auf $x = a + 1$ durch den Verlust von zwei Zeichenwechsel Zweifel, ob in dem Intervall reelle Wurzeln liegen, so werden diese Lagrangeschen Transformationen entweder zu einer Gleichung mit einem Zeichenwechsel oder ohne Zeichenwechsel führen. Im ersten Falle sind die Wurzeln reell, im zweiten imaginär.

vor. Diese haben abwechselnde Vorzeichen. Denn z. B. ist $a_{\lambda_2} < 0$, $a_{\lambda_2 - 1} \geqq 0$ usw. Also kommen mindestens r Zeichenwechsel vor. Zwischen zweien der angeschriebenen Glieder verschiedenen Vorzeichens kann noch außerdem eine gerade Zahl von Vorzeichenwechseln vorkommen.

Nun kann man $f(x)$ so zerlegt denken:

$$f(x) = x^\lambda (x - \alpha_1) \ldots (x - \alpha_l)\, \varphi(x)$$

derart, daß $\alpha_1 > 0, \ldots \alpha_l > 0$ und so, daß $\varphi(x)$ nur negative oder komplexe Wurzeln hat. Da die Multiplikation mit x^λ die Vorzeichen der Koeffizienten nicht beeinflußt, so führt die l-malige Anwendung der vorausgegangenen Bemerkung zur Cartesischen Zeichenregel, wenn man noch beachtet, daß in $\varphi(x)$ eine gerade Zahl von Zeichenwechseln vorkommt. Denn hier haben der erste und der letzte Koeffizient gleiche Vorzeichen. Sonst hätte ja $\varphi(x)$ positive Nullstellen.

Setzt man in die Gleichung $f(x) = 0$ statt x ein $- x$, so ändern alle Wurzeln das Zeichen. Daraus kann man mittels des ersten Satzes schließen:

II. Die Gleichung $f(x) = 0$ hat so viele negative Wurzeln, als die Gleichung $f(- x) = 0$ Zeichenwechsel enthält, oder eine gerade Anzahl weniger.

Ist $f(x) = 0$ eine vollständige Gleichung, so entspricht jedem Zeichenwechsel in $f(x)$ eine Zeichenfolge in $f(- x)$ und jeder Zeichenfolge in $f(x)$ ein Zeichenwechsel in $f(- x)$. In diesem Falle vereinigen sich die Sätze I und II in folgenden:

III. Eine jede vollständige Gleichung hat höchstens so viele positive Wurzeln als Zeichenwechsel und höchstens so viele negative Wurzeln, als Zeichenfolgen in der Gleichung vorkommen.

Ist die Gleichung nämlich vollständig und vom Grade n, und enthält sie p Zeichenwechsel und q Zeichenfolgen, so ist, da die Anzahl ihrer Glieder $n + 1$ ist, genau $p + q = n$. Sie kann dann p positive Wurzeln haben oder eine gerade Anzahl weniger, q negative Wurzeln oder eine gerade Anzahl weniger. Sind alle Wurzeln der Gleichung reell, dann muß sie gerade p positive Wurzeln und q negative besitzen, d. h.:

Eine vollständige Gleichung, deren sämtliche Wurzeln reell sind, hat ebenso viele positive Wurzeln, als Zeichenwechsel, und ebenso viele negative Wurzeln, als Zeichenfolgen vorhanden sind.

1. Beispiel. Die schon früher behandelte Gleichung

$$f(x) = x^5 - x^4 - 9x^3 + 10x^2 - 11x + 9 = 0$$

hat vier Zeichenwechsel (nämlich zwischen dem ersten und zweiten, dritten und vierten, vierten und fünften, fünften und sechsten Gliede) und nur eine Zeichenfolge (nämlich zwischen dem zweiten und dritten Glied).

Da sie eine „vollständige“ Gleichung ist, so kann sie nach Satz III höchstens vier positive Wurzeln haben und höchstens eine negative; letztere hat sie gewiß.

2. Beispiel. Die Gleichung

$$f(x) = x^6 - x^4 + x^2 + 3x - 1 = 0$$

ist nicht vollständig; sie enthält drei Zeichenwechsel;

$$f(-x) = x^6 - x^4 + x^2 - 3x - 1 = 0$$

enthält auch drei Zeichenwechsel; also hat die Gleichung nach den Sätzen I, II drei reelle positive Wurzeln oder nur eine und drei negative oder nur eine. Eine positive und eine negative hat sie jedenfalls.

3. Beispiel.
$$f(x) = x^5 - 8x + 1 = 0$$

hat zwei Zeichenwechsel,

$$f(-x) = -x^5 + 8x + 1 = 0$$

hat einen Zeichenwechsel. Die Gleichung hat demnach zwei reelle positive Wurzeln oder keine und eine negative Wurzel. Daß aber die zwei positiven Wurzeln vorhanden sind, ersieht man daraus, daß für

$$x = 0, 1, 2$$

$f(x)$ die Zeichen hat $+ - +$.

Es liegt also eine Wurzel zwischen 0 und 1 und eine zwischen 1 und 2. Die Gleichung hat mithin ein Paar imaginäre Wurzeln.

4. Beispiel.
$$f(x) = x^5 - 2x^4 - 3x^2 + x - 1 = 0$$

hat drei Zeichenwechsel, $f(-x) = 0$ gar keinen. Die Gleichung hat mithin drei oder nur eine positive Wurzel, keine negative. Sie hat mithin jedenfalls imaginäre Wurzeln. Man kann hier bemerken, daß, wenn in einer Gleichung zwischen zwei Gliedern mit gleichem Zeichen $\pm\, x^r$, $\pm\, x^{r-2}$ das mittlere Glied fehlt (wie in der letzten Gleichung zwischen $-2x^4$ und $-3x^2$), die Gleichung notwendig imaginäre Wurzeln hat. Denn soll die unvollständige Gleichung n-ten Grades nur reelle Wurzeln haben, so muß die Summe der Zeichenwechsel in $f(x)$ und $f(-x)$ den Maximalwert n erreichen. Im gegebenen Falle ist aber diese Summe höchstens $n-2$; denn man überzeugt sich leicht, daß, wenn man zwischen die zwei Glieder ein mittleres Glied $\pm x^{r-1}$ mit dem positiven oder negativen Zeichen einfügt, immer entweder in $f(x)$ oder in $f(-x)$ zwei Zeichenwechsel gewonnen werden, also die Summe der Zeichenwechsel in $f(x)$ und $f(-x)$ sich um 2 erhöht.

2. Der Satz von Rolle. (Rolle war ein französischer Mathematiker, Zeitgenosse Newtons). Es seien a und b zwei reelle Wurzeln der Gleichung $f(x) = 0$, zwischen welchen keine andere Wurzel der Gleichung liegt, und es werde $a < b$ vorausgesetzt. Dann ist

$$f(x) = (x-a)(x-b)F(x).$$

Bilden wir auf beiden Seiten den Logarithmus, so wird

$$\log f(x) = \log(x-a) + \log(x-b) + \log F(x)$$

und daraus durch Differentiation

$$\frac{f'(x)}{f(x)} = \frac{1}{x-a} + \frac{1}{x-b} + \frac{F'(x)}{F(x)},$$

eine Formel, die man übrigens auch aus der Partialbruchzerlegung ableiten kann. Daraus folgt weiter

$$(x-a)(x-b) \cdot \frac{f'(x)}{f(x)} = (x-b) + (x-a) + (x-a)(x-b) \cdot \frac{F'(x)}{F(x)}.$$

Setzen wir hier $x = a$, so nimmt die rechte Seite den negativen Wert $a-b$ an, wird $x = b$ eingeführt, so erhält man rechts den positiven Wert $b-a$. Der Ausdruck auf der rechten Seite muß also einmal oder eine ungerade Anzahl mal durch Null hindurchgehen, wenn x von a bis b variiert. Auf der linken Seite ändern sich aber dabei die Ausdrücke $(x-a)(x-b)$ und $f(x)$ ihrem Vorzeichen nach überhaupt nicht; also muß $f'(x)$ eine ungerade Anzahl mal durch Null hindurchgehen. Dies ist nun der Satz von Rolle:

Zwischen zwei aufeinanderfolgenden reellen Wurzeln der Gleichung $f(x) = 0$ gibt es wenigstens eine reelle Wurzel der Gleichung $f'(x) = 0$ oder überhaupt eine ungerade Anzahl.

Sind a oder b oder beide zugleich mehrfache Wurzeln von $f(x)$, so daß $f'(x)$ für diese Werte zu Null wird, so läßt sich der obige Beweis ganz in der gleichen Weise durchführen, und der Satz bleibt auch in diesem Falle richtig.

Man kann sich leicht von der Richtigkeit des Satzes durch die geometrische Anschauung überzeugen. Denn an den Stellen x, an welchen die Kurve vom Steigen in das Fallen übergeht oder umgekehrt, hat $f(x)$ ein Maximum oder ein Minimum. An diesen Stellen aber wechselt $f'(x)$ das Zeichen und geht dabei durch Null hindurch. Den Maxima und Minima von $f(x)$ entsprechen mithin die Wurzeln der Gleichung $f'(x) = 0$, und man sieht leicht, daß die Kurve $y = f(x)$ zwischen zwei aufeinanderfolgenden Wurzeln von $f(x) = 0$ eine ungerade Anzahl von Maxima und Minima haben muß.

Der Satz von Rolle läßt sich nun auf folgende Art zum Trennen der Wurzeln von $f(x) = 0$ verwenden. Es seien $\alpha, \beta, \ldots, \varkappa$ die reellen Wurzeln der Gleichung $f'(x) = 0$, nach ihrer Größe geordnet, so daß $\alpha < \beta < \gamma < \cdots < \varkappa$. Da zwischen zwei aufeinanderfolgenden Wurzeln von $f(x) = 0$ wenigstens eine dieser Zahlen $\alpha, \beta, \ldots$ liegen muß, so kann höchstens eine Wurzel von $f(x) = 0$ kleiner als α sein, höchstens eine in jedem Intervall $(\alpha, \beta), (\beta, \gamma), \ldots$ liegen und höchstens eine größer als $\varkappa$ sein. Substituiert man also in $f(x)$ nacheinander die Werte

$$g, \alpha, \beta, \gamma, \ldots, \varkappa, g',$$

wo g und g' zwei beliebige Zahlen sind, zwischen welchen die Wurzeln von $f(x) = 0$ liegen müssen, so wird man am Zeichenwechsel der Substitutionsresultate erkennen, zwischen welchen dieser Größen eine Wurzel von $f(x) = 0$ liegt. Man kann also die reellen Wurzeln von $f(x) = 0$ trennen, wenn man die reellen Wurzeln der einfacheren Gleichung $f'(x) = 0$ finden kann.

Sollten in der Reihe der Wurzeln $\alpha, \beta, \gamma, \ldots$ sich gleiche befinden, so hindert dies die Anwendung dieses Satzes nicht; liegt eine zweifache Wurzel zwischen a und b, so liegt jedenfalls noch eine nächste Wurzel der Reihe in diesem Intervall.

Es sei z. B. die Gleichung gegeben

$$f(x) = x^5 - 3x^3 + 2x^2 - 5 = 0.$$

Nach dem Descartesschen Satze kann die Gleichung drei oder nur eine positive Wurzel, zwei oder keine negative enthalten.

Nun ist $$f'(x) = 5x^4 - 9x^2 + 4x.$$

Die Gleichung $f'(x) = 0$ hat die vier reellen Wurzeln $-1,5, \ldots, 0, +0,5, \ldots, 1$; setzt man diese Werte für x in $f(x)$ ein, und dazu die zwei Grenzwerte $x = \pm 2$, zwischen welchen die reellen Wurzeln von $f(x) = 0$ liegen, wie leicht zu sehen, so erhält man

$$\text{für } x = -2, \ -1,5, \ \ldots, 0, \ \ 0,5, \ \ldots, 1, \quad \ \ 2$$
$$f(x) = -5, \ +2,1 \quad -5, \ -4,9, \quad -5, \ +11.$$

Es geht mithin $f(x)$ zwischen $x = -2$ und $x = -1,5\ldots$ vom Negativen ins Positive über, hat bei $x = -1,5\ldots$ ein positives Maximum, geht sodann wieder vom Positiven ins Negative, hat bei $x = 0$ ein negatives Minimum, bei $x = 0,5\ldots$ ein negatives Maximum, bei $x = 1$ wieder ein negatives Minimum und geht sodann ins Positive zurück. Die Gleichung $f(x) = 0$ hat mithin zwei negative Wurzeln, die eine zwischen $x = -2$ und $x = -1,5\ldots$, die andere zwischen $-1,5\ldots$ und 0 gelegen, eine positive Wurzel zwischen $x = 1$ und $x = 2$ und dazu ein Paar imaginärer Wurzeln.

Sind a, b, c drei reelle Wurzeln der Gleichung $f(x) = 0$ und ist $a < b < c$, so liegt nach dem Satze von Rolle zwischen a und b und zwischen b und c mindestens je eine Wurzel von $f'(x) = 0$; zwischen a und c liegt dann aber wenigstens eine reelle Wurzel der Gleichung $f''(x) = 0$. So weiter schließend erkennt man, daß das Theorem von Rolle auch aussagt:

Sind $a, b, c, \ldots, k$ reelle Wurzeln der Gleichung $f(x) = 0$, r an der Zahl, so liegen in dem Intervall zwischen der größten und kleinsten dieser Wurzeln wenigstens $r - 1$ reelle Wurzeln der Gleichung $f'(x) = 0$, wenigstens $r - 2$ reelle Wurzel der Gleichung $f''(x) = 0$ usf. und wenigstens noch eine Wurzel der Gleichung $f^{r-1}(x) = 0$.

Zusatz. Sind alle Wurzeln der Gleichung $f(x) = 0$ reell, so hat auch die Gleichung $f'(x) = 0$ nur reelle Wurzeln. Dann sind aber auch die Wurzeln der Gleichungen

$$f''(x) = 0, \quad f'''(x) = 0, \ldots$$

sämtlich reell, und alle liegen in dem Intervall der Wurzeln der Gleichung $f(x) = 0$.

3. Der Budan-Fouriersche Satz.[1]) Sei $f(x) = x^n + \cdots$ ein Polynom n-ten Grades und betrachten wir die Folge der Funktionen, die von $f(x)$ und seinen Abgeleiteten gebildet wird,

$$(1) \qquad f(x), f'(x), f''(x), \ldots f^{(n)}(x).$$

Substituieren wir in diese Folge einen hinreichend großen negativen Wert von x, so haben diese Funktionen offenbar abwechselnde Zeichen; für einen hinreichend großen positiven Wert von x werden sie sämtlich positiv. Wenn also x die ganze Zahlenreihe von großen negativen zu großen positiven Werten durchläuft, so geht in der Reihe (1) n Zeichenwechsel verloren, d. i. so viele, als der Grad von $f(x)$ beträgt.

---

1) Der schon 1811 von Budan der französischen Akademie vorgelegte Satz findet sich wieder in Fouriers Analyse des équations; publ. par Navier 1831.

Nun kann bei Änderung von x die Zahl der Zeichenwechsel in dieser Folge (1) sich nur ändern, wenn eine der Funktionen, aus denen sie besteht, das Zeichen wechselt, also durch Null hindurchgeht. Nehmen wir nun zunächst an, die erste Funktion $f(x)$ werde Null, dadurch daß x, indem es wächst, durch einen einfachen Wurzelwert $x = \alpha$ hindurchgeht. Wir werden dann immer eine positive Zahl h so klein annehmen können, daß innerhalb des Intervalls $\alpha - h$ bis $\alpha + h$ weder eine andere Wurzel von $f(x)$ noch eine Wurzel von $f'(x)$ fällt. Letztere Funktion behält also in diesem Intervall ein konstantes Zeichen und je nachdem dasselbe $+$ oder $-$ ist, bilden die Zeichen der zwei ersten Glieder der Reihe (1) das eine oder das andere der folgenden Schemata:

		$f(x)$	$f'(x)$		$f(x)$	$f'(x)$
	$x = \alpha - h$	$-$	$+$	oder	$+$	$-$
(a)	$x = \alpha$	0	$+$		0	$-$
	$x = \alpha + h$	$+$	$+$		$-$	$-$

Ist nämlich $f'(x)$ positiv, so wächst $f(x)$ bei zunehmendem x, und geht folglich vom Negativen durch Null ins Positive über; das Umgekehrte findet statt, wenn $f'(x)$ negativ ist. In beiden Fällen haben mithin $f(x)$ und $f'(x)$ entgegengesetztes Zeichen, bevor x den Wurzelwert α erreicht, und gleiches Zeichen, nachdem x den Wert α überschritten hat.

Nehmen wir nun aber an, α sei eine zweifache Wurzel von $f(x) = 0$, so wird auch $f'(\alpha) = 0$, während $f''(\alpha)$ nicht Null ist. Ist h hinreichend klein gewählt, so daß keine Wurzel von $f''(x)$ zwischen $\alpha - h$ und $\alpha + h$ fällt, so hat $f''(x)$ in diesem Intervall konstantes Zeichen, und folglich bieten $f'(x)$ und $f''(x)$ nun dieselben Zeichenschemata dar wie vorhin $f(x)$ und $f'(x)$. Da ferner nach der Taylorschen Entwicklung

$$f(\alpha \pm h) = f(\alpha) \pm f'(\alpha) \cdot h + f''(\alpha) \cdot \frac{h^2}{1 \cdot 2} \pm \cdots = f''(\alpha) \cdot \frac{h^2}{1 \cdot 2} + \cdots,$$

so haben $f(\alpha + h)$ und $f(\alpha - h)$ dasselbe Zeichen wie $f''(\alpha)$. Es ergeben sich demnach für diesen Fall folgende zwei Schemata:

		$f(x)$	$f'(x)$	$f''(x)$	oder	$f(x)$	$f'(x)$	$f''(x)$
	$x = \alpha - h$	$+$	$-$	$+$	oder	$-$	$+$	$-$
(b)	$x = \alpha$	0	0	$+$		0	0	$-$
	$x = \alpha + h$	$+$	$+$	$+$		$-$	$-$	$-$

Geht also x, indem es wächst, durch eine zweifache Wurzel α hindurch, so gehen zwischen $f(x), f'(x)$ und $f''(x)$ jedenfalls zwei Zeichenwechsel verloren.

Wäre aber α dreifache Wurzel von $f(x)$, mithin noch zweifache von $f'(x) = 0$ und einfache von $f''(x) = 0$, so würden $f'(x)$, $f''(x)$, $f'''(x)$ in dem Intervall $x = \alpha - h$ bis $x = \alpha + h$ dasselbe Zeichenschema zeigen, wie eben $f(x)$, $f'(x)$, $f''(x)$. Zugleich würde, wie aus der Entwicklung

$$f(\alpha \pm h) = \pm f'''(\alpha)\,\frac{h^3}{1 \cdot 2 \cdot 3} + \cdots$$

zu ersehen, $f(\alpha + h)$ dasselbe, $f(\alpha - h)$ das entgegengesetzte Zeichen von $f'''(\alpha)$ besitzen. Dies ergibt folgendes Zeichenschema:

	$f(x)$	$f'(x)$	$f''(x)$	$f'''(x)$		$f(x)$	$f'(x)$	$f''(x)$	$f'''(x)$
$x = \alpha - h$	$-$	$+$	$-$	$+$	oder	$+$	$-$	$+$	$-$
(c) $\quad x = \alpha$	0	0	0	$+$		0	0	0	$-$
$x = \alpha + h$	$+$	$+$	$+$	$+$		$-$	$-$	$-$	$-$

Es gehen also, wenn x durch eine dreifache Wurzel α von $f(x) = 0$ hindurchgeht, drei Zwischenwechsel verloren. So weiter schließend erkennt man, daß, wenn x durch eine r-fache Wurzel von $f(x) = 0$ hindurchgeht, zwischen den $r + 1$ ersten Gliedern der Reihe (1) $f(x), f'(x), \ldots f^{(r)}(x)$ r Zeichenwechsel verlorengehen.

Das letzte Glied der Reihe (1) ist eine Konstante, kann also nicht verschwinden. Es bleibt daher nur der Fall zu untersuchen, daß eine Funktion oder mehrere aufeinanderfolgende Funktionen aus der Mitte der Reihe (1) verschwinden, ohne daß zugleich die vorhergehende Funktion verschwindet. Nehmen wir an, daß $x = \alpha$ eine einfache, zweifache, dreifache, $\ldots$ Wurzel von $f^{(s)}(x)$ sei und mithin für $x = \alpha$ entweder $f^{(s)}(x)$ allein, oder $f^{(s)}(x)$ und $f^{(s+1)}(x)$, oder $f^{(s)}(x), f^{(s+1)}(x), f^{(s+1)}(x)$ zugleich verschwinden usw., so werden diese Funktionen mit der nächstfolgenden Funktion, welche nicht verschwindet, die Zeichenschemata (a), (b), (c), $\ldots$ zeigen. Die vorhergehende Funktion $f^{(s-1)}(x)$ verschwinde nicht zugleich mit $f^{(s)}(x)$. Sie behält mithin in dem Intervall $\alpha - h$ bis $\alpha + h$ ein konstantes Zeichen $+$ oder $-$. Setzen wir dieses den obigen Schematen vor, so ersehen wir aus (a), daß, wenn nur eine Funktion aus der Mitte verschwindet, kein oder zwei Zeichenwechsel verlorengehen; verschwindet zugleich $f^{(s)}(x)$ und $f^{(s+1)}(x)$, so ergibt sich aus (b), daß immer zwei Zeichenwechsel verlorengehen; verschwinden drei aufeinanderfolgende Funktionen, so gehen zwei oder vier Zeichenwechsel verloren usw. Durch das Verschwinden von Funktionen in der Mitte der Reihen geht mithin kein Zeichenwechsel oder eine gerade Anzahl von Zeichenwechseln verloren. Hieraus folgt nun der Satz:

Wenn x von $-\infty$ bis $+\infty$ wächst, so gehen in der Reihe (1) sämtliche n Zeichenwechsel nach und nach verloren, ohne daß je ein Zeichenwechsel wiedergewonnen wird. Ist $q > p$ und hat die Reihe δ Zeichenwechsel weniger für $x = q$ als für $x = p$, so liegen zwischen $x = p$ und $x = q$ δ reelle Wurzeln der Gleichung oder um eine gerade Anzahl weniger.

Nur wenn alle Wurzeln der Gleichung reell sind, entspricht jedem Zeichenverlust der Reihe (1) eine reelle Wurzel. Dabei ist angenommen, daß bei p und q selbst Wurzeln nicht liegen.

Man kann den Satz noch etwas anders fassen. Da nämlich

$$f(x + p) = f(p) + f'(p)\, x + f''(p) \cdot \frac{x^2}{2} + \cdots + f^{(n)}(p) \cdot \frac{x^n}{1 \cdot 2 \cdots n},$$

so kann man auch sagen:

Die Anzahl der reellen Wurzeln der Gleichung $f(x) = 0$, welche zwischen $x = p$ und $x = q$ liegen, ist gleich der Differenz der Anzahl der Zeichenwechsel in den Gleichungen

$$f(x + p) = 0, \quad f(x + q) = 0$$

oder um eine gerade Anzahl geringer.

Beispiel. Die gegebene Gleichung sei

$$f(x) = x^5 - 3\,x^3 + 2\,x^2 - 5 = 0,$$

dann wird

$$f'(x) = 5\,x^4 - 9\,x^2 + 4\,x$$

$$f''(x) = 20\,x^3 - 18\,x + 4$$

$$f'''(x) = 60\,x^2 - 18$$

$$f^{IV}(x) = 120\,x$$

$$f^{V}(x) = 120.$$

	$f(x)$	$f'(x)$	$f''(x)$	$f'''(x)$	$f^{IV}(x)$	$f^{V}(x)$
$x = -2$	$-$	$+$	$-$	$+$	$-$	$+$
$x = -1$	$-$	$-$	$+$	$+$	$-$	$+$
$x = 0$	$-$	0	$+$	$-$	0	$+$
$x = 1$	$-$	0	$+$	$+$	$+$	$+$
$x = 2$	$+$	$+$	$+$	$+$	$+$	$+$

Zwischen -2 und -1 gehen zwei Zeichenwechsel verloren, ebenso zwischen $x = 0$ und $x = 1$. Der Verlust von einem Zeichenwechsel zwischen $x = 1$ und $x = 2$ zeigt, daß in diesem Intervall eine reelle Wurzel liegt.

Hingegen wissen wir bereits (Beispiel zum Satze von Rolle), daß nur zwischen -2 und -1 wirklich zwei reelle Wurzeln liegen, zwischen 0 und 1 keine.

Andere, dem Fourierschen Theorem ähnliche Sätze zur Bestimmung einer oberen Schranke für die Anzahl der reellen Wurzeln, welche zwischen zwei Zahlen p und q liegen, hat Sylvester aufgestellt.[1]) Die Methode besteht darin, daß zu der Reihe (1) der Abgeleiteten von $f(x)$ noch eine zweite Reihe von Funktionen aufgestellt wird und nun die Zeichenwechsel und Zeichenfolgen in den beiden Reihen verglichen werden.

Eine einfache Bemerkung von Jacobi mag hier noch angeführt werden.[2]) Setzt man

$$y = \frac{x-p}{q-x},$$

so entsprechen den Werten von x, welche zwischen p und q liegen, positive, den Werten von x, welche außerhalb dieser Grenzen liegen, negative Werte von y. Die Anzahl der Zeichenwechsel in der Gleichung für y gibt mithin nach dem Satze von Descartes eine obere Grenze für die Anzahl der Wurzeln x, die zwischen p und q fallen. Sind alle Wurzeln von $f(x) = 0$ reell, so ist die erstere Anzahl der letzteren gleich.

4. Der Sturmsche Satz. Die vorhergehenden Sätze geben nur eine obere Grenze für die Anzahl der Wurzeln, welche zwischen zwei Zahlen p und q fallen. Der Satz von Sturm hingegen gibt genau die Anzahl dieser Wurzeln. Durch ihn wird erst die S. 146 gestellte Aufgabe wirklich gelöst. Zu diesem Resultate gelangt man dadurch, daß statt der Reihe der Abgeleiteten von $f(x)$, welche man bei dem Fourierschen Satze betrachtet, eine andere Reihe von Funktionen zugrunde gelegt wird.

Wir nehmen zunächst an, daß die Gleichung $f(x) = 0$ keine mehrfachen reellen Wurzeln habe; es sei $f'(x)$ wieder die erste Abgeleitete von $f(x)$. Wir stellen das System von Polynomen her, das sich ergibt, wenn man den größten gemeinschaftlichen Teiler von $f(x)$ und $f'(x)$ sucht. Sind dann $R_2, R_3, \ldots$ die Reste der aufeinanderfolgenden Divisionen mit entgegengesetztem Zeichen genommen, so hat man folgendes System von Gleichungen:

$$f(x) = f'(x)Q_1 - R_2$$

$$f'(x) = R_2Q_2 - R_3$$

(1)
$$R_2 = R_3Q_3 - R_4$$

$$\cdot \; \cdot \; \cdot \; \cdot \; \cdot \; \cdot \; \cdot \; \cdot \; \cdot \; \cdot \; \cdot \; \cdot$$

$$R_{m-2} = R_{m-1}Q_{m-1} - R_m.$$

---

1) On an improved form etc. Philos. Mag. March. 1866, p. 214.
2) Crelles Journ. Bd. 13. Observatiunculae ad theoriam aequationum pertinentes, §IV.

Da nach der Voraussetzung $f(x) = 0$ keine mehrfachen Wurzeln hat, haben $f(x)$ und $f'(x)$ keinen gemeinsamen Faktor, und der letzte Rest R_m ist mithin eine Konstante, von Null verschieden. Betrachten wir nun die Folge von Funktionen

$$(2) \qquad f(x), f'(x), R_2, R_3, \ldots R_m.$$

Dieselbe hat folgende Eigenschaften. Das letzte Glied der Folge kann nicht verschwinden. Ferner zwei aufeinanderfolgende Glieder der Folge können nicht zugleich verschwinden, denn sonst müßten sie einen gemeinsamen Teiler haben und derselbe müßte vermöge der Gleichungen (1) auch zugleich Teiler von $f(x)$ und $f'(x)$ sein, was gegen die Voraussetzung ist. Sehen wir nun zu, wie sich die Zeichen der Funktionen dieser Folge ändern, wenn x sich ändert. Geht x, indem es wächst, durch einen Wurzelwert α der Gleichung $f(x) = 0$ hindurch, so geht, wie wir bei dem Fourierschen Satze sahen (Schema a), ein Zeichenwechsel zwischen $f(x)$ und $f'(x)$ verloren. Nehmen wir aber an, daß x durch einen Wert β hindurchgehe, der eine der mittleren Funktionen R_i verschwinden macht, so werden für diesen Wert $x = \beta$ die beiden benachbarten Funktionen R_{i-1}, R_{i+1} entgegengesetztes Zeichen haben, da für $R_i = 0$ aus den Gleichungen (1) $R_{i-1} = - R_{i+1}$ sich ergibt; und da, wie wir schon sahen, R_{i-1} oder R_{i+1} nicht mit R_i gleichzeitig verschwinden können. Wir können dann immer ein hinreichend kleines Intervall $\beta - h$ bis $\beta + h$ abgrenzen, innerhalb welchem weder R_{i-1} noch R_{i+1} verschwinden und folglich ihre entgegengesetzten Zeichen behalten. Dann folgt aber, daß, wenn x das Intervall $\beta - h$ bis $\beta + h$ durchläuft, zwischen den drei Funktionen R_{i-1}, R_i, R_{i+1} immer ein Zeichenwechsel besteht, es mag nun R_i, indem es durch Null hindurchgeht, von einem positiven Wert zu einem negativen übergegangen sein oder umgekehrt. Verschwindet also eines der mittleren Glieder der Folge (2), so wird dadurch weder ein Zeichenwechsel in der Reihe gewonnen noch verloren. Es kann dadurch nur eine Verschiebung des Zeichenwechsels erfolgen.

Fassen wir diese Resultate zusammen, so ergibt sich der Satz von Sturm.

Sind p und q zwei beliebige reelle Zahlen und ist $q > p$, und hat $f(x) = 0$ keine mehrfache Wurzeln zwischen p und q, so kann die Folge (2) für $x = q$ jedenfalls nicht mehr Zeichenwechsel haben als für $x = p$. Die Anzahl der Zeichenwechsel, welche in der Folge bei dem Übergange von $x = p$ zu $x = q$ verlorengehen, ist genau gleich der Anzahl der reellen Wurzeln von $f(x) = 0$, welche zwischen p und q liegen. Dabei ist $f(p) \neq 0, f(q) \neq 0$ angenommen.

Um die ganze Anzahl der reellen Wurzeln der Gleichung zu erhalten, hat man nur sehr große positive oder negative Werte von x in die Folge statt p und q einzusetzen. Die Zeichen der Funktionen sind dann durch die Zeichen ihrer ersten Glieder gegeben.

Man ersieht, daß, wenn die Gleichung $f(x) = 0$ vom n-ten Grade ist und alle ihre Wurzeln reell sind, die Folge (2) für $x = -\infty$ n Zeichenwechsel haben muß; dies bedingt, daß sie aus $n + 1$ Funktionen besteht, die Reste R mithin bis R_n laufen, also immer um die Einheit im Grade abnehmen, und zweitens, daß die höchsten Glieder der Funktionen alle gleiches Zeichen haben.

Die Anwendung des Sturmschen Satzes leidet an dem wesentlichen Übelstande, daß man bei der Herstellung der Reste R meistens auf überaus große, kaum zu bewältigende Zahlen geführt wird. Um die Rechnung zu erleichtern, kann man bei den Divisionen beliebige konstante Faktoren einführen, da es nur auf die Zeichen der Funktionen ankommt; nur müssen diese Faktoren positiv sein.

Tritt einmal der Fall ein, daß ein Rest R_i innerhalb des zu betrachtenden Intervalls $x = p$ bis $x = q$ nicht Null werden und folglich auch sein Zeichen nicht ändern kann, so kann man bei diesem Rest die Folge abbrechen und die Berechnung der folgenden Reste ersparen. Denn der Beweis des Satzes erfordert nur, daß das letzte Glied der Folge sein Zeichen nicht ändere. Der weggelassene Teil der Folge

$$R_{i+1}, R_{i+2}, \ldots R_n$$

kann innerhalb des Intervalls dann überhaupt keine Änderung in der Anzahl der Zeichenwechsel erfahren, da das erste und letzte Glied ihr Zeichen nicht ändern.

Beispiel. Ist

$$f(x) = x^5 - x^4 - 3x^3 + 2x + 5 = 0,$$

so wird

$$f'(x) = 5x^4 - 4x^3 - 9x^2 + 2$$

$$R_2 = 34x^3 + 9x^2 - 40x - 127$$

$$R_3 = 1975x^2 - 14350x + 20675$$

oder mit 25 dividiert,

$$R_3 = 79x^2 - 574x + 827,$$

damit wird

$$R_4 = -98717x + 118803$$

$$R_5 = -.$$

Von R_5 reicht es hin, das Zeichen zu kennen. Dieses kann daraus bestimmt werden, daß R_4 verschwindet für $x = +1,\dots$ und für diesen Wert R_3 positiv ist. Es muß mithin R_5 das entgegengesetzte Zeichen haben, mithin negativ sein.

Aus den ersten Gliedern der Funktionen erkennt man, daß von $x = -\infty$ bis $x = +\infty$ drei Zeichenwechsel der Reihe verlorengehen, die Gleichung also drei reelle und zwei imaginäre Wurzeln hat. Um genauer zu sehen, wie die reellen Wurzeln liegen, setzen wir in die Reihe die ganzen Zahlen zwischen den Grenzen ± 3 der Wurzeln ein, dann ergibt sich

	$f(x)$	$f'(x)$	R_2	R_3	R_4	R_5
$x = -3$	$-$	$+$	$-$	$+$	$+$	$-$
$x = -2$	$-$	$+$	$-$	$+$	$+$	$-$
$x = -1$	$+$	$+$	$-$	$+$	$+$	$-$
$x = 0$	$+$	$+$	$-$	$+$	$+$	$-$
$x = 1$	$+$	$-$	$-$	$+$	$+$	$-$
$x = 2$	$+$	$+$	$+$	$-$	$-$	$-$
$x = 3$	$+$	$+$	$+$	$-$	$-$	$-$

Die Gleichung hat also eine reelle Wurzel zwischen -2 und -1, und zwei Wurzeln liegen zwischen 1 und 2; zwei Wurzeln sind imaginär.

5. Mehrfache Wurzeln. Wir haben bisher vorausgesetzt, daß die Gleichung $f(x) = 0$ keine mehrfachen Wurzeln habe. Hat aber die Gleichung mehrfache Wurzeln, so wird man in dem System (1) zu einem Rest R_l kommen, der genau ein Teiler der vorhergehenden Funktion R_{l-1} ist. R_l ist dann der größte gemeinschaftliche Teiler von $f(x)$ und $f'(x)$ und zugleich in jeder der vorhergehenden Funktionen der Folge enthalten. Dividieren wir daher alle Funktionen durch R_l, so erhalten wir statt der Folge (2) eine neue Folge
$$U, U_1, U_2, \dots U_l,$$
in welcher U_l eine Konstante ist und U alle Linearfaktoren von $f(x)$ enthält, aber jeden nur einfach. Es ist nun leicht zu beweisen, daß für diese Folge der Sturmsche Satz gilt in bezug auf die Wurzeln der Gleichung $U = 0$. Denn die Funktionen dieser Folge genügen dem Gleichungssystem
$$U = U_1 Q_1 - U_2$$
$$U_1 = U_2 Q_2 - U_3$$
$$\dots \dots \dots,$$

welches aus (1) durch Division der Gleichungen mit R_l resultiert, woraus hervorgeht, daß nicht zwei benachbarte Funktionen der Folge zugleich Null werden können, da sonst U und U_1 einen gemeinsamen Faktor haben müßten, und daß, wenn eine Funktion der Folge U_i verschwindet, U_{i-1} und U_{i+1} entgegengesetzte Zeichen haben müssen. Der einzig wesentliche Unterschied zwischen der Folge $U, U_1, \ldots$ und der Folge (2) besteht darin, daß U_1 nicht die Abgeleitete von U ist. Aber aus

$$f = R_2 U$$

$$f' = R_2 U_1 = R_2 U' + R_2 U$$

folgt, daß an einer Nullstelle von U die Funktion U_1 dasselbe Vorzeichen wie U' hat, und dies genügt nach einer in **4.** vor dem Beispiel gemachten Bemerkung dazu, daß für die Kette der U der Sturmsche Satz gilt:

Der Sturmsche Satz bleibt daher gültig, wenn man die Kette $f(x)$, $f'(x), \ldots R_l$ durch die Kette $U, U_1, \ldots U_l$ ersetzt. Es ist aber nicht nötig, die Funktionen U zu bilden. Denn die Funktionen $f(x), f'(x), \ldots R_l$ unterscheiden sich von den Funktionen $U, U_1, \ldots U_l$ nur durch den Faktor R_l. Folglich werden sie für einen bestimmten Wert von x entweder alle dieselben Zeichen haben wie die Funktionen U, oder alle haben die entgegengesetzten Zeichen, je nachdem R_l für diesen Wert von x positiv oder negativ ist. Es folgt mithin:

Die Sturmsche Kette

$$f(x), f'(x), R_2, \ldots R_l$$

gibt durch die Differenz in der Anzahl der Zeichenwechsel für $x = p$ und $x = q$ die ·Anzahl der zwischen p und q liegenden reellen Wurzeln der Gleichung, aber ohne Rücksicht auf ihre Multiplizität an. Es ist $f(p) \neq 0$ und $f(q) \neq 0$ angenommen.

6. Modifikation des Sturmschen Verfahrens. Statt bei Herstellung der Sturmschen Kette die Funktionen $f(x), f'(x), \ldots$ nach absteigenden Potenzen von x zu ordnen, kann man auch, wie Sturm selbst angedeutet hat, $f(x), f'(x), \ldots$ nach steigenden Potenzen von x ordnen und erhält sodann ein Gleichungssystem von der Form

$$f(x) = (\alpha_1 + \beta_1 x) f'(x) - x^2 f_2(x)$$

$$f'(x) = (\alpha_2 + \beta_2 x) f_2(x) - x^2 f_3(x)$$

$$\cdots \cdots \cdots \cdots \cdots \cdots \cdots$$

Die Reihe der Funktionen $f(x), f'(x), f_2(x), \ldots$, welche mit f_n abschließt, besitzt ebenfalls die Eigenschaft, daß die Differenz der Anzahl der Zeichenwechsel in den zwei Reihen $f(p), f'(p), f_2(p), \ldots$ und $f(q), f'(q), f_2(q), \ldots$ die Anzahl der reellen Wurzeln der Gleichung $f(x) = 0$, welche zwischen $x = p$ und $x = q$ liegen, angibt.

So ergibt sich z. B. für

$$f(x) = x^3 - 7x - 7 = 0$$

$$f(x) = -7 - 7x + x^3, \quad f'(x) = -7 + 3x^2, \quad f_2(x) = -3 + 2x, \quad f_3 = +\tfrac{1}{9}.$$

	f	f'	f_2	f_3
$x = 1$	$+$	$-$	$-$	$+$
$x = 2$	$+$	$+$	$+$	$+$

Es liegen also zwei Wurzeln zwischen 1 und 2.[1]

7. Erweiterung. Der Sturmsche Satz läßt eine, von Sturm selbst gegebene Erweiterung zu. Der Satz gibt die Anzahl der in einem Intervall liegenden reellen Wurzeln vermöge der Eigentümlichkeit der Abgeleiteten $f'(x)$, die darin besteht, daß sie, bevor x den Wurzelwert α erreicht, entgegengesetztes Zeichen, nachdem x aber den Wert α überschritten hat, gleiches Zeichen mit $f(x)$ hat. Man kann dies auch kürzer ausdrücken, indem man sagt: Der Quotient $\frac{f(x)}{f'(x)}$ geht immer, wenn $f(x)$ bei wachsendem x Null wird, vom Negativen ins Positive über.

Wählen wir nun aber statt der Abgeleiteten $f'(x)$ eine beliebige andere ganze Funktion $\psi(x)$ von niedrigerem Grade als $f(x)$, welche keinen reellen Faktor mit $f(x)$ gemeinsam hat und bilden wir wieder mittels des Gleichungssystems

$$f(x) = \psi(x)Q_1 - R_2$$

$$(3) \qquad \psi(x) = R_2 Q_2 - R_3$$

$$\cdots\cdots\cdots\cdots$$

$$\cdots\cdots\cdots\cdots$$

die Folge der Funktionen

$$(4) \qquad f(x), \psi(x), R_2, R_3, \ldots R_m.$$

Sie hat folgende vier Eigenschaften: 1. Für $p \leqq x \leqq q$ verschwinden nie zwei aufeinanderfolgende Funktionen der Kette. 2. Es ist $f(p) \neq 0$, $f(q) \neq 0$. 3. Es ist $R_m(x) \neq 0$ für $p \leqq x \leqq q$. 4. Falls ein inneres Glied der Folge verschwindet, so haben die beiden benachbarten Glieder entgegengesetztes Vorzeichen. Eine Folge mit diesen vier Eigenschaften

---

1) Im allgemeinen dürfte diese Methode, eine Sturmsche Reihe herzustellen, keine Vorteile bieten. Jedoch hat Stern sie mit Nutzen angewandt, in einem Falle, wo $f(x)$ eine transzendente Funktion bezeichnet, die in Form einer unendlichen Reihe gegeben ist. Crelles Journ., Bd. 33, S. 363.

nennen wir eine **Sturmsche Kette**. Immer wenn auf irgendeinem Wege — z. B. durch das Teilerverfahren — eine Kette (4) mit diesen vier Eigenschaften vorliegt, gelten die folgenden Überlegungen:

Es wird, wie bei Folge (2), kein Zeichenwechsel verlorengehen oder gewonnen werden können, außer wenn x durch eine reelle Wurzel von $f(x)$ hindurchgeht. Dabei kann nun aber $\dfrac{f(x)}{\psi(x)}$ entweder vom Positiven zum Negativen übergehen oder umgekehrt, also ein Zeichenwechsel gewonnen werden oder verlorengehen. Liegen zwischen p und q genau r einfache Wurzeln der ersten Art und s der zweiten Art, so hat sich bei dem Übergang von $x = p$ auf $x = q$ die Zahl der Zeichenwechsel in (4) um $r - s$ geändert. Hat $f(x)$ mehrfache Wurzeln, so ändert sich das Zeichen von $\dfrac{f(x)}{\psi(x)}$, wenn x durch eine Wurzel von ungerader Multiplizität hindurchgeht, hingegen ändert $\dfrac{f(x)}{\psi(x)}$ sein Zeichen gar nicht, wenn x durch eine zweifache, vierfache, ... Wurzel hindurchgeht, weil in diesem Falle $f(x)$ dasselbe Zeichen vor und nach dem Durchgang von x durch den Wurzelwert besitzt. In jedem Falle also gilt der allgemeine **Sturmsche Satz**:

Die Anzahl der reellen Wurzeln der Gleichung $f(x) = 0$, **welche zwischen** p **und** q **liegen, ist wenigstens gleich dem absoluten Betrag der Differenz in der Anzahl der Zeichenwechsel, welche die Reihe (4) für** $x = p$ **und** $x = q$ **besitzt. Ist die Anzahl der Wurzeln zwischen** p **und** q **größer als diese Differenz, so ist sie es um eine gerade Zahl. Sie ist genau gleich der Differenz, wenn** $\psi(x)$ **in jeder Nullstelle von** $f(x)$ **dasselbe Vorzeichen wie** $f'(x)$ **hat.**

8. Legendresche Polynome. Folgen von Funktionen, welche die genannten vier Eigenschaften besitzen, bieten sich häufig dar. Kennen wir die Werte derselben für zwei Werte von x, $x = p$ und $x = q$, so können wir mittels des vorigen Satzes auf die Anzahl ihrer reellen Wurzeln, die in diesem Intervall liegen, schließen.

Ein Beispiel dieser Art bieten die Legendreschen Polynome („Kugelfunktionen" einer Variablen). Bezeichnen wir diese Polynome ersten, zweiten, ... n-ten Grades mit $X_1, X_2, \ldots X_n$, so besteht das Gleichungssystem

$$nX_n - (2n-1)X_{n-1} \cdot x + (n-1)X_{n-2} = 0$$

$$(n-1)X_{n-1} - (2n-3)X_{n-2} \cdot x + (n-2)X_{n-3} = 0$$

$$\cdot \quad \cdot \quad \cdot \quad \cdot \quad \cdot \quad \cdot \quad \cdot \quad \cdot \quad \cdot \quad \cdot \quad \cdot \quad \cdot \quad \cdot$$

$$2X_2 - 3X_1 \cdot x + 1 \cdot X_0 = 0,$$

aus welchem mit Hilfe der Anfangswerte

$$X_0 = 1, \quad X_1 = x$$

X_n berechnet werden kann. Es ergibt sich

$$X_2 = \tfrac{3}{2}x^2 - \tfrac{1}{2}, \quad X_3 = \tfrac{5}{2}x^3 - \tfrac{3}{2}x \quad \text{usw.}$$

Die Reihe dieser Funktionen

$$X_n, X_{n-1}, X_{n-2}, \ldots X_1, X_0$$

hat nun vermöge des Gleichungssystems, dem sie genügen, und vermöge des Umstandes, daß X_0 eine Konstante ist, alle vier Eigenschaften der Sturmschen Kette (4). Außerdem weiß man, daß für $x = 1$ alle Polynome den Wert 1 annehmen, für $x = -1$ aber abwechselnd $= +1$ oder $= -1$ sind, was aus dem Gleichungssystem leicht zu verifizieren ist. Die obige Reihe hat also für $x = -1$ n Zeichenwechsel, für $x = +1$ keinen. Wir schließen mithin wieder daraus, wie in dem vorhergehenden Beispiele, daß die Gleichung

$$X_n = 0$$

nur reelle Wurzeln hat und daß die n Wurzeln zwischen $+1$ und -1 liegen.

9. Zweites Beispiel. Ein anderes Beispiel sei der analytischen Geometrie entnommen. In der Determinante

$$D_n(x) = \begin{vmatrix} a_{11} & a_{12} & \ldots & a_{1n} \\ a_{21} & a_{22} & \ldots & a_{2n} \\ \cdot & \cdot & \cdot & \cdot \\ \cdot & \cdot & \cdot & \cdot \\ \cdot & \cdot & \cdot & \cdot \\ a_{n1} & a_{n2} & \ldots & a_{nn} \end{vmatrix}$$

seien die $a_{ii} = \alpha_{ii} + \varepsilon_i x$. Hier seien die a_{ii} Zahlen, $\varepsilon_k = \pm 1$, und zwar seien r davon $+1$ und s derselben gleich -1. Endlich seien die a_{ik} und a_{ki} stets konjugiert imaginär.[1]) Die Gleichung

$$D_n(x) = 0$$

besitzt dann mindestens $|s - r|$ reelle Wurzeln. Ein wichtiger Spezialfall ist der der Säkulargleichung. Hier sind alle $\varepsilon_i = +1$. Dann sind alle Wurzeln reell. Einen anderen Beweis dieser Folgerung aus unserer allgemeinen Aussage findet man auf S. 94.

---

1) Ordnet man D_n nach Potenzen von x, so bekommt das entstehende Polynom reelle Koeffizienten, weil die Determinante D_n bei Vertauschung von Zeilen und Kolonnen in ihr konjugiert imaginäres übergeht, aber doch unverändert bleibt.

Zum Beweis[1]) der Behauptung über $D_n(x) = 0$ zeigen wir zunächst, daß die
$$D_n, D_{n-1}, D_{n-2}, \ldots D_1, D_0 = 1$$

eine Sturmsche Kette bilden. Wir nehmen dazu zunächst an, daß nie zwei aufeinanderfolgende Glieder der Kette zugleich verschwinden. Nun sei A_{ij} der zu a_{ij} gehörige Minor von D_n. Dann ist

$$A = \begin{vmatrix} A_{n-1,\,n-1} & A_{n-1,\,n} \\ A_{n,\,n-1} & A_{nn} \end{vmatrix} = D_{n-1} \cdot A_{n-1,\,n-1} - \left| A_{n-1,\,n} \right|^2$$

$$D_n \cdot A = \begin{vmatrix} a_{11} \cdots a_{1n} \\ \cdot \quad \cdot \quad \cdot \\ \cdot \quad \cdot \quad \cdot \\ \cdot \quad \cdot \quad \cdot \\ a_{n1} \cdots a_{nn} \end{vmatrix} \begin{vmatrix} 1 \ldots 0 \; A_{n-1,1} & A_{n1} \\ \cdot \quad \cdot \quad \cdot \quad \cdot \quad \cdot \\ 0 \ldots 1 \; A_{n-1,\,n-2} \; A_{n,\,n-2} \\ 0 \ldots 0 \; A_{n-1,\,n-1} \; A_{n-1,\,n} \\ 0 \ldots 0 \; A_{n-1,\,n} & A_{nn} \end{vmatrix}$$

$$= \begin{vmatrix} a_{11} & \cdots a_{1\,n-2} & 0 & 0 \\ \cdot & \cdot \quad \cdot \quad \cdot \quad \cdot & \cdot \\ \cdot & \cdot \quad \cdot \quad \cdot \quad \cdot & \cdot \\ \cdot & \cdot \quad \cdot \quad \cdot \quad \cdot & \cdot \\ a_{n-2,1} & \cdots a_{n-2,\,n-2} & 0 & 0 \\ a_{n-1,1} & \cdots a_{n-1,\,n-2} & D_n & 0 \\ a_{n,1} & \cdots a_{n,\,n-2} & 0 & D_n \end{vmatrix} = D_{n-2} \cdot D_n^2.$$

Daher gilt für die Polynome D_k die Relation
$$D_n \cdot D_{n-2} = D_{n-1} \cdot A_{n-1,\,n-1} - A_{n-1,\,n}^2.$$

Analog findet man Relationen der Form
$$D_{n-1} D_{n-3} = D_{n-2} \varphi_{n-2} - \psi_{n-2}^2$$
$$\cdot \quad \cdot \quad \cdot \quad \cdot \quad \cdot \quad \cdot \quad \cdot \quad \cdot \quad \cdot \quad \cdot \quad \cdot$$
$$D_{k+1} D_{k-1} = D_k \varphi_k - \psi_k^2$$
$$\cdot \quad \cdot \quad \cdot \quad \cdot \quad \cdot \quad \cdot \quad \cdot \quad \cdot \quad \cdot \quad \cdot \quad \cdot$$
$$D_2 D_0 \quad = D_1 \varphi_1 - \psi_1^2,$$

wo die φ_k, ψ_k gewisse Polynome bedeuten.

Daher haben für $D_k = 0$ stets D_{k-1}, und D_{k+1} verschiedenes Vorzeichen. Die Betrachtungen von S. 155 ff. lehren aber die Richtigkeit unserer Behauptung. Wenn nämlich x eine Nullstelle von D_n bei wachsenden x passiert, so wird in der Folge $D_n D_{n-1}$ ein Vorzeichenwechsel gewonnen oder verloren. Passiert x eine Nullstelle eines $D_k (k \neq n)$, so bleibt die

---

1) Vgl. dazu J. Pierpont in Bull. Ann. math. Soc. Bd. 33 (1927) S. 294f.

Zahl der Vorzeichenwechsel unverändert. Für große positive x haben wir s Vorzeichenwechsel in der Folge der D. Denn dann hat die Folge

$$x^0,\ \varepsilon_1 x,\ \varepsilon_1\varepsilon_2 x^2 \ldots\quad \varepsilon_1 \ldots \varepsilon_n x^n$$

genau s Vorzeichenwechsel. Für große negative x hat diese Folge genau $n - s = r$ Vorzeichenwechsel. Daher hat D_n mindestens $|s - r|$ reelle Nullstellen. Denn jede Änderung in der Anzahl der Wechsel rührt von einer reellen Nullstelle her.

Es bleibt nun der Fall zu erörtern, daß für gewisse x-Werte mehrere aufeinanderfolgende der D_k verschwinden. Es mögen z. B. D_{k-1} und D_k keine gemeinsame Nullstelle besitzen. Es möge aber eine gemeinsame Wurzel von D_k und D_{k+1} vorhanden sein. Dann kann man die in D_k nicht vorkommenden Elemente der Determinante D_{k+1}, also die $a_{i,k+1}(i \neq k + 1)$ $a_{k+1,\,k+1}$ so abändern, daß das neu entstehende D'_{k+1} zu D_k teilerfremd wird. Man kann dazu noch vorschreiben, daß die Differenzen entsprechender Elemente von D_{k+1} und D'_{k+1} ihrem absoluten Betrag nach eine gegebene Schranke ε nicht überschreiten sollen. Zum Beweis dieser Bemerkung beachte man, daß jedenfalls D_{k+1} und D_k für gewisse Werte der a_{ik+1}, $a_{k+1,\,k+1}$ teilerfremd sind. Man setze nur $a_{i,\,k+1} = 0$ für $i = 1 \ldots k - 1$ und $a_{kk+1} \neq 0$. Dann wird $D_{k+1} = a_{k+1k+1}D_k - a_{kk+1}\bar{a}_{kk+1}D_{k-1}$.

Eine gemeinsame Nullstelle von D_k und D_{k+1} wäre somit auch Nullstelle von D_{k-1}. Aber D_{k-1} und D_k sind teilerfremd. Daraus folgt, daß es auch in beliebiger Nähe der ursprünglichen Werte der a_{ik+1}, a_{k+1k+1} Werte dieser Elemente gibt, für die D_k und D_{k+1} teilerfremd sind. Man denke sich nur bei unbestimmten a_{ik+1}, a_{k+1k+1} die Resultante von D_k und D_{k+1} gebildet. Diese ist nach S. 116 eine ganze rationale Funktion der eben genannten Elemente. Wenn sie nun für alle Werte jener Elemente verschwände, die sich von festen Werten a^0_{ik+1}, a^0_{k+1k+1} um weniger als ε unterscheiden, so denke man sie sich nach Potenzen von $a_{ik+1} - a^0_{ik+1}$, $a_{k+1k+1} - a^0_{k+1k+1}$ geordnet. Man schließt dann, daß sämtliche Koeffizienten der so geordneten ganzen rationalen Funktion Null sein müssen, daß diese also im Gegensatz zum vorhin Bemerkten für alle Werte jener Elemente verschwände. Um dies einzusehen, denke man sich die Funktion nach Potenzen von $a_{1k+1} - a^0_{1k+1} = y_1$ geordnet: $b_0 + b_1 y_1 + \cdots + b_\nu y_1^\nu = f(y_1)$. Die Koeffizienten b_0 sind dann Funktionen der übrigen Differenzen. Soll nun $f(y_1)$ für alle genügend kleinen y_1 verschwinden — bei beliebiger aber fester Wahl der anderen Differenzen —, so ist — für $y_1 = 0$ — auch $b_0 = 0$. Daher ist

$$y_1(b_1 + b_2 y_1 + \cdots + b_\nu y_1^{\nu-1}) = 0$$

für alle genügend kleinen y_1-Werte. Also ist

$$b_1 + b_2 y_1 + \cdots + b_\nu y_1^{\nu-1} = 0$$

für alle genügend kleinen von Null verschiedenen y_1-Werte. Also verschwindet diese Summe wegen ihrer Stetigkeit auch für $y_1 = 0$. Also ist $b_1 = 0$ usw. Alsdann denke man sich jedes der b_α nach Potenzen von $y_2 = a_{2k+1} - a_{2k+1}$ geordnet und wiederhole den Schluß usw.

Es muß also durch beliebig kleine Abänderungen der $a_{ik+1}, a_{k+1\,k+1}$ zu erreichen sein, daß D_k und D_{k+1} teilerfremd werden. Durch mehrfache Anwendung dieses Verfahrens kann man nun die Kette $D_0 \ldots D_n$ in eine andere $D_0, D_1' \ldots D_n'$ verwandeln, bei der je zwei aufeinanderfolgende teilerfremd sind. Da nämlich $D_0 = 1$ und D_1 teilerfremd sind, kann das Verfahren starten. Man ändert wenn nötig D_2 zu D_2' ab. Dabei ändern sich die andern D_3 usw. mit. Da nun $D_1 D_2'$ teilerfremd sind, kann man das Verfahren erneut ansetzen usw. Die so schließlich erhaltene neue Kette lehrt, daß D_n' mindestens $|r - s|$ reelle Wurzeln besitzt. Denn die Vorzeichen der D_k' und D_k stimmen für genügend große positive und negative x mit dem von $1, \varepsilon_1 x \ldots \varepsilon_k x^k$ überein. Nun betrachte man eine Folge von möglichen Wahlen der D_n'. D. h. man denke sich auf viele verschiedene Weisen durch immer kleiner werdende Änderungen der Elemente Funktionen D_n' hergestellt. Man bekommt so eine Folge solcher Funktionen, die gegen das ursprüngliche D_n konvergieren. Da jede dieser abgeänderten Funktionen mindestens $|r - s|$ reelle Wurzeln besitzt, so hat auch D_n mindestens $|r - s|$ reelle Wurzeln. Dies folgt aus der S. 25 besprochenen stetigen Abhängigkeit der Wurzeln von den Gleichungskoeffizienten. Man denke sich um sämtliche Nullstellen von D_n kleine Kreise gelegt, die nur für die reellen Lagen der Nullstellen von D_n die reelle Achse treffen. Sind dann die Abänderungen der Elemente hinreichend klein, so hat jedes D_n' in jedem dieser Kreise genau ebenso viel Nullstellen als D_n, also namentlich höchstens so viele reelle Nullstellen wie D_n. Also hat D_n mindestens so viele reelle Nullstellen, wie jedes D_n', also mindestens $|r - s|$.

10. Lösung des Sturmschen Problems mit Hilfe der Theorie der quadratischen Formen. Es seien $\xi_1 \ldots \xi_n$ die n Wurzeln einer Gleichung n-ten Grades mit reellen Koeffizienten und $s_\lambda = \xi_1^\lambda + \cdots + \xi_n^\lambda$. Dann betrachte man die quadratische Form

$$(1) \qquad F(x_1 \ldots x_n) = \sum_{k=1}^{k=n} (x_1 + \xi_k x_2 + \cdots + \xi_k^{n-1} x_n)^2,$$

wo die $x_1 \ldots x_n$ unabhängige Variable bedeuten. Die Ausrechnung lehrt, daß

$$(2) \qquad F = \sum_{\alpha, \beta = 1 \cdots n} s_{\alpha + \beta - 2} \, x_\alpha x_\beta$$

ist. Wenn die Wurzeln $\xi_1 \ldots \xi_n$ alle reell und voneinander verschieden sind, so ist nach S. 118 die Determinante der Substitution

$$
\begin{aligned}
y_1 &= x_1 + \xi_1 x_2 + \cdots + \xi_1^{n-1} x_n \\
&\ \cdot \quad \cdot \quad \cdot \quad \cdot \quad \cdot \quad \cdot \quad \cdot \\
y_n &= x_1 + \xi_n x_1 + \cdots + \xi_n^{n-1} \xi_n
\end{aligned}
$$

(3)

von Null verschieden, und daher ist (3) eine reelle Transformation, durch die die Form F auf eine Summe von lauter positiven Quadraten transformiert wird. Daher gilt der Satz:

Die notwendige und hinreichende Bedingung dafür, daß eine Gleichung n-ten Grades mit reellen Koeffizienten lauter reelle voneinander verschiedene Wurzeln besitzt, ist die, daß die quadratische Form (2) positiv definit ist, d. h. nach S. 89, daß die Hauptunterdeterminanten der Matrix

$$
\begin{vmatrix}
s_0 & s_1 \ldots s_{n-1} \\
s_1 & s_2 \ldots s_n \\
\cdot & \cdot \quad \cdot \quad \cdot \quad \cdot \\
\cdot & \cdot \quad \cdot \quad \cdot \quad \cdot \\
s_{n-1} & s_n \ldots s_{2n-2}
\end{vmatrix}
\quad \textbf{alle positiv sind.}
$$

Der Ansatz (1) gibt aber auch die Möglichkeit, allgemeiner die Bedingungen dafür anzugeben, daß eine Gleichung n-ten Grades ν verschiedene Wurzeln besitzt, und daß davon ϱ reell und verschieden sind.

Zu dem Zwecke nehme ich an, daß $\xi_1 \ldots \xi_\varrho$ die reellen verschiedenen Wurzeln sind, und $\xi_{\varrho+1} \ldots \xi_\nu$ die komplexen verschiedenen Wurzeln bedeuten. Ferner trete die Wurzel ξ_k genau p_k-mal auf. Bei den komplexen Wurzeln, sollen konjugiert komplexe Wurzeln jeweils unmittelbar hintereinander geschrieben sein.

Dann ist

(4)
$$
F = \sum_{k=1}^{k=\nu} p_k (x_1 + \xi_k x_2 + \cdots + \xi_k^{n-1} x_n)^2 .
$$

Nun setzen wir noch
$$
\begin{aligned}
\xi_{\varrho+1}^\alpha &= \xi_1^\alpha = \eta_1^{(\alpha)} + i\vartheta_1^{(\alpha)} = \zeta_1 \\
\xi_{\varrho+2}^\alpha &= \overline{\xi}_1^\alpha = \eta_1^{(\alpha)} - i\vartheta_1^{(\alpha)} = \overline{\zeta}_1 \\
&\ \ \vdots \\
\xi_{\nu-1}^\alpha &= \xi_\mu^\alpha = \eta_\mu^{(\alpha)} + i\vartheta_\mu^{(\alpha)} = \zeta_\mu \\
\xi_\nu^\alpha &= \overline{\xi}_\mu^\alpha = \eta_\mu^{(\alpha)} - i\vartheta_\mu^{(\alpha)} = \overline{\zeta}_\mu , \quad \text{wo } \mu = \frac{\nu - \varrho}{2} \text{ ist.}
\end{aligned}
$$

Fassen wir nun je zwei konjugiert imaginäre Summanden in (4) zusammen, für die ja jeweils p_k denselben Wert hat. Dann ist

$$(x_1 + \xi_l x_2 + \cdots + \xi_l^{n-1} x_n)^2 + (x_1 + \bar\xi_l x_2 + \cdots + \bar\xi_l^{n-1} x_n)^2$$
$$= [x_1(1 + i) + x_2(\xi_l + i\bar\xi_l) + \cdots + x_n(\xi_l^{n-1} + i\bar\xi_l^{n-1})] \cdot$$
$$[x_1(1 - i) + x_2(\xi_l - i\bar\xi_l) + \cdots + x_n(\xi_l^{n-1} - i\bar\xi_l^{n-1})]$$
$$= (1 + i)[x_1 + x_2(\eta_i^{(1)} + \vartheta_i^{(1)}) + \cdots + x_n(\eta_i^{(n-1)} + \vartheta_i^{(n-1)})] \cdot$$
$$(1 - i)[x_1 + x_2(\eta_i^{(1)} - \vartheta_i^{(1)}) + \cdots + x_n(\eta_i^{(n-1)} - \vartheta_i^{(n-1)}]$$
$$= 2\{(x_1 + \eta_i^{(1)} x_2 + \cdots + x_n\eta_i^{(n-1)})^2 - (x_2\vartheta^{(1)} + \cdots + x_n\vartheta^{(n-1)})^2\}.$$

Also wird
$$F = \sum_{k=1}^{k=\varrho} p_k (x_1 + \xi_k x_2 + \cdots + \xi_k^{n-1} x_2)^2$$

$$(5) \qquad + 2\sum_{l=1}^{l=\mu} p_{\varrho+2l}(x_1 + \eta_i^{(1)} x_2 + \cdots + x_n\eta_l^{(n-1)} x_n)^2$$

$$\qquad - 2\sum_{l=1}^{l=\mu} p_{\varrho+2l}(x_2\vartheta_i^{(1)} + \cdots + x_n\vartheta_l^{(n-1)})^2.$$

Nun wollen wir eine reelle lineare Transformation angeben, durch die die Form (2) in die Gestalt (5) übergeführt wird. Eine solche ist

$$y_k = x_1 + \xi_k x_2 + \cdots + \xi_k^{n-1} x_n, \quad k = 1, 2 \ldots \varrho$$

$$(6\,\mathrm{a}) \qquad \left.\begin{array}{l} y_{k+2l} = x_1 + \eta_i^{(1)} x_2 + \cdots + \eta_l^{(n-1)} x_n \\ y_{k+2l-1} = \vartheta_l^1 x_2 + \cdots + \vartheta_l^{(n-1)} x_n \end{array}\right\} \quad l = 1, 2 \ldots \mu.$$

Da dies erst $\varrho + 2\mu = v$ neue Variable sind, so fügen wir noch hinzu

$$(6\,\mathrm{b}) \qquad y_\alpha = x_1 + t_\alpha x_2 + \cdots + t_\alpha^{n-1}, \quad \alpha = 1, \ldots n - v,$$

wobei die t_α reelle Zahlen sind, über die noch so verfügt werden soll, daß die Determinante der Transformation nicht verschwindet. Dazu ist, wie wir gleich sehen werden, nur nötig, die τ_α von den ϱ reellen ξ_k und untereinander verschieden anzunehmen. Denn die Determinante wird

$$
\begin{vmatrix}
1 & \xi_1 & \cdots & \xi_1^{n-1} \\
\vdots & & & \\
1 & \xi_\varrho & \cdots & \xi_\varrho^{n-1} \\
1 & \eta_i^{(1)} & \cdots & \eta_1^{(n-1)} \\
0 & \vartheta_1^{(1)} & \cdots & \vartheta_1^{(n-1)} \\
\vdots & & & \\
1 & \eta_\mu^{(1)} & \cdots & \eta_\mu^{(n-1)} \\
0 & \vartheta_\mu^{(1)} & \cdots & \vartheta_\mu^{(n-1)} \\
1 & \tau_1 & \cdots & \tau_1^{n-1} \\
\vdots & & & \\
1 & \tau_{n-v} & \cdots & \tau_{n-v}^{n-1}
\end{vmatrix}
= (i)^\mu
\begin{vmatrix}
1 & \xi_1 & \cdots & \xi_1^{n-1} \\
\vdots & & & \\
1 & \xi_\varrho & \cdots & \xi_\varrho^{n-1} \\
1 & \eta_1^{(1)} & \cdots & \eta_1^{(n-1)} \\
1 & \bar\zeta_1 & \cdots & \bar\zeta_1^{(n-1)} \\
\vdots & & & \\
1 & \eta_\mu^{(1)} & \cdots & \eta_\mu^{(n-1)} \\
1 & \bar\zeta_\mu & \cdots & \bar\zeta_\mu^{n-1} \\
1 & \tau_1 & \cdots & \tau_1^{n-1} \\
\vdots & & & \\
1 & \tau_{n-v} & \cdots & \tau_{n-v}^{n-1}
\end{vmatrix}
= \left(\frac{i}{2}\right)^\mu
\begin{vmatrix}
1 & \xi_1 & \cdots & \xi_1^{n-1} \\
\vdots & & & \\
1 & \xi_\varrho & \cdots & \xi_\varrho^{n-1} \\
1 & \zeta_1 & \cdots & \zeta_1^{n-1} \\
1 & \bar\zeta_1 & \cdots & \bar\zeta_1^{n-1} \\
\vdots & & & \\
1 & \bar\zeta_\mu & \cdots & \bar\zeta_\mu^{n-1} \\
1 & \tau_1 & \cdots & \tau_1^{n-1} \\
\vdots & & & \\
1 & \tau_{n-v} & \cdots & \tau_{n-v}^{n-1}
\end{vmatrix}
$$

Hier wurden die folgenden Umformungen vorgenommen. Es wurden die ϑ-Zeilen und $-i$ multipliziert und zu ihnen die η-Zeilen gleicher Nummer zugefügt. Um diese Multiplikation mit $-i$ auszugleichen, wurde die Determinante mit $(i)^\mu$ multipliziert. Alsdann wurden die halben $\bar{\zeta}$-Zeilen von den η-Zeilen gleicher Nummer abgezogen. Dadurch entstehen die halben ζ-Zeilen. Diese μ-Faktoren $\frac{1}{2}$ werden vor die Determinante genommen. Die so entstandene Determinante ist aber nach S. 118 von Null verschieden, wenn die ξ, ζ, τ alle untereinander verschieden sind. Dazu aber ist es nur nötig, die τ reell, untereinander und von den ξ verschieden anzunehmen.

Die Darstellung (5) der Form F lehrt nun:

Die Anzahl der verschiedenen Wurzeln einer Gleichung n-ten Grades mit reellen Koeffizienten ist gleich dem Rang der quadratischen Form (2). Die Anzahl der verschiedenen reellen Wurzeln ist gleich der Signatur der Form (2). (Vgl. S. 87.)

Auch die Anzahl der verschiedenen in einem endlichen Intervall gelegenen reellen Wurzeln läßt sich mit den gleichen Mitteln bestimmen.

Man betrachtet dazu die quadratische Form

$$F_a = \sum_{k=1}^{k=n} (a - \xi_k)(x_1 + \xi_k x_2 + \cdots + \xi_k^{n-1} x_n)^2$$

$$= \sum_{\alpha,\,\beta=1\ldots n} (a\, s_{\alpha+\beta-2} - s_{\alpha+\beta-1})\, x_\alpha x_\beta, \qquad a \text{ reell.}$$

Nach ähnlichen Überlegungen wie vorhin fasse man wieder alle Glieder gleicher ξ_k zusammen und gehe zu reellen Quadraten über. Zwei konjugiert komplexe Wurzeln geben dann wieder zu je einem positiven und einem negativen Quadrat Anlaß. Der Rang von F_a wird daher wieder gleich der Anzahl der verschiedenen Wurzeln, wenn man annimmt, daß a keine Wurzel ist. Es seien dann wieder ν verschiedene Wurzeln vorhanden, während ϱ reelle verschiedene ϑ_a sind, ϱ_1 Wurzeln seien kleiner als a, ϱ_2 seien größer als a. Dann hat F_a, nachdem man als Summe reeller Quadrate geschrieben hat $\varrho_1 + \dfrac{\nu-\varrho}{2}$ positive und $\varrho_2 + \dfrac{\nu-\varrho}{2}$ negative Quadrate. $|\varrho_1 - \varrho_2|$ ist also die Signatur der Form.

Man nehme nun nacheinander für a zwei Werte a_1 und a_2, die beide nicht Wurzeln sind, mit der Absicht, die Anzahl der zwischen a_1 und a_2 gelegenen verschiedenen Wurzeln zu ermitteln. Diese sei σ. Es sei $a_1 < a_2$. Ferner seien ϱ_1 Wurzeln kleiner als a_1 und ϱ_3 Wurzeln größer als a_2. Dann ist die Signatur von $F_{a_1}: |\varrho_1 - \sigma - \varrho_3|$, die von $F_{a_2}: |\varrho_1 + \sigma - \varrho_3|$. Also ist σ gleich der halben Differenz der beiden Signaturen.

Drittes Kapitel.
Anzahl der Wurzeln in einem Bereich.

1. Das Verfahren von A. Cohn. In seiner Disssertation (Math. Ztschr. Bd. 14) hat A. Cohn ein rekurrentes Verfahren ermittelt, um die Anzahl der Nullstellen zu bestimmen, die eine Gleichung in einem Kreis besitzt. Wegen einer leicht auszuführenden linearen Transformation genügt es, den Kreis als Einheitskreis anzunehmen. Dieses Verfahren entspricht dem Sturmschen Verfahren für die Anzahl der in ein Intervall fallenden reellen Wurzeln. Die Bestimmung der Anzahl der Wurzeln in einem Kreis erlaubt es dann, analog wie bei den reellen Wurzeln näherungsweise auch die komplexen Wurzeln zu ermitteln. Das Verfahren erlaubt auch die Anzahl der Wurzeln in andern Bereichen zu ermitteln. Die von Herrn Cohn gefundene Regel entspringt aus dem schon S. 25 herangezogenen funktionentheoretischen Satz von Rouché. Sie unterscheidet vier Fälle. Dies ist die Regel:

Vorgelegt sei das Polynom

$$f(x) = a_0 x^n + a_1 x^{n-1} + \cdots + a_n, \; a_0 \neq 0.$$

Man setze $\quad f^*(x) = x^n \bar{f}\left(\dfrac{1}{x}\right) = \bar{a}_n x^n + \bar{a}_{n-1} x^{n-1} + \cdots + \bar{a}_0,$

wo durch Überstreichen das konjugiert Komplexe gekennzeichnet ist.

I. Es sei $|a_0| > |a_n|$. Man bilde

$$\bar{a}_0 f(x) - a_n f^*(x) = x f_1(x).$$

Das Polynom $f_1(x)$ ist von höchstens $n-1$-tem Grade. $f(x)$ hat eine Nullstelle mehr im Inneren des Einheitskreises wie $f_1(x)$.

II. Es sei $|a_0| < |a_n|$. Man bilde

$$\bar{a}_n f(x) - a_0 f^*(x) = f_1(x).$$

Dies Polynom $f_1(x)$ ist von höchstens $n-1$-tem Grade und besitzt im Inneren des Einheitskreises ebenso viele Nullstellen wie $f(x)$.

III. $a_0 = \varepsilon \bar{a}_n, \; a_1 = \varepsilon \bar{a}_{n-1} \ldots a_{k-1} = \varepsilon \bar{a}_{n-k+1}, \; |\varepsilon| = 1, \; k \leqq \left[\dfrac{n}{2}\right],$

aber $a_k \neq \varepsilon \bar{a}_{n-k}$. $\left[\dfrac{n}{2}\right]$ ist die größte ganze Zahl, die $\dfrac{n}{2}$ nicht übertrifft.

Man setze dann $\dfrac{a_k - \varepsilon \bar{a}_{n-k}}{a_0} = b$ und wende auf das Polynom

$$\left(x^k + 2\,\dfrac{b}{|b|}\right) f(x)$$

die in II. vorgeschriebene Regel an. Man erhält dann eine unter I gehörige Gleichung n-ten Grades, die im Inneren des Einheitskreises ebenso viele Nullstellen wie $f(x)$ besitzt.

IV.$\qquad\qquad a_\nu = \varepsilon \bar{a}_{n-\nu}\ (\nu = 0, 1 \ldots n, |\varepsilon| = 1).$$\qquad$ Dann hat

$$f_1(x) = x^{n-1} f'\left(\frac{1}{x}\right) = a_{n-1} x^{n-1} + 2 a_{n-2} x^{n-2} + \cdots + n a_0$$

im Innern des Einheitskreises ebenso viele Wurzeln wie $f(x)$.

Man sieht also, daß man in jedem Falle die für ein Polynom n-ten Grades zu lösende Aufgabe auf die entsprechende Aufgabe für ein Polynom $n-1$-ten Grades zurückführen kann.

Das Verfahren erlaubt es, auch die Anzahl der Wurzeln von $f(x)$ zu bestimmen, die auf die Peripherie des Einheitskreises fallen. Es ergibt sich folgende Regel:

Ist $f_\sigma(x)$ das erste unter IV. fallende Polynom, auf das man nach σ-maliger Anwendung des Cohnschen Verfahrens stößt, und hat dann

$$f_{\sigma+1}(x) = x^{s-1} f_\sigma'\left(\frac{1}{x}\right),$$

wo s der Grad von f_σ ist, l Wurzeln im Inneren des Einheitskreises, so besitzt $f(x)$ — wie $f_\sigma(x)$ — $t_1 = s - 2\,l$ Wurzeln vom Betrag 1.

2. Beweis der Cohnschen Regeln. Der Beweis beruht, wie schon bemerkt, auf dem funktionentheoretischen Satz von Rouché:

Sind $\varphi(x)$ und $\psi(x)$ zwei Polynome und ist am Rande des Einheitskreises überall $|\varphi(x)| > |\psi(x)|$, so besitzen $\varphi(x)$ und $\varphi(x) + \psi(x)$ gleichviele Wurzeln im Inneren des Einheitskreises.

Nun besitzen $f(x)$ und $f^*(x)$ (vgl. die Def. auf S. 169) dieselben Wurzeln $\alpha_1 \ldots \alpha_\nu$ vom Betrage 1. Setzt man $G(x) = \prod_1^\nu (x - \alpha_i)$, und $f(x) = G(x) F(x)$, so ist $f^*(x) = \prod_1^\nu (-\bar{a}_i) G(x) F^*(x)$, wo $F^*(x) = x^{n-\nu} \overline{F}\left(\frac{1}{x}\right)$. Daher ist für $|x| = 1$ $|F(x)| = |F^*(x)|$. Ist also $|\lambda| < 1$, so ist auf $|x| = 1$ durchweg $|F(x)| > |\lambda F^*(x)|$. Daher haben $F(x)$ und $F(x) + \lambda F^*(x)$ gleichviel Nullstellen im Inneren des Einheitskreises. Multipliziert man mit $G(x)$, so hat man

$$f(x) \quad \text{und} \quad f(x) + \mu f^*(x)$$

haben für jede Zahl $|\mu| < 1$ gleichviel Nullstellen im Inneren des Einheitskreises. $\left[\text{Dabei ist } \mu = \lambda \cdot \prod_1^\nu \left(-\frac{1}{a_i}\right)\right].$

Hieraus ergeben sich unmittelbar die in der vorigen Nummer unter I und II angegebenen Regeln. Ist aber $|a_0| = |a_n|$, so multipliziert man $f(x)$ erst mit einem Faktor, der im Einheitskreis nicht verschwindet, um so ein unter I oder II fallendes Polynom zu bekommen. Diesem Vorsatz entspricht die Angabe unter III, deren Richtigkeit man durch direkte

Rechnung nachprüfen kann. Wegen des etwa mühsameren Beweises der Regel IV vgl. man die Arbeit von Cohn in Math. Ztschr. Bd. 14. Zu der ganzen hier behandelten Frage lese man noch die Arbeit von Herglotz, Math. Ztschr. Bd. 19, nach.

3. Ein Kriterium von J. Schur für Gleichungen, deren sämtliche Wurzeln dem Inneren des Einheitskreises angehören. Der erste Teil der Cohnschen Regel führt unmittelbar zu dem Schurschen Kriterium:

Dafür, daß

$$f(x) = a_0 x^n + a_1 x^{n-1} + \cdots + a_n, \; a_0 \neq 0$$

nur Wurzeln aus dem Inneren des Einheitskreises besitzt, ist notwendig und hinreichend, daß $|a_0| > |a_n|$ ist und daß das Polynom $n-1$-ten Grades

$$f_1(x) = \frac{1}{x} \left(\bar{a}_0 f(x) - a_n x^n \bar{f} \left(\frac{1}{x} \right) \right)$$

nur Wurzeln aus dem Inneren des Einheitskreises besitzt.

Da nämlich das Produkt der Wurzeln $(-1)^n \dfrac{a_n}{a_0}$ ist, so ist $|a_0| > |a_n|$ notwendig und daher ist nach dem ersten Teil der Cohnschen Regel auch die Aussage über $f_1(x)$ notwendig. Daß die Bedingungen hinreichend sind, lehrt Cohns Regel I unmittelbar.

4. Ein Satz von Kakeya. Als ein Beispiel zum Vorstehenden werde der folgende Satz von Kakeya bewiesen. $f(x) = a_0 x^n + \cdots + a_n$ besitzt sicher dann nur Wurzeln aus dem Inneren des Einheitskreises, wenn die a_i alle reell sind, und wenn

$$a_0 > a_1 > \cdots > a_n > 0 \quad \text{gilt.}$$

Setzt man nämlich

$$f_1(x) = a_0^{(1)} x^{n-1} + a_1^{(1)} x^{n-2} + \cdots + a_{n-1}^{(1)},$$

so wird

$$a_\nu^{(1)} = a_0 a_\nu - a_n a_{n-\nu},$$

und hier gilt wieder

$$a_0^{(1)} > a_1^{(1)} > \cdots > a_{n-1}^{(1)}.$$

Da aber der Satz von Kakeya für Gleichungen ersten Grades trivial ist, so ist er auf Grund des Schurschen Kriteriums hiernach durch vollständige Induktion bewiesen.

Man kann ihn auch direkt ohne Beziehung zu Cohn und Schur beweisen. Zu dem Zweck formulieren wir ihn erst so:

$$P(x) \equiv a_0 + a_1 x + \cdots + a_n x^n$$

mit

$$a_0 > a_1 > a_2 > \cdots > a_n > 0$$

hat nur Wurzeln von einem absoluten Betrag größer als 1.

Es ist nämlich:

$$(1-x)\,P(x) = a_0 - [(a_0 - a_1)\,x + (a_1 - a_2)\,x^2 + \cdots + (a_{n-1} - a_n)\,x^n$$
$$+ a_n\,x^{n+1}].$$

Also

$$|(1-x)\,P(x)| \geqq a_0 - (a_0 - a_1\,|x|) - (a_1 - a_2)\,|x|^2 \ldots a_n\,|x|^{n+1},$$

wo das Gleichheitszeichen nur für $x \geqq 0$ steht. Für $|x| \leqq 1$, außer $x = 0$ und $x = 1$ ist also

$$|(1-x)\,P(x)| > a_0 - (a_0 - a_1) \cdots - a_n = 0.$$

Da ferner $P(0) \neq 0$ und $P(1) \neq 0$ ist, so ist für $|x| \leqq 1$ überall $P(x) \neq 0$.

Folgerung. Wenn $a_0 + a_1 x + \cdots + a_n x^n$ positive Koeffizienten hat, so liegen sämtliche Wurzeln zwischen Maximum und Minimum der Zahlen

$$\frac{a_{n-1}}{a_n},\quad \frac{a_{n-2}}{a_{n-1}},\ \ldots\ \frac{a_0}{a_1}.$$

Zum Beweis mache man in dem Polynom die Substitution $x = \lambda y$. Die Koeffizientenverhältnisse werden dann

$$\frac{1}{\lambda}\,\frac{a_{n-1}}{a_n},\quad \frac{1}{\lambda}\,\frac{a_{n-2}}{a_{n-1}}\ \ldots\ \frac{1}{\lambda}\,\frac{a_0}{a_1}.$$

Man wähle λ so, daß sie alle kleiner als 1 ausfallen und wende den Satz von Kakeya an, oder aber man wähle λ so, daß sie alle größer als 1 ausfallen, ersetze x durch $\dfrac{1}{y}$ und wende dann den Satz von Kakeya an.

Zusatz betreffend reelle Wurzeln.

n sei gerade. In

$$f(x) = a_0 - a_1 x + a_2 x^2 - \cdots + a_n x^n$$

seien alle $a_k > 0$. Es sei m die kleinste unter den Zahlen

$$\frac{a_0}{a_1},\quad \frac{a_2}{a_3},\ \ldots\ \frac{a_{n-2}}{a_{n-1}}$$

und M die größte unter den Zahlen

$$\frac{a_1}{a_2},\quad \frac{a_3}{a_4},\ \ldots\ \frac{a_{n-1}}{a_n}.$$

Dann liegen alle reellen Wurzeln von $f(x)$ zwischen m und M, und für $m = M$ ist keine derselben reell.

Denn es ist

$$f(x) = a_n x^{n-1}\left(x - \frac{a_{n-1}}{a_n}\right) + a_{n-2}\,x^{n-3}\left(x - \frac{a_{n-3}}{a_{n-2}}\right) + \cdots + a_0.$$

Daher kann keine reelle Wurzel größer als M sein, aber auch keine gleich M. Ferner ist

$$f(x) = a_n x^n - a_{n-1} x^{n-2}\left(x - \frac{a_{n-2}}{a_{n-1}}\right) - a_{n-3}\,x^{n-4}\left(x - \frac{a_{n-4}}{a_{n-3}}\right) \cdots$$

und daher kann keine Wurzel kleiner als m sein. Hier sieht man auch, daß keine Wurzel $= m$ sein kann.

Beispiel. $\qquad x^4 - 2x^3 + 5x^2 - 3x + 6 = 0$

hat keine reellen Wurzeln. Denn hier ist $m = M = 2$.

5. Gleichungen, deren sämtliche Wurzeln negativen Realteil besitzen. Ich will mich bei dieser für viele Anwendungen wichtigen Frage auf Gleichungen mit reellen Koeffizienten beschränken. Zunächst sei bemerkt:

Hat $\qquad\qquad f(x) = a_0 + a_1 x + \cdots + a_n x^n$

nur Wurzeln mit negativem Realteil, so ist

$$0 \leqq |f(x)| < |f(-x)| \quad \text{für} \quad \Re(x) < 0$$
$$0 \leqq |f(-x)| < |f(x)| \quad \text{für} \quad \Re(x) > 0$$
$$0 < |f(x)| = |f(-x)| \quad \text{für} \quad \Re(x) = 0.$$

Denn dann ist $\qquad\qquad f(x) = a_n \prod_1^n (x - \alpha_i).$

Da nun $\Re a_k < 0$ ist, so treffen die drei angegebenen Aussagen zu, wenn man sie für jeden einzelnen der Faktoren nachprüft. Daher treffen sie auch für $f(x)$ selbst zu.

Sind weiter α und β zwei reelle Zahlen und ist $|\alpha| > |\beta|$, so sind dann und nur dann alle Wurzeln von $f(x)$ mit negativem Realteil versehen, wenn $g(x) = \alpha f(x) - \beta f(-x)$ diese Eigenschaft besitzt.

Denn hat $f(x)$ nur Wurzeln mit negativem Realteil, so ist für $\Re(x) \geqq 0$

$$|\alpha f(x)| > |\beta f(-x)|.$$

Daher ist für ein solches x nie $g(x) = 0$. Es habe nun umgekehrt $g(x)$ nur Wurzeln mit negativem Realteil. Aus

$$g(x) = \alpha f(x) - \beta f(-x)$$
$$g(-x) = \alpha f(-x) - \beta f(x)$$

folgt $\qquad\qquad f(x) = \dfrac{\alpha}{\alpha^2 - \beta^2} g(x) + \dfrac{\beta}{\alpha^2 - \beta^2} g(-x),$

und da $\qquad\qquad \left| \dfrac{\alpha}{\alpha^2 - \beta^2} \right| > \left| \dfrac{\beta}{\alpha^2 - \beta^2} \right|$

ist, so folgt nach dem gleichen Schluß, daß auch $f(x)$ nur Wurzeln mit negativem Realteil besitzt.

Ist nun $\xi < 0$, so wird nach dem ersten Satz dieser Nummer

$$|f(-\xi)| > |f(\xi)|.$$

Daher haben nach dem zweiten Satz dieser Nummer dann und nur dann alle Wurzeln von $f(x)$ negativen Realteil, wenn dies für

$$f(-\xi)f(x) - f(\xi)f(-x)$$

zutrifft. Da dies Polynom aber für $x = \xi$ verschwindet und $\xi < 0$ ist, so folgt:

$f(x)$ **hat dann und nur dann lauter Wurzeln mit negativem Realteil, wenn dies für das Polynom**

$$f_1(x) = \frac{f(-\xi)f(x) - f(\xi)f(-x)}{x - \xi}$$

zutrifft. Hier ist $\xi < 0$ **eine sonst beliebige Zahl.**

$f_1(x)$ hat einen niedrigeren Grad als $f(x)$ und so hat man hier ein rekurrentes Verfahren, um die Frage zu entschieden.

Ich füge noch hinzu, daß man aus diesem Verfahren heraus noch das folgende von Hurwitz herrührende Kriterium gewinnen kann:

Das Polynom n**-ten Grades**

$$f(x) = a_0 + a_1 x + \cdots + a_n x^n$$

mit reellen Koeffizienten hat dann und nur dann nur Wurzeln mit negativem Realteil, wenn die Determinanten

$$D_1 = a_1, \quad D_2 = \begin{vmatrix} a_1 & a_0 \\ a_3 & a_2 \end{vmatrix}, \quad D_3 = \begin{vmatrix} a_1 & a_0 & 0 \\ a_3 & a_2 & a_1 \\ a_5 & a_4 & a_3 \end{vmatrix} \cdots D_n = \begin{vmatrix} a_1 & a_0 & 0 & \ldots 0 \\ a_3 & a_2 & a_1 & \ldots 0 \\ a_{2n-1} & a_{2n-2} & a_{2n-3} & \ldots a_n \end{vmatrix}$$

alle positiv sind.

Wegen des Beweises vgl. man eine Arbeit von J. Schur in Bd. I der Ztschr. für angewandte Mathematik und Mechanik. Zur ganzen Frage lese man noch Hurwitz, Math. Ann. Bd. 46, und Herglotz, Math. Ztschr. Bd. 19, nach.

Viertes Kapitel.
Das Graeffesche Verfahren.

1. Das Graeffesche Verfahren. Falls es sich darum handelt, die sämtlichen Wurzeln einer Gleichung zu ermitteln, ist das von Graeffe[1]) angegebene Verfahren zweckmäßig. Dasselbe erfordert nämlich keinerlei vorläufige Kenntnis über die Wurzeln, keine Bestimmung der Grenzen derselben, keine Trennung der Wurzeln, keine Untersuchung, ob und wie viele

---

1) Graeffe, „Auflösung der höheren numerischen Gleichungen". Zürich 1837.

imaginäre Wurzeln vorhanden. **Es gibt alle Wurzeln zugleich.** Der Astronom **Encke**[1]) hat diese **Graeffe**sche Methode noch verbessert und zugleich alle Kunstgriffe angegeben, welche dem Rechner von Vorteil sind.

Das Prinzip des Verfahrens von **Graeffe** besteht darin, aus der gegebenen Gleichung eine andere abzuleiten, deren Wurzeln so hohe Potenzen der Wurzeln der gegebenen sind, daß in derselben die Potenz der kleineren Wurzel im Verhältnis zur Potenz der größeren verschwindet.

Nehmen wir zuerst an, die Gleichung $f(x) = 0$ habe nur reelle Wurzeln, deren absolute Beträge voneinander verschieden sind, es sei also

$$f(x) = (x + a)(x + b)(x + c)\cdots = 0,$$

oder, wenn sie vom n-ten Grade ist,

$$(1) \qquad x^n + \Sigma a\, x^{n-1} + \Sigma a b\, x^{n-2} + \cdots = 0,$$

wo $a, b, c, \ldots$ reell. Ist m eine beliebige ganze Zahl, so läßt sich die Gleichung herstellen

$$(2)\quad (x + a^m)(x + b^m)(x + c^m)\cdots = x^n + \Sigma a^m x^{n-1} + \Sigma a^m b^m x^{n-2} + \cdots = 0.$$

Die Potenz m können wir beliebig hoch annehmen. Es seien nun $a, b, c, d, \ldots$ nach ihrer absoluten Größe geordnet, so daß $|a| > |b| > |c| > |d|$ usf., so wird für hinreichend hohe Werte von m d^m gegen c^m, c^m gegen b^m, b^m gegen a^m und zuletzt auch $b^m + c^m + d^m + \cdots$ gegen a^m verschwinden und mithin

$$\Sigma a^m = a^m + b^m + c^m + \cdots = a^m\Big(1 + \frac{b^m}{a^m} + \frac{c^m}{a^m} + \cdots\Big) = a^m(1 + \alpha_1),$$

wo $|\alpha_1|$ desto kleiner wird, je größer m ist, und beliebig klein werden kann. Ebenso wird

$$\Sigma a^m b^m = a^m b^m + a^m c^m + a^m d^m + b^m c^m + \cdots$$
$$= a^m b^m\Big(1 + \frac{c^m}{b^m} + \frac{d^m}{b^m} + \frac{c^m}{a^m} + \cdots + \frac{c^m d^m}{a^m b^m} + \cdots\Big) = a^m b^m(1 + \alpha_2),$$

wo $|\alpha_2|$ beliebig klein werden kann, wenn m hinreichend groß usf. Aus dieser Gleichung erhält man sodann durch Division jedes Koeffizienten mit dem vorhergehenden näherungsweise die m-ten Potenzen sämtlicher Wurzeln.

Um nun zu der Gleichung (2) mit sehr hohen Potenzen m zu gelangen, geht man schrittweise vor, indem man zuerst nur die Gleichung bildet, deren Wurzeln die zweiten Potenzen der Wurzeln sind, und sodann diese

---

1) **Encke**, Allgemeine Auflösung der numerischen Gleichungen. Crelles Journ. Bd. XXII, 1841, S. 193.

Operation wiederholt anwendet. So steigt man von der zweiten zur vierten, achten, sechzehnten Potenz auf. Die Gleichung mit den zweiten Potenzen aber läßt sich leicht bilden. Ist

$$x^n + A_1 x^{n-1} + A_2 x^{n-2} + A_3 x^{n-3} + \cdots = (x+a)(x+b)(x+c) \cdots = 0$$

die gegebene Gleichung, und ändert man das Zeichen des zweiten, vierten, sechsten, ... Gliedes, so erhält man die Gleichung

$$x^n - A_1 x^{n-1} + A_2 x^{n-2} - A_3 x^{n-3} + \cdots = (x-a)(x-b)(x-c) \cdots$$

Das Produkt der beiden Gleichungen ist

$$(3) \quad (x^n + A_2 x^{n-2} + A_4 x^{n-4} + \cdots)^2 - (A_1 x^{n-1} + A_3 x^{n-3} + \cdots)^2 = 0.$$

Dies ist die Gleichung

$$(x^2 - a^2)(x^2 - b^2)(x^2 - c^2) \cdots = 0.$$

Setzt man also in derselben x statt x^2, so erhält man die Gleichung mit den Quadraten der Wurzeln

$$(x - a^2)(x - b^2)(x - c^2) \cdots = 0.$$

Da in dieser die Wurzeln sämtlich positiv sind, so kommen in derselben nur Zeichenwechsel vor. Dies erschwert etwas die Rechnung. Man ändere daher wieder das Zeichen des zweiten, vierten, sechsten, ... Gliedes; so erhält man die Gleichung

$$(x + a^2)(x + b^2)(x + c^2) \cdots = 0,$$

in welcher nun alle Glieder positiv sein müssen, wenn die Wurzeln reell sind. Macht man in (4) diese Veränderungen, so erhält man

$$
\left. x^n + A_1^2 \atop -2A_2 \right|
\left. x^{n-1} + A_2^2 \atop {-2A_1 A_3 \atop +2A_4} \right|
\left. x^{n-2} + A_3^2 \atop {-2A_2 A_4 \atop {+2A_1 A_5 \atop -2A_6}} \right|
\left. x^{n-3} + A_4^2 \atop {-2A_3 A_5 \atop {+2A_2 A_6 \atop {-2A_1 A_7 \atop +2A_8}}} \right|
\left. x^{n-4} + \cdots + A_{n-1}^2 \atop -2 A_{n-2} A_n \right|
x + A_n^2 = 0,
$$

deren Faktoren $x + a^2$, $x + b^2$, ... sind. Die Bildung der Koeffizienten ist leicht zu übersehen. Von dieser Gleichung bildet man sodann ebenso die Gleichung, deren Wurzeln a^4, b^4, ... sind usf.

Nach ein paar Operationen werden gewöhnlich die Koeffizienten so groß, daß es notwendig wird, zu ihrer Berechnung Logarithmen anzuwenden, und man vollführt am zweckmäßigsten die Addition und Subtraktion mittels der Tafeln der Additions- und Subtraktionslogarithmen mit 5 oder 7 Dezimalstellen, je nach dem Grade der Genauigkeit, der gefordert wird. Sind die Koeffizienten Brüche, so wird man eben von Anfang an die Koeffizienten durch ihre Logarithmen ersetzen. Man kann sich statt dessen mit Vorteil auch einer Rechenmaschine bedienen.

Die Grenze der Gleichungsbildung ist erreicht, wenn in jedem Koeffizienten die folgenden Glieder gegen das erste, das Quadrat, verschwinden. Am längsten macht sich das dem Quadrat nächststehende Produkt geltend. Denn ist man bei der m-ten Potenz der Wurzeln angelangt, so ersieht man, daß z. B. A_3^2 sich zu $2A_2A_4$ nahezu verhält wie $c^m : 2d^m$, während A_3^2 sich zu $2A_1A_5$ verhält wie $b^m c^m : 2d^m e^m$. Ist etwa $\dfrac{d^m}{c^m} < \dfrac{1}{200000}$, so wird, wenn man mit fünfstelligen Logarithmen rechnet, der dritte Koeffizient sich wesentlich auf A_3^2 reduzieren, indem die folgenden Glieder auf die letzte Dezimale von A_3^2 keinen Einfluß mehr ausüben. Man berechnet daraus leicht, daß, wenn die zwei Wurzeln c, d so nahe liegen, daß $\dfrac{c}{d} = 1{,}1$ ist, man höchstens bis zur Potenz $m = 128 = 2^7$ zu gehen hat, damit dies eintrete.

Haben sich sämtliche Koeffizienten mit genügender Genauigkeit auf das Quadrat reduziert, so erhält man sämtliche Wurzeln bis auf 5 oder 7 Dezimalstellen genau, je nachdem man mit 5- oder 7-stelligen Logarithmen gerechnet hat.

Da man bei jeder Operation die Wurzeln ins Quadrat erhebt, verschwinden schon bei der ersten Operation die Zeichen der Wurzeln. Man wird also schließlich noch zu ermitteln haben, welches Zeichen jeder Wurzel zukommt, was z. B. durch Einsetzen von Grenzen, zwischen welchen die Wurzel liegt, in die Gleichung geschehen kann.

2. Komplexe Wurzeln. Wir haben bisher vorausgesetzt, daß alle Wurzeln reell sind. In diesem Falle müssen alle Koeffizienten der Gleichung (7) positiv sein. Wird in irgendeiner der zu bildenden Gleichungen ein Koeffizient negativ, so muß die Gleichung imaginäre Wurzeln haben. Aber das Vorhandensein imaginärer Wurzeln zieht nicht notwendig das Auftreten negativer Zeichen nach sich.

Um zu sehen, wie sich imaginäre Wurzeln in den aufeinanderfolgenden Gleichungen mit den zweiten, vierten, . . . Potenzen der Wurzeln verhalten, seien $g(\cos \varphi \pm i \sin \varphi)$ ein Paar imaginärer Wurzeln; dieselben erzeugen in dem Gleichungspolynom den reellen quadratischen Faktor

$$x^2 - 2g \cos \varphi \cdot x + g^2$$

oder
$$x^2 + f \cdot x + g^2,$$

wenn wir
$$-2g \cos \varphi = f, \qquad \cos \varphi = -\frac{f}{2g}$$

setzen. Da die m-te Potenz dieser Wurzeln $g^m(\cos m\varphi \pm i \sin m\varphi)$ wird, so geht dieser quadratische Faktor in der Gleichung mit den m-ten Potenzen der Wurzeln über in

$$x^2 + 2g^m \cos m\varphi \cdot x + g^{2m}$$

oder

$$x^2 + f_m \cdot x + g^{2m},$$

wo

$$f_m = 2g^m \cos m\varphi.$$

Ist $m\varphi$ ein Vielfaches von π, so wird $f_m = 2g^m$ und wird dann diesen Wert auch behalten, wenn man zu höheren Potenzen der Wurzeln übergeht. Die zwei imaginären Wurzeln würden in diesem Falle sich wie zwei gleiche reelle Wurzeln verhalten. Schließt man aber diesen besonderen Fall aus, so wird f_m für verschiedene Werte von m schwanken, bald zu-, bald abnehmen, vielleicht das Zeichen wechseln, aber immer zwischen den Grenzen $+ 2g^m$ und $- 2g^m$ sich ändern.

Hat nun die gegebene Gleichung die reellen Faktoren

$$(x + a)(x + b)(x + c) \ldots (x^2 + fx + g^2),$$

mithin die Gleichung mit den m-ten Potenzen der Wurzeln die Faktoren

$$(x + a^m)(x + b^m)(x + c^m) \ldots (x^2 + f_m x + g^{2m}),$$

und vollführt man die Multiplikation und reduziert jeden Koeffizienten auf das durch seine Größe ausschlaggebende Glied, so ergibt sich, daß ein Koeffizient wesentlich von dem zwischen $\pm 2g^m$ schwankenden f_m bestimmt wird und deshalb selbst schwankend bleibt. Derselbe kann bei dem Übergang von der Gleichung mit den m-ten Potenzen auf die nächste bald wachsen, bald abnehmen, vielleicht sein Zeichen wechseln, während die übrigen Koeffizienten sich immer mehr den Quadraten $A_1^2, A_2^2, A_3^2, \ldots$ der Koeffizienten der vorhergehenden Gleichung nähern (Gleichung 4).

Ist z. B. $|a| > |b| > g > |c| > \cdots$, so wird die $m - n$-te Gleichung:

$$x^n + a^m(1 + \alpha_1)x^{n-1} + a^m b^m(1 + \alpha_2)x^{n-2} + (f)x^{n-3}$$

$$(5) \qquad + a^m b^m g^{2m}(1 + \alpha_4)x^{n-4} + a^m b^m g^{2m} c^m(1 + \alpha_5)x^{n-5}$$

$$+ \cdots = 0,$$

wo die α_i mit wachsendem m gegen Null streben und wo (f) den von f abhängigen schwankenden Koeffizienten darstellt. Läßt man diesen Koeffizienten aus und dividiert jeden Koeffizienten mit dem vorhergehenden, so erhält man der Reihe nach näherungsweise die m-ten Potenzen von $a, b, g^2, c, \ldots$ Immer gibt der Koeffizient, der nach dem schwankenden folgt, das Quadrat des Moduls g des imginären Wurzelpaares.

Wäre noch ein zweites Wurzelpaar $g'(\cos\varphi' \pm i\sin\varphi')$ vorhanden, welchem in dem Polynom der Gleichung der Faktor

$$x^2 - 2g'\cos\varphi' \cdot x + g'^2 \quad \text{oder} \quad x^2 + f'x + g'^2$$

entspricht, und wäre $g > |a| > g' > |b| > |c|\ldots$, so würde die m-te Gleichung lauten

$$x^n + (f)\,x^{n-1} + g^{2m}(1 + \alpha_1)\,x^{n-2} + g^{2m}a^m(1 + \alpha_2)\,x^{n-3}$$
$$+ (f')\,x^{n-4} + g^{2m}a^m g'^{2m}(1 + \alpha_3)\,x^{n-5} + g^{2m}a^m g'^{2m}b^m(1 + \alpha_4)\,x^{n-6}$$
$$+ g^{2m}a^m g'^{2m}b^m c^m(1 + \alpha_5)\,x^{n-7} + \cdots$$

Wäre aber $|a| > g > g' > |b|\ldots$, so würde die m-te Gleichung die Form annehmen

$$x^n + a^m(1 + \alpha_1)\,x^{n-1} + (f)\,x^{n-2} + a^m g^{2m}(1 + \alpha_2)\,x^{n-3}$$
$$(6) \qquad + (f')\,x^{n-4} + a^m g^{2m}g'^{2m}(1 + \alpha_3)\,x^{n-5}$$
$$+ a^m g^{2m}g'^{2m}b^m(1 + \alpha_4)\,x^{n-6} + \cdots$$

Immer bleibt in diesem Falle außer dem schwankenden Koeffizienten (f) noch ein zweiter Koeffizient (f') schwankend, welcher von der Größe f'_m abhängt, die selbst zwischen den Grenzen $\pm 2g'^m$ sich mit m ändert.

Die Rechnung zeigt also immer von selbst die imaginären Wurzeln an. So viele Koeffizienten schwankend bleiben, so viele Paare imaginärer Wurzeln hat die Gleichung. Läßt man in der Endgleichung diese schwankenden Koeffizienten unberücksichtigt und dividiert jeden der andern Koeffizienten mit dem vorhergehenden, so erhält man die m-ten Potenzen der sämtlichen reellen Wurzeln und der Quadrate der Moduln der imaginären Wurzelpaare, und zwar gibt immer der Koeffizient, der nach einem schwankenden kommt, das Quadrat eines Moduls.

3. Wurzeln vom selben absoluten Betrag. Ausnahmen treten ein, wenn mehrere reelle Wurzeln gleich sind (oder auch nur absolut gleich ohne Rücksicht auf die Zeichen der Wurzeln).

Ist z. B. $d = c$, so werden in der m-ten Gleichung die aufeinanderfolgenden Koeffizienten $a^m b^m c^m(1 + \alpha_1)$, $a^m b^m c^m d^m(1 + \alpha_2)$ geändert in

$$2a^m b^m c^m(1 + \alpha_1),\ a^m b^m c^{2m}(1 + \alpha_2),$$

wie leicht zu sehen; wären aber drei Wurzeln gleich, $e = d = c$, so entstehen in der m-ten Gleichung drei aufeinanderfolgende Koeffizienten der Form

$$3a^m b^m c^m(1 + \alpha_1),\ 3a^m b^m c^{2m}(1 + \alpha_2),\ a^m b^m c^{3m}(1 + \alpha_3),\ \text{usf.}$$

Es kann ferner eine reelle Wurzel g dem Modul eines imaginären Paares gleich sein. In diesem Falle hat die Gleichung die Faktoren

$$(x + g)(x^3 + f \cdot x + g^2) = x^3 + (f + g)x^2 + (fg + g^2)x + g^3,$$

wodurch in der m-ten Gleichung Glieder der Form

$$\cdots c^m(1 + \alpha_1)x^r + (f)x^{r-1} + (f)x^{r-2} + c^m g^{3m}(1 + \alpha_n)x^{r-3} + \cdots$$

entstehen, d. h. zwei Koeffizienten nacheinander bleiben schwankend, der nächste durch den vorhergehenden dividiert gibt g^{3m}.

Endlich können auch die Moduln zweier imaginärer Wurzelpaare gleich sein, $g = g'$; in diesem Falle bleiben in der Endgleichung drei aufeinanderfolgende Koeffizienten schwankend, der nächste liefert mit dem vorausgehenden festen g^{4m}.

Treten bei der Bildung der Gleichungen solche Unregelmäßigkeiten ein, so werden wir daraus zunächst nur schließen, daß die hier als gleich angenommenen Größen ungewöhnlich nahe beisammen liegen. Bei dem Aufsteigen zu höheren Potenzen heben sich dann diese Unregelmäßigkeiten gewöhnlich von selbst, indem sich die nahezu gleichen Wurzeln trennen. Nötigenfalls könnte man sie auch als gleiche betrachten, nach dem Vorigen berechnen und den erhaltenen Wert sodann als gemeinsamen Näherungswert für zwei Wurzeln zur gleichzeitigen Berechnung derselben mittels der Newtonschen Methode benutzen.

Es ist nun nur noch anzugeben, wie man, falls die Gleichung Paare von imaginären Wurzeln hat, in den quadratischen Formen, die denselben entsprechen,

$$x^2 + fx + g^2, \quad x^2 + f'x + g'^2, \ldots$$

die Koeffizienten $f, f', \ldots$ bestimmen kann. Da man aber die sämtlichen reellen Wurzeln $a, b, c, \ldots$ und die Moduln $g, g', \ldots$ der imaginären Paare bereits gefunden hat, so liefert immer die Vergleichung des Produkts

$$(x - a)(x - b) \ldots (x^2 + fx + g^2)(x^2 + f'x + g'^2) \ldots$$

mit dem gegebenen Gleichungspolynom mehr Gleichungen zur Bestimmung der Unbekannten $f, f', \ldots$, als notwendig sind.

Ist nur ein Paar imaginärer Wurzeln vorhanden und A_1 der erste Koeffizient der gegebenen Gleichung, so ist $A_1 = -\Sigma a + f$. Damit ist f bestimmt und zugleich der Winkel φ der imaginären Wurzeln $g(\cos\varphi \pm i\sin\varphi)$, da

$$f = -2g\cos\varphi.$$

Sind zwei Paare imaginärer Wurzeln vorhanden, so ist $A_1 = -\Sigma a + f + f'$. Der vorletzte Koeffizient der gegebenen Gleichung A_{n-1} ist ebenfalls linear in f und f' zusammengesetzt. Aus dem Wert A_1 und A_{n-1} berechnet sich mithin f und f' auf einfachste Weise.

Sind drei Paare imaginärer Wurzeln vorhanden, so ergibt sich aus A_1 und A_{n-1}, welche linear f, f', f'' sind, das f und f' linear in f''. Setzt man diese Werte in die Koeffizienten A_2 und A_{n-2} ein, so erhält man zwei quadratische Gleichungen in f'', die mithin einen gemeinsamen Faktor haben müssen. Derselbe liefert f'' und damit f und f' usf.

4. Beispiele. Es folgen nun einige Beispiele.[1]) Dieselben werden zeigen, daß diese Methode nicht nur praktisch ist, wenn es sich um möglichst genaue Berechnung der Wurzeln handelt, sondern auch, wenn man nur Einblick gewinnen will in die Natur und Lage der Wurzeln oder sich rohe Näherungswerte derselben verschaffen will.

Beispiel I. $\quad u^8 - \frac{3}{2}u^6 + \frac{27}{40}u^4 - \frac{57}{560}u^2 + \frac{53}{22400} = 0$.

Setzen wir $u^2 = x$ und schreiben statt der Koeffizienten ihre Logarithmen an, so kommt

$$-0{,}1760913, \; +9{,}8293038, \; -9{,}0076869, \; +7{,}3740279.$$

Um bei der folgenden Rechnung nicht immer mit negativen Logarithmen rechnen und immer beachten zu müssen, welches Vielfache von 10 abzuziehen ist, machen wir die Wurzeln 10 mal so groß, indem wir $10\,x = z$ setzen und addieren also zum ersten Logarithmus 1, zum zweiten 2, zum dritten 3, zum vierten 4 hinzu, so wird

$$-1{,}1760913, \; +1{,}8293038, \; -2{,}0076869, \; +1{,}3740279.$$

Wir berechnen nun die Gleichungen mit den Potenzen $m = 2^1, 2^2, 2^3, \ldots$ nach Gleichung (4), indem wir uns der 7-stelligen Additions- und Subtraktionslogarithmen bedienen und immer an Stelle der Koeffizienten ihre Logarithmen setzen. Auf das beigesetzte Zeichen der Koeffizienten A ist bei Bildung der Gleichung (4) wohl zu achten. Wir schreiben immer nur die Koeffizienten der dritten, zweiten, ersten und nullten Potenz der Unbekannten an:

Potenz $m = 2^1$

$$+1{,}9542421, \; +3{,}1903316, \; +3{,}8552852, \; +2{,}7480558.$$

Potenz $m = 2^2$

$$+3{,}6989687, \; +6{,}0467772, \; +7{,}6956399, \; +5{,}4961116.$$

Potenz $m = 2^3$

$$+7{,}3574089, \; +11{,}8716902, \; +15{,}3911566, \; +10{,}9922232.$$

Potenz $m = 2^4$

$$+14{,}7135695, \; +23{,}6451644, \; +30{,}7823132, \; +21{,}9844464.$$

---

1) Weitere durchgeführte Beispiele siehe: Encke a. a. O. Wegen weiterer Einzelheiten der Methode, namentlich bei Wurzeln gleichen absoluten Betrages siehe auch C. Runge, Praxis der Gleichungen.

Alle Koeffizienten nähern sich bereits dem Quadrate der entsprechenden Koeffizienten der vorhergehenden Gleichung. Der Koeffizient von z ist bereits ein reines Quadrat, d. h. das Produkt $-2A_2A_4$ hat auf A_3^2 keinen Einfluß mehr bis auf die siebente Dezimale (Gl. 4). Er bleibt also auch Quadrat in den folgenden Gleichungen. Alle Wurzeln sind reell und positiv, da die Gleichung keine negative Wurzel enthalten kann

Potenz $m = 2^5$

$$+\ 29{,}4271376, \quad +\ 47{,}2761567, \quad +\ 61{,}5646264, \quad +\ 43{,}9688928.$$

Potenz $m = 2^6$

$$+\ 58{,}8542752, \quad +\ 94{,}5520744, \quad +\ 123{,}1292528, \quad +\ 87{,}9377856.$$

Alle Koeffizienten sind jetzt reine Quadrate, außer dem von z^2, und auch dieser würde bei der nächsten Operation nun in das Quadrat übergehen, indem das Glied $-2A_1A_3$ keinen Einfluß mehr ausüben würde.

Also gibt

1. Koeffizient			$\log a^{64} = 58{,}8542752$
2.	„	$-1.$ Koeffizienten	$\log b^{64} = 35{,}6977992$
3.	„	$-2.$ „	$\log c^{64} = 28{,}5771784$
4.	„	$-3.$ „	$\log d^{64} = 28{,}8085328 - 64.$

Hieraus, da $x = \dfrac{z}{10}$, mithin $\log x = \log z - 1$ ist,

$$\log x_1 = 9{,}9195980_5 \qquad \log u_1 = 9{,}9597990_2$$
$$\log x_2 = 9{,}5577781 \qquad \log u_2 = 9{,}7788890_5$$
$$\log x_3 = 9{,}4465184 \qquad \log u_3 = 9{,}7232592_0$$
$$\log x_4 = 8{,}4501333_3 \qquad \log u_4 = 9{,}2250666_6$$

$$\left.\begin{aligned} u_1 &= 0{,}9115888 \\ u_2 &= 0{,}6010202 \\ u_3 &= 0{,}5287607 \\ u_4 &= 0{,}1679062 \end{aligned}\right\} \begin{aligned} &\text{Wurzeln der Gleichung,} \\ &\text{alle positiv und negativ} \\ &\text{genommen.} \end{aligned}$$

Diese Werte, zur Probe in die Gleichung $f(u) = 0$ eingesetzt, ergeben (mit 10-stelligen Logarithmen gerechnet)

$$f(u_1) = -0{,}0000000_7, \qquad f(u_2) = -0{,}0000000_3,$$
$$f(u_3) = +0{,}0000000_{05}, \qquad f(u_4) = +0{,}0000000_{00}.$$

Die Wurzeln sind mithin so genau, als sie mit 7-stelligen Logarithmentafeln zu erhalten sind.

Beispiel II.

$$x^5 - x^4 - 3x^3 + 0x^2 + 2x + 5 = 0$$

Potenz 2^1 $\quad x^5 + 7x^4 + 13x^3 + 2x^2 + 4x + 25$

„ $\quad 2^2 \quad x^5 + 23x^4 + 149x^3 + 250x^2 - 84x + 625$

„ $\quad 2^3 \quad x^5 + 231x^4 + 10533x^3 + 116282x^2 + 305444x + 625^2$.

Das Auftreten eines negativen Zeichens zeigt, daß imaginäre Wurzeln vorhanden sind. Von jetzt an werden die Logarithmen statt der Koeffizienten angeschrieben und wird mit fünfstelligen Additions- und Subtraktionslogarithmen gerechnet

$$+ 2{,}36361, \ + 4{,}02255, \ + 5{,}06551, \ - 5{,}48493, \ + 5{,}59176.$$

Potenz 2^4:

$$+ 4{,}50913, \ + 7{,}75289, \ + 10{,}30398, \ + 9{,}38930, \ + 11{,}18352.$$

Potenz 2^5:

$$+ 9{,}96835, \ + 15{,}27968, \ + 20{,}60767, \ - 21{,}78811, \ + 22{,}36704.$$

Potenz 2^6:

$$+ 17{,}93478, \ + 30{,}45819, \ + 41{,}21540, \ + 43{,}\ldots, \ + 44{,}73408.$$

Potenz 2^7:

$$+ 35{,}86956, \ + 60{,}90124, \ + 82{,}43080, \ + \cdots, \ + 89{,}46816.$$

Der Koeffizient von x bleibt schwankend. Die Gleichung hat die Form

$$x^5 + a^m(1 + \alpha_1)x^4 + a^m b^m(1 + \alpha_2)x^3 + a^m b^m c^m(1 + \alpha_3)x^2$$
$$+ (f) \cdot x + a^m b^m c^m g^{2m}(1 + \alpha_4).$$

Da man den schwankenden Koeffizienten schließlich ausläßt, da ferner derselbe schon bei der Bildung der vorletzten Gleichung auf die Bildung des Koeffizienten von x^2 nur noch in der letzten Dezimale Einfluß hatte, also in der letzten gar keinen, auf den Koeffizienten von x^3 ebenfalls keinen, so wurde er gar nicht mehr berechnet. In der letzten Gleichung sind nun alle Koeffizienten Quadrate, außer dem von x^3; dies läßt darauf schließen, daß die Wurzeln b und c sehr nahe beisammen liegen.

Potenz 2^8:

$$+ 71{,}73912, \ + 121{,}80221, \ + 164{,}86160, \ + \cdots, \ + 178{,}93632.$$

Die Korrektion $- 2A_1A_3$ betrug in dem Koeffizienten von x^3 nur noch $- 0{,}00027$ und würde nun vollkommen verschwinden. Die Operation ist also jetzt geschlossen, und wir erhalten aus der letzten Gleichung, da $2^8 = 256$,

$$\log a^{256} = 71{,}73912, \quad \log a = 0{,}280231, \quad a = 1{,}906474 \; (+)$$

$$\log b^{256} = 50{,}06309, \quad \log b = 0{,}195559, \quad b = 1{,}568769 \; (+)$$

$$\log c^{256} = 43{,}05939, \quad \log c = 0{,}1682007, \quad c = 1{,}472993 \; (-)$$

$$\log g^{512} = 14{,}07472, \quad \log g^2 = 0{,}054979, \quad g = 1{,}065343.$$

Da, wenn $f(x) = 0$ die vorgelegte Gleichung ist,

$$f(2) = +1, f(1{,}9) = -0{,}04, f(1{,}5) = +0{,}4, f(-1) = +4, f(-2) = -,$$

so ist a und b positiv, c negativ.

Zur Prüfung der Rechnung ist, mit 7-stelligen Logarithmen berechnet,

$$f(a) = +0{,}00000_7, f(b) = 0{,}00000_0.$$

Da unsere Gleichung von der Form ist

$$(x-a)(x-b)(x-c)(x^2 + fx + g^2) = 0 = x^5 + (f - \Sigma a)x^4 + \cdots,$$

so ist $f - \Sigma a = -1$, woraus $f = +1{,}00250$ sich berechnet und aus $f = -2g\cos\varphi$,

$$\varphi = 180^0 - 61^0 54' 33''.$$

Wäre man bei der Potenz 2^3 stehengeblieben, zu deren Berechnung noch keine Logarithmen nötig sind, so hätte man schon das Vorhandensein des imaginären Wurzelpaares und seine Lage erkennen können und hätte dann folgende Werte erhalten:

$$a^8 = 231, \qquad\qquad a = \sqrt[8]{231} = 1{,}9$$

$$b^8 = \tfrac{10533}{231} = 45{,}60, \qquad\qquad b = \sqrt[8]{45{,}60} = 1{,}6$$

$$c^8 = \tfrac{116282}{10533} = 11{,}04, \qquad\qquad c = \sqrt[8]{11{,}04} = 1{,}35$$

$$g^{16} = \tfrac{390625}{116182} = 3{,}4, \qquad\qquad g^2 = \sqrt[8]{3{,}4} = 1{,}15$$

$$g = \sqrt{1{,}15} = 1{,}07.$$

Diese Näherungswerte sind fast alle auf weniger als 0,1 genau.

Beispiel III.

$$x^5 - 2x^4 + 3x^3 - x^2 + 2x - 1 = 0$$

Potenz 2^1 $\quad x^5 - 2x^4 + 9x^3 - 7x^2 + 2x + 1$

,,$\qquad 2^2 \quad x^5 - 14x^4 + 57\cdot x^3 + 9x^2 + 18\cdot x + 1$

,,$\qquad 2^3 \quad x^5 + 82\cdot x^4 + 3537\cdot x^3 - 1999\cdot x^2 + 306\cdot x + 1$

,,$\qquad 2^4 \quad x^5 - 350\cdot x^4 + 12937217\cdot x^3 + 4690321\cdot x^2 + 98834\cdot x + 1.$

Die Koeffizienten von x^4 und von x^2 würden bei der nächsten Gleichung wieder negativ. Sie bleiben schwankend. Also sind zwei Paare imaginärer Wurzeln vorhanden. Die Gleichung hat schon nahezu die Form

$$x^5 + (f)\,x^4 + g^{32} \cdot x^3 + (f')\,x^2 + g^{32} \cdot g'^{32} \cdot x + g^{32} \cdot g'^{32} a^{16}.$$

Wollte man weiter rechnen, so würde man statt der Koeffizienten ihre Logarithmen einsetzen. Aber der Koeffizient A_2 von x^3 würde in der nächsten Gleichung schon sich auf A_2^2 reduzieren bis auf 5 Stellen, der Koeffizient A_4 von x auf A_4^2 bis auf drei Stellen. Wir bleiben hier stehen. Dann ist

$$g^{32} = 12\,937\,217\,, \qquad\qquad g^2 = 2{,}782\,85\,.$$
$$g'^{32} = \tfrac{98\,834}{12\,937\,217}\,, \qquad\qquad g'^2 = 0{,}737\,30\,.$$
$$a^{16} = \tfrac{1}{98\,834}\,, \qquad\qquad a = 0{,}487\,32\,(+).$$

Da $f(0) = -1, f(1) = +2$, so ist a positiv. Die Gleichung hat die Zusammensetzung

$$(x - a)(x^2 + f \cdot x + g^2)(x^2 + f' \cdot x + g'^2) = 0;$$

also Koeffizient von $x^4 \qquad f + f' - a = -2,$

Koeffizient von $x \qquad g^2 g'^2 - a f' g^2 - a f g'^2 = +2.$

Hieraus $\quad f = \dfrac{2 + a(a - 2)g^2 - g^2 g'^2}{a(g^2 - g'^2)} = \dfrac{-2{,}103\,42}{0{,}996\,83} = -2{,}110\,10,$

$$f' = 0{,}597\,42.$$

Hiermit sind die quadratischen Faktoren $x^2 + f \cdot x + g^2$, $x^2 + f' \cdot x + g'^2$ und mithin auch die imaginären Wurzelpaare bestimmt.

Was die Genauigkeit der erhaltenen Werte anbetrifft, so dürfen wir nach dem oben Gesagten den für g^2 gefundenen Wert als auf 5 Dezimalen genau annehmen; hingegen werden die Werte von g'^2 und a, und hiermit auch die Werte von f und f', nur auf 3 Dezimalen genau sein. Wenn erforderlich, können wir die Wurzeln nach der Newtonschen Näherungsmethode noch verbessern. Für die Korrektion der reellen Wurzel a erhalten wir, wenn wir $a = 0{,}4873$ annehmen und diesen Wert in die vorgelegte Gleichung $F(x) = 0$ einsetzen,

$$F(0{,}4873 = -0{,}001\,014\,78$$

$$F'(0{,}4873) = +2{,}518\,772\,39$$

und damit den verbesserten Wert der reellen Wurzel

$$a - \frac{F(a)}{F'(a)} = 0{,}4873 + 0{,}000\,310\,2 = 0{,}487\,610\,2\,.$$

Fünftes Kapitel.
Sätze über die Lage der Gleichungswurzeln.

1. Der Satz von Gauß. Falls die sämtlichen Wurzeln einer Gleichung $f(x) = 0$ auf einer Seite einer Geraden der komplexen Zahlenebene liegen, so liegen die Wurzeln der abgeleiteten Gleichung $f'(x) = 0$ alle auf derselben Seite dieser Geraden, und zwar in dem strengen Sinn, daß auf der Geraden nur dann Nullstellen von $f'(x)$ sich befinden, wenn daselbst auch Nullstellen von $f(x)$ liegen.

Sind nämlich $x_1 \ldots x_n$ die Nullstellen von $f(x)$, wobei jede so oft notiert ist, als es ihrer Vielfachheit entspricht, so ist die logarithmische Ableitung von $f(x)$

$$\frac{f'(x)}{f(x)} = \frac{1}{x - x_1} + \cdots + \frac{1}{x - x_n}.$$

Liegen nun alle x_i z. B. links von einer gerichteten Geraden g und liegt x rechts von g, oder auf g, so sind die Differenzen $x - x_i$ durch Vektoren dargestellt, die von Null aus abgetragen, alle nach der rechten Seite einer parallel zu g durch den Ursprung gelegten Geraden g' weisen. Die Zahlen $\dfrac{1}{x - x_k}$ zeigen daher auch alle nach der rechten Seite einer Geraden, die man aus g' durch Spiegelung an der reellen Achse erhält. Ihre Summe kann daher nicht Null sein.

Korrolar: Gehören alle Wurzeln von $f(x)$ einem konvexen Polygon, oder einer anderen konvexen Figur an, so gehören dieser auch alle Wurzeln von $f'(x)$ an.

Man wende zum Beweis den Satz von Gauß auf jede Stützgerade des konvexen Bereiches an, d. h. auf jede den Rand desselben treffende Gerade, die keinen inneren Punkt des Bereiches enthält.

Als Spezialfall ergibt sich aus dem Satz von Gauß:

Hat eine Gleichung $f(x) = 0$ nur reelle Wurzeln, so hat auch die abgeleitete Gleichung $f'(x)$ nur reelle Wurzeln.

Dies ergibt sich aber auch aus dem Satz von Rolle.

2. Der Satz von Rolle. (Vgl. auch (4, 2, 2).) Zwischen je zwei reellen Nullstellen einer Gleichung $f(x)$ mit reellen Koeffizienten liegt mindestens eine Nullstelle von $f'(x)$. Die Richtigkeit der Behauptung lehrt unmittelbar der Mittelwertsatz der Differentialrechnung

$$f(x_1) - f(x_2) = (x_1 - x_2) f'(x_1 + \vartheta (x_2 - x_1)) \quad 0 < \vartheta < 1,$$

falls $f(x_1) = f(x_2) = 0$ ist.

Nimmt man noch hinzu, daß in jeder mehrfachen Nullstelle von $f(x)$ auch $f'(x)$ verschwindet — mit einer um eins kleineren Vielfachheit — so ergibt sich als Folgerung sofort das am Schluß der vorigen Nummer Gesagte.

3. Der Satz von Poulain. Ist $f(x)$ ein Polynom n-ten Grades mit reellen Koffizienten. Ist ferner

$$g(x) \equiv c_0 x^n + c_1 x^{n-1} + \cdots + c_n, \; c_0 \neq 0, \; c_n \neq 0$$

ein Polynom mit lauter reellen Wurzeln, so besitzt

$$h(x) \equiv c_0 f^{(n)}(x) + c_1 f^{(n-1)}(x) + \cdots + c_{n-1} f'(x) + c_n f(x)$$

mindestens so viele reelle Nullstellen wie $f(x)$. Eine gleiche Aussage gilt für die Anzahlen der verschiedenen reellen Wurzeln. Jede mehrfache Wurzel von $h(x)$ ist zugleich mehrfache Wurzel von $f(x)$, falls auch $f(x)$ nur reelle Nullstellen hat.

Ich beweise den Satz zunächst für den Fall eines linearen $g(x)$:

$$g(x) \equiv 1 + \alpha_1 x, \quad \alpha_1 \neq 0.$$

Nun hat $e^{\alpha_1 x} f(x)$ dieselben Nullstellen wie $f(x)$. Also hat

$$\frac{d}{dx}\left(e^{\alpha_1 x} f(x)\right) = e^{\alpha_1 x}\left(\alpha_1 f(x) + f'(x)\right)$$

höchstens eine reelle Nullstelle weniger. Da aber $\alpha_1 f(x) + f'(x)$ wegen $\alpha_1 \neq 0$ denselben Grad hat wie $f(x)$, da es weiter wegen der Realität von α_1 reelle Koeffizienten hat, und da also die komplexen Wurzeln paarweise auftreten, so hat $\alpha_1 f(x) + f'(x)$ mindestens so viele reelle (und verschiedene)[1] Nullstellen wie $f(x)$. Setzt man nun

$$f_1(x) = \alpha_1 f(x) + f'(x)$$

und betrachtet für $\alpha_2 \neq 0$

$$\frac{d}{dx} e^{\alpha_2 x} f_1(x) = e^{\alpha_2 x}(\alpha_2 f_1 + f_1')$$

$$= e^{\alpha_2 x}(\alpha_1 \alpha_2 f + (\alpha_1 + \alpha_2) f' + f''),$$

so hat auch $\alpha_1 \alpha_2 f + (\alpha_1 + \alpha_2) f' + f''$ mindestens so viele reelle (und verschiedene) Nullstellen wie $f(x)$. Damit ist der Satz von Poulain für

$$g(x) = \alpha_1 \alpha_2 x^2 + (\alpha_1 + \alpha_2) x + 1$$

und damit für alle $g(x)$ zweiten Grades bewiesen.

---

1) Um die Behauptung über die Anzahl der verschiedenen reellen Wurzeln einzusehen, beachte man noch, daß jede mehrfache Nullstelle einer Funktion auch Nullstelle der ersten Ableitung mit einer um 1 kleineren Vielfachheit ist.

Man sieht nun leicht, wie der Beweis durch vollständige Induktion zu Ende zu führen ist.

Man hat nun noch zu zeigen, daß eine mehrfache Wurzel von $h(x)$ zugleich mehrfache Wurzel von $f(x)$ ist, falls auch $f(x)$ nur reelle Nullstellen hat. Nach dem Mechanismus des Beweises genügt es wieder zu zeigen, daß eine mehrfache Wurzel von

$$\alpha_1 f + f', \quad \alpha_1 \neq 0$$

zugleich mehrfache Wurzel von $f(x)$ ist. Ist nun

$$f(x) = a_0 + a_1(x - \alpha) + \cdots$$

so wird $\quad \alpha_1 f + f' = \alpha_1 a_0 + a_1 + (\alpha_1 a_1 + 2a_2)(x - \alpha) + \cdots$

Soll nun $x = \alpha$ eine mehrfache Wurzel von $\alpha_1 f + f'$ sein, so ist

$$\alpha_1 a_0 + a_1 = \alpha_1 a_1 + 2a_2 = 0.$$

Daher ist auch $\qquad a_1^2 - 2a_0 a_2 = 0.$

Ist also $a_0 = 0$, so ist auch $a_1 = 0$ und α ist mehrfache Wurzel von $f(x)$. Wäre aber $a_0 \neq 0$ und sind $x_1 \ldots$ die Wurzeln von $f(x) = 0$, so ist

$$\left(\frac{a_1}{a_0}\right)^2 - \frac{2a_2}{a_0} = \frac{1}{x_1^2} + \frac{1}{x_3^2} + \cdots$$

Also wäre dann $\qquad a_1^2 - 2a_0 a_2 > 0$

entgegen unserer Kenntnis, daß $a_1^2 - 2a_0 a_2 = 0$ ist.

Das Beispiel

$$f(x) = x^2 + 1, \quad g(x) = x + 1, \quad h(x) = x^2 + 1 + 2x = (x + 1)^2$$

lehrt, daß die Behauptung über die mehrfachen Wurzeln von $h(x)$ und $f(x)$ tatsächlich ohne die Annahme, daß $f(x)$ nur reelle Wurzeln hat, falsch ist.

4. Beispiele.

1. Hat eine algebraische Gleichung nur Wurzeln mit negativem oder nur Wurzeln mit positivem Realteil, so kann keiner ihrer Koeffizienten Null sein. Andernfalls gäbe es nämlich eine durch hinreichend oftmaliges Differenzieren zu gewinnende Gleichung mit einer verschwindenden Wurzel im Gegensatz zum Satz von Gauß.

2. $$f(x) \equiv 1 + \frac{x}{1!} + \frac{x^2}{2!} + \cdots + \frac{x^n}{n!}$$

hat bei geradem n keine, bei ungeradem n genau eine reelle Wurzel.

Es ist nämlich $\qquad f(x) - f'(x) = \frac{x^n}{n!}.$

Also lehrt der Satz von Poulain für $g(x) \equiv -x+1$, daß x^n mindestens so viele reelle und verschiedene Nullstellen hat wie $f(x)$. Da aber x^n nur bei $x=0$ verschwindet, so kann auch $f(x)$ nur an höchstens einer reellen Stelle verschwinden. Mehrfache Wurzeln von $f(x)$ könnten aber wegen $f(x) - f'(x) = \frac{x^n}{n!}$ nur bei $x=0$ liegen, wo $f(x)$ nicht verschwindet. Also hat $f(x)$ nur einfache Nullstellen, und unsere Behauptung ist bewiesen.

3. Ist $f(x)$ vom Grade l, so hat

$$F(x) \equiv f(x) + af'(x) + \cdots + a^l f^{(l)}(x), \quad (a \text{ reell})$$

höchstens so viele reelle Wurzeln wie $f(x)$. Denn es ist

$$F(x) - aF'(x) = f(x).$$

4. Das $n-k$-te Legendresche Polynom

$$P_n(z) = \frac{1}{n!} \frac{1}{2^n} \frac{d^n}{dz^n} (z^2 - 1)^n$$

hat n reelle Nullstellen zwischen -1 und $+1$.

Beweis durch den Rolleschen Satz.

5. Ein Satz von Laguerre. Ist $f(x)$ ein Polynom höchstens n-ten Grades (mit beliebigen komplexen Koeffizienten) und ist α eine beliebige Stelle der x-Ebene, für die $f(\alpha) \neq 0$ und $f'(\alpha) \neq 0$ ist, so liegt im Inneren oder am Rande eines jeden Kreises durch die beiden Punkte α und $\alpha - n \frac{f(\alpha)}{f'(\alpha)}$, mindestens eine Nullstelle von $f(x)$. Liegen nicht alle Nullstellen von $f(x)$ auf der Peripherie eines solchen Kreises, so gehören auch seinem Äußeren Nullstellen von $f(x)$ an.

Den Beweis führen wir nach Fejér in mehreren Schritten.

a) $z_1 \ldots z_n$ seien die Nullstellen des Polynoms

$$(1) \qquad z^n - z^{n-1} + a_1 z^{n-2} + \cdots + a_n = 0,$$

so daß $z_1 + z_2 + \cdots + z_n = 1$ ist. g sei eine beliebige Gerade durch den Punkt $z=1$ der komplexen z-Ebene. d sei der Abstand derselben von $z=0$. Man betrachte eine Parallele g' zu g, die von $z=0$ den Abstand $\frac{d}{n}$ hat, derart, daß $z=0$ nicht zwischen g und g' liegt. g' geht also durch den Punkt $z = \frac{1}{n}$ hindurch. Dann liegen entweder alle z_k auf g' oder aber es liegen auf beiden Seiten von g' einzelne der Wurzeln.

Man kann nämlich eine jede komplexe Zahl z_k auf genau eine Weise als Summe zweier anderer z_k' und z_k'' darstellen, derart, daß der z_k' darstellende Vektor zu g parallel, der z_n'' darstellende Vektor dagegen auf g senkrecht steht.

Es ist also
$$z_k = z_k' + z_k'',$$
und es sei $1 = d' + d''$, so daß

(2)
$$z_1'' + \cdots + z_n'' = d''$$

sein muß. Ist nun $z_k'' < \dfrac{d''}{n}$, so bedeutet dies, daß z_k und 0 auf derselben Seite von g' liegen. Ist $z_k'' = \dfrac{d''}{n}$, so liegt z_k auf g'; ist endlich $z_k'' > \dfrac{d''}{n}$, so liegen g und z_k auf der gleichen Seite von g'. Aus (2) folgt aber, daß entweder für alle k stets $z_k'' = \dfrac{d''}{n}$ gilt, oder daß für einzelne k das $z_k'' < \dfrac{d''}{n}$, für andere k aber $z_k'' > \dfrac{d''}{n}$ ausfällt. Das somit gewonnene Ergebnis erinnert schon durchaus an den Satz von Laguerre. Dieser wird sich in der Tat aus dem eben abgeleiteten durch einige Transformationen ergeben.

b) Wir machen in (1) die Substitution $z = \dfrac{1}{\zeta}$. Dabei gilt das Polynom (1) nach Multiplikation mit ζ^n in

(3)
$$1 - \zeta + a_2\zeta^2 + \cdots + a_n\zeta^n = 0$$

über, das höchstens den Grad n hat. Die Gerade g' aber geht in einen Kreis durch die Punkte $\zeta = 0$ und $\zeta = n$ über. So haben wir den Satz:

Man betrachte einen beliebigen Kreis durch die beiden Punkte $\zeta = 0$ und $\zeta = n$. Entweder liegen alle Wurzeln von (3) auf diesem Kreis, oder aber es finden sich sowohl im Inneren wie im Äußeren desselben Nullstellen von (3). (Bei der Abbildung $z = \dfrac{1}{\zeta}$ gehen nämlich die beiden von g' bestimmten Halbebenen in das Innere und das Äußere des erwähnten Kreises über.)

c) Macht man in (3) die Substitution $\zeta = -\dfrac{a_1}{a_0}x$ und multipliziert mit a_0, so geht (3) in ein Polynom

(4)
$$a_0 + a_1 x + A_1 x^2 + \cdots + A_n x^n \equiv f(x)$$

mit $a_0 \neq 0$, $a_1 \neq 0$ über und wir haben das Ergebnis: Man betrachte einen beliebigen Kreis durch die beiden Punkte $x = 0$ und $x = -\dfrac{n a_0}{a_1}$. Entweder liegen alle Nullstellen von (4) auf der Peripherie desselben, oder es gibt sowohl im Inneren wie im Äußeren desselben Nullstellen von (4).

d) Macht man in (4) die Substitution $y = x - \alpha$, so geht (4) in ein Polynom
$$f(\alpha) + f'(\alpha)y + \cdots$$
über und für jeden Kreis durch $y = 0$ und $y = -\dfrac{nf(\alpha)}{f'(\alpha)}$ gilt das vorige Ergebnis. D. h. also entweder liegen alle Nullstellen von $f(x)$ auf diesem

Kreis oder sowohl im Inneren wie im Äußeren desselben sind Nullstellen. Der Kreis geht aber durch $x = \alpha$ und $x = \alpha - \dfrac{nf(\alpha)}{f'(\alpha)}$, womit der Satz von Laguerre bewiesen ist.

6. Ein Satz von Fejér. Fejér hat im Jahresbericht der Deutschen Mathematikervereinigung Bd. 26 eine Verallgemeinerung bewiesen, bei der statt des Grades n die wirklich auftretende Gliederzahl eine Rolle spielt. Sein Satz lautet:

Eine $(k + 1)$-gliedrige algebraische Gleichung

$$a_0 + a_1 z + a_2 z^{\nu_2} + \cdots + a_k z^{\nu_k} = 0$$

$$(1 < \nu_2 < \nu_3 < \cdots < \nu_k;\ a_0 \neq 0,\ a_1 \neq 0)$$

hat mindestens eine Wurzel im Inneren oder am Rande eines beliebigen Kreises, der durch die Punkte $z = 0$ und $z = -\dfrac{k a_0}{a_1}$ geht.

Es genügt, den Beweis für eine viergliedrige Gleichung auseinanderzusetzen.

a) Die Gleichung

$$(1) \qquad z^r - z^{r-1} + a z^s + b = 0, \quad r \geqq s + 2, \quad s \geqq 1$$

hat mindestens eine Wurzel in derjenigen Halbebene, die $z = 0$ nicht enthält und die von einer beliebigen Geraden durch den Punkt $z = \frac{1}{3}$ begrenzt wird.

Der Beweis beruht auf dem Gaußschen Satz von S. 186. Diesem kann man nämlich folgendes entnehmen. Wenn eine Gerade g durch eine Wurzel der Ableitung $f'(z)$ eines Polynomes $f(z)$ geht derart, daß die Wurzeln von $f'(z)$ durch g nicht voneinander getrennt werden, also alle einer durch g bestimmten Halbebene oder deren Rand angehören, so liegen auch Nullstellen von $f(z)$ auf g oder in der anderen durch g bestimmten Halbebene. Befreit man nun die Ableitung des Polynoms (1) von den nach $z = 0$ fallenden Wurzeln, so erhält man das Polynom

$$(2) \qquad r z^{r-s} - (r - 1) z^{r-s-1} + a s.$$

Durch nochmalige Differentiation und Beseitigung der nach $z = 0$ fallenden Wurzeln kommt

$$(3) \qquad r(r - s) z - (r - 1)(r - s - 1).$$

Die einzige Wurzel dieses Polynoms ist

$$z = \left(1 - \frac{1}{r}\right)\left(1 - \frac{1}{r - s}\right).$$

Das ist eine reelle positive Zahl $\geq \frac{1}{3}$, weil $r \geq 3$, $r - s \geq 2$ ist. Legt man also durch $z = \frac{1}{3}$ eine beliebige Gerade γ, so liegen entweder alle Nullstellen von (2) auf derselben, oder es liegen auf beiden Seiten von ihr Nullstellen von (2). Wir betrachten eine derselben, die auf der $z = 0$ abgewandten Seite von γ in möglichst großer Entfernung von γ liegt und legen durch diese eine Parallele γ' zu γ. Entweder liegen dann alle Nullstellen von (1) auf γ' oder auf beiden Seiten von γ' liegen Nullstellen von (1). Jedenfalls also liegen Nullstellen von (1) auf γ oder auf der $z = 0$ abgewandten Seite von γ.

b) Man mache in (1) die Substitution $z = \dfrac{1}{x}$. Dann geht (1) in

$$(4) \qquad\qquad 1 - x + c\,x^m + d\,x^n$$

über, wo $m \geq 2, n > m, c, d$ Zahlen sind. Aus der Geraden durch $z = \frac{1}{3}$ wird dabei ein Kreis durch $x = 0$ und $x = 3$, der in seinem Inneren oder an seinem Rande Wurzeln von (4) trägt.

c) Hier mache man endlich die Substitution $x = -\dfrac{a_1}{a_0}z$, wodurch man zum Beweis des Fejérschen Satzes geführt wird.

Annalen 65 hat Fejér weiter gefunden, daß ein jedes Polynom

$$a_0 + a_1 x^{\nu_1} + a_2 x^{\nu_2} + \cdots + a_k x^{\nu_k},$$

wo $0 < \nu_1 < \nu_2 < \cdots < \nu_k, a_1 \neq 0$, mindestens eine Wurzel ζ besitzt, für die

$$|\xi|^{\nu_1} \leq \binom{\nu_1 + k - 1}{k - 1} \left| \frac{a_0}{a_1} \right|$$

ist. Jahresbericht 26 hat er diesen Satz noch verschärft.

Einen weiteren hierher gehörigen Satz hat endlich Montel (Ann. éc. norm. (3), 40 (1923) bewiesen. Dieser Satz lautet:

Sind die Koeffizienten $a_1 \ldots a_p$ des Polynoms

$$1 + a_1 x + \cdots + a_p x^p + \cdots + a_n x^n$$

gegeben und ist k die Anzahl der auf $a_p x^p$ folgenden Glieder mit von Null verschiedenen Koeffizienten, so gibt es mindestens eine Wurzel ξ des Polynoms, für die

$$|\xi|^p \leq M$$

ist. Dabei bedeutet M eine Zahl, die nur von $a_1 \ldots a_p, p$ und k abhängt.

Montel hat außerdem bemerkt, daß die Fejérsche Schranke nicht verbessert werden kann, daß sie vielmehr bei gewissen Polynomen erreicht wird. Montel vermutet weiter, daß es sogar immer im Fejérschen Fall ν_1 Wurzeln ξ gibt, die der Fejérschen Abschätzung genügen. Diese Vermutung ist aber noch nicht bewiesen, wenn schon ihre Richtigkeit durch die Untersuchungen von Fejér, Jahresbericht 26 (1917), E. B. van Vleck (Bull. soc. math. Fr. 53 (1925)) sehr wahrscheinlich gemacht wird.

7. Der Faltungssatz von Grace. $z_1 \ldots z_n$ mögen Zahlen eines Kreisbereiches k sein. Es bezeichne $S_k(z_1 \ldots z_n)$ für $k = 0$ die 1 für $k = 1, 2 \ldots n$ die elementarsymmetrischen Funktionen der z_i. Die Gleichung

$$(1) \qquad a_0 + \binom{n}{1} a_1 z + \binom{n}{2} a_2 z^2 + \cdots + a_n z^n = 0, \qquad \text{in der}$$

$$(2) \qquad a_0 S_0 + a_1 S_1 + \cdots + a_n S_n = 0$$

sei, hat dann mindestens eine Wurzel, die dem Kreisbereich k angehört. Unter Kreisbereich wird dabei entweder das Innere samt Rand, oder das Äußere samt Rand eines Kreises, oder eine Halbebene samt Rand verstanden.

Da der Satz für $n = 0$ und $n = 1$ trivial ist, so liegt es nahe, seinen Beweis durch vollständige Induktion zu versuchen. Ich nehme also an, für $n = \mu - 1$ sei der Satz richtig, und will zeigen, daß er dann für $n = \mu$ gilt. Wir werden uns dabei auf den Satz von Laguerre (4, 5, 5) stützen. Wir setzen in (1) und (2) $n = \mu$ ein. Setzt man

$$f(z) = a_0 + a_1 \binom{\mu}{1} z + \cdots + a_\mu z^\mu, \qquad \text{so wird}$$

$$z f'(z) - \mu f(z) = -\mu \left(a_0 + \binom{\mu-1}{1} a_1 z + \cdots + a_{\mu-1} z^{\mu-1} \right).$$

Also wird die aus dem Satz von Laguerre bekannte Größe

$$(3) \qquad z - \mu \frac{f(z)}{f'(z)} = - \frac{a_0 + \binom{\mu-1}{1} a_1 z + \cdots + a_{\mu-1} z^{\mu-1}}{a_1 + \binom{\mu-1}{1} a_2 z + \cdots + a_\mu z^{u-1}}.$$

Ich betrachte nun die Gleichung

$$z_\mu = - \frac{a_0 + \binom{\mu-1}{1} a_1 z + \cdots + a_{\mu-1} z^{\mu-1}}{a_1 + \binom{\mu-1}{1} a_2 z + \cdots + a_\mu z^{u-1}}$$

oder anders geschrieben

$$(4) \quad (a_0 + a_1 z_\mu) + \binom{\mu-1}{1} (a_1 + a_2 z_\mu) z + \cdots + (a_{\mu-1} + z_\mu a_\mu) z^{u-1} = 0.$$

Dies hat die Form der Gleichung (1) für $n = \mu - 1$ und falls a_k durch $a_k + a_{k+1} z_\mu$ ersetzt wird. Auch die Relation (2) gilt, wenn man $n = \mu - 1$

setzt und die S_k nur auf $z_1 \ldots z_{\mu-1}$ bezieht. Diese S_k sollen dann mit S_k' bezeichnet werden. Nun aber ist

$$(S_0' = 1)$$

$$-(a_0 + a_1 z_\mu)\, S_0' = -(a_0 + a_1 z_\mu) = a_1 S_1 + a_2 S_2 + \cdots + a_\mu S_\mu - a_1 z_\mu$$

$$= a_1(S_1' + z_\mu S_0') + a_2(S_2' + z_\mu S_1') + \cdots + a_{\mu-1}(S_{\mu-1}' + z_\mu S_{\mu-2}')$$

$$+ a_\mu S_{\mu-1}' z_\mu - a_1 z_\mu$$

$$= (a_1 + a_2 z_\mu) S_1' + (a_2 + a_3 z_\mu) S_2' + \cdots + (a_{\mu-1} + a_\mu z_\mu) S_{\mu-1}'.$$

D. h. für Gleichung (4) ist Relation (2) erfüllt. Daher liegt eine Wurzel Z von (4) in K. Nun ersetzen wir im Laguerreschen Ausdruck (3) das z durch Z, wodurch der Laguerresche Ausdruck den Wert z_μ bekommt. Dann betrachten wir denjenigen Kreis durch Z und z_μ, der die Verbindungsstrecke dieser beiden Punkte zum Durchmesser hat. Da z_μ und Z dem Kreisbereich K angehören, verläuft dieser Kreis ganz in K und entweder sein Inneres oder sein Äußeres gehören völlig zu K. Daher liegt nach Laguerre mindestens eine Wurzel von (1) in K, falls $n = \mu$ ist. Damit ist der Faltungssatz bewiesen. Der hier vorgetragene Beweis stammt von dem Amerikaner D. R. Curtiss (Trans. Am. math. soc. 24).

8. Kompositionssätze. Ich beginne mit einer ein wenig anderen Formulierung des Faltungssatzes. Man setze $S_{n-k} = (-1)^k \dfrac{b_k}{b_0} \dbinom{n}{k}$. Dann läßt sich der Faltungssatz so aussprechen:

Vorgelegt sind die beiden Gleichungen

$$A(x) \equiv a_0 + a_1 \binom{n}{1} x + a_2 \binom{n}{2} x^2 + \cdots + a_n x^n = 0$$

und

$$B(x) \equiv b_0 + b_1 \binom{n}{1} x + b_2 \binom{n}{2} x^2 + \cdots + b_n x^n = 0,$$

und es besteht die Relation

$$a_0 b_n - \binom{n}{1} a_1 b_{n-1} + \binom{n}{2} a_2 b_{n-2} + \cdots + (-1)^n a_n b_0 = 0.$$

Wir sagen dann, $A(x)$ und $B(x)$ seien apolar. Wenn dann die sämtlichen Wurzeln der einen Gleichung einem Kreisbereich K angehören, so liegt in diesem auch mindestens eine Wurzel der anderen Gleichung.

Es seien ferner $A(x)$ und $B(x)$ zwei beliebige Polynome und ξ eine Wurzel der komponierten Gleichung

$$C(x) \equiv a_0 b_0 + \binom{n}{1} a_1 b_1 x + \cdots + a_n b_n x^n = 0.$$

Es sei $a_0 b_0 \neq 0$ und $a_n b_n \neq 0$, so daß auch die Wurzeln β_ν von $B(x) = 0$ alle von Null verschieden sind. Dann sind $A(x)$ und $x^n B\left(-\dfrac{\xi}{x}\right)$ apolar.

Die Wurzeln der zweiten Gleichung sind $-\dfrac{\xi}{\beta_1}, \ldots, -\dfrac{\xi}{\beta_n}$. Sind dann die Wurzeln von $A(x)$ alle in einem Kreisbereich K gelegen, so gehört diesem auch mindestens eine Wurzel der zweiten an. D. h. also: Ist k ein geeigneter Punkt aus K, so ist $\xi = -\beta_\varrho k$ für ein passendes ϱ. Diese Aussage bleibt nun offenbar auch noch richtig, wenn wir auf die Voraussetzung $a_0 b_0 \neq 0$ und $a_n b_n \neq 0$ verzichten. Denn dann rückt ein ξ nach 0 oder ∞, aber gleichzeitig rückt auch entweder eine Wurzel von $A(x)$ oder von $B(x)$ nach 0 oder unendlich. Also gilt der Satz:

$$A(x) \equiv a_0 + \binom{n}{1} a_1 x + \cdots + a_n x^n = 0$$

und
$$B(x) \equiv b_0 + \binom{n}{1} b_1 x + \cdots + b_n x^n = 0$$

seien zwei Gleichungen. Die Wurzeln von $A(x)$ mögen einem Kreisbereich K angehören. Die von $B(x)$ seien $\beta_1 \ldots \beta_n$. Dann hat jede Wurzel ξ der komponierten Gleichung

$$C(x) \equiv a_0 b_0 + \binom{n}{1} a_1 b_1 x + \cdots + a_n b_n x^n = 0$$

die Form $\xi = -\beta_\varrho k$, wo ϱ eine geeignete Nummer und k ein passender Punkt aus K ist.

Man muß sich zum Verständnis des Wortlautes noch merken, daß bei $a_n = 0$ zu den Punkten von K auch $k = \infty$ gehört, und daß für $b_n = 0$ zu den Wurzeln β_ϱ auch ∞ gerechnet wird.

Gehören also auch die Wurzeln von $B(x)$ einem Kreisbereich K' an, so liegen die von $C(x)$ in einem Kreisbereich K'', dessen Punkte man erhält, wenn man in $-\alpha\beta$ das α den Bereich K und das β den Bereich K' durchlaufen läßt. Insbesondere gehören also die Wurzeln von $C(x)$ dem Einheitskreis oder seinem Rand an, wenn für $A(x)$ und $B(x)$ das so ist. Eine gleiche Aussage gilt auch für das Äußere und die Peripherie. Liegen also die Wurzeln von $A(x)$ und $B(x)$ auf dem Rand des Einheitskreises, so gilt das gleiche auch bei $C(x)$. Denn dann gehören ja die Wurzeln von $C(x)$ ebenso wie die von $A(x)$ und $B(x)$ gleichzeitig dem abgeschlossenen Inneren und dem abgeschlossenen Äußeren an.

Analoge Schlüsse gelten auch, wenn die Kreisbereiche Halbebenen sind. Insbesondere gilt also der Satz:

Sind die Wurzeln von $A(x)$ und $B(x)$ reell, so sind auch die Wurzeln der komponierten Gleichung $C(x)$ reell.

13*

Hier aber kann man noch zu einer etwas schärferen Aussage gelangen und zwar auf folgendem Wege. Gehören die Wurzeln von $A(x)$ einer Halbebene H an, welche den Nullpunkt enthält und sind alle β_i reell und zwischen $(-1, 0)$ gelegen; dann liegen die Zahlen $-\beta_\nu h$ auch in H, wenn h die Halbebene H durchläuft. Gehören also alle Wurzeln von $A(x)$ einer konvexen Punktmenge $\Re$ an, die den Nullpunkt enthält, so gehören auch alle Zahlen $-\beta_\nu k$ zu $\Re$, wenn k die Menge $\Re$ durchläuft. Also gilt der folgende Satz:

Es seien
$$A(x) \equiv a_0 + \binom{n}{1} a_1 x + \cdots + a_n x^n = 0$$

$$B(x) \equiv b_0 + \binom{n}{1} b_1 x + \cdots + b_n x^n = 0$$

$$C(x) \equiv a_0 b_0 + \binom{n}{1} a_1 b_1 x + \cdots + a_n b_n x^n = 0$$

drei algebraische Gleichungen. Die Wurzeln von $A(x)$ sollen einem konvexen Bereich $\Re$ angehören, die von $B(x)$ im Intervall $-1 \leqq x \leqq 0$ liegen. $\Re$ enthalte den Punkt $x = 0$ als inneren oder Randpunkt. Dann liegen auch die Wurzeln von $C(x)$ alle im Inneren oder am Rande von $\Re$.

Insbesondere sei $\Re$ ein Intervall des Reellen. Dann gilt namentlich der folgende Satz:

Wenn die Wurzeln von $A(x)$ im Intervall $(-a, a)$ liegen, wenn die Wurzeln von $B(x)$ alle von einerlei Vorzeichen sind und entweder dem Intervall $(-b, 0)$ oder $(0, b)$ angehören, dann liegen die Wurzeln von $C(x)$ alle im Intervall $(-ab, ab)$.

Nun seien
$$a(x) \equiv a_0 + a_1 x + \cdots + a_k x^k$$
$$b(x) \equiv b_0 + b_1 x + \cdots + b_l x^l$$

zwei Polynome mit lauter reellen Nullstellen, deren zweites dazu noch lauter Wurzeln von einerlei Vorzeichen besitzt. Dann sei n irgendeine ganze Zahl, die sowohl k wie l übertrifft. Komponiert man dann die beiden Gleichungen n-ten Grades

$$x^n a\left(\frac{1}{x}\right) \equiv a_k x^{n-k} + \cdots + b_0 x^n = 0$$

$$x^n b\left(\frac{1}{x}\right) \equiv b_l x^{n-l} + \cdots + b_0 x^n = 0,$$

ersetzt noch darin x durch $\dfrac{x}{n}$ und multipliziert mit n^n, so erhält man das Polynom

$$a_0 b_0 x^n + 1! \, a_1 b_1 x^{n-1} + \frac{n}{n-1} 2! \, a_2 b_2 x^{n-2} + \cdots$$

$$\cdots + \frac{n}{n-1} \cdot \frac{n}{n-2} \cdots \frac{n}{n-m+1} m! \, a_m b_m x^{n-m},$$

wo m die kleinere der beiden Zahlen k und l ist. Die Wurzeln dieses Polynoms sind nach dem vorausgegangenen Satz wieder alle reell. Nach S. 25 sind daher auch die Wurzeln der Gleichung, die man durch den Grenzübergang $n \to \infty$ erhält, alle reell. So haben wir den Kompositionssatz von J. Schur: Sind die Wurzeln von $a_0 + a_1 x + \cdots + a_n x^k = 0$ alle reell und sind die von $b_0 + b_1 x + \cdots + b_l x^l = 0$ alle reell und von nicht verschiedenem Vorzeichen, so sind auch die Wurzeln von $a_0 b_0 + 1! a_1 b_1 x + 2! a_2 b_2 x^2 + \cdots + m! a_m b_m x^m$, wo $m = \mathrm{Min}\,(k, l)$, alle reell.

Daraus wieder fließt der Kompositionssatz von Malo.

Sind die Wurzeln von

$$f(x) = a_0 + a_1 x + \cdots + a_k x^k$$

alle reell und die von

$$g(x) = b_0 + b_1 x + \cdots + b_l x^l$$

alle reell und von einerlei Vorzeichen oder Null, und bedeutet m die kleinere der beiden Zahlen k und l, so hat auch die Gleichung

$$h_1(x) \equiv a_0 b_0 + a_1 b_1 x + \cdots + a_m b_m x^m = 0$$

lauter reelle Wurzeln. Für $k \leqq l$ und $a_0 b_0 \neq 0$ sind die Wurzeln von $h_1(x)$ alle verschieden.

Man gewinnt diesen Satz von Malo folgendermaßen aus dem von Schur:
Mit $f(x) = 0$ zugleich besitzt auch

$$a_k + a_{k-1} x + \cdots + a_0 x^k$$

lauter reelle Wurzeln. Da die Wurzeln von

$$(1 + x)^k = 1 + \binom{k}{1} x + \cdots + x^k$$

alle reell und negativ sind, so hat nach dem Satz von Schur

$$a_k + k a_{k-1} x + \cdots + k! a_0 x^k$$

lauter reelle Wurzeln. Daher hat auch

$$\frac{a_k}{k!} + \frac{a_{k-1}}{(k-1)!} + \cdots + a_0 x^k$$

und also auch $\quad a_0 + a_1 x + \cdots + \dfrac{a_{k-1}}{(k-1)!}\, x^{k-1} + \dfrac{a_k}{k!}\, x^k$

lauter reelle Wurzeln. Hierauf und auf $g(x)$ wende man nun den Satz von Schur an. Dann erhält man den von Malo.

9. Der Satz von Grace-Heawood. Es handelt sich um eine Übertragung des Rolleschen Satzes ins komplexe Gebiet. Das im Reellen gültige Rollesche Theorem sagt ja aus, daß die Ableitung $f'(x)$ stets zwischen zwei Stellen verschwindet, an denen $f(x)$ den gleichen Wert hat. Nun haben wir schon oben im Gaußschen Satz eine Ausdehnung des Rolleschen Theorems kennengelernt. Der Satz von Grace-Heawood hält sich aber erst eng an die vom Reellen geläufigen Voraussetzungen. Nun kann man aber nicht erwarten, daß es für beliebige analytische Funktionen einen solchen verallgemeinerten Rolleschen Satz gebe. Denn z. B. e^x wird doch nirgends Null, während doch z. B. $e^{2i\pi} = e^0 = 1$ ist. Aber für Polynome gibt es eine solche Erweiterung. Der Satz von Grace-Heawood lautet nämlich so:

Ein Polynom m-ten Grades nehme für $x = -1$ und $x = +1$ denselben Wert an. Dann verschwindet die Ableitung in einem Kreis vom Radius $\operatorname{cotg} \dfrac{\pi}{m}$ **um $x = 0$ als Mittelpunkt.**

Der Beweis fließt aus dem Faltungssatz. Die zu Beginn der vorigen Nummer gegebene Formulierung desselben wollen wir erst noch ein wenig anders fassen.

Es seien $\beta_0, \beta_1 \ldots \beta_n$ gegebene Zahlen, die nicht alle verschwinden.

$$\alpha(x) \equiv \alpha_0 + \alpha_1 x + \alpha_2 x^2 + \cdots + \alpha_n x^n = 0$$

sei eine algebraische Gleichung. Es gelte die Relation

$$L \equiv \alpha_0 \beta_n + \alpha_1 \beta_{n-1} + \cdots + \alpha_n \beta_0 = 0.$$

Dann liegt wenigstens eine Wurzel von $\alpha(x) = 0$ in jedem Kreisbereich, der sämtliche Wurzeln der Gleichung

$$\beta(z) \equiv \beta_0 - \binom{n}{1} \beta_1 z + \binom{n}{2} \beta_2 z^2 \cdots (-1)^n \beta_n z^n = 0 \quad \text{enthält.}$$

Es leuchtet unmittelbar ein, daß diese Formulierung mit der zu Beginn der vorigen Nummer gegebenen übereinstimmt.

Wir fügen aber jetzt noch die Bemerkung hinzu, daß das Polynom $\beta(z)$ aus der Linearform L entsteht, wenn man zur Bildung von L statt der Koeffizienten von $\alpha(x)$ die von $(x-z)^n$ verwendet.

Wir wenden diese Sätze jetzt an unter der Annahme, daß $\alpha(x)$ die Ableitung des im Grace-Heawoodschen Satz gegebenen Polynoms m-ten Grades ist. Es sei als $n = m - 1$. Die Bedingung, daß das Polynom selbst bei $x = \pm 1$ den gleichen Wert annimmt, bedeutet, daß

$$\int_{-1}^{+1} \alpha(t)\, dt = \sum_{0 \le 2k \le m-1} \frac{2}{2k+1}\, a_{2k} = 2a_0 + \frac{2}{3}\, a_2 + \frac{2}{5}\, a_4 + \cdots = 0$$

ist. Diese Relation ist die im Satze mit L bezeichnete. Das im Satze mit $\beta(z)$ bezeichnete Polynom wird daher nach der ihm zugefügten Bemerkung

$$\beta(z) \equiv \int\limits_{-1}^{+1} (t-z)^{m-1} dt = \frac{(1-z)^m - (-1-z)^m}{m}.$$

Die Wurzeln von diesem $\beta(z)$ sind

$$Z_\nu = i \operatorname{cotg} \frac{\nu\pi}{m}, \quad (\nu = 1, 2 \ldots m-1)$$

wie man sofort nachrechnet. Daher lehrt der Faltungssatz, daß in jedem Kreis, der alle Z_ν umschließt, mindestens eine Nullstelle von $\alpha(x)$ liegt. Ein solcher Kreis ist aber z. B. der um $x = 0$ mit $\operatorname{cotg} \frac{\pi}{m}$ als Radius gelegte. Aber auch jeder andere Kreis durch die beiden Punkte $\pm\, i \operatorname{cotg} \frac{\pi}{m}$ hat diese Eigenschaft, Nullstellen von $\alpha(x)$ zu enthalten. Das gleich gilt auch für das Äußere und den Rand eines Kreises, der durch die beiden Punkte

$$i \operatorname{cotg} \frac{\nu\pi}{m} \quad \text{und} \quad i \operatorname{cotg} \frac{(\nu+1)\pi}{m} \quad \text{geht.}$$

Wegen weiterer Folgerungen aus dem Faltungssatz vgl. man namentlich eine Arbeit von Szegö in Math. Ztschr. Bd. 13, sowie Arbeiten von Walsh in Am. Trans. Bd. 24.

10. Ein Satz von Walsh. Der amerikanische Mathematiker W a l s h hat eine interessante Verallgemeinerung des Satzes von Gauß gefunden, für den Fall, daß die Wurzeln einer Gleichung sich auf zwei Kreisscheiben verteilen. Sein Satz lautet:

$g(z)$ sei das Polynom

$$(z - z_1)^{m_1} (z - z_2)^{m_2}$$

und $m_1^{(n)} : m_2^{(n)}$ $(n = 1, 2 \ldots m)$ seien die Verhältnisse, in welchen die m verschiedenen Wurzeln von $\frac{d^k g}{d z^k} = 0$ die Strecke (z_1, z_2) teilen. In den Kreisen C_1 und C_2 mit den Mittelpunkten a_1, a_2 und den Radien r_1 und r_2 mögen m_1 bzw. m_2 Wurzeln eines Polynoms $f(z)$ vom Grade $m_1 + m_2$ liegen. Dann besteht der geometrische Ort der Nullstellen von $\frac{d^k f}{d z^k}$ aus m Kreisen $C^{(n)}$, deren Mittelpunkte

$$\frac{m_2^{(n)} a_1 + m_1^{(n)} a_2}{m_1^{(n)} + m_2^{(n)}},$$

und deren Radien

$$\frac{m_2^{(n)} r_1 + m_1^{(n)} r_2}{m_1^{(n)} + m_2^{(n)}}$$

sind. (Vgl. Am. Trans. Bd. 24 S. 175.)

Der Beweis wird folgendermaßen geführt:

1. Der Satz von Gauß (S. 186) lehrt, daß die Wurzeln von $f^{(k)}(z)$ in dem kleinsten konvexen Bereich liegen, der alle Wurzeln von $f(z)$ enthält.

Wenn also die Wurzeln von $f(z)$ insbesondere dem Inneren oder dem Rande von zwei Kreisscheiben in der angegebenen Verteilungsweise angehören, so gibt es somit einen abgeschlossenen Bereich, dem die Wurzeln von $f^{(k)}(z)$ angehören. Es handelt sich um seine Bestimmung.

2. Es seien nun $a_1 \ldots a_{m_1}$, $b_1 \ldots b_{m_2}$ die Wurzeln von $f(z)$. Dann sind die Nullstellen von $f^{(k)}(z)$ analytische Funktionen von $a_1, \ldots a_{m_1}$ und $b_1, \ldots b_{m_2}$. Insbesondere kann also nach dem funktionentheoretischen Satz von der Gebietstreue[1]) eine Wurzel z von $f^{(k)}(z)$ nur dann dem Rand ihres geometrischen Ortes angehören, wenn $a_1 \ldots a_{m_1}$ am Rande von C_1 und $b_1 \ldots b_{m_2}$ am Rande von C_2 liegen. Man überzeugt sich ja leicht, daß es keine von den a und den b unabhängige Wurzel z von $f^{(k)}(z) = 0$ gibt.

3. Wir zeigen, daß man ohne den Wert einer solchen Wurzel z von $f^{(k)}(z)$ abzuändern, die a_i und die b_k auf diesen Kreisperipherien noch so verschieben kann, daß alle a und daß alle b zusammenfallen. Es ist nur dann ein Beweis dieser Behauptung nötig, wenn mehr als ein a oder mehr als ein b vorhanden ist. Nehmen wir z. B. an, es seien mehrere a vorhanden. Dann erteilen wir allen b und allen a mit Ausnahme von zweien derselben feste Werte an der Peripherie ihrer Kreise, und ebenso z einen festen Wert am Rande seines geometrischen Ortes. Wir nennen die beiden nach 2. auf C_1 noch beweglichen Nullstellen a_1 und a_2. Dann bedeutet $f^{(k)}(z) = 0$ eine algebraische Beziehung zwischen a_1 und a_2, die sowohl in a_1 wie in a_2 linear ist. Man bekommt so a_2 als lineare Funktion von a_1, es sei denn, daß der Koeffizient von a_2 für dies z und alle a_1 verschwindet. Dann ist aber die Beziehung für dies z und mindestens ein a_1, aber für alle a_2 erfüllt, und man kann a_1 und a_2 zusammenlegen. Man habe also nun a_1 als lineare Funktion von a_2 dargestellt. Wenn dann a_1 auf C_1 wandert, dann beschreibt a_2 einen Kreis, der durch die Anfangslage von a_2 hindurchgeht, der aber keinen inneren Punkt von C_1 treffen kann. Denn dann könnte für solche Lagen von a_1 und a_2 die Wurzel z von $f^{(k)}(z)$ nicht dem Rande ihres geometrischen Ortes angehören, wie wieder der Satz von der Gebietstreue lehrt. a_1 und a_2 beschreiben also beide die Peripherie C_1, aber im umgekehrten Sinn. Denn sonst würde der Satz von der Winkeltreue lehren, daß mit a_1 zugleich auch a_2 ins Innere von C_1 einrückt, was wieder nach dem Satz von der Gebietstreue der Lage von z widerspricht. Also kann man a_1 und a_2 zusammenfallen lassen. Man sieht außerdem aus der angestellten

---

1) Vgl. z. B. Bieberbach, Lehrbuch der Funktionentheorie Bd. I S. 187.

Überlegung, daß wenn A_1 und A_2 zwei mögliche Lagen von a_1 und a_2 sind, das Zusammenfallen von a_1 und a_2 auf jedem der beiden durch A_1 und A_2 bestimmten Bogen von C_1 bewerkstelligt werden kann.

Die Überlegung zeigt auch, daß man sie, ohne sie zusammenfallen zu lassen, auf dem Bogen A_1A_2 beliebig nahe beieinander anbringen kann.

Ich behaupte nun, daß es möglich ist, eine Zahl a auf C_1 so zu finden, daß bei gegebenem z die Beziehung $f^{(k)}(z; a_1 \ldots a_n) = 0$ durch $a_i = a \, (i = 1 \ldots n)$ befriedigt wird. Ist nämlich $a_i^{(v)} (i = 1 \ldots n; \; v = 1, 2 \ldots)$ eine Folge von Zahlen auf C_1, für die

$$f^{(k)}(z; \, a_1^{(v)} \ldots a_n^{(v)}) = 0$$

ist, und ist $\lim_{v \to \infty} a_i^{(v)} = \alpha_i \, (i = 1 \ldots n)$, so ist auch $f^{(k)}(z; \, \alpha_1 \ldots \alpha_n) = 0$. Wäre es nun nicht möglich, eine Zahl a auf C_1 zu finden, so daß $f^{(k)}(z; a \ldots a) = 0$ ist, dann gäbe es ein $\varepsilon > 0$ derart, daß man auf einem passenden Bogen von C_1 vom Zentriwinkel ε Zahlen $a_1 \ldots a_n$ finden kann, für die $f^{(k)}(z; a_1 \ldots a_n) = 0$ ist, daß man aber auf keinem Bogen von kleinerem Zentriwinkel solche Zahlen finden kann. Dies aber widerspricht den früheren Feststellungen. Denn numeriert man die a_i so, daß a_1 und a_n den Bogen vom Zentriwinkel ε begrenzen, so kann man entweder a_1 auf a_2 legen, oder aber a_1 und a_2 aufeinander zu rücken lassen.

Durch eine jede dieser Maßnahmen wird der Zentriwinkel ε verkleinert, falls die Nullstelle a_1 einfach ist. Ist aber ihre Vielfachheit k, ist also z. B. $a_1 = a_2 = \cdots = a_k$, so hat man unter Heranziehung von a_{k+1} den eben erwähnten Prozeß $k$mal auszuführen, um zu einer Verkleinerung von ε zu gelangen. Daher kann es kein solches $\varepsilon > 0$ geben. Man kann also ein a auf C_1 so finden, daß $f^{(k)}(z; a \ldots a) = 0$ ist.

4. Hiernach ist die Aufgabe der Bestimmung des geometrischen Ortes der Wurzeln z von $f^{(k)}(z)$ auf den Spezialfall des Polynoms

$$g(z) = (z - a)^{m_1} (z - b)^{m_2}$$

reduziert, wobei a und b zwei Kreisperipherien C_1 und C_2 durchlaufen. Sind aber a und b zwei verschiedene feste Zahlen, so liegen die Wurzeln von $g^{(k)}(z)$ entweder bei a und b oder auf der Verbindungsstrecke (a, b). Dies lehrt der gewöhnliche Rollesche Satz, weil man durch eine Koordinatentransformation a und b auf die reelle Achse legen kann. Auf der Verbindungsstrecke liegen keine mehrfachen Wurzeln von $g^{(k)}(z)$, wie man dem Rolleschen Theorem selbst leicht entnehmen kann. Lassen wir nun a und b auf C_1 und C_2 wandern, so müssen nach dem in 3. Gesagten die m Wurzeln von $g^{(k)}(z)$ unter anderem den Rand des gesuchten geometrischen Ortes beschreiben, soweit er nicht auf C_1 und C_2 fällt. Seine Feststellung ist nun aber zu einer rein geometrischen Aufgabe geworden:

Zwei Punkte a und b beschreiben zwei Kreisflächen C_1 und C_2. Man teilt ihre Verbindungsstrecke stets im Verhältnis $m_1 : m_2$. Welchen geometrischen Ort beschreibt der Teilpunkt? Ich behaupte:

Sind α_1 und α_2 die Mittelpunkte, r_1 und r_2 die Radien von C_1 und C_2, so beschreibt der Teilpunkt eine Kreisfläche vom Mittelpunkt.

$$\frac{m_1 a_2 + m_2 a_1}{m_1 + m_2}$$

und vom Radius

$$\frac{r_2 m_1 + r_1 m_2}{m_1 + m_2}.$$

Es genügt für unseren Zweck, zu zeigen, daß die Teilpunkte alle diesem Kreis angehören. Ist aber $|z_1 - \alpha_1| \leq r_1$, $|z_2 - \alpha_2| \leq r_2$, so ist für den Teilpunkt

$$Z = \frac{m_2 z_1 + m_1 z_2}{m_1 + m_2}$$

$$Z - \frac{m_2 a_1 + m_1 a_2}{m_1 + m_2} = \frac{m_2}{m_1 + m_2}(z_1 - \alpha_1) + \frac{m_1}{m_1 + m_2}(z_2 - \alpha_2).$$

Daher ist wirklich $\left| Z - \dfrac{m_2 a_1 + m_1 a_2}{m_1 + m_2} \right| \leq \dfrac{m_2 r_1 + m_1 r_2}{m_1 + m_2}.$

Daher gehören also die Wurzeln z von $f^{(k)}(z)$ wirklich den m im Satz genannten Kreisscheiben an.

$$\text{Fünfter Abschnitt.}$$

Algebraische Auflösung der Gleichungen.

Erstes Kapitel.
Algebraische Auflösung der Gleichungen dritten und vierten Grades.

1. Begriff der algebraischen Auflösung. Unter der algebraischen Auflösung der Gleichung

$$f(x) = a_0 x^n + a_1 x^{n-1} + \cdots + a_n = 0$$

versteht man die Bestimmung der n Werte der Unbekannten x durch endlich oftmalige Anwendung der rationalen Rechenoperationen und der Wurzelziehung.

Es ist bekannt, daß die Gleichung zweiten Grades (quadratische Gleichung)

$$a_0 x^2 + a_1 x + a_2 = 0$$

eine solche algebraische Lösung zuläßt, nämlich

$$x = \frac{-a_1 \pm \sqrt{a_1^2 - 4 a_0 a_2}}{2 a_0},$$

und wir haben gesehen, daß man zu derselben unmittelbar gelangt durch Wegschaffung des zweiten Gliedes (3, 2, 1).

2. Die Gleichung dritten Grades. Die Gleichungen dritten Grades (kubische Gleichungen) gestatten ebenfalls eine algebraische Auflösung; denn vermöge der Tschirnhausschen Methode kann mit Hilfe der Auflösung einer Gleichung zweiten Grades das zweite und dritte Glied weggeschafft werden und die Gleichung auf die („binomische") Form

$$(1) \qquad\qquad\qquad x^3 = A \qquad\qquad \text{gebracht werden (3, 2, 3).}$$

Diese einfachste Form einer kubischen Gleichung liefert aber sofort die drei Wurzeln; denn $\sqrt[3]{A}$ hat drei Werte, welche man erhält, wenn man einen derselben mit den drei Werten von $\sqrt[3]{1}$ multipliziert (1, 2, 7). Diese sind dort in trigonometrischer Form gegeben. Man erhält sie aber auch leicht in arithmetischer Form aus der Gleichung, welche $\sqrt[3]{1}$ definiert:

$$(2) \qquad x^3 - 1 = 0.$$

Dieselbe zerfällt in zwei Gleichungen

$$x - 1 = 0 \quad \text{und} \quad x^2 + x + 1 = 0,$$

woraus sich die drei Wurzeln ergeben

$$(3) \qquad 1,\ \alpha = \frac{-1 + \sqrt{-3}}{2},\quad \beta = \frac{-1 - \sqrt{-3}}{2}.$$

Dies sind die drei Werte von $\sqrt[3]{1}$.

Ist A reell und nehmen wir für $\sqrt[3]{A}$ den reellen Wert, so sind mithin die drei Wurzeln der Gleichung (1)

$$(4) \qquad \sqrt[3]{A},\ \alpha\sqrt[3]{A},\ \beta\sqrt[3]{A}.$$

Es ist gut zu bemerken, daß zwischen den zwei Größen α, β folgende Relationen bestehen, die sich sogleich aus (2) ergeben:

$$\alpha + \beta + 1 = 0, \quad \alpha\beta = 1, \quad \alpha^3 = \beta^3 = 1,$$

also auch
$$\alpha^2 = \beta, \beta^2 = \alpha.$$

Um die Auflösung der Gleichung dritten Grades

$$(5) \qquad x^3 + a_1 x^2 + a_2 x + a_3 = 0$$

durchzuführen, kann man statt die Reduktion auf die Form (1) vorzunehmen, einen anderen kürzeren Weg einschlagen. Wir reduzieren zunächst die Gleichung auf die Form

$$(6) \qquad x^3 + p x + q = 0,$$

in welcher das zweite Glied fehlt. Dann setze man

$$(7) \qquad x = y + z,$$

wo y und z zwei neue Unbekannte sind. Damit nimmt (6) die Form an

$$y^3 + z^3 + 3yz(y + z) + p(y + z) + q = 0$$
$$y^3 + z^3 + q + (3yz + p)(y + z) = 0.$$

Diese Gleichung wird erfüllt, wenn y, z bestimmt werden aus den zwei Gleichungen

$$(8) \qquad 3yz = -p$$
$$(9) \qquad y^3 + z^3 = -q.$$

Die Gleichung (8) ersetzen wir durch

$$(10) \qquad y^3 z^3 = \frac{-p^3}{27}.$$

Da wir nun das Produkt und die Summe der zwei Größen y^3, z^3 kennen, so läßt sich sogleich die quadratische Gleichung bilden, welche diese zwei Größen zu Wurzeln hat. Dieselbe ist

$$(11) \qquad u^2 + qu - \frac{p^3}{27} = 0,$$

also

$$y^3 = -\frac{q}{2} + \sqrt{\frac{q^2}{4} + \frac{p^3}{27}}, \quad z^3 = -\frac{q}{2} - \sqrt{\frac{q^2}{4} + \frac{p^3}{27}} \qquad \text{und}$$

$$(12) \qquad x = \sqrt[3]{-\frac{q}{2} + \sqrt{\frac{q^2}{4} + \frac{p^3}{27}}} + \sqrt[3]{-\frac{q}{2} - \sqrt{\frac{q^2}{4} + \frac{p^3}{27}}}.$$

Da nun aber jede dritte Wurzel drei verschiedene Werte hat, so gibt diese Formel 9 Werte für x statt 3.

Dies kommt daher, daß wir die Gleichung (8) durch (10) ersetzten. Die Gleichung (10) bleibt aber unverändert, wenn wir p durch αp oder βp ersetzen, wo α, β die in (3) angegebenen dritten Wurzeln der Einheit sind. Die Formel (12) in ihrer vollen Allgemeinheit gibt also zugleich die Wurzeln der vorgelegten Gleichung (6) und der Gleichungen

$$x^3 + \alpha p x + q = 0, \ x^3 + \beta p x + q = 0.$$

Um nur die Werte von x zu haben, welche der Gleichung $x^3 + p x + q = 0$ entsprechen, müssen wir y und z so bestimmen, daß $yz = -\frac{p}{3}$. Verstehen wir also unter

$$(13) \qquad \sqrt[3]{-\frac{q}{2} + \sqrt{\frac{q^2}{4} + \frac{p^3}{27}}} = A, \quad \sqrt[3]{-\frac{q}{2} - \sqrt{\frac{q^2}{4} + \frac{p^3}{27}}} = B$$

zwei dieser Bedingung genügende Werte dieser dritten Wurzeln, und sind

$$y = A, \alpha A, \beta A$$
$$z = B, \alpha B, \beta B$$

die Werte von y und z, so sind (da $\alpha\beta = 1$) die drei Wurzeln unserer Gleichung

$$(14) \qquad x_1 = A + B, \ x_2 = \alpha A + \beta B, \ x_3 = \beta A + \alpha B.$$

Die Gleichung (12) heißt die Cardanische Formel[1]); die quadratische Gleichung (11), mittels welcher die Lösung ermöglicht wurde, die Resolvente der kubischen Gleichung.

---

1) Nach Libri, „Histoire des Sciences Mathématiques en Italie", 2me éd., Bd. III p. 150, wurde die Auflösung der kubischen Gleichung in der ersten Hälfte des 16. Jahrhunderts zuerst von Scipio Ferro, dann wieder von Tartaglia (Venedig) gefunden und des letzteren Lösung von Cardanus (Mailand) publiziert. Um dieselbe Zeit fand Ludovico Ferrari, ein Schüler von Cardanus, die Auflösung der Gleichung vierten Grades. — Obige Darstellung rührt von Hudde (1639) her.

3. Diskussion der Auflösung. Wenn die Koeffizienten a und also auch p und q reell sind, was wir hier voraussetzen, so knüpft sich die Frage nach der Realität der Wurzeln an die Größe $\frac{q^2}{4} + \frac{p^3}{27}$, die in der Lösung (12) unter der Quadratwurzel steht und, wie aus (3,1,14) zu ersehen, nur durch einen Zahlenfaktor von der Diskriminante D der Gleichung verschieden ist. Ist

a) $\frac{q^2}{4} + \frac{p^3}{27} > 0$, so sind A und B reell, also x_1 reell, die zwei andern Wurzeln sind konjugiert imaginär.

b) $\frac{q^2}{4} + \frac{p^3}{27} = 0$; also auch $D = 0$. Es müssen mithin zwei Wurzeln gleich werden. In der Tat ist in diesem Falle $A = B = -\sqrt[3]{\frac{q}{2}}$; folglich wird, da $\alpha + \beta = -1$,

$$x_1 = -2\sqrt[3]{\frac{q}{2}}, \quad x_2 = x_3 = \sqrt[3]{\frac{q}{2}};$$

also sind die drei Wurzeln reell, und zwei davon gleich.

c) $\frac{q^2}{4} + \frac{p^3}{27} < 0$, was notwendig p negativ voraussetzt, bietet den eigentümlichen Fall dar, daß die drei Wurzeln (14) in imaginärer Form erscheinen. Aber eine Gleichung von ungeradem Grade mit reellen Koeffizienten muß wenigstens eine reelle Wurzel haben, da sie die imaginären Wurzeln nur paarweise enthält. Es läßt sich nun leicht erweisen, daß in diesem Falle alle drei Wurzeln reell und verschieden sind. Denn in A und B stehen in diesem Falle unter $\sqrt[3]{}$ konjugierte komplexe Größen, und folglich sind A und B selbst konjugiert komplex

$$A = g + hi, \quad B = g - hi,$$

da ja $3AB = -p$ reell ist. Damit werden aber die drei Werte von x

$$(g + hi) + (g - hi)$$

$$(g + hi)\left(\frac{-1 + \sqrt{-3}}{2}\right) + (g - hi)\left(\frac{-1 - \sqrt{-3}}{2}\right)$$

$$(g + hi)\left(\frac{-1 - \sqrt{-3}}{2}\right) + (g - hi)\left(\frac{-1 + \sqrt{-3}}{2}\right)$$

oder also $\qquad 2g, \quad -g + h\sqrt{3}, \quad -g - h\sqrt{3},$

mithin sämtlich reell. Sie sind auch verschieden, denn h kann nicht $= 0$ sein, und setzt man $2g = -g \pm h\sqrt{3}$, so wäre $3g = \pm h\sqrt{3}$ und damit $A = -2g\left(\frac{-1 \pm \sqrt{-3}}{2}\right)$, also $A^3 = -\frac{q}{2} + \sqrt{\frac{q^2}{4} + \frac{p^3}{27}} = -8g^3$, d. i. reell, was nicht möglich.

Da man hier das Imaginäre auf algebraischem Wege, ohne Reihenentwicklungen, nicht aus den Formeln wegschaffen kann[1]), nannte man diesen Fall den **irreduziblen Fall**.

Wohl aber lassen sich in diesem Falle die Wurzeln reell durch trigonometrische Formeln darstellen. Nimmt man aus dem Ausdruck

$$-\frac{q}{2} + \sqrt{\frac{q^2}{4} + \frac{p^3}{27}}$$

den Faktor $\sqrt{\dfrac{-p^3}{27}}$ heraus und setzt

$$\frac{-\dfrac{q}{2}}{\sqrt{-\dfrac{p^3}{27}}} = \cos\varphi,$$

woraus sich für φ ein reeller Winkel ergibt, da p negativ und $\frac{q^2}{4} + \frac{p^3}{27} < 0$ ist, so erhält man für Gleichung (12)

$$x = y + z = \sqrt{\frac{-p}{3}}\,(\cos\varphi + i\sin\varphi)^{\frac{1}{3}} + \sqrt{\frac{-p}{3}}\,(\cos\varphi - i\sin\varphi)^{\frac{1}{3}}$$

$$= \sqrt{\frac{-p}{3}}\left(\cos\frac{\varphi + 2k\pi}{3} + i\sin\frac{\varphi + 2k\pi}{3}\right)$$

$$+ \sqrt{\frac{-p}{3}}\left(\cos\frac{\varphi + 2k'\pi}{3} - i\sin\frac{\varphi + 2k'\pi}{3}\right).$$

Hier hat jedes der zwei Glieder drei verschiedene Werte, welche man erhält, indem man für k und k' irgend drei aufeinander folgende Zahlen, z. B. $-1, 0, +1$ setzt. Je zwei entsprechende Werte von k und k' müssen aber so bestimmt werden, daß die Gleichung $yz = \frac{-p}{3}$ erfüllt ist. Das Produkt der zwei Glieder ist aber

$$\frac{-p}{3}\left(\cos\frac{2(k-k')\pi}{3} + i\sin\frac{2(k-k')\pi}{3}\right),$$

also muß $k = k'$ genommen werden. Damit sind die drei Wurzelwerte x in der Formel gegeben

$$x = 2\sqrt{\frac{-p}{3}}\cos\frac{\varphi + 2k\pi}{3},$$

die drei Werte zuläßt, welche man erhält, wenn man z. B. $k = -1, 0, +1$ setzt.

---

1) Daß dies in der Tat kein Mangel der Methode ist, sondern auf keine Weise geleistet werden kann, hat Hölder exakt bewiesen: „Über den casus irreducibilis bei der Gleichung 3. Grades." Math. Annalen. Bd. 38. 1891. S. 307.

Einen ähnlichen Übelstand wie in dem Falle c) zeigt übrigens die Cardanische Formel auch in dem Falle a), indem sie, wenn die Gleichung eine rationale Wurzel hat, dieselbe in irrationaler Form gibt. Ist z. B.

$$x^3 + 3x - 14 = 0$$

gegeben, so wird $A = \sqrt[3]{7 + \sqrt{50}}, \quad B = \sqrt[3]{7 - \sqrt{50}};$

aber

$$\sqrt[3]{7 \pm \sqrt{50}} = 1 \pm \sqrt{2};$$

folglich werden die drei Wurzeln

$$2, \ -1 \pm \sqrt{-6}.$$

4. Die Gleichung vierten Grades. Die Auflösung der Gleichungen vom vierten Grade (biquadratische Gleichungen) kann durch die Tschirnhaussche Methode geleistet werden, indem sich dieselben mittels der Auflösung einer Gleichung dritten Grades auf die Form

$$x^4 + p_2 x^2 + p_4 = 0 \quad \text{reduzieren lassen.}$$

Wir befolgen hier eine andere von Euler (1738) gegebene Methode, welche derjenigen ganz ähnlich ist, die uns zur Auflösung der kubischen Gleichung diente.

Durch Wegschaffung des zweiten Gliedes sei die Gleichung vierten Grades zunächst auf die Form gebracht

$$(1) \qquad x^4 + p x^2 + q x + r = 0.$$

Wir führen nun drei neue Unbekannte y, z, v ein, indem wir setzen

$$(2) \qquad x = y + z + v.$$

Hiermit wird

$$x^2 = y^2 + z^2 + v^2 + 2(yz + yv + zv)$$

$$x^4 = (y^2 + z^2 + v^2)^2 + 4(y^2 + z^2 + v^2)(yz + yv + zv)$$

$$+ 4(y^2 z^2 + y^2 v^2 + z^2 v^2) + 8yzv(y + z + v)$$

und die Gleichung (1)

$$(y^2 + z^2 + v^2)^2 + 4(y^2 z^2 + y^2 v^2 + z^2 v^2) + p(y^2 + z^2 + v^2) + r$$

$$(3) \qquad + (yz + yv + zv)(4(y^2 + z^2 + v^2) + 2p)$$

$$+ (y + z + v)[8yzv + q] = 0.$$

Man bestimme nun y, z, v so, daß

$$(4) \qquad y^2 + z^2 + v^2 = -\frac{p}{2}$$

$$(5) \qquad yzv = -\frac{q}{8},$$

dann reduziert sich Gleichung (3) auf

$$(6) \qquad y^2z^2 + y^2v^2 + z^2v^2 = \frac{p^2 - 4r}{16}.$$

Ersetzen wir noch Gleichung (5) durch

$$(7) \qquad y^2z^2v^2 = \frac{q^2}{64},$$

so geben uns die Gleichungen (4), (6), (7) das Mittel, die Gleichung zu bilden, deren Wurzeln die drei Quadrate y^2, z^2, v^2 sind. Diese Gleichung ist

$$(8) \qquad u^3 + \frac{p}{2}\,u^2 + \frac{p^2 - 4r}{16}\,u - \frac{q^2}{64} = 0.$$

Sie ist die kubische **Resolvente** der biquadratischen Gleichung. Sind u_1, u_2, u_3 ihre Wurzeln, so ist mithin

$$u_1 = y^2,\ u_2 = z^2,\ u_3 = v^2 \qquad\qquad \text{und}$$

$$(9) \qquad x = \sqrt{u_1} + \sqrt{u_2} + \sqrt{u_3}.$$

Diese Formel gibt durch Kombination der Vorzeichen der Wurzeln 8 Werte; dies rührt daher, daß wir die Gleichung (5) durch Gleichung (7) ersetzt haben, wodurch das Zeichen von q verwischt wurde. Die Formel (9) gibt mithin nicht nur die Wurzel der vorgelegten Gleichung (1), sondern auch die der Gleichung

$$x^4 + px^2 - qx + r = 0.$$

Um also aus (9) die richtigen Wurzelwerte x der Gleichung (1) zu erhalten, müssen wir die Zeichen der Wurzelgrößen so wählen, daß

$$\sqrt{u_1} \cdot \sqrt{u_2} \cdot \sqrt{u_3} = -\frac{q}{8}.$$

5. Diskussion der Auflösung. Aus der Resolvente (8) ersieht man, daß das Produkt der drei Wurzeln u immer positiv ist, nämlich $= \frac{q^2}{64}$. Es sind also entweder die drei Wurzeln u_1, u_2, u_3 sämtlich reell und positiv; oder eine der Wurzeln u_1 ist reell positiv, u_2 und u_3 reell negativ; oder u_1 reell, u_2 und u_3 konjugiert imaginär; da das Produkt zweier konjugiert imaginärer Größen immer positiv ist, so muß mithin in diesem Falle u_1 positiv sein. Eine Wurzel u_1 der Resolvente ist also immer positiv.

Wir haben demnach folgende drei Fälle:

a) u_1, u_2, u_3 positiv; $\sqrt{u_1}$, $\sqrt{u_2}$, $\sqrt{u_3}$ reell. Dann gilt für die Werte von x das erste oder zweite der Schemata

$$+ \sqrt{u_1} + \sqrt{u_2} - \sqrt{u_3} \qquad + \sqrt{u_1} - \sqrt{u_2} - \sqrt{u_3}$$
$$+ \sqrt{u_1} - \sqrt{u_2} + \sqrt{u_3} \qquad - \sqrt{u_1} + \sqrt{u_2} - \sqrt{u_3}$$
$$- \sqrt{u_1} + \sqrt{u_2} + \sqrt{u_3} \qquad - \sqrt{u_1} - \sqrt{u_2} + \sqrt{u_3}$$
$$- \sqrt{u_1} - \sqrt{u_2} - \sqrt{u_3} \qquad + \sqrt{u_1} + \sqrt{u_2} + \sqrt{u_3},$$

je nachdem q positiv ist oder negativ.

Alle Wurzeln x der Gleichung (1) sind reell.

b) u_1 positiv, u_2, u_3 negativ. Mithin $\sqrt{u_2}$, $\sqrt{u_3}$ von der Form hi, ki. Also sind die Wurzeln x imaginär, es müßte denn $u_2 = u_3$, also $h = k$ sein, in welchem Falle zwei von den vier Werten von x sich auf $\sqrt{u_1}$ reduzieren und mithin gleich werden.

Ferner ist in diesem Falle $(+ \sqrt{u_1})(+ \sqrt{u_2})(+ \sqrt{u_3}) = - hk\sqrt{u_1}$, also negativ. Ist mithin q positiv, so gilt das zweite Schema. Ist q negativ, so gilt das erste.

c) u_1 positiv, u_2 und u_3 konjugiert imaginär. Dann sind auch $\sqrt{u_2}$, $\sqrt{u_3}$ konjugiert imaginär, also von der Form $\alpha + \beta i$ und $\alpha - \beta i$. Zwei von den vier Wurzeln x sind reell und zwei imaginär. Ferner ist das Produkt $(+ \sqrt{u_1}) (+ \sqrt{u_2}) (+ \sqrt{u_3}) = (\alpha^2 + \beta^2) \sqrt{u_1}$ positiv wie in a).

6. Lagranges Kritik der Methoden. Lagrange[1]) suchte nach allgemeinen Prinzipien, welche den verschiedenen bekannten Auflösungen der Gleichungen dritten und vierten Grades zugrunde liegen, und erkannte, daß dieselben darin bestehen, eine Funktion der Wurzeln aufzustellen, welche bei der Permutation derselben weniger Werte annimmt, als die Zahl der Wurzeln beträgt. Die Werte dieser Funktion werden dann durch eine Gleichung von niedrigerem Grade als die vorgelegte Gleichung bestimmt werden. Kann dieselbe aufgelöst werden, so bleibt nur noch die Aufgabe übrig, mit Hilfe dieser Funktionswerte die einzelnen Wurzeln zu bestimmen.

Ist eine Gleichung vom dritten Grade vorgelegt, und sind x_1, x_2, x_3 die Wurzeln derselben, so hat eine rationale Funktion derselben, $\varphi(x_1, x_2, x_3)$, im allgemeinen sechs Werte, entsprechend den sechs Permutationen von x_1, x_2, x_3. Die Gleichung, welche diese sechs Werte zu Wurzeln hat, läßt

---

1) „Réflexions sur la résolution algébrique des équations." Nouveaux Mémoires de l'Acad. de Berlin 1770 et 1771. Ges. Werke t. III, p. 205.

sich aufstellen (3, 2, 5). Sie wird aber vom sechsten Grade und wird mithin nur zur Auflösung der Gleichung dritten Grades nützlich sein, wenn sie sich auf eine Gleichung zweiten Grades reduzieren läßt.

Als eine Funktion, welche dieser Bedingung genügt, findet Lagrange die lineare Funktion

$$(1) \qquad y = x_1 + \alpha x_2 + \alpha^2 x_3,$$

deren Koeffizienten $1, \alpha, \alpha^2$ die drei Werte von $\sqrt[3]{1}$ sind (6, 1, 2). Diese Funktion y hat sechs Werte, aber ihre dritte Potenz hat nur zwei Werte. In der Tat ist

$$(2) \qquad \begin{aligned} y^3 = {}& x_1^3 + x_2^3 + x_3^3 + 6 x_1 x_2 x_3 + 3\alpha(x_1^2 x_2 + x_2^2 x_3 + x_3^2 x_1) \\ & + 3\alpha^2(x_1 x_2^2 + x_2 x_3^2 + x_3 x_1^2) \end{aligned}$$

und hat offenbar nur zwei Werte, indem jede Vertauschung der Wurzeln nur der Vertauschung von α und α^2 gleichkommt. Nennen wir also y_1^3, y_2^3 die zwei Werte von y^3, so ist die Gleichung, welche die zwei Werte von y^3 und mithin auch die sechs Werte von y gibt,

$$(3) \qquad y^6 - (y_1^3 + y_2^3) y^3 + y_1^3 y_2^3 = 0.$$

Nehmen wir die Gleichung dritten Grades in der reduzierten Form

$$(4) \qquad x^3 + p x + q = 0,$$

so wird die Berechnung der symmetrischen Funktionen sehr vereinfacht, indem $x_1 + x_2 + x_3 = 0$ ist. Bemerkt man, daß y in $x_1 + x_2 + x_3$ übergeht, wenn man $\alpha = 1$ setzt, so ergibt sich

$$\begin{aligned} y_1^3 + y_2^3 &= y_1^3 + y_2^3 - 2(x_1 + x_2 + x_3)^3 \\ &= -9(x_1^2 x_2 + x_1 x_2^2 + x_1^2 x_3 + x_1 x_3^2 + x_2^2 x_3 + x_2 x_3^2) \\ &= -9(x_1 x_2(x_1 + x_2) + \cdots) = 27 x_1 x_2 x_3 = -27 q. \end{aligned}$$

$$\text{Ferner ist} \quad \begin{aligned} y_1^3 y_2^3 &= (x_1 + \alpha x_2 + \alpha^2 x_3)^3 (x_1 + \alpha^2 x_2 + \alpha x_3)^3 \\ &= (x_1^2 + x_2^2 + x_3^2 - x_1 x_2 - x_1 x_3 - x_2 x_3)^3 \\ &= [-3(x_1 x_2 + x_1 x_3 + x_2 x_3)]^3 = -27 p^3. \end{aligned}$$

Mithin wird die Gleichung (3), die Resolvente der kubischen Gleichung,

$$(5) \qquad y^6 + 27 q \cdot y^3 - 27 \cdot p^3 = 0.$$

Sind u_1, u_2 die zwei Werte von y^3, die sich aus dieser Gleichung ergeben, so ist

$$y_1 = \sqrt[3]{u_1} = x_1 + \alpha x_2 + \alpha^2 x_3$$

$$y_2 = \sqrt[3]{u_2} = x_1 + \alpha^2 x_2 + \alpha x_3,$$

und mit Hilfe der Relation $x_1 + x_2 + x_3 = 0$ erhält man sofort

$$(6) \quad x_1 = \frac{\sqrt[3]{u_1} + \sqrt[3]{u_2}}{3}, \quad x_2 = \frac{\alpha^2 \sqrt[3]{u_1} + \alpha \sqrt[3]{u_2}}{3}, \quad x_3 = \frac{\alpha \sqrt[3]{u_1} + \alpha^2 \sqrt[3]{u_2}}{3}.$$

Man kann hier für $\sqrt[3]{u_1}$ irgendeinen der drei Werte $\sqrt[3]{u_1}$, $\alpha\sqrt[3]{u_1}$, $\alpha^2\sqrt[3]{u_1}$ nehmen; dann ist der Wert von $\sqrt[3]{u_2}$ dadurch bestimmt, daß das Produkt

$$(7) \quad \sqrt[3]{u_1} \cdot \sqrt[3]{u_2} = (x_1 + \alpha x_2 + \alpha^2 x_3)(x_1 + \alpha^2 x + \alpha x_3) = -3p \quad \text{wird.}$$

Vermöge dieser Relation können die drei Wurzeln auch durch eine Wurzel der Resolvente ausgedrückt werden, nämlich

$$(8) \quad x_1 = \frac{1}{3}\sqrt[3]{u_1} - \frac{p}{\sqrt[3]{u_1}}, \quad x_2 = \frac{1}{3}\alpha^2 \cdot \sqrt[3]{u_1} - \frac{p}{\alpha^2 \cdot \sqrt[3]{u_1}}, \quad x_3 = \frac{1}{3}\alpha\sqrt[3]{u_1} - \frac{p}{\alpha\sqrt[3]{u_1}}.$$

Man bemerkt, daß, wenn man in den Gleichungen (5) und (6) $3 \cdot y$ statt y setzt, und demgemäß auch $3^3 u$ statt u, dieselben in die früher gefundenen Formen in (§ 1, 2) (11) und (14) übergehen.

Ist eine Gleichung vom vierten Grade gegeben mit den Wurzeln x_1, x_2, x_3, x_4, so hat eine ganze Funktion $\varphi(x_1, x_2, x_3, x_4)$ derselben im allgemeinen $1 \cdot 2 \cdot 3 \cdot 4 = 24$ verschiedene Werte bei Vertauschung der Wurzeln. Ist φ symmetrisch in bezug auf ein Paar derselben und auch symmetrisch in bezug auf das andere Paar, so reduziert sich die Anzahl der Werte von φ auf $1 \cdot 2 \cdot 3 = 6$; und wenn der Wert von φ überdies ungeändert bleibt bei Vertauschung der zwei Paare, so hat die Funktion φ nur drei verschiedene Werte, und ihre Berechnung führt auf eine Gleichung vom dritten Grad, welche als Resolvente der biquadratischen Gleichung dienen kann. Solche Funktionen sind leicht zu bilden, wie z. B.

$$x_1 x_2 + x_3 x_4$$
$$(x_1 x_2 - x_3 x_4)^2$$
$$(x_1 + x_2 - x_3 - x_4)^2.$$

Ist die Gleichung vierten Grades in der Form

$$(1) \qquad x^4 + p x^2 + q x + r = 0$$

gegeben und benutzen wir die Substitution

$$(2) \qquad y^2 = (x_1 + x_2 - x_3 - x_4)^2,$$

so erhalten wir auf bekanntem Wege durch Berechnung der symmetrischen Funktionen die in y^2 kubische Gleichung

$$(3) \qquad y^6 + 8p y^4 + 16(p^2 - 4r)y^2 - 64 \cdot q^2 = 0$$

als Resolvente der biquadratischen Gleichung. Sind u_1, u_2, u_3 die drei für y^2 aus dieser Gleichung sich ergebenden Werte, so ist

$$(x_1 + x_2 - x_3 - x_4)^2 = u_1$$
$$(x_1 + x_3 - x_2 - x_4)^2 = u_2$$
$$(x_1 + x_4 - x_2 - x_3)^2 = u_3.$$

Nimmt man hierzu noch die Gleichung

$$x_1 + x_2 + x_3 + x_4 = 0,$$

so erhält man unmittelbar

$$(4) \qquad x_1 = \frac{\sqrt{u_1} + \sqrt{u_2} + \sqrt{u_3}}{4}, \qquad x_2 = \frac{\sqrt{u_1} - \sqrt{u_2} - \sqrt{u_3}}{4},$$
$$x_3 = \frac{-\sqrt{u_1} + \sqrt{u_2} - \sqrt{u_3}}{4}, \qquad x_4 = \frac{-\sqrt{u_1} - \sqrt{u_2} + \sqrt{u_3}}{4}.$$

Zur Bestimmung der Zeichen der Wurzelgrößen hat man

$$\sqrt{u_1} \cdot \sqrt{u_2} \cdot \sqrt{u_3} = (x_1 + x_2 - x_3 - x_4)(x_1 + x_3 - x_2 - x_4)(x_1 + x_4 - x_2 - x_3)$$

oder, wie sich aus der Entwicklung dieser symmetrischen Funktion ergibt,

$$(5) \qquad \sqrt{u_1} \cdot \sqrt{u_2} \cdot \sqrt{u_3} = -8q.$$

Sind die Vorzeichen von zweien der Wurzelgrößen willkürlich gewählt, so ist durch diese Gleichung das Vorzeichen der dritten bestimmt.

Man sieht, daß diese Formeln mit den in (6, 1, 4) gegebenen übereinstimmen, wenn man in Gleichung (3) $4y$ statt y und mithin auch $16u$ statt u setzt.

Übrigens lassen sich auch hier, wie bei den kubischen Gleichungen, die sämtlichen Wurzeln durch eine Wurzel der Resolvente (3) darstellen. Denn es ist

$$\sqrt{u_2} + \sqrt{u_3} = \pm \sqrt{u_2 + u_3 + 2\sqrt{u_2}\sqrt{u_3}}$$

oder, da $\qquad u_1 + u_2 + u_3 = -8p$

und vermöge (5) $\quad \sqrt{u_2} + \sqrt{u_3} = \pm \sqrt{-u_1 - 8p - \dfrac{16q}{\sqrt{u_1}}}.$

Hiermit sind die in (4) dargestellten vier Werte von x in der Formel

$$(6) \qquad x = \pm \frac{1}{4}\sqrt{u_1} \pm \sqrt{-\frac{1}{16}u_1 - \frac{1}{2}p - \frac{p}{\pm\sqrt{u_1}}}$$

enthalten, wo u_1 irgendeine der drei Wurzeln u_1, u_2, u_3 sein kann und die Zeichen von $\sqrt{u_1}$ sich entsprechen.

Zweites Kapitel.
Reziproke Gleichungen. Binomische Gleichungen.

1. Reziproke Gleichungen. Unter einer „reziproken Gleichung" versteht man eine Gleichung, deren Wurzeln paarweise die Relation

$$x_1 x_2 = 1$$

erfüllen, so daß jeder Wurzel x der Gleichung eine Wurzel $\frac{1}{x}$ entspricht.

Nehmen wir zunächst an, zwei Wurzeln einer Gleichung n-ten Grades $f(x) = 0$ seien durch die Relation

$$x_1 x_2 = v$$

aneinander gebunden, wo v eine gegebene Konstante, dann ist

$$f(x_1) = 0, \quad x_1^n \cdot f\left(\frac{v}{x_1}\right) = 0.$$

Ist D der größte gemeinschaftliche Teiler der zwei Gleichungspolynome $f(x)$ und $x^n f\left(\frac{v}{x}\right)$, so wird $D = 0$ die Wurzel x_1 und zugleich, da man in den beiden Gleichungen x_1 und x_2 vertauschen kann, auch die Wurzel x_2 enthalten. Wären mehrere Wurzelpaare vorhanden, deren Produkt $= v$, so müßte die Gleichung $D = 0$ diese Wurzelpaare sämtlich enthalten. Besitzt die Gleichung $f(x) = 0$ auch eine Wurzel x_i, für welche $x_i = \sqrt{v}$ ist, so müßte dieselbe auch Wurzel der Gleichung $D = 0$ sein. Die Division von $f(x)$ mit D würde sodann die Gleichung liefern, welche die übrigen Wurzeln enthält.

Wenn aber alle Wurzeln der Gleichung $f(x) = 0$ paarweise durch die Relation $x_1 x_2 = v$ verbunden sind, so hat $x^n f\left(\frac{v}{x}\right) = 0$ offenbar dieselben Wurzeln wie $f(x) = 0$, und das eben angegebene Verfahren, die Gleichung auf einen niedrigeren Grad zu reduzieren, ist unmöglich. Bezeichnen wir aber in diesem Falle mit z die Summe $x + \frac{v}{x}$, so wird die Anzahl der Werte von z nur die Hälfte der Anzahl der Wurzeln x sein und mithin die Lösung der gegebenen Gleichung auf die einer Gleichung von halb so hohem Grade reduziert werden.

Setzen wir $\sqrt{v} \cdot x$ statt x, so genügen die Wurzeln der neuen Gleichung der Relation $x_1 x_2 = 1$, so daß, wenn x eine Wurzel ist, der reziproke Wert $\frac{1}{x}$ ebenfalls Wurzel ist. Daher der Name „reziproke Gleichung".

Ist

$$f(x) = a_0 x^n + a_1 x^{n-1} + a_2 x^{n-2} + \cdots + a_{n-2} x^2 + a_{n-1} x + a_n = 0$$

eine Gleichung, welche diese Eigenschaft besitzt, so muß $f\left(\frac{1}{x}\right) = 0$, d. i.

$$a_0 + a_1 x + a_2 x^2 + \cdots + a_{n-2} x^{n-2} + a_{n-1} x^{n-1} + a_n x^n = 0,$$

dieselbe Gleichung sein. Also wenn ϱ ein Proportionalitätsfaktor ist, so muß

$$a_0 = \varrho a_n, \quad a_1 = \varrho a_{n-1}, \ldots a_n = \varrho a_0$$

sein, woraus $\varrho^2 = 1$, $\varrho = \pm 1$ folgt. Es ist also entweder

$$a_0 = a_n, \quad a_1 = a_{n-1}, \quad a_2 = a_{n-2}, \ldots$$

oder $\qquad\qquad a_0 = -a_n, \quad a_1 = -a_{n-1}, \quad a_2 = -a_{n-2}, \ldots,$

d. h. die Koeffizienten der gleichweit von den Enden entfernten Glieder haben den gleichen absoluten Betrag und haben entweder gleiches Zeichen oder entgegengesetzte Zeichen.

Die allgemeine Form reziproker Gleichungen ist also

$$(1) \qquad a_0 x^n + a_1 x^{n-1} + a_2 x^{n-2} + \cdots \pm a_2 x^2 \pm a_1 x \pm a_0 = 0,$$

wo durchweg entweder die obern oder die untern Zeichen im zweiten Teile des Polynoms gelten. Im letzteren Falle muß, wenn n gerade, der mittlere Koeffizient $a_{n/2}$ Null sein, weil $a_{n/2} = -a_{n/2}$ sein müßte.

Die Gleichung kann auch die Wurzeln ± 1 besitzen, da diese die Relation $x \cdot x = 1$ erfüllen. Man ersieht sogleich, daß, wenn n ungerade, die Gleichung immer die Wurzel $+1$ hat, wenn die untern Zeichen gelten, hingegen die Wurzel -1, wenn die obern Zeichen gelten. Ist ferner n gerade und gelten die untern Zeichen, so hat die Gleichung zugleich die Wurzel $+1$ und -1, und das Gleichungspolynom hat den Faktor $x^2 - 1$.

Schafft man daher allenfalsige Wurzeln ± 1, die sich sofort zu erkennen geben, aus der Gleichung weg, so erhält man immer eine reziproke Gleichung von geradem Grade, und in welcher der zweite Teil des Polynoms dieselben Vorzeichen hat wie der erste Teil, also eine Gleichung der Form

$$(2) \qquad a_0 x^{2m} + a_1 x^{2m-1} + \cdots + a_m x^m + \cdots + a_1 x + a_0 = 0.$$

Durch Division mit x^m geht diese Gleichung über in

$$(3) \quad a_0 \left(x^m + \frac{1}{x^m}\right) + a_1 \left(x^{m-1} + \frac{1}{x^{m-1}}\right) + \cdots + a_{m-1}\left(x + \frac{1}{x}\right) + a_m = 0.$$

Setzen wir nun

$$(4) \qquad\qquad\qquad z = x + \frac{1}{x},$$

so kann man sämtliche Binome der Form $x^r + \frac{1}{x^r}$ rational durch z darstellen und damit die Gleichung $2m$-ten Grades in x auf eine Gleichung m-ten Grades zurückführen. Es ist nämlich

$$(5) \qquad x^{r+1} + \frac{1}{x^{r+1}} = z\left(x^r + \frac{1}{x^r}\right) - \left(x^{r-1} + \frac{1}{x^{r-1}}\right).$$

Setzt man hierin $r = 1, 2, 3, \ldots$ und bemerkt, daß $x^0 + \frac{1}{x^0} = 2$, so ergibt sich

$$
\begin{aligned}
x \ + \frac{1}{x} &= z \\
x^2 + \frac{1}{x^2} &= z^2 - 2 \\
x^3 + \frac{1}{x^3} &= z^3 - 3z \\
x^4 + \frac{1}{x^4} &= z^4 - 4z^2 + 2 \\
x^5 + \frac{1}{x^5} &= z^5 - 5z^3 + 5z \\
x^6 + \frac{1}{x^6} &= z^6 - 6z^4 + 9z^2 - 2
\end{aligned}
\tag{6}
$$

$$\cdots \cdots \cdots \cdots \cdots$$

Es wird also $x^m + \frac{1}{x^m}$ ein Polynom m-ten Grades in z, und durch Substitution dieser Polynome von z in Gleichung (3) erhalten wir mithin eine Gleichung m-ten Grades. Lassen sich die Wurzeln derselben finden, so ergeben sich für jeden Wert von z die zwei entsprechenden Werte von x und $\frac{1}{x}$ aus der Gleichung

$$x + \frac{1}{x} = z, \quad \text{d. i. } x^2 - xz + 1 = 0$$

$$(7) \qquad x = \frac{z \pm \sqrt{z^2 - 4}}{2}.$$

Beispiel. Gegeben sei die reziproke Gleichung

$$x^7 - 2x^6 - x^4 - x^3 - 2x + 1 = 0.$$

Die Gleichung hat die Wurzel $x = -1$. Wird diese durch Division mit $x + 1$ weggehoben, so kommt

$$x^6 - 3x^5 + 3x^4 - 4x^3 + 3x^2 - 3x + 1 = 0$$

als Gleichung der Form (2). Dieselbe läßt sich schreiben

$$\left(x^3 + \frac{1}{x^3}\right) - 3\left(x^2 + \frac{1}{x^2}\right) + 3\left(x + \frac{1}{x}\right) - 4 = 0.$$

Wird hierin $z = x + \dfrac{1}{x}$ eingeführt, so erhält man nach (6) die kubische Gleichung

$$z^3 - 3z^2 + 2 = 0.$$

Die Wurzeln derselben sind $z = +1$, $z = 1 \pm \sqrt{3}$. Diese Werte von z in (7) eingesetzt liefern die sechs übrigen Wurzeln der vorgelegten Gleichung.

Aus den Formeln (6) kann man nicht ersehen, nach welchem Gesetz dieselben gebildet sind. Der allgemeine Ausdruck für $x^n + \dfrac{1}{x^n}$ in z läßt sich dadurch finden, daß man die Summe der n-ten Potenzen der Wurzeln $x, \dfrac{1}{x}$ der Gleichung $x^2 - xz + 1 = 0$ berechnet. Hierzu kann die in (3, 1, 4) (Fußnote) angegebene Formel für die Summe der n-ten Potenzen der Wurzeln einer quadratischen Gleichung dienen. Setzt man dort $b = z$ und $a = 1$, so ergibt sich

$$(8) \quad x^n + \frac{1}{x^n} = z^n - nz^{n-2} + \frac{n(n-3)}{1 \cdot 2} z^{n-4} - \frac{n(n-4)(n-5)}{1 \cdot 2 \cdot 3} z^{n-6}$$

$$+ \cdots + (-1)^p \frac{n(n-p-1)(n-p-2)\cdots(n-2p+1)}{1 \cdot 2 \cdot 3 \cdot p} z^{n-2p} + \cdots$$

Eine andere Herleitung dieser Formel soll nun nachgetragen werden.

Es sei dazu bemerkt, daß, wenn man

$$x = \cos\theta + i\sin\theta$$

setzt,

$$\frac{1}{x} = \cos\theta - i\sin\theta$$

wird, also

$$z = x + \frac{1}{x} = 2\cos\theta.$$

Ferner ist dann aber

$$x^n = \cos n\theta + i\sin n\theta, \quad \frac{1}{x^n} = \cos n\theta - i\sin n\theta,$$

mithin

$$x^n + \frac{1}{x^n} = 2\cos n\theta.$$

Die Formel (8) ist also dieselbe, welche die Entwicklung von $2\cos n\theta$ nach Potenzen von $2\cos\theta$ gibt.

2. Binomische Gleichungen. Binomische Gleichungen nennt man Gleichungen von der Form

$$(1) \qquad\qquad x^n - A = 0.$$

Die Wurzeln dieser Gleichungen sind in der Form $\sqrt[n]{A}$ enthalten. Setzen wir

$$x = z\sqrt[n]{A},$$

so reduziert sich die Gleichung (1) auf

$$(2) \qquad z^n - 1 = 0,$$

deren Wurzeln die n Werte von $\sqrt[n]{1}$ sind. Wir haben dieselben früher schon in trigonometrischer Form gefunden. Danach sind die n Wurzeln der Gleichung (2)

$$(3) \qquad z = \cos\frac{2k\pi}{n} + i\sin\frac{2k\pi}{n}$$

$$(k = 0, 1, 2, \ldots n - 1),$$

$k = 0$ entspricht dem Werte $z = 1$; ist n gerade, so gehört zu $k = \frac{n}{2}$ der Wert $z = -1$, die übrigen Wurzelwerte sind imaginär. Man erhält demnach auch die n Wurzeln der Gleichung (1), wenn man irgendeinen Wert von $\sqrt[n]{A}$ mit den n Werten von $\sqrt[n]{1}$ oder z multipliziert.

Setzen wir

$$(4) \qquad A = r(\cos\theta + i\sin\theta),$$

dann sind die n Wurzeln der Gleichung (1)

$$(5) \qquad x = \sqrt[n]{r}\left(\cos\frac{2k\pi+\theta}{n} + i\sin\frac{2k\pi+\theta}{n}\right)$$

$$(k = 0, 1, 2, \ldots n - 1);$$

r ist hier der absolute Wert von A, also eine positive Größe, $\sqrt[n]{r}$ der reelle, positive Wert der n-ten Wurzel aus r.

Ist A imaginär, so ist θ weder $= 0$ noch ein Vielfaches von π, und folglich sind auch sämtliche Wurzeln (5) imaginär.

Ist A reell und positiv, so ist $r = A$, $\theta = 0$; die Wurzeln der Gleichung sind mithin

$$(6) \qquad x = \sqrt[n]{A}\left(\cos\frac{2k\pi}{n} + i\sin\frac{2k\pi}{n}\right)$$

$$(k = 0, 1, 2, \ldots n - 1).$$

Darunter ist, wenn n ungerade, nur eine reelle Wurzel, nämlich $x = \sqrt[n]{A}$, $k = 0$ entsprechend; wenn n gerade ist, so ergeben sich zwei reelle Wurzeln $x = \pm\sqrt[n]{A}$, den Werten $k = 0$ und $k = \frac{n}{2}$ entsprechend.

Ist A reell negativ, so ist $r = -A$, $\theta = \pi$. Setzen wir in diesem Falle $-A$ statt A, so geht die Gleichung (1) über in

$$(7) \qquad x^n + A = 0.$$

Ist nun in derselben A reell positiv, so sind deren Wurzeln

$$(8) \qquad x = \sqrt[n]{A}\left(\cos\frac{(2k+1)\pi}{n} + i\sin\frac{(2k+1)\pi}{n}\right)$$

$$(k = 0, 1, 2, \ldots n-1).$$

Ist n gerade, so enthält die Gleichung keine reelle Wurzel; ist n ungerade, so ist eine reelle Wurzel vorhanden $x = -\sqrt[n]{A}$, dem Wert $2k+1 = n$, $k = \dfrac{n-1}{2}$ entsprechend.

Für $A = 1$ erhält man

$$(9) \qquad x^n + 1 = 0,$$

$$(10) \qquad x = \cos\frac{(2k+1)\pi}{n} + i\sin\frac{(2k+1)\pi}{n}$$

$$(k = 0, 1, 2, \ldots n-1).$$

Diese sind mithin die n Werte von $\sqrt[n]{-1}$. Man ersieht, daß man die sämtlichen Wurzeln der Gleichungen (7) erhält, wenn man den reellen, positiven Wert von $\sqrt[n]{A}$ mit den n Werten von $\sqrt[n]{-1}$ multipliziert.

3. Einheitswurzeln. Wir betrachten nun speziell die zwei Gleichungen

$$x^n - 1 = 0 \quad \text{und} \quad x^n + 1 = 0,$$

auf deren Lösung, wie wir sahen, die Auflösung der Gleichungen $x^n - A = 0$ hinauskommt, indem wir absehen von der trigonometrischen Darstellung ihrer Wurzeln.

Man erkennt sofort, daß diese Gleichungen reziproke Gleichungen sind. Nehmen wir zunächst an, n sei ungerade $= 2m + 1$. Dann hat

$$(1) \qquad x^{2m+1} - 1 = 0$$

die reelle Wurzel $+1$, die übrigen sind imaginär. Die Division mit $x - 1$ gibt

$$x^{2m} + x^{2m-1} + \cdots + x + 1 = 0$$

$$\left(x^m + \frac{1}{x^m}\right) + \left(x^{m-1} + \frac{1}{x^{m-1}}\right) + \cdots + 1 = 0,$$

worin nun $x + \dfrac{1}{x} = z$ zu setzen ist.

Für $n = 3$, $\qquad\qquad x^3 - 1 = 0$

kennen wir bereits die Wurzeln; sie sind

$$+1, \quad \frac{-1 \pm \sqrt{-3}}{2}.$$

Für $n = 5$, $\qquad\qquad x^5 - 1 = 0$

folgt nach Entfernung der reellen Wurzel $+1$

$$x^4 + x^3 + x^2 + x + 1 = 0$$

$$\left(x^2 + \frac{1}{x^2}\right) + \left(x + \frac{1}{x}\right) + 1 = 0$$

$$(z^2 - 2) + z + 1 = 0$$

$$z^2 + z - 1 = 0$$

$$z = \frac{-1 \pm \sqrt{5}}{2};$$

hiermit aus der Gleichung $x^2 - xz + 1 = 0$

$$x = \frac{-1 \pm \sqrt{5}}{4} \pm \frac{\sqrt{10 \pm 2\sqrt{5}}}{4} \cdot i,$$

wo das Zeichen von $\sqrt{5}$ beidemale dasselbe ist.

Die Gleichung $x^{2m+1} + 1 = 0$ hat nur die reelle Wurzel -1; wird diese weggehoben, so ergibt sich die reziproke Gleichung

$$x^{2m} - x^{2m-1} + x^{2m-2} - \cdots + 1 = 0.$$

Man kann aber auch bemerken, daß, wenn man $-x$ statt x setzt, die Gleichung $x^{2m+1} + 1 = 0$ übergeht in $x^{2m+1} - 1 = 0$. Es hat also

(2) $\qquad\qquad x^{2m+1} + 1 = 0$

dieselben Wurzeln wie Gleichung (1), nur mit entgegengesetzten Zeichen.

So sind z. B. die Wurzeln von $x^3 + 1 = 0$

$$x = -1, \quad \frac{+1 \pm \sqrt{-3}}{2}.$$

Ist n eine gerade Zahl $2m$, so hat die Gleichung

(3) $\qquad\qquad x^{2m} - 1 = 0$

die zwei reellen Wurzeln $+1$ und -1; die übrigen sind imaginär. Man kann nun mit $x^2 - 1$ dividieren und gelangt sodann zu einer reziproken Gleichung vom Grade $2m - 2$. Aber da

$$x^{2m} - 1 = (x^m - 1)(x^m + 1),$$

so zerfällt die Gleichung (3) sogleich in die zwei einfacheren

$$x^m - 1 = 0, \quad x^m + 1 = 0.$$

So ergeben sich die Wurzeln von $x^4 - 1 = 0$ aus den Gleichungen $x^2 - 1 = 0$ und $x^2 + 1 = 0$; sie sind mithin

$$+1, \quad -1, \quad +\sqrt{-1}, \quad -\sqrt{-1}.$$

Die Wurzeln von $x^6 - 1 = 0$ sind nach obigem

$$\pm 1, \quad \frac{-1 \pm \sqrt{-3}}{2}, \quad \frac{+1 \pm \sqrt{-3}}{2}.$$

Die Gleichung

$$(4) \qquad\qquad x^{2m} + 1 = 0$$

endlich hat gar keine reellen Wurzeln. Bringt man sie auf die Form

$$x^m + \frac{1}{x^m} = 0,$$

so erhält man sofort die Gleichung in z vom m-ten Grade.

Z. B. $x^4 + 1 = 0$ gibt $x^2 + \frac{1}{x^2} = z^2 - 2 = 0$, mithin ist $z = \pm \sqrt{2}$, und da $x = \frac{z}{2} \pm \frac{\sqrt{z^2 - 4}}{2}$ ist, so ergeben sich die vier Wurzeln

$$\pm \sqrt{\tfrac{1}{2}} \pm \sqrt{\tfrac{1}{2}} \cdot \sqrt{-1}.$$

Man wird bemerken, daß die Gleichungen in z, auf welche die Auflösung der Gleichungen $x^n \pm 1 = 0$ führt, nur reelle Wurzeln haben. Ist nämlich $x = \alpha + \beta i$ eine Wurzel einer dieser Gleichungen, so ist $x = \alpha - \beta i$ auch Wurzel derselben Gleichung; mithin $(\alpha + \beta i)^n (\alpha - \beta i)^n = (\alpha^2 + \beta^2)^n = 1$ und folglich $\alpha^2 + \beta^2 = 1$, d. h. der absolute Wert der Wurzel ist $= 1$, wie auch schon aus der trigonometrischen Darstellung der Wurzeln zu ersehen. Dann folgt aber

$$\frac{1}{x} = \frac{1}{\alpha + \beta i} = \frac{\alpha - \beta i}{\alpha^2 + \beta^2} = \alpha - \beta i.$$

$\frac{1}{x}$ ist also die konjugierte Wurzel und mithin $z = x + \frac{1}{x} = 2\alpha$, folglich reell.

Drittes Kapitel.

Von den Einheitswurzeln.

1. Primitive Einheitswurzeln. Von hervorragender Wichtigkeit unter den binomischen Gleichungen ist die Gleichung

$$x^n - 1 = 0,$$

deren Wurzeln die verschiedenen Werte der n-ten Wurzel der Einheit geben. Wir haben die Eigenschaften dieser Einheitswurzeln zu untersuchen.

Zunächst ist klar, daß, wenn α eine Wurzel ist, auch α^m, wo m irgendeine positive oder negative Zahl ist, ebenfalls Wurzel ist. Denn da $\alpha^n = 1$, so ist

$$(\alpha^m)^n = (\alpha^n)^m = 1.$$

Alle Glieder der Reihe

(1) $$\ldots \alpha^{-2}, \alpha^{-1}, \alpha, \alpha^2, \alpha^3, \ldots$$

sind also Wurzeln der Gleichung. Da aber $\alpha^n = 1$ ist, so ist

$$\alpha^{n+1} = \alpha, \quad \alpha^{n+2} = \alpha^2, \ldots$$

$$\alpha^{-1} = \alpha^{n-1}, \quad \alpha^{-2} = \alpha^{n-2}, \ldots$$

Folglich kann die Reihe (1) höchstens n verschiedene Zahlen enthalten, nämlich

(2) $$\alpha, \alpha^2, \alpha^3, \ldots \alpha^{n-1}, \alpha^n (= 1).$$

Setzt man diese Reihe (2) nach der einen oder andern Richtung fort, so wiederholt sich dieselbe Reihe der Werte.

Um nun aber zu erkennen, ob diese Reihe (2) die sämtlichen n Wurzeln enthält, betrachten wir die zwei Gleichungen

(3) $$x^n - 1 = 0, \quad x^m - 1 = 0,$$

wo m wie n eine positive ganze Zahl und $m < n$ ist. Beide haben den Faktor $x - 1$, also die Wurzel $+ 1$ gemein. Um zu sehen, ob sie noch andere Wurzeln gemein haben, muß man den größten gemeinschaftlichen Teiler von $x^n - 1$ und $x^m - 1$ suchen. Nun gibt die Division von $x^n - 1$ mit $x^m - 1$ die aufeinanderfolgenden Reste $x^{n-m} - 1$, $x^{n-2m} - 1$, $\ldots$, so daß, wenn $n = qm + r, r < m$, der letzte Rest $x^r - 1$ ist. Dividiert man nun mit diesem Rest $x^r - 1$ in $x^m - 1$ und ist $m = q_1 r + r_2$, so ist ebenso der letzte Rest der Division $x^{r_2} - 1 = 0$, usf. Man hat also nur den größten gemeinschaftlichen Teiler von n und m zu suchen, indem man durch aufeinanderfolgende Divisionen das System von Relationen

$$
\begin{aligned}
n &= mq + r \\
m &= q_1 r + r_2 \\
r &= q_2 r_2 + r_3 \\
&\cdots \cdots \cdots
\end{aligned}
$$

(4)

bildet. Ist der letzte Rest $= 0$ und s der letzte Divisor, so ist s der größte gemeinschaftliche Teiler von n und m; es haben $x^n - 1$ und $x^m - 1$ den gemeinsamen Teiler $x^s - 1$ und die zwei Gleichungen (3) mithin alle Wurzeln der Gleichung

(5) $$x^s - 1 = 0 \quad \text{gemeinsam.}$$

Ist aber der letzte Rest in dem System (4) $= 1$, so haben m und n keinen gemeinsamen Teiler außer der Zahl 1; man sagt dann, m und n seien **relative Primzahlen**. Die Gleichungen (3) haben in diesem Falle keinen andern Faktor als $x - 1$ und keine andere Wurzel als die Einheit gemeinsam.

Kehren wir nun wieder zu der Reihe der Potenzen der Wurzeln (2) zurück und nehmen wir an, n habe den Faktor s, so kommen unter den n Wurzeln von $x^n - 1 = 0$ auch die s Wurzeln der Gleichung $x^s - 1 = 0$ vor. Nehmen wir für α eine dieser letzteren, so wird in der Reihe (2) schon α^s der Einheit gleich, und es wiederholen sich dann immer nur die Wurzeln $\alpha, \alpha^2, \ldots \alpha^s$. Soll also die Reihe (2) der n Potenzen von α die n Wurzeln von $x^n - 1 = 0$ darstellen, so muß man für α eine Wurzel nehmen, welche keiner Gleichung niedrigeren Grades angehört oder m. a. W. nicht Einheitswurzel niedrigeren Grades ist. Solche Wurzeln nennt man **primitive Wurzeln** der Gleichung. Es wird sich zeigen, daß für jeden Grad n solche primitive Einheitswurzeln vorhanden sind. Ist n eine Primzahl, d. i. eine Zahl, welche mit keiner kleineren einen Faktor gemein hat, außer der Einheit, so sind alle Wurzeln der Gleichung $x^n - 1 = 0$, ausgenommen die Einheit, primitive Wurzeln.

Sei z. B. $n = 6$, α eine Wurzel der Gleichung $x^6 - 1 = 0$ und bilden wir die Reihe

$$\alpha, \alpha^2, \alpha^3, \alpha^4, \alpha^5, \alpha^6 (= 1).$$

Die Wurzeln der Gleichung sind (6, 2, 3)

$$\pm 1, \quad \frac{-1 \pm \sqrt{-3}}{2}, \quad \frac{+1 \pm \sqrt{-3}}{2}.$$

Setzt man $\alpha = -1$, so gibt die Reihe der Potenzen nur $-1, +1, \ldots$, da -1 Wurzel von $x^2 - 1 = 0$ ist; setzt man $\alpha = \dfrac{-1 \pm \sqrt{-3}}{2}$, so wird $\alpha^3 = 1$, und es wiederholen sich nur die Wurzeln von $x^3 - 1 = 0$; hingegen die Wurzeln $\dfrac{+1 \pm \sqrt{-3}}{2}$ gehören keiner niedrigeren Gleichung an; denn $x^4 - 1 = 0$ hat nur die Wurzeln von $x^2 - 1 = 0$ mit $x^6 - 1 = 0$ gemein, und $x^5 - 1 = 0$ hat außer der Einheit überhaupt keine Wurzel mit $x^6 - 1 = 0$ gemein. Diese zwei Wurzeln sind also primitive Wurzeln und sie liefern, für α in die Reihe $\alpha, \alpha^2, \ldots \alpha^6$ eingesetzt, die sechs Wurzeln der Gleichung.

2. Näheres über primitive Wurzeln. Nehmen wir nun an, n zerfalle in die zwei Faktoren p, q, so sind die sämtlichen Wurzeln der zwei Gleichungen

$$x^p - 1 = 0, \quad x^q - 1 = 0$$

auch Wurzeln der Gleichung

$$x^n - 1 = x^{pq} - 1 = 0.$$

Dies geht schon aus dem Früheren hervor, ergibt sich aber auch unmittelbar. Denn ist β irgendeine Wurzel von $x^p - 1 = 0$, so ist $\beta^p = 1$, also auch $\beta^{pq} = 1$; und ist γ irgendeine Wurzel von $x^q - 1 = 0$, so ist $\gamma^q = 1$, also auch $\gamma^{pq} = 1$. Zugleich ist aber auch

$$(\beta\gamma)^{pq} = 1.$$

Da β p Werte, γ q Werte hat, so repräsentiert das Produkt $\beta\gamma$ mithin pq Werte, die sämtlich Wurzeln von $x^n - 1 = 0$ sind.

Sind p und q relative Primzahlen, so sind die pq Werte von $\beta\gamma$ sämtlich verschieden, und es geben also dann alle Wurzeln β mit allen Wurzeln γ multipliziert die sämtlichen Wurzeln von $x^n - 1 = 0$.

In der Tat, es seien β', β'' zwei Wurzeln β und γ', γ'' zwei Werte von γ. Wäre nun

$$\beta'\gamma' = \beta''\gamma'',$$

so müßte auch $(\beta'\gamma')^p = (\beta''\gamma'')^p$ sein, also, da $(\beta')^p = (\beta'')^p = 1$ ist, $(\gamma')^p = (\gamma'')^p$, mithin

$$\left(\frac{\gamma'}{\gamma''}\right)^p = 1$$

sein. Nun ist aber $(\gamma')^q = (\gamma'')^q = 1$, also auch

$$\left(\frac{\gamma'}{\gamma''}\right)^q = 1.$$

Es würde demnach folgen, daß $\dfrac{\gamma'}{\gamma''}$ sowohl Wurzel der Gleichung $x^p - 1 = 0$ als auch der Gleichung $x^q - 1 = 0$ ist. Da aber p und q relativ prim zueinander sind, so haben die zwei Gleichungen nur die Einheit als gemeinsame Wurzel; es müßte mithin $\dfrac{\gamma'}{\gamma''} = 1$, d. i. $\gamma' = \gamma''$ und folglich auch $\beta' = \beta''$ sein. Damit ist obiger Satz erwiesen.

Man kann nun noch weiter behaupten:

Sind β und γ primitive Wurzeln ihrer Gleichungen $x^p = 1$ und $x^q = 1$, so ist auch das Produkt $\beta\gamma$ primitive Wurzel der Gleichung $x^{pq} = 1$.

Denn man bemerke, daß, wenn α primitive Wurzel von $x^n = 1$ ist, nach der Definition α^n die niedrigste Potenz ist, welche $= 1$ wird, und es sind dann überhaupt nur die Potenzen α^n, α^{2n}, α^{3n}, ... der Einheit gleich. Wäre nun $(\beta\gamma)^r = 1$, $r < pq$, so müßte auch $(\beta\gamma)^{rp} = 1$, also auch $\gamma^{rp} = 1$ sein. Da aber γ primitive Wurzel der q-ten Potenz ist, so müßte rp ein Vielfaches von q sein. Ebenso würde auch folgen $(\beta\gamma)^{rq} = 1$, also $\beta^{rq} = 1$, und da β eine primitive Wurzel der p-ten Potenz ist, so müßte auch rq Vielfaches von p sein. Da nun aber p und q nach der Voraussetzung keinen Faktor gemein haben, so müßte r zugleich Vielfaches von p und von q, also Vielfaches von pq sein. Es ist also $\beta\gamma$ primitive Wurzel von $x^{pq} - 1 = 0$, wenn β und γ primitive Wurzeln ihrer Gleichungen sind.

Ist aber in dem Produkt $\beta\gamma$ auch nur eine der Wurzeln β, γ nicht primitiv, so ist auch das Produkt $\beta\gamma$ nicht primitive Wurzel von $x^{pq} = 1$. Denn wäre z. B. β nicht primitive Wurzel, indem $\beta^s = 1$, $s < p$, so wäre auch $(\beta\gamma)^{sq} = 1$, wo $sq < pq$; also $\beta\gamma$ nicht primitiv.

3. Anzahl der primitiven Wurzeln. Läßt man nun p und q wieder in Faktoren zerfallen, so ersieht man, daß sich obiger Satz zu folgendem Theorem erweitert:

Sind $p, q, r, \ldots$ die Primzahlen, aus welchen n gebildet ist, so daß $n = p^\lambda q^\mu r^\nu \ldots$, wo $\lambda, \mu, \nu, \ldots$ positive ganze Zahlen sind, so reduziert sich die Auflösung der Gleichung

$$x^n - 1 = 0$$

auf die Auflösung der Gleichungen

$$x^{p^\lambda} - 1 = 0, \quad x^{q^\mu} - 1 = 0, \quad x^{r^\nu} - 1 = 0, \ldots$$

Ist nämlich β irgendeine Wurzel der ersten, γ irgendeine Wurzel der zweiten, δ irgendeine Wurzel der dritten Gleichung usf., so geben die $p^\lambda q^\mu r^\nu \ldots = n$ Werte des Produkts

$$\beta\gamma\delta\ldots$$

die n Wurzeln der Gleichung $x^n - 1 = 0$.

Sind ferner β, γ, $\delta\ldots$ sämtlich primitive Wurzeln ihrer Gleichungen, so ist auch das Produkt $\beta\gamma\delta\ldots$ primitive Wurzel von $x^n - 1 = 0$, und zwar nur in diesem Falle.

Kennt man demnach die Anzahl der primitiven Wurzeln von $x^{p^\lambda} - 1 = 0$, so läßt sich auch die Anzahl dieser Wurzeln für $x^n - 1 = 0$ leicht bestimmen. Nun hat p^λ keine andern Faktoren als $p, p^2, p^3, \ldots p^{\lambda-1}$. Also enthält die Gleichung $x^{p^\lambda} - 1 = 0$ alle Wurzeln der Gleichungen

$$x^p - 1 = 0, \, x^{p^2} - 1 = 0, \ldots x^{p^{\lambda-1}} - 1 = 0,$$

und hat sonst keine Wurzel mit einer niedrigeren Gleichung gemein. Aber alle Wurzeln dieser Reihe von Gleichungen sind in der höchsten

$$x^{p^{\lambda-1}} - 1 = 0$$

enthalten. Die Gleichung $x^{p^\lambda} - 1 = 0$ hat also $p^{\lambda-1}$ Wurzeln, welche nicht primitiv sind; die übrigen

$$p^\lambda - p^{\lambda-1} = p^\lambda\left(1 - \frac{1}{p}\right) \text{ sind primitiv.}$$

Ebenso hat also auch $x^{q^u} - 1 = 0$ $q^u\left(1 - \dfrac{1}{q}\right)$ primitive Wurzeln usw. **Folglich** hat $x^n - 1 = 0$

$$p^\lambda\left(1 - \frac{1}{p}\right) \cdot q^\mu\left(1 - \frac{1}{q}\right) \cdot r^\nu\left(1 - \frac{1}{r}\right) \cdots$$

$$= n\left(1 - \frac{1}{p}\right)\left(1 - \frac{1}{q}\right)\left(1 - \frac{1}{r}\right) \cdots$$

primitive Wurzeln. Diese Zahl soll in der Folge mit $\varphi(n)$ bezeichnet werden.

Ist z. B. gegeben $\qquad\qquad x^{60} - 1 = 0,$

so läßt sich die Lösung, da $60 = 2^2 \cdot 3 \cdot 5$, zurückführen auf die Lösung der Gleichungen

$$x^{2^2} - 1 = 0, \quad x^3 - 1 = 0, \quad x^5 - 1 = 0,$$

und unter den Wurzeln sind

$$60\left(1 - \frac{1}{2}\right)\left(1 - \frac{1}{3}\right)\left(1 - \frac{1}{5}\right) = 16 \quad \text{primitive.}$$

4. Algebraische Bestimmung der Einheitswurzeln. Man ersieht, daß, wenn n nur aus den Faktoren $3, 5, 7, 9, 2^k$ (k eine positive ganze Zahl) zusammengesetzt ist, die Gleichung $x^n - 1 = 0$ immer algebraisch, durch Wurzelgrößen lösbar ist; denn die Gleichungen $x^3 = 1$, $x^5 = 1$, $x^7 = 1$, $x^9 = 1$ sind als reziproke Gleichungen lösbar, und die Gleichung

$$x^{2^k} = 1$$

erfordert zu ihrer Lösung nur das wiederholte Ausziehen von Quadratwurzeln. So ist z. B.

$$x^{2^3} = 1, \quad x^{2^2} = \pm 1, \quad x^2 = \pm\sqrt{\pm 1}, \quad x = \pm\sqrt{\pm\sqrt{\pm 1}}.$$

Dabei wird man Ausdrücke der Form $\sqrt{a + bi}$ nach der früher gegebenen Formel $(1,1,5)$ immer durch Auflösung quadratischer Gleichungen zurückführen auf komplexe Zahlen $\alpha + \beta i$.

Auf ähnliche Weise, wie sich $x^{2^k} - 1 = 0$ auf die wiederholte Auflösung von quadratischen Gleichungen zurückführen läßt, kann man auch die Auflösung der Gleichung $\qquad x^{p^\lambda} - 1 = 0$

auf einfachere Gleichung zurückführen.

Man nehme eine beliebige Wurzel β_1 von

$$x^p = 1,$$

dann eine beliebige Wurzel β_2 von

$$x^p = \beta_1,$$

sodann eine beliebige Wurzel β_3 von

$$x^p = \beta_2$$

usf., endlich eine beliebige Wurzel β_λ von

$$x^p = \beta_{\lambda-1}.$$

Jedes Produkt $\beta_1 \cdot \beta_2 \ldots \beta_\lambda$ gibt eine Wurzel der Gleichung $x^{p^\lambda} - 1 = 0$. Denn es ist

$$(\beta_1\beta_2 \ldots \beta_\lambda)^p = \beta_1\beta_2 \ldots \beta_{\lambda-1}$$

$$(\beta_1\beta_2 \ldots \beta_\lambda)^{p^2} = (\beta_1\beta_2 \ldots \beta_{\lambda-1})^p = \beta_1\beta_2 \ldots \beta_{\lambda-2}$$

$$(\beta_1\beta_2 \ldots \beta_\lambda)^{p^{\lambda-1}} = \beta_1$$

$$(\beta_1\beta_2 \ldots \beta_\lambda)^{p^\lambda} = 1.$$

Dabei läßt sich erkennen, daß, wenn man für β_1 die Einheit nimmt, das Produkt $\beta_1 \ldots \beta_\lambda$ eine nicht primitive Wurzel ist, da schon die $p^{\lambda-1}$-te Potenz $= 1$ wird. Nimmt man aber für β_1 irgendeine andere Wurzel der Gleichung $x^p - 1 = 0$, so ist das Produkt primitive Wurzel.

Die Auflösung der Gleichung $x^n - 1 = 0$ kommt also immer auf Gleichungen der Form $x^p = \beta$, wo p Primfaktor von n ist, zurück. Später wird uns die Frage nach der Auflösung dieser binomischen Gleichungen noch weiter beschäftigen.

5. Bestimmung von $\varphi(n)$. Kennt man eine primitive Wurzel α der Gleichung $x^n - 1 = 0$, so kennt man auch alle Wurzeln; denn die Reihe der Potenzen von α

$$\alpha, \alpha^2, \alpha^3, \ldots \alpha^n \, (= 1)$$

enthält die n Wurzeln. Es entsteht nun die Frage: welche unter diesen Potenzen sind die primitiven Wurzeln?

Ist eine dieser Wurzeln α^r keine primitive Wurzel, so muß sie einer Gleichung $x^m = 1$ angehören, wo $m < n$; es muß mithin $(\alpha^r)^m = \alpha^{rm} = 1$ sein. Da aber α primitive Wurzel ist, so sind nur die Potenzen $\alpha^n, \alpha^{2n}, \ldots$ der Einheit gleich. Folglich muß $rm = kn$ sein, wo k eine positive ganze Zahl, d. h.

$$\frac{r}{n} = \frac{k}{m}.$$

Da nun $m < n$, so müssen r und n einen gemeinsamen Faktor haben.

In der Reihe $\alpha, \alpha^2, \ldots \alpha^n$ sind mithin nur diejenigen Potenzen primitive Wurzeln, deren Exponenten prim zu n sind.

Die Anzahl der Zahlen aus der Reihe

$$1, 2, 3, \ldots n,$$

welche prim zu n sind, ist von großer Wichtigkeit in der Zahlentheorie. Man bezeichnet diese Anzahl gewöhnlich mit $\varphi(n)$. Da sie gleich ist der Anzahl der primitiven Wurzeln der Potenz n, so kennen wir sie bereits; sie ist, die Einheit mitgerechnet, wenn $n = p^\lambda q^\mu r^\nu \ldots$ ist,

$$\varphi(n) = n \left(1 - \frac{1}{p}\right) \left(1 - \frac{1}{q}\right) \left(1 - \frac{1}{r}\right) \cdots$$

6. Die Kreisteilungsgleichung. Aus der Gleichung

$$x^n - 1 = 0$$

läßt sich immer die Gleichung bilden, welche nur die primitiven Wurzeln derselben enthält. Ist n eine Primzahl p, so ist dieselbe, da alle Wurzeln außer der Einheit in diesem Falle primitiv sind,

$$(1) \qquad \frac{x^p - 1}{x - 1} = x^{p-1} + x^{p-2} + \cdots + x + 1 = 0.$$

Ebenso, wenn n die Potenz einer Primzahl, $n = p^\lambda$, ist, wird die gesuchte Gleichung, da alle Wurzeln primitiv sind, außer denen der $p^{\lambda-1}$-ten Potenz,

$$\frac{x^{p^\lambda} - 1}{x^{p^{\lambda-1}} - 1} = x^{(p-1)p^{\lambda-1}} + x^{(p-2)p^{\lambda-1}} + x^{(p-3)p^{\lambda-1}} + \cdots + x^{p^{\lambda-1}} + 1 = 0.$$

Um zu sehen, wie die Gleichung zu bilden ist, wenn n mehrere Primzahlen enthält, nehmen wir als Beispiel $n = 12 = 2^2 \cdot 3$ an. Wir haben dann aus $x^{12} - 1$ alle Faktoren wegzunehmen, welche den Teilern von 12 entsprechen, also $x^6 - 1$, $x^4 - 1$, $x^3 - 1$, $x^2 - 1$, $x - 1$. Da aber die zwei höchsten $x^6 - 1$, $x^4 - 1$ allein schon alle Wurzeln enthalten, welche diesen Faktoren entsprechen, reicht es hin, diese beiden wegzuheben. Dieselben enthalten aber beide den gemeinschaftlichen Faktor $x^2 - 1$. Um diesen nicht zweimal wegzuheben, muß er einmal wieder beigefügt werden. Die gesuchte Gleichung der primitiven Wurzeln ist also

$$\frac{(x^{12} - 1)(x^2 - 1)}{(x^6 - 1)(x^4 - 1)} = \frac{x^6 + 1}{x^2 + 1} = 0$$

oder

$$x^4 - x^2 + 1 = 0;$$

woraus

$$x = \pm \tfrac{1}{2}\left(\sqrt{3} \pm i\right).$$

Es ist nun leicht zu sehen, wie sich die Gleichung gestaltet, wenn allgemein $n = p^\lambda q^\mu$, wo p und q Primzahlen. Die höchsten Faktoren von $x^n - 1$, die alle andern enthalten, sind $x^{p^{\lambda-1}p^\mu} - 1$ und $x^{p^\lambda q^{\mu-1}} - 1$. Diese beiden haben aber wieder den Faktor $x^{p^{\lambda-1}q^{\mu-1}} - 1$ gemeinsam. Die Gleichung der primitiven Wurzeln wird mithin

$$(3) \qquad \frac{(x^{p^\lambda q^\mu} - 1)(x^{p^{\lambda-1}q^{\mu-1}} - 1)}{(x^{p^{\lambda-1}q^\mu} - 1)(x^{p^\lambda q^{\mu-1}} - 1)} = 0.$$

Die Gleichung hat den Grad $n \left(1 - \frac{1}{p}\right)\left(1 - \frac{1}{q}\right)$, wie es sein soll. Diese Betrachtung kann leicht verallgemeinert werden für den Fall, wenn n drei oder mehr Primzahlen enthält. Der Grad der Gleichung der primitiven Wurzeln ist natürlich gleich der Anzahl dieser Wurzeln, also $= \varphi(n)$. Ferner zeigt ihre Herleitung, daß es Gleichungen sind mit ganzzahligen Koeffizienten, deren erster $= 1$ ist.

Wir nennen diese Gleichung die **Kreisteilungsgleichung**, wegen der naheliegenden Beziehung der n-ten Einheitswurzeln zur Teilung der Kreisperipherie in n gleiche Teile. Es ist die Gleichung, der die $\varphi(n)$ primitiven n-ten Einheitswurzeln genügen.

Die Kreisteilungsgleichungen haben außerdem für jedes n die Eigenschaft, daß sie im Körper der rationalen Zahlen **irreduzibel** sind, also nicht in rationale Faktoren mit rationalen Koeffizienten zerlegt werden können. Diese Eigenschaft ist zuerst von Gauß in seinen „Disquisitiones arithmeticae" art. 341 (Werke Bd. I) für die Gleichung (1) $(n = p)$ bewiesen worden, seitdem von Kronecker, Eisenstein u. a. nicht nur für die Primzahl p, sondern auch für irgendeine Potenz n.[1])

Hier folgt der Beweis für die Irreduzibilität der Gleichung (1) nach Eisenstein.[2])

7. Ein Satz von Gauß. Zunächst sei der Satz von Gauß vorausgeschickt:
Wenn eine ganze Funktion $f(x)$ mit ganzzahligen Koeffizienten in zwei Faktoren mit rationalen, gebrochenen Koeffizienten zerlegbar ist, so ist sie auch als Produkt von zwei ganzzahligen Polynomen X_1, X_2 darstellbar.

Betrachten wir vorher zwei Funktionen

$$\Phi_1(x) = \frac{a_0 + a_1 x + a_2 x^2 + \cdots}{m}$$

$$\Phi_2(x) = \frac{b_0 + b_1 x + b_2 x^2 + \cdots}{n},$$

wo die a_i, b_i, m, n ganze Zahlen sind und weder die a_i noch die b_i einen gemeinsamen Faktor haben. Wir wollen zeigen, daß nicht alle Koeffizienten des Produktes $\Phi_1(x) \cdot \Phi_2(x)$ mit der Zahl mn denselben von 1 verschiedenen Teiler gemein haben.

Es sei p eine beliebige Primzahl und p^μ die höchste in m, p^λ die höchste in n vorkommende Potenz derselben. Es mögen ferner

$$a_0, a_1, \ldots a_{\lambda-1} \quad \text{und} \quad b_0, b_1, \ldots b_{\varrho-1}$$

____

1) Mehrere dieser Beweise findet man in Bachmanns „Lehre von der Kreisteilung", 5. Vorlesung S. 33ff.

2) Crelles Journ., Bd. 39, 1850, S. 166.

durch p teilbar sein, a_λ und b_ϱ den Faktor p aber nicht enthalten. Dann wird in dem Produkt $\Phi_1(x) \cdot \Phi_2(x)$ der Koeffizient von $x^{\lambda+\varrho}$

$$\frac{a_\lambda b_\varrho + (a_{\lambda+1} b_{\varrho-1} + a_{\lambda+2} b_{\varrho-2} + \cdots) + (a_{\lambda-1} b_{\varrho+1} + a_{\lambda-2} b_{\varrho+2} + \cdots)}{mn}.$$

Nun ist aber $a_\lambda b_\varrho$ durch p nicht teilbar, die beiden Klammerausdrücke aber enthalten nach unsern Voraussetzungen den Faktor p; demnach muß p^{u+v} im Nenner stehenbleiben. Das gleiche kann man von jeder in m oder in n vorkommenden Primzahl beweisen, folglich muß überhaupt mn als Nenner auftreten.

Ist nun

$$f(x) = \varphi_1(x) \cdot \varphi_2(x),$$

wo φ_1, φ_2 Faktoren sind, deren Koeffizienten Brüche enthalten, so bringe man die Koeffizienten von $\varphi_1(x)$ auf den kleinsten gemeinsamen Nenner, verfahre ebenso mit $\varphi_2(x)$; dann wird, wenn d_1, d_2 diese Nenner sind,

$$f(x) = \frac{\varphi_1'(x)}{d_1} \cdot \frac{\varphi_2'(x)}{d_2},$$

wo nun φ_1' und φ_2' ganzzahlige Polynome sind von der Form

$$\varphi_1' = a_0' + a_1' x + a_2' x^2 + \cdots$$

$$\varphi_2' = b_0' + b_1' x + b_2' x^2 + \cdots$$

Es sei nun A der größte gemeinschaftliche Teiler der Koeffizienten a_i' und relativ prim zu d_1, ferner B der größte gemeinschaftliche Teiler der b_i' und relativ prim zu d_2; dann können wir schreiben

$$f(x) = \frac{A \cdot B}{d_1 d_2} \cdot \varphi_1'' \cdot \varphi_2'',$$

wo φ_1'' und φ_2'' die entsprechenden Polynome nach Ausscheidung der Faktoren A bzw. B sind. Die Ausdrücke $\frac{\varphi_1''}{d_1}$ und $\frac{\varphi_2''}{d_2}$ genügen dann aber den für die Funktionen Φ_1 und Φ_2 gemachten Voraussetzungen, und auf ihr Produkt kann man den soeben bewiesenen Satz anwenden, daß der Nenner $d_1 d_2$ sein muß. Soll nun aber $f(x)$ ganzzahlig sein, so muß AB durch $d_1 d_2$ teilbar sein, und da A relativ prim zu d_1, B relativ prim zu d_2, so folgt notwendig

$$A = \alpha \cdot d_2 \quad B = \beta \cdot d_1,$$

wo α und β ganze Zahlen. Dann wird aber

$$f(x) = \alpha\beta \, \varphi_1'' \varphi_2''$$

und damit ist $f(x)$ auch in ein Produkt ganzzahliger Faktoren zerlegt.

8. Eisensteins Irreduzibilitätskriterium. Wenn eine Gleichung $f(x)=0$ ganzzahlige Koeffizienten hat, und wenn der erste Koeffizient $= 1$, der letzte zwar durch p aber nicht durch p^2 teilbar ist, während die übrigen durch p teilbar sind, so ist, p als Primzahl vorausgesetzt, die Gleichung irreduzibel.

Es ist dann $f(x)$ von der Form

$$x^n + p\,x\varphi(x) + p \cdot \alpha_n,$$

wo α_n eine nicht durch p teilbare ganze Zahl ist. Ist $n = r + s$, und soll dies Polynom in die zwei Faktoren

$$(x^r + a_1 x^{r-1} + \cdots + a_r)(x^s + b_1 x^{s-1} + \cdots + b_s)$$

zerfallen, so können wir nach dem vorigen Hilfssatz die a, b als ganze Zahlen annehmen. Da das konstante Glied $a_r \cdot b_s$ gleich $p \cdot \alpha_n$ sein muß und p Primzahl ist, so muß eine der Zahlen a_r, b_s durch p teilbar, die andere zu p teilerfremd sein. Es sei a_r zu p teilerfremd, b_s durch p teilbar. Dann wird, wenn wir die mit b_s multiplizierten Glieder in das Glied $p\,x\,\varphi(x)$ einbeziehen,

$$x^{r+s} + p\,x\,\varphi_1(x) = (x^r + a_1 x^{r-1} + \cdots + a_r)(x^s + b_1 x^{s-1} + \cdots + b_{s-1}x).$$

Da das Glied $a_r b_{s-1} x$ das einzige Glied seines Grades auf der rechten Seite ist, so muß b_{s-1} Vielfaches von p sein; begreift man sodann die mit $b_{s-1}x$ multiplizierten Glieder wieder in $p\,\varphi_1(x)$ ein, so kann man dasselbe von $b_{s-2}x^2$ sagen; es muß mithin auch b_{s-2} und ebenso jedes andere b durch p teilbar sein, und folglich ist schließlich

$$x^{r+s} - (x^r + a_1 x^{r-1} + \cdots a_r)\,x^s$$

durch p teilbar. Dies ist aber unmöglich, da das Glied in x^s den Faktor a_r hat, der zu p teilerfremd ist. Damit ist der Satz erwiesen.

9. Die Irreduzibilität der Kreisteilungsgleichung. Der eben bewiesene Satz nun läßt sich auf die Gleichung (1)

$$\frac{x^p - 1}{x - 1} = x^{p-1} + x^{p-2} + \cdots + x + 1 = 0$$

anwenden. Denn setzt man $z+1$ statt x, so geht $\dfrac{x^p-1}{x-1}$ über in $\dfrac{(z+1)^p-1}{z}$, und dieser Ausdruck ist von der Form

$$z^{p-1} + p\,\varphi(z) + p$$

und mithin irreduzibel; also gilt dasselbe von $\dfrac{x^p-1}{x-1}$.

Dieser Beweis läßt sich auch auf die Gleichung (2) ausdehnen. Bequemer führt aber hier ein jetzt darzulegender anderer Beweis zum Ziel.

10. Späths Beweis für die Irreduzibilität der Kreisteilungsgleichung.

(Math. Ztschr. Bd. 26 S. 442.) Er setzt einige elementare zahlentheoretische Tatsachen und Begriffe voraus. Diese werden im folgenden Kapitel im Zusammenhang mit einigen anderen hergeleitet werden.

a) Hat
$$F_1(x) = (x - \alpha_1)(x - \alpha_2) \ldots (x - \alpha_r)$$

ganze rationale Koeffizienten, so hat nach dem Hauptsatz über symmetrische Funktionen (S. 107) auch

$$F_k(x) = (x - \alpha_1^k)(x - \alpha_2^k) \ldots (x - \alpha_r^k)$$

für jedes ganze $k \geq 1$ ganze rationale Koeffizienten. Ist überdies $k = p$ eine Primzahl, so ist[1]

$$F_p(x) \equiv F_1(x) \bmod p$$

(d. h. die entsprechenden Koeffizienten beider Polynome unterscheiden sich nur um Vielfache von p). Denn nach dem polynomischen Lehrsatz ist für die i-te elementarsymmetrische Funktion der α_k^p

$$\Sigma \alpha_1^p \ldots \alpha_i^p \equiv (\Sigma \alpha_1 \ldots \alpha_i)^p \bmod p,$$

weil nach diesem Satz in der p-ten Potenz eines Polynomes, alle Koeffizienten mit Ausnahme der der p-ten Potenzen durch p teilbar sind. Der Koeffizient von $x_1^{k_1} \ldots x_\lambda^{k_\lambda}$ in $(x_1 + \cdots + x_\lambda)^p$ ist nämlich

$$\frac{p!}{k_1!\, k_2! \ldots x_\lambda!} \quad (k_1 + k_2 + \cdots k_\lambda = p,\ k_\mu \geq 0,\ \mu = 1 \ldots \lambda).$$

Weiter ist nach dem kleinen Fermatschen Satz für jede Primzahl p (S. 250)

$$(\Sigma \alpha_1 \ldots \alpha_i)^p \equiv \Sigma \alpha_1 \ldots \alpha_i \bmod p.$$

Also ist auch
$$\Sigma \alpha_1^p \ldots \alpha_i^p \equiv \Sigma \alpha_1 \ldots \alpha_i \bmod p,$$

wodurch
$$F_p(x) \equiv F_1(x) \bmod p \qquad \text{bewiesen ist.}$$

b) Sind
$$\alpha_1 \ldots \alpha_r$$

n-te Einheitswurzeln, so ist für $k \equiv h \bmod n$, stets $\alpha_i^k = \alpha_i^h$, also ist

$$F_k(x) = F_h(x)$$

für $k \equiv h \bmod n$ und alle x d. h. beide Polynome sind identisch.

c) Ist dann $p \equiv k \bmod n$ und p Primzahl, so ist nach a) und b)

$$F_k(x) \equiv F_p(x) \equiv F_1(x) \bmod p.$$

d) Nun seien $\alpha_1 \ldots \alpha_r$ primitive n-te Einheitswurzeln. Wir fassen diejenigen zu n teilerfremden Zahlen k in der Klasse $\mathfrak{A}$ zusammen, für die

$$F_k(x) = F_1(x)$$

———————

1) Vgl. S. 240 über Kongruenzen.

ist für alle x. Wir wollen zeigen, daß es keine anderen gibt. Ist dies bewiesen, so folgt daraus, daß $F_1(x)$ mit der linken Seite der Kreisteilungsgleichung identisch ist. Denn jede k-te Potenz von α_1 genügt dann für $(k, n) = 1$ der Gleichung $F_1(x) = 0$. Da aber durch Potenzierung einer primitiven n-ten Einheitswurzel mit Hilfe einer zu n teilerfremden Zahl alle primitiven n-ten Einheitswurzeln gewonnen werden (S. 227) und diese die Gesamtheit der Wurzeln der Kreisteilungsgleichung ausmachen, so muß jeder Faktor ihrer linken Seite, der rationale und damit nach S. 229 ganze rationale Koeffizienten besitzt, mit der linken Seite identisch sein. Also ist die Kreisteilungsgleichung irreduzibel.

e) Um zu zeigen, daß für $(k, n) = 1$ stets

$$F_k(x) = F_1(x)$$

ist für alle x, fassen wir alle zu n teilerfremden Zahlen, für die dies nicht stimmt, in einer Klasse $\mathfrak{B}$ zusammen. Gehört k_1 zu $\mathfrak{A}$ und gehört k_2 zu $\mathfrak{A}$, so gehört auch $k_1 k_2$ zu $\mathfrak{A}$. Denn es ist

$$F_{k_1 k_2}(x) = (F_{k_1})_{k_2}(x) \quad \text{für alle} \quad x$$
$$(F_{k_1})_{k_2}(x) = F_{k_2}(x) \qquad \text{,,} \qquad \text{,,} \quad x$$
$$F_{k_2}(x) = F_1(x) \qquad \text{,,} \qquad \text{,,} \quad x.$$

Ist also k eine Zahl aus $\mathfrak{B}$, so kommt unter ihren Primfaktoren eine $\mathfrak{B}$ angehörige Primzahl vor. Sind $p_1 \ldots p_\lambda$ Primzahlen aus $\mathfrak{B}$, so ist auch

$$k = n p_1 \ldots p_{\lambda-1} + p_\lambda$$

eine Zahl aus $\mathfrak{B}$. Denn es ist $k \equiv p_\lambda \bmod n$

und daher $\qquad F_k(x) = F_{p_\lambda}(x)$ für alle x.

Unter den Primfaktoren von k kommen aber $p_1 \ldots p_\lambda$ nicht vor. Also gibt es außer $p_1 \ldots p_\lambda$ noch weitere Primzahlen in $\mathfrak{B}$. Es gibt deren also unendlich viele. Unter diesen Primzahlen gibt es unendlich viele, die mod n kongruent sind. Denn als Reste derselben mod n kommen höchstens $n - 1$ Zahlen in Betracht. Sind dann

$$p_1, p_2 \ldots$$

unendlich viele mod n kongruente Primzahlen, so ist für alle diese

$$F_{p_\nu}(x)$$

dieselbe Funktion $F(x)$ für alle x nach b). Ferner ist nach c)

$$F_{p_\nu}(x) \equiv F_1(x) \bmod p_\nu.$$

D. h. die Kongruenz $F(x) \equiv F_1(x) \bmod p$ besteht für unendlich viele Primzahlen. Dann müssen aber beide Polynome identisch sein und p_1 gehört zu $\mathfrak{A}$ statt zu $\mathfrak{B}$. Also gibt es in $\mathfrak{B}$ keine Zahlen. Damit ist nach d) der Beweis vollendet.

11. Potenzsummen der Einheitswurzeln. Ist α eine primitive Wurzel von $x^n - 1 = 0$, also

$$1, \alpha, \alpha^2, \ldots \alpha^{n-1}$$

die Gesamtheit der n Wurzeln dieser Gleichung, so wird die Summe ihrer k-ten Potenzen

$$s_k = 1 + \alpha^k + \alpha^{2k} + \cdots + \alpha^{(n-1)k}$$

$$= \frac{\alpha^{nk} - 1}{\alpha^k - 1}.$$

Ist nun k weder Null noch ein Vielfaches von n, so ist $\alpha^k - 1$ nicht Null, hingegen der Zähler $\alpha^{nk} - 1$ ist immer $= 0$. Mithin ist $s_k = 0$. Nur wenn $k = 0$ oder ein Vielfaches von n ist, werden alle Glieder der Summe $= 1$ und folglich die Summe selbst $= n$.

Nennen wir also $\alpha, \beta, \gamma, \ldots$ die Wurzeln der Gleichung in irgendeiner Reihenfolge, so ist

$$s_k = \alpha^k + \beta^k + \gamma^k + \cdots = 0$$

für jedes k, das nicht ein Vielfaches von n ist. Wenn k ein Vielfaches von n, ist $s_k = n$.

Dieser Satz geht auch aus den Newtonschen Formeln hervor, welche s^k aus den Koeffizienten a der Gleichung berechnen lassen, indem für die Gleichung $x^n - 1 = 0$ alle Koeffizienten $a_1, a_2, \ldots$ Null sind, außer a_n, welches $= -1$ ist. Es ist daher auch $\Sigma\alpha = 0$, $\Sigma\alpha\beta = 0$, $\Sigma\alpha\beta\gamma = 0, \ldots$ und $\alpha\beta\gamma \ldots = \pm 1$.

Aus obigem Satze folgt aber noch weiter, daß irgendeine symmetrische Funktion dieser Wurzeln

$$\Sigma\alpha^p\beta^q\gamma^r \ldots$$

immer $= 0$ ist, außer wenn der Grad derselben $p + q + r + \cdots$ ein Vielfaches von n ist. Denn die Berechnung derselben durch die Potenzsummen ergibt nur Glieder der Form $s_i s_k s_l \ldots$, in welchen $i + k + l + \cdots = p + q + r + \cdots$.

Ist also der Grad von Σ nicht teilbar durch n, so können auch die Indizes $i, k, l, \ldots$ nicht alle durch n teilbar sein, und das Glied verschwindet.

12. Eine Anwendung. Die symmetrischen Funktionen der Wurzeln der
Einheit finden auch Anwendung, um aus Gleichungen, welche Wurzelgrößen enthalten, dieselben zu entfernen, d. h. „die Gleichung rational zu
machen". Wir haben bei einer irrationalen Form die Mehrdeutigkeit,
welche die Mehrdeutigkeit der Wurzelgrößen mit sich bringt, in Betracht
zu ziehen. Hat man die Gleichung

$$x = \sqrt[p]{P} + \sqrt[q]{Q} + \sqrt[r]{R} + \cdots,$$

so hat $\sqrt{P}\ p$ verschiedene Werte, welche man erhält, wenn man einen
Wert von $\sqrt[p]{P}$ mit den p Werten von $\sqrt[p]{1}$ multipliziert, $\sqrt[q]{Q}$ hat q Werte
usw. Der irrationale Ausdruck hat mithin $pqr\ldots$ möglicherweise ver-
schiedene Werte. Die rational gemachte Gleichung liefert alle Werte von
x, die den Kombinationen der Werte von $\sqrt[p]{P}, \sqrt[q]{Q}, \sqrt[r]{R} \ldots$ entsprechen,
und muß mithin vom Grade $pqr\ldots$ werden, wenn nicht besondere Be-
ziehungen zwischen den Wurzelgrößen bestehen. Um diese rationale Form
zu erhalten, bilden wir das Produkt aller Ausdrücke

$$x - (\sqrt[p]{P} + \sqrt[q]{Q} + \sqrt[r]{R}).$$

Das Produkt wird eine symmetrische Funktion in bezug auf die Einheitswurzeln und wird daher eine rationale Funktion (die „Norm" der irrationalen Form).

1. Beispiel. $\qquad\qquad x = \sqrt{p} + \sqrt{q} + \sqrt{r}.$

Rational gemacht wird die Gleichung vom achten Grade werden, da der
Ausdruck auf der linken Seite die 8 Werte $\pm \sqrt{p} \pm \sqrt{q} \pm \sqrt{r}$ repräsentiert. Man erhält sofort durch Quadrieren

$$x^2 = p + q + r + 2(\sqrt{pq} + \sqrt{pr} + \sqrt{qr}).$$

Setzen wir der Kürze wegen

$$p + q + r = -a_1, \quad pq + qr + rp = a_2, \quad pqr = -a_3,$$

so folgt durch nochmaliges Quadrieren

$$(x^2 + a_1)^2 = 4\left[pq + qr + 2\sqrt{pqr}(\sqrt{p} + \sqrt{q} + \sqrt{r})\right]$$
$$= 4\left[a_2 + 2\sqrt{-a_3}\cdot x\right]$$

oder endlich $\qquad [(x^2 + a_1)^2 - 4a_2]^2 + 64a_3 x^2 = 0.$

Dies ist die gesuchte rationale Form. Sie ist nichts anderes als die Gleichung
$$\Pi\left[x - (\pm\sqrt{p} \pm \sqrt{q} \pm \sqrt{r})\right] = 0,$$

wo Π das Produkt der 8 Faktoren darstellt, und könnte auch unschwer
aus diesem Produkt berechnet werden.

2. **Beispiel.** $\qquad r + \sqrt[3]{p} + \sqrt{q} = 0.$

Sind α, β, γ die drei Werte von $\sqrt[3]{1}$, so hat $\sqrt[3]{p}$ die drei Werte $\alpha\sqrt[3]{p}$, $\beta\sqrt[3]{p}, \gamma\sqrt[3]{p}$, während $\sqrt{q}$ die zwei Werte $\pm\sqrt{q}$ darstellt. Um die rationale Gleichung zu erhalten, bilde man daher die Gleichung

$$\Pi\left(r + \sqrt{q} + \alpha\sqrt[3]{p}\right).\ \Pi\left(r - \sqrt{q} + \alpha\sqrt[3]{p}\right) = 0,$$

wo sich das Produkt Π auf die drei Werte α, β, γ von $\sqrt[3]{1}$ bezieht. In bezug auf diese Wurzel ist Π symmetrisch, und da $\Sigma\alpha = \Sigma\alpha\beta = 0$, $\alpha\beta\gamma = 1$ ist, so reduziert sich die Gleichung auf

$$\left[(r + \sqrt{q})^3 + p\right]\left[(r - \sqrt{q})^3 + p\right] = 0.$$

Hieraus ergibt sich die rationale Form

$$(r^2 - q)^3 + 2r^3 p + 6rqp + p^2 = 0.$$

3. **Beispiel.** $\qquad r + \sqrt[3]{p} + \sqrt[3]{q} = 0.$

Hier haben wir die Kombination der drei Werte von $\sqrt[3]{p}$ mit den 3 Werten von $\sqrt[3]{q}$. Die rationale Form ergibt sich aus dem Produkt

$$\Pi\left(r + \sqrt[3]{q} + \alpha\sqrt[3]{p}\right)\left(r + \sqrt[3]{q} + \beta\sqrt[3]{p}\right)\left(r + \sqrt[3]{q} + \gamma\sqrt[3]{p}\right),$$

das Produkt ausgedehnt auf die drei Werte von $\sqrt[3]{q}$. Da $\Sigma\alpha = 0$, $\Sigma\alpha\beta = 0$, $\alpha\beta\gamma = 1$, reduziert sich dieses Produkt auf

$$\Pi\left[(r + \sqrt[3]{q})^3 + p\right],$$

d. i. $\quad\left((r + \alpha\sqrt[3]{q})^3 + p\right)\cdot\left((r + \beta\sqrt[3]{q})^3 + p\right)\cdot\left((r + \gamma\sqrt[3]{q})^3 + p\right)\cdot$

Der einzelne Faktor ist

$$(r^3 + p + q) + 3r\alpha\sqrt[3]{q}\left(r + \alpha\sqrt[3]{q}\right).$$

Die drei Faktoren multipliziert liefern dann unschwer, da $\Sigma\alpha = 0$, $\Sigma\alpha\beta = 0$, $\Sigma\alpha^2\beta^2 = 0$, $\alpha\beta\gamma = 1$ und $\Sigma\alpha\beta^2 = -3\alpha\beta\gamma = -3$ ist, die rationale Form der Gleichung

$$(r^3 + p + q)^3 - 27r^2 pq = 0.$$

Man erhält diese Form übrigens auch durch Elimination von y, z aus dem Gleichungssystem

$$y^3 = p,\ z^3 = q,\ r + y + z = 0.$$

Diese Beispiele werden hinreichen. Es sei nur noch erwähnt, daß eine Gleichung der Form

$$x = \sqrt[n]{p} + \sqrt[n]{p^2} + \sqrt[n]{p^3} + \cdots + \sqrt[n]{p^k}$$

nur auf eine rationale Form vom n-ten Grad in x führt, da $\sqrt[n]{p^i} = (\sqrt[n]{p})^i$ ist und mithin nur eine irrationale Größe $\sqrt[n]{p}$ in der Gleichung enthalten ist.

Aus demselben Grunde wird z. B. die Gleichung

$$x = \sqrt{p} + a\sqrt{p}$$

nur auf eine rationale Form sechsten Grades führen, da $\sqrt{p} = (\sqrt[6]{p})^3$, usf.

Viertes Kapitel.
Zahlentheoretisches.

1. Die Funktion $\varphi(n)$. Die Zahlentheorie, auf deren Gebiet wir hier abschweifen, hat es nur mit den ganzen Zahlen zu tun und mit den Beziehungen derselben zueinander.

Wir wollen zunächst die Frage: Wie viele unter den Zahlen

$$1, 2, 3, \ldots M$$

sind relativ-prim zu M, eine Frage, welche sich schon früher (6, 3, 5) darbot und dort aus den Eigenschaften der primitiven Einheitswurzeln beantwortet wurde, auf ganz elementare Weise untersuchen.

Wir nehmen an, M enthalte die Primzahlen $p, q, r \ldots$ und sei mithin von der Form

$$M = p^\lambda q^\mu r^\nu \ldots$$

Fragen wir nun zunächst, wieviel Zahlen es in der Reihe von 1 bis M gibt, welche durch p nicht teilbar sind, so ergibt sich die Antwort unmittelbar. Denn als Zahlen, welche in dieser Reihe durch p teilbar sind, ergeben sich

$$p, 2p, 3p, \ldots \frac{M}{p}\, p.$$

Solcher Zahlen gibt es also $\frac{M}{p}$, und mithin ist die Anzahl der Zahlen, die nicht durch p teilbar sind,

$$M - \frac{M}{p} = M\left(1 - \frac{1}{p}\right).$$

Unter den Zahlen der Reihe von 1 bis M sind ferner

$$q, 2q, 3q, \ldots \frac{M}{q} \cdot q$$

durch q teilbar. Um zu ermitteln, welche von diesen Zahlen nicht durch p teilbar sind, hat man nur zu sehen, welche von den Koeffizienten $1, 2, 3, \ldots \frac{M}{q}$ nicht durch p teilbar sind (da p und q Primzahlen sind).

Die Anzahl derselben ist aber nach dem Vorigen $\frac{M}{q}\left(1-\frac{1}{p}\right)$. So viel Zahlen gibt es demnach unter allen Zahlen von 1 bis M, welche durch q, aber nicht durch p teilbar sind. Mithin gibt es in der Reihe

$$M\left(1-\frac{1}{p}\right)-\frac{M}{q}\left(1-\frac{1}{p}\right)=M\left(1-\frac{1}{p}\right)\left(1-\frac{1}{q}\right)$$

Zahlen, welche weder durch p noch durch q teilbar sind.

Auf dieselbe Weise findet man, daß es

$$M\left(1-\frac{1}{p}\right)\left(1-\frac{1}{q}\right)\left(1-\frac{1}{r}\right)$$

Zahlen in der Reihe von 1 bis M gibt, welche weder durch p, noch durch q, noch durch r teilbar sind usf.

Dehnt man diese Schlußfolge auf alle Primzahlen aus, welche in M enthalten sind, so erhält man die Anzahl der Zahlen, welche in der Reihe 1 bis M vorkommen und keinen Faktor mit M gemein haben, die also relative Primzahlen zu M sind. Da diese Anzahl häufig vorkommt, wird sie gewöhnlich abgekürzt mit $\varphi(M)$ bezeichnet. Dieselbe ist also

$$(1)\qquad \varphi(M)=M\left(1-\frac{1}{p}\right)\left(1-\frac{1}{q}\right)\left(1-\frac{1}{r}\right)\cdots$$

Aus unserer Definition folgt ferner, daß wir

$$(2)\qquad\qquad\qquad \varphi(1)=1 \quad \text{setzen müssen.}$$

Es soll nun die Eigenschaft der Zahl $\varphi(M)$ bewiesen werden, daß, wenn $d',d'',d''',\ldots$ die sämtlichen Teiler von M sind, unter diesen 1 und M inbegriffen,

$$(3)\qquad\qquad \varphi(d')+\varphi(d'')+\varphi(d''')+\cdots=M \quad \text{ist.}$$

Um diesen Satz zu beweisen, bemerke man, daß jede Zahl der Reihe 1 bis M einen der Teiler von M zum größten gemeinschaftlichen Teiler mit M hat. Zählt man also, wie viele Zahlen in der Reihe einen dieser Faktoren $d',d'',d''',\ldots$ zum größten gemeinschaftlichen Teiler mit M haben, so muß die Gesamtanzahl $=M$ sein.

Nun sind alle Zahlen in der Reihe, welche d zum Faktor haben,

$$d,\, 2d,\, 3d,\,\ldots\frac{M}{d}\, d.$$

Unter diesen gibt es so viele, welche d zum größten gemeinschaftlichen Teiler mit M haben, als es unter den Zahlen

$$1,\, 2,\, 3,\,\ldots\frac{M}{d}$$

relative Primzahlen zu $\frac{M}{d}$ gibt, also $\varphi\left(\frac{M}{d}\right)$. Es muß also

$$\varphi\left(\frac{M}{d'}\right) + \varphi\left(\frac{M}{d''}\right) + \varphi\left(\frac{M}{d'''}\right) + \cdots = M$$

sein. Es ist aber klar, daß die linke Gleichungsseite identisch ist mit $\varphi(d') + \varphi(d'') + \varphi(d''') + \cdots$; nur stehen die Glieder in anderer Reihenfolge. Der obige Satz ist hiermit bewiesen. Unter den Gliedern der linken Seite kommen, da 1 und M unter die Teiler d inbegriffen sind, auch $\varphi\left(\frac{M}{1}\right)$ $= \varphi(M)$ vor und $\varphi\left(\frac{M}{M}\right) = \varphi(1) = 1$.

Beispiel. Es sei $M = 30$. Die Teiler sind $1, 2, 3, 5, 6, 10, 15, 30$. Nun ist

$$\varphi(1) = 1, \qquad \varphi(2) = 1, \qquad \varphi(3) = 2, \qquad \varphi(5) = 4, \qquad \varphi(6) = 2.$$

$$\varphi(10) = 4, \quad \varphi(15) = 8, \quad \varphi(30) = 8;$$

also $\qquad \Sigma\varphi = 1 + 1 + 2 + 4 + 2 + 4 + 8 + 8 = 30.$

Eine weitere Eigenschaft der Funktion φ besteht darin, daß wenn $M = g \cdot h$, wobei g und h relativ prim zueinander sind,

$$(4) \qquad\qquad \varphi(M) = \varphi(g) \cdot \varphi(h)$$

ist. In der Tat enthält g die Primzahlen $p, q, \ldots, h$ die Primzahlen $r, s, \ldots,$ so ist

$$\varphi(g) = g\left(1 - \frac{1}{p}\right)\left(1 - \frac{1}{q}\right)\cdots, \qquad \varphi(h) = h\left(1 - \frac{1}{r}\right)\left(1 - \frac{1}{s}\right)\cdots; \quad \text{also}$$

$$\varphi(M) = M\left(1 - \frac{1}{p}\right)\left(1 - \frac{1}{q}\right)\cdots\left(1 - \frac{1}{r}\right)\left(1 - \frac{1}{s}\right)\cdots = \varphi(g) \cdot \varphi(h).$$

Man sieht, wie sich dieser Satz sofort verallgemeinern läßt, wenn M sich in mehrere untereinander relativ prime Faktoren spaltet.

Speziell ergibt sich, da $\varphi(2) = 1$ ist, für eine ungerade Zahl M (also prim zu 2)

$$\varphi(2M) = \varphi(M).$$

So ist in obigem Beispiel $\qquad \varphi(30) = \varphi(15).$

2. Kongruenzen. Es seien a, b, k ganze Zahlen. Dann sagt man: a ist **kongruent** mit b nach dem **Modul** k, wenn $a - b$ durch k teilbar ist. Gauß[1] hat dies in der Form geschrieben

$$a \equiv b \ (\text{mod. } k)$$

---

1) Disquisitiones arithmeticae, 1801. Gesammelte Werke Bd. I.

und diese Gleichung als eine **Kongruenz** bezeichnet. Sie sagt mithin aus, daß

$$a = b + mk$$

oder

$$a - b = mk,$$

wo m eine passende ganze Zahl. Man kann die Kongruenz daher auch schreiben

$$a - b \equiv 0 \ (\text{mod. } k).$$

Die Zahlen a und b können hierbei positiv oder negativ sein.

So ist z. B.

$$60 \equiv 18 \ (\text{mod. } 7), \text{ denn } 60 - 18 = 6 \cdot 7$$

$$-3 \equiv 7 \ (\text{mod. } 5), \text{ denn } 7 + 3 = 2 \cdot 5.$$

Bleibt der Modul in einer Untersuchung derselbe, so ist es nicht nötig, denselben jedesmal beizusetzen, und man kann dann mit diesen Kongruenzen in vielen Fällen wie mit Gleichungen rechnen. So kann man zwei Kongruenzen mit demselben Modul addieren, subtrahieren, multiplizieren. Es ist klar, daß, wenn

$$a \equiv b \ (\text{mod. } k), \quad c \equiv d \ (\text{mod. } k),$$

auch

$$a + c \equiv b + d \quad \text{und} \quad a - c \equiv b - d \ (\text{mod. } k).$$

Ferner ist auch

$$ac \equiv bc, \quad bc \equiv bd;$$

folglich auch

$$ac \equiv bd \ (\text{mod. } k).$$

Dividieren jedoch darf man eine Kongruenz nur, wenn der Divisor relativ prim zum Modul ist. Ist z. B. gegeben

$$ag \equiv bg \ (\text{mod. } k),$$

so muß $(a - b)g$ durch k teilbar sein. Sind nun g und k relative Primzahlen, so muß $a - b$ durch k teilbar sein, und folglich ist

$$a \equiv b \ (\text{mod. } k).$$

Ist jedoch g nicht relativ prim zu k und δ ihr größter gemeinschaftlicher Faktor, also $g = g'\delta$ und $k = k'\delta$, wo g' und k' ganze Zahlen, die relativ prim zueinander sind, so läßt sich aus dem Umstande, daß $(a - b)g$ durch k teilbar ist, nur schließen, daß $a - b$ durch k' teilbar ist, also

$$a \equiv b \left(\text{mod. } k' = \frac{k}{\delta}\right).$$

Es sei nun gegeben

$$ag \equiv bh \ (\text{mod. } k) \quad \text{und} \quad g \equiv h \ (\text{mod. } k),$$

so ist

$$bg \equiv bh, \quad \text{also auch} \quad ag \equiv bg \ (\text{mod. } k).$$

Ist nun g und folglich auch h relativ prim zu k, so folgt

$$a \equiv b \;(\text{mod. } k).$$

Hätte aber g und folglich auch h mit k den Faktor δ gemein, so würde nur folgen, daß

$$a \equiv b\left(\text{mod. } k' = \frac{k}{\delta}\right).$$

3. Reste. Es seien k aufeinanderfolgende ganze Zahlen

$$\text{(I)} \qquad\qquad s, s+1, s+2, \ldots s+k-1$$

gegeben. Dividieren wir die Zahlen dieser Reihe mit k, so bleiben offenbar die k Reste

$$\text{(II)} \qquad\qquad 0, 1, 2, \ldots k-1,$$

abgesehen von der Reihenfolge. Da jede Zahl mod. k mit dem Rest kongruent ist, der bei ihrer Division durch k verbleibt, so ist jede Zahl der Reihe (I) mit einer Zahl der Reihe (II) kongruent nach dem Modul k.

Nimmt man aus der unendlichen Zahlenreihe von $-\infty$ bis $+\infty$ irgendeine Zahl g oder $-g$, so ist dieselbe immer mit einer, aber auch nur einer Zahl der Reihe (II), also auch der Reihe (I) kongruent nach dem Modul k. Denn die Division mit k gibt

$$g = m \cdot k + r, \quad (0 < r < k)$$

und

$$g = (m+1)k - t \quad (0 < t < k)$$

$$-g = -(m+1)k + t.$$

Es sind mithin r bzw. t die Zahlen der Reihe (II), mit welchen g bzw. $-g$ kongruent ist. Damit ergeben sich auch dann die Zahlen der Reihe (I), mit welchen g bzw. $-g$ kongruent ist.

Nimmt man also zu der Reihe (II) irgendeine andere Zahl außerhalb der Reihe hinzu, so sind zwei Zahlen darunter, die nach dem Modul k kongruent sind, während nie zwei Zahlen der Reihe (I) allein unter sich kongruent sind. Die Zahlenreihe (I) bildet also für jedes s ein System inkongruenter Zahlen.

Ist a relative Primzahl zu k, und setzt man in den Ausdruck

$$ax + b$$

für x ein solches System inkongruenter Zahlen ein, so erhält man wieder ein System inkongruenter Zahlen, nur in anderer Anordnung.

Denn sind γ, γ' irgend zwei Zahlen des inkongruenten Systems und wäre

$$a\gamma + b \equiv a\gamma' + b \;(\text{mod. } k),$$

so müßte $\qquad\qquad a\gamma \equiv a\gamma',$

also, da a relativ prim zu k ist, auch

$$\gamma \equiv \gamma'$$

sein, was gegen die Voraussetzung ist.

So erhalten wir z. B., wenn wir den Modul $k = 9$ annehmen und in den Ausdruck

$$5x + 4$$

das System inkongruenter Zahlen

$$0, 1, 2, 3, 4, 5, 6, 7, 8$$

einsetzen, die Werte $\;4, 9, 14, 19, 24, 29, 34, 39, 44,$

welche selbst ein inkongruentes System bilden; denn sie sind kongruent zu den Resten

$$4, 0, 5, 1, 6, 2, 7, 3, 8.$$

4. Lineare Kongruenzen. Wenn in eine Kongruenz eine unbekannte Zahl x eintritt, welche eben durch die Kongruenz erst bestimmt werden soll, so nennt man die Kongruenz eine Kongruenz ersten, zweiten, ... n-ten Grades, je nach dem Grad, in welchem sie die Unbekannte enthält, ganz analog wie bei den Gleichungen. So ist

$$ax + b \equiv 0 \;(\text{mod. } k)$$

eine Kongruenz ersten Grades;

$$ax^n + b x^{n-1} + \cdots + gx + h \equiv 0 \;(\text{mod. } k)$$

die allgemeine Form einer Kongruenz n-ten Grades.

Wir betrachten zunächst die Kongruenz ersten Grades

$$(1) \qquad\qquad ax + b \equiv 0 \;(\text{mod. } k).$$

Hat man eine „Wurzel" x_0 dieser Kongruenz, so hat man auch sogleich unendlich viele; denn es genügt dann auch der Kongruenz

$$x = x_0 \pm mk,$$

wo m eine beliebige ganze Zahl ist. Wir betrachten aber nur diejenigen Zahlen als verschiedene Wurzeln, welche nicht kongruent sind (mod. k), die also z. B. der Reihe $0, 1, \ldots k-1$ angehören.

Ist der Koeffizient a von x relativ prim zum Modul k, so hat die Kongruenz immer nur nur **eine** Wurzel. Denn setzt man k aufeinanderfolgende Zahlen für x in $ax + b$, so gibt es nach (6, 4, 3) unter den Werten von $ax + b$ immer einen und nur einen, der mit 0 kongruent ist.

Ist a nicht relativ prim zu k und ist der gemeinschaftliche Teiler δ von a und k nicht zugleich Faktor von b, so ist die Kongruenz unmöglich; sie läßt keine Wurzel zu. Ist aber δ, der größte gemeinschaftliche Faktor von a und k, zugleich Faktor von b, so hat man

$$\frac{a}{\delta}\, x + \frac{b}{\delta} \equiv 0 \ \left(\text{mod. } \frac{k}{\delta}\right)$$

(nach 5, 4, 2). Diese Kongruenz hat wie im ersten Falle genau eine Wurzel x_0. Ist diese gefunden, so genügen der ursprünglichen Kongruenz $ax + b \equiv 0$ (mod. k) die Werte

$$x_0,\ x_0 + \frac{k}{\delta},\ \ x_0 + \frac{2k}{\delta},\ \cdots x_0 + \frac{(\delta - 1)\,k}{\delta}\,,$$

sie hat mithin δ Wurzeln.

Die Lösung der Kongruenz

$$ax \equiv b \ (\text{mod. } k)$$

verlangt nichts anderes als die Gleichung

$$ax - b = yk$$

in ganzen Zahlen $x,\, y$ aufzulösen (**Diophantische Aufgabe**).

Um die Lösung zu erhalten, wende man auf die Zahlen a und k das Euklidische Verfahren des größten gemeinsamen Teilers an. Es genügt a und k teilerfremd anzunehmen; wofür man $(a, k) = 1$ zu schreiben pflegt. Es ist keine Beschränkung der Allgemeinheit $a < k$ anzunehmen. Dann findet man

$$k = a_0 a \ + a_1 \qquad 0 < a_1 < a$$
$$a = a_1 a_1 + a_2 \qquad 0 < a_2 < a_1$$
$$\cdots \cdots \cdots \cdots \cdots$$
$$a_{\nu-1} = a_\nu a_\nu + a_{\nu+1} \qquad 0 < a_{\nu+1} < a_\nu$$
$$a_\nu = a_{\nu+1} \cdot a_{\nu+1} + 0.$$

Wäre der letzte vor 0 auftretende Rest $a_{\nu+1}$ nicht $+1$, so ginge dieser Rest nach der letzten Gleichung in a_ν, nach der vorletzten also auch in $a_{\nu-1}$, usw. schließlich in k und a auf. Also ist $a_{\nu+1} = 1$. Die vorletzte Gleichung lehrt also

$$1 = a_{\nu-1} - a_\nu a_\nu.$$

Entnimmt man $\qquad\qquad a_\nu = a_{\nu-2} - a_{\nu-1} a_{\nu-1}$

aus der vorvorletzten Gleichung und trägt es hier ein, so wird $a_{,+1}$ linear mit ganzzahligen Koeffizienten in der Form

$$1 = \alpha a_{\nu-2} + \beta a_{\nu-1}$$

dargestellt. Geht man so rückwärts weiter, so findet man schließlich eine Darstellung

$$1 = a x' - y'k;$$

multipliziert man hier mit b, so hat man

$$b = ax - yk$$

mit

$$x = b x', \quad y = b y'.$$

Beispiel. $\qquad 24x \equiv 13 \bmod. 31.$

Also $\qquad 24x - 13 = y \cdot 31.$

Man hat $\qquad 31 = 24 + 7$

$$24 = 3 \cdot 7 + 3$$

$$7 = 2 \cdot 3 + 1.$$

Also $\qquad 1 = 7 - 2 \cdot 3$

$$= 7 - 2(24 - 3 \cdot 7)$$

$$= 7 \cdot 7 - 2 \cdot 24$$

$$= 7(31 - 24) - 2 \cdot 24$$

$$1 = 7 \cdot 31 - 9 \cdot 24.$$

Also ist $\qquad 13 = 7 \cdot 13 \cdot 31 - 9 \cdot 13 \cdot 24.$

Also $\qquad x \equiv -9 \cdot 13 \bmod. 31$

oder $\qquad x \equiv 7 \bmod. 31$

ist die Lösung der Kongruenz $24x \equiv 13 \bmod. 31.$

Man kann übrigens bei Auflösung einer Kongruenz ersten Grades auch das Euklidische Verfahren umgehen, indem man auf folgende Weise verfährt.

Es sei wieder gegeben $\quad 24x \equiv 13 \pmod{31},$

also $\qquad 24 \cdot x = 13 + 31 \cdot y$

in ganzen Zahlen x, y zu lösen. Nun folgt

$$x = y + \frac{7y + 13}{24}.$$

Folglich muß $7y + 13$ ein Vielfaches von 24 sein, oder

$$7y + 13 = 24z,$$

wo z eine ganze Zahl. Hieraus folgt

$$y = \frac{24z - 13}{7} = 3z - 1 + \frac{3z - 6}{7}.$$

Es muß mithin $3z - 6$ ein Vielfaches von 7 sein, also

$$3z - 6 = 7t,$$

wo t eine ganze Zahl. Daraus

$$z = \frac{7t + 6}{3} = 2t + 2 + \frac{t}{3}.$$

Demnach muß t ein Vielfaches von 3 sein. Man setze folglich

$$t = 3u,$$

wo u eine ganze Zahl. Dann wird

$$z = 7u + 2$$

$$y = 24u + 5$$

$$x = 7 + 31u,$$

wo u eine beliebige positive oder negative ganze Zahl ist. Das Resultat stimmt, wie man sieht, mit dem vorhin erhaltenen überein.

Da man aus den aufeinander folgenden Werten von x, y, z, ... immer die ganzen Zahlen herausnimmt, werden die Reste, welche die Unbekannten multiplizieren, immer kleiner, und schließlich wird der Rest 1, so daß sich die Operation stets von selbst schließt.

Dieses Verfahren stammt von Euler.

5. Systeme von linearen Kongruenzen. Man kann nun auch ein System von n Kongruenzen ersten Grades mit n Unbekannten, vorausgesetzt, daß der Modul für alle derselbe ist, auflösen, indem man das System durch Elimination auf Kongruenzen mit einer Unbekannten zurückführt. Am sichersten ist es, hierzu schrittweise zu verfahren. Es können auch hier mehrere Lösungen möglich sein oder auch gar keine.

Ist z. B. das System gegeben

$$2x - 3y + 6z \equiv 4,$$

$$(1) \qquad 4x + 2y + 4z \equiv 7 \ (\text{mod. } 15),$$

$$x + 5y - 2z \equiv 7,$$

so erhält man, indem man x aus je zweien der drei Kongruenzen eliminiert, die drei Kongruenzen

$$(2) \qquad -8y + 8z \equiv 1, \quad 13y - 10z \equiv 10, \quad 18y - 12z \equiv 21$$
$$(\text{mod. } 15).$$

Die Elimination von z aus irgend zweien dieser Kongruenzen gibt

$$12y \equiv 45 \ (\text{mod. } 15)$$
$$4y \equiv 15 \ (\text{mod. } 5).$$

Diese letzte Kongruenz hat die eine Wurzel $y \equiv 0$; die Kongruenz mit dem Modul 15 also die Wurzeln

$$y = 0, 5, 10.$$

Die entsprechenden Werte von z berechnen wir aus der ersten der Kongruenzen (2), weil dieselbe für jeden Wert von y nur eine Wurzel z zuläßt, während die zweite und dritte der Kongruenzen (2) fünf bzw. drei Wurzeln für jeden Wert von y zulassen. Wir erhalten so

$$\text{für } \ y = \ 0, 8z \equiv \ 1 \ (\text{mod. } 15), \text{ Wurzel } z = \ 2,$$
$$\text{,,} \quad y = \ 5, 8z \equiv 41 \qquad \text{,,} \qquad\qquad \text{,,} \quad z = \ 7,$$
$$\text{,,} \quad y = 10, 8z \equiv 81 \qquad \text{,,} \qquad \cdot \quad \text{,,} \quad z = 12.$$

Diese Wertepaare von y und z befriedigen auch die zweite und dritte der Kongruenzen (2). Setzen wir sie in eine der Gleichungen (1) ein, z. B. die dritte

$$x \equiv 7 - 5y + 2z,$$

so ergibt sich für jedes der drei Wurzelpaare derselbe Wert für x, nämlich

$$x = 11.$$

Das System läßt also die drei Lösungen zu:

$$x = 11, \ y = \ 0, \ z = \ 2,$$
$$x = 11, \ y = \ 5, \ z = \ 7,$$
$$x = 11, \ y = 10, \ z = 12.$$

Zu jeder dieser Zahlen läßt sich noch $15 \cdot t$ beifügen, wo t eine beliebige ganze Zahl ist.

6. Ein System mit wechselndem Modul. Als Beispiel der Aufgabe, eine Zahl x so zu bestimmen, daß sie mehreren linearen Kongruenzen zugleich genügt, suchen wir eine Zahl, welche mit a dividiert den Rest α, mit b dividiert den Rest β usw. läßt. Dann muß x die folgenden Bedingungen erfüllen:

(1) $\qquad x \equiv \alpha \ (\text{mod. } a), \ x \equiv \beta \ (\text{mod. } b), \ x \equiv \gamma \ (\text{mod. } c), \ \ldots$

Aus der ersten Kongruenz folgt

(2) $\qquad\qquad\qquad\qquad x = \alpha + at,$

wo t eine beliebige ganze Zahl sein kann. Damit gibt die zweite Kongruenz

(3) $\qquad\qquad\qquad\qquad at \equiv \beta - \alpha \ (\text{mod. } b).$

Ist a prim zu b, so hat dieselbe immer eine Lösung

$$t = t_0 + b \cdot u,$$

wo u eine beliebige ganze Zahl, und

(4) $\qquad\qquad\qquad\qquad x \equiv \alpha + at_0 \ (\text{mod. } ab)$

befriedigt mithin die zwei ersten Kongruenzen.

Haben aber a und b einen gemeinsamen Faktor δ, so ist die Lösung der Kongruenz (3) nur möglich, wenn auch $\beta - \alpha$ diesen Faktor enthält, oder also

(5) $\qquad\qquad\qquad\qquad \alpha \equiv \beta \ (\text{mod. } \delta)$

ist, und an die Stelle von (3) tritt nun die Kongruenz

(6) $\qquad\qquad\qquad\qquad \dfrac{a}{\delta} t \equiv \dfrac{\beta - \alpha}{\delta} \left(\text{mod. } \dfrac{b}{\delta}\right).$

Ist t_0' eine Lösung derselben, so ist nun die Zahl, welche die zwei ersten Kongruenzen (1) befriedigt, gegeben durch

(7) $\qquad\qquad\qquad\qquad x \equiv \alpha + at_0' \left(\text{mod. } \dfrac{ab}{\delta}\right).$

Man sieht nun leicht, wie weiter zu verfahren ist, wenn x auch noch eine dritte Bedingung $x \equiv \gamma \ (\text{mod. } c)$ zu erfüllen hätte, usf.

Ist z. B. gegeben $x \equiv 4 \ (\text{mod. } 12), \ x \equiv 7 \ (\text{mod. } 15)$,

so wird $\qquad\qquad x = 4 + 12t, \ 12t \equiv 7 - 4 \equiv 3 \ (\text{mod. } 15).$

Hier ist $\delta = 3$, die Bedingung (5) mithin erfüllt; also

$$4t \equiv 1 \ (\text{mod. } 5), \quad \text{woraus} \quad t_0' = 4 + 5 \cdot u.$$

Mithin ergibt sich $\qquad x = 4 + 12 \cdot 4 + 60 \cdot u$

oder $\qquad\qquad\qquad\quad x \equiv 52 \ (\text{mod. } 60).$

7. Kongruenzen höherer Ordnung. Ist $f(x)$ ein Polynom vom n-ten Grade mit ganzzahligen Koeffizienten, so ist

$$f(x) \equiv 0 \ (\text{mod. } k)$$

eine Kongruenz n-ter Ordnung. Ist α irgendein Wert von x, welcher der Kongruenz genügt, so genügen ihr auch die Werte $\alpha + mk$, wo m eine beliebige ganze Zahl ist. Alle diese Werte sind als äquivalent zu betrachten. Einer derselben liegt zwischen 0 und k, und diesen nennen wir eine Wurzel der Kongruenz.

Es ist klar, daß man jeden der Koeffizienten von $f(x)$ auf seinen Rest in bezug auf den Modul k reduzieren kann, indem man ihm ein Vielfaches von k zufügt; denn ein Glied der Form $m k x^r$ ist für jeden ganzzahligen Wert von x durch k teilbar und kann mithin aus der Kongruenz weggelassen werden.

Ist daher der Koeffizient der höchsten Potenz von x in $f(x)$ durch k teilbar, so reduziert sich die Kongruenz auf den $n-1$-ten Grad.

Sind alle Koeffizienten von $f(x)$ durch den Modul teilbar, so ist die Kongruenz identisch; sie wird durch jede andere Zahl x erfüllt.

Die Kongruenz ist unmöglich, wenn z. B. alle Koeffizienten außer dem letzten von x freiem Gliede einen Faktor mit dem Modul k gemein haben.

8. Maximalzahl der Wurzeln. Ist

$$a x^n + b x^{n-1} + \cdots + h \equiv 0 \ (\text{mod. } k)$$

die gegebene Kongruenz und α eine Wurzel derselben, also

$$a \alpha^n + b \alpha^{n-1} + \cdots + h \equiv 0,$$

so folgt
$$a(x^n - \alpha^n) + \cdots + g(x - \alpha) \equiv 0$$
$$(x - \alpha) \left\{ a x^{n-1} + \cdots \right\} \equiv 0 \ (\text{mod. } k).$$

Ist k eine zusammengesetzte Zahl, so kann einer von ihren Faktoren in $x - \alpha$, der andere in dem Faktor $\{\cdots\}$ enthalten sein.

Setzen wir aber voraus, daß der Modul eine Primzahl p ist, also

$$a x^n + \cdots \equiv 0 \ (\text{mod. } p),$$

so kann p nur in einem der Faktoren enthalten sein. Steckt p in $x - \alpha$, so wäre $x = \alpha + m p$, d. h. der Faktor $x - \alpha$ entspricht der Wurzel α. Soll x eine andere Wurzel sein, so muß sie der Kongruenz

$$\left\{ a x^{n-1} + \cdots \right\} \equiv 0 \ (\text{mod. } p)$$

genügen. Die Kongruenz n-ten Grades kann also nur eine Wurzel mehr haben als diese Kongruenz $(n-1)$-ten Grades. **Folglich kann eine Kongruenz n-ten Grades, wenn der Modul eine Primzahl ist, höchstens n Wurzeln haben** (analog wie bei den Gleichungen). Aber sie kann auch weniger Wurzeln als n haben oder selbst gar keine.

Hat die Kongruenz, wenn der Modul eine Primzahl ist, mehr Wurzeln, als ihr Grad beträgt, so ist sie notwendig identisch.

Ist der Modul eine zusammengesetzte Zahl, so kann die Kongruenz n-ten Grades mehr als n Wurzeln haben, wie wir dies schon bei den Kongruenzen ersten Grades gesehen haben.

Die Kongruenz $$a x^n + \cdots \equiv 0 \ (\text{mod. } k)$$

läßt sich, a relativ prim zum Modul vorausgesetzt, so umändern, daß der Koeffizient des ersten Gliedes $= 1$ wird. Denn multipliziert man die Kongruenz mit y und wählt für y die Wurzel der Kongruenz $a y \equiv 1 \ (\text{mod. } k)$, so kann man 1 für $a y$ setzen; die übrigen Koeffizienten lassen sich dann noch auf ihre Reste reduzieren, und man erhält eine Kongruenz von der Form
$$f(x) = x^n + A_1 x^{n-1} + \cdots \equiv 0.$$

Nehmen wir an, diese Kongruenz habe gerade n Wurzeln $\alpha, \beta, \ldots k$, so gehören dieselben auch der Kongruenz an

$$f(x) - (x - \alpha)(x - \beta) \ldots (x - k) \equiv 0.$$

Diese letztere ist aber nur vom $n - 1$-ten Grade und folglich, wenn der Modul eine Primzahl ist, identisch.

Beispiel. $$3 x^2 + x + 4 \equiv 0 \ (\text{mod. } 7)$$

$$3 y x^2 + y x + 4 y \equiv 0; \ 3 y \equiv 1 \ (\text{mod. } 7), \text{ woraus } y = 5.$$

Also wird die Kongruenz $15 x^2 + 5 x + 20 \equiv 0$

oder $$f(x) = x^2 - 2 x + 6 \equiv 0.$$

Die Kongruenz hat zwei Wurzeln $x = 4$, $x = 5$. Die Kongruenz

$$f(x) - (x - 4)(x - 5) \equiv 0$$

reduziert sich auf $7 x - 14 \equiv 0$ und ist mithin identisch.

9. Der kleine Fermatsche Satz. Von besonderer Wichtigkeit sind die binomischen Kongruenzen
$$a x^n + b \equiv 0 \ (\text{mod. } k)$$

und insbesondere die einfachsten derselben

$$x^n \equiv 1.$$

Es sei k ein beliebiger Modul, a eine Zahl prim zu k, die Reste der aufeinander folgenden Potenzen

$$a, a^2, a^3 \ldots a^v \ldots$$

seien $$r_1, r_2, r_3 \ldots r_v \ldots$$

Unter diesen Resten können nur $k-1$ verschiedene sein. Es müssen also kongruente Potenzen in der Reihe vorkommen. Sei $r_v = r_w$, mit $w > v$, folglich auch $a^v \equiv a^w$ (mod. k), so wird (da a prim zu k) daraus folgen

$$a^{w-v} \equiv 1.$$

Mithin kommt unter den Resten die Einheit vor.

Es sei nun a^u die niedrigste Potenz von a, welche $\equiv 1$ ist, d. h. für welche der Rest $r_u = 1$ ist, so sind die vorhergehenden Reste sämtlich verschieden.

Denn sind $a^\sigma, a^{\sigma'}$ zwei Potenzen niedriger als a^u (d. h. $\sigma < u$ und $\sigma' < u$) und hätten diese gleiche Reste, wäre folglich $a^\sigma \equiv a^{\sigma'}$, so würde für $\sigma' > \sigma$ folgen $a^{\sigma'-\sigma} \equiv 1$ und, da $\sigma' - \sigma < u$, so wäre u nicht die niedrigste Potenz von a, welche $\equiv 1$ ist.

Setzt man die Reihe der Potenzen über a^u hinaus fort, so repetieren sich die u-Reste. Denn ist z eine Zahl $> u$, so kann man setzen $z = mu + h$; dann ist

$$a^z = a^{mu+h} = a^{mu} \cdot a^h = a^h \text{ (da } a^{mu} \equiv 1).$$

Die ganze Reihe der Reste enthält also nur u verschiedene, die sich wiederholen,

$$r_1, r_2 \ldots r_u, r_1, r_2 \ldots r_u, r_1 \ldots, \quad \text{wo } r_u = 1.$$

Um zu sehen, wie der Exponent u von dem Modul k abhängt, setzen wir in ax (wo a relativ prim zu k) für x nacheinander k aufeinander folgende Zahlen, allenfalls $0, 1, 2, \ldots k-1$, so gibt ax, wie wir früher sahen, wieder alle Zahlen $0, 1, 2, \ldots k-1$, nur in anderer Folge, als Reste. Setzt man aber in ax für x nur die $\varphi(k)\,(=\mu)$ Zahlen ein, welche kleiner als k und zu k relativ prim sind,

$$h_1, h_2, \ldots h_\mu,$$

so sind $ah_1, ah_2, \ldots ah_\mu$ ebenfalls prim zu k, und ihre Reste

$$\varrho_1, \varrho_2 \ldots \varrho_\mu$$

sind mithin ebenfalls prim zu k und alle verschieden. Folglich sind die μ Reste ϱ wieder dieselben Zahlen wie die h, nur in anderer Ordnung. Multipliziert man nun alle Kongruenzen $ah_i \equiv \varrho_i$ miteinander, so kommt

$$ah_1 \cdot ah_2 \ldots ah_\mu \equiv \varrho_1 \varrho_2 \ldots \varrho_\mu, \quad \text{d. h.} \equiv h_1 h_2 \ldots h_\mu,$$

und da das Produkt $h_1 h_2 \ldots h_\mu$ prim zu k ist, so folgt $a^\mu \equiv 1$, d. h.

$$(1) \qquad\qquad a^{\varphi(k)} \equiv 1 \ (\text{mod. } k).$$

Ist k eine Primzahl p, so ist $\varphi(p) = p-1$, und man erhält den von **Fermat (1590—1663) gegebenen Satz**

$$(2) \qquad\qquad a^{p-1} \equiv 1 \ (\text{mod. } p).$$

Diese Kongruenz wird mithin von jeder Zahl a erfüllt, die nicht durch p teilbar ist.

Daraus folgt weiter, daß der Kongruenz

$$a^p \equiv a \ (\text{mod. } p)$$

überhaupt alle Zahlen genügen. Denn ist a durch p teilbar, so ist die Kongruenz ohnhin befriedigt.

Der Satz (1), der **verallgemeinerte Fertmatsche Satz**, für einen beliebigen Modul k, wurde zuerst von **Euler** gegeben.

10. Primitive Wurzeln. Nach dem verallgemeinerten Fermatschen Satze hat die Kongruenz

$$(1) \qquad\qquad x^{\varphi(k)} \equiv 1 \ (\text{mod. } k)$$

alle Zahlen, welche $< k$ und zu k relativ prim sind, zu Wurzeln; **sie hat also gerade $\varphi(k)$ Wurzeln.**

Sei a eine solche Zahl und a^u sei die niedrigste Potenz von a, welche $\equiv 1$ ist, so sind, wie wir fanden, nur die Potenzen a^{2u}, a^{3u}, ... wieder $\equiv 1$. Da nun $a^{\varphi(k)} \equiv 1$ ist, so muß mithin u ein Teiler von $\varphi(k)$ sein.

Betrachten wir nun die Kongruenz

$$(2) \qquad\qquad x^u \equiv 1 \ (\text{mod. } k).$$

Dieselbe enthält als Wurzeln nur Zahlen relativ prim zu k. Sie wird also eine Anzahl Wurzeln mit der Kongruenz (1) gemein haben. Ist darunter eine Zahl a, für welche a^u die niedrigste Potenz ist, deren Rest 1 ist, so sagt man: „a **gehöre zum Exponenten u für den betreffenden Modul**", oder auch wohl: „a **sei eine primitive Wurzel**" der Kongruenz (2), analog wie bei den binomischen Gleichungen.[1]

Dann sind die Potenzen

$$(3) \qquad\qquad a, a^2, a^3, \ldots a^u \ (\equiv 1)$$

sämtlich ebenfalls Wurzeln der Kongruenz (da für irgendeine Zahl m, $a^{mu} \equiv 1$); **zugleich sind diese Wurzeln sämtlich inkongruent.**

Gibt es in dieser Reihe (3) außer a noch andere, welche ebenfalls zu dem Exponenten u gehören? Sei a^i eine Wurzel der Reihe, welche nicht zum Exponenten u gehört, sondern zu einem Exponenten $s < u$, also Wurzel der Kongruenz $x^s \equiv 1$ ist, dann hat man $(a^i)^s \equiv 1$

---

[1] Bei den Kongruenzen wendet man die Bezeichnung „primitive Wurzel" gewöhnlich nur auf die Kongruenz (1) an, d. h. nur auf die Wurzeln, welche „zu $\varphi(k)$ gehören".

oder $a^{is} \equiv 1$. Folglich muß is ein Vielfaches von u sein, $is = mu$; hieraus $\dfrac{i}{u} = \dfrac{m}{s}$. Da $s < u$, so läßt sich also der Bruch $\dfrac{i}{u}$ auf einen kleineren Nenner bringen; es haben demnach i und u einen gemeinsamen Faktor δ, oder es ist $i = sm\delta$, $u = s\delta$ und folglich $(a^i)^s = (a^i)^{\frac{u}{\delta}} \equiv 1$, d. h. a^i gehört zum Exponenten $\dfrac{u}{\delta}$. Hieraus folgt:

In der Reihe (3) gehören nur diejenigen Potenzen der Kongruenz $a^u \equiv 1$ eigentümlich an, oder „gehören zum Exponenten u", deren Exponenten relative Primzahlen zu u sind.

Ist a^r eine Wurzel der Reihe, für welche r prim zu u und welche also zu dem Exponenten u gehört, und bildet man mit dieser (statt mit a^1) wieder die Reihe (3):

$$a^r,\ a^{2r},\ \ldots a^{ur}\,(\equiv 1),$$

so erhält man wieder dieselbe Reihe der Wurzeln, nur in anderer Anordnung. Denn da r prim zu u, so gehen die Zahlen $r, 2r, \ldots ur$, mit u dividiert, wieder alle Zahlen $0, 1, \ldots u-1$ als Reste.

Diese Sätze gelten, es mag der Modul k eine zusammengesetzte Zahl sein oder eine Primzahl. In letzterem Falle aber ergeben sich daraus sehr einfache Folgerungen.

11. Primzahlmodul. Ist der Modul eine Primzahl p, so zeigt das Theorem von Fermat, daß die Kongruenz

$$x^{p-1} \equiv 1 \ (\text{mod. } p)$$

durch sämtliche Zahlen befriedigt wird, die nicht durch p teilbar sind. Sie hat also die $p-1$ Wurzeln

$$1, 2, 3, \ldots p-1.$$

Gehört irgendeine dieser Zahlen a nicht zu dem Exponenten $p-1$, so muß sie zu einem Teiler u von $p-1$ gehören, also Wurzel einer Kongruenz

$$x^u - 1 \equiv 0 \ (\text{mod. } p)$$

sein, und dann sind, nach dem Vorigen, alle Zahlen der Reihe

$$a, a^2, a^3, \ldots a^u\,(\equiv 1)$$

oder $\qquad\qquad 1, a, a^2, \ldots a^{u-1}$

Wurzeln der Kongruenz. Da aber eine Kongruenz für einen Primzahlmodul nicht mehr Wurzeln haben kann, als der Grad der Kongruenz beträgt, so sind dies auch alle Wurzeln, welche die Kongruenz haben kann, und unter diesen sind ferner, wie in voriger Nummer gezeigt wurde, $\varphi(u)$ Wurzeln, welche zu dem Exponenten u gehören.

Es läßt sich nun zeigen, daß zu jedem Teiler u von $p-1$ eine Wurzel a gehört. Seien

$$1, u, u', u'', \ldots p-1$$

die Teiler von $p-1$ und $\psi(u), \psi(u'), \ldots$ die Anzahl der Wurzeln, die zu diesen Teilern $u, u', \ldots$ gehören. Da jede der $p-1$ Zahlen $1, 2, \ldots p-1$ zu einem der Teiler gehören muß, so folgt

$$\psi(1) + \psi(u) + \psi(u') + \cdots + \psi(p-1) = p-1.$$

Ferner ist nach einem bekannten Satze auch

$$\varphi(1) + \varphi(u) + \varphi(u') + \cdots + \varphi(p-1) = p-1.$$

Nun fanden wir, daß für irgendeinen Teiler u die Anzahl „der zu u gehörigen Wurzeln" immer $= \varphi(u)$ ist, wenn überhaupt eine solche vorhanden ist. Es ist also entweder $\psi(u) = 0$ oder $\psi(u) = \varphi(u)$, und da die Summe der ψ gleich ist der Summe der φ, so muß notwendig für jeden Teiler $\psi(u) = \varphi(u)$ sein.

Daraus folgt mithin:

Ist u irgendein Teiler von $p-1$, so hat die Kongruenz

$$x^u \equiv 1 \ (\text{mod. } p)$$

immer so viele Wurzeln, als ihr Grad beträgt (also u), und darunter sind $\varphi(u)$ Wurzeln, die zu dem Exponenten u gehören.

Ist a irgendeine dieser $\varphi(u)$ Wurzeln, so stellt die Reihe

$$1, a, a^2, \ldots a^{u-1}$$

die sämtlichen Wurzeln der Kongruenz dar, und in dieser Reihe sind diejenigen Potenzen, deren Exponenten prim zu u sind, diejenigen Wurzeln, welche zu u gehören.

Insbesondere hat die Kongruenz

$$x^{p-1} \equiv 1 \ (\text{mod. } p)$$

$p-1$ Wurzeln und darunter $\varphi(p-1)$, die ihr eigentümlich sind oder primitive Wurzeln. Ist a eine derselben, so stellt die Reihe

$$1, a, a^2, \ldots a^{p-2}$$

die sämtlichen Wurzeln der Kongruenz dar.

Beispiel. $\qquad x^{12} - 1 \gtreqless 0 \ (\text{mod. } 13).$

Wurzeln: $x = 1, \underline{2}, 3, 4, 5, \underline{6}, \underline{7}, 8, 9, 10, \underline{11}, 12.$

Die Kongruenz hat $\varphi(12) = 4$ primitive Wurzeln, die hier unterstrichen sind.

$$x^6 \equiv 1, \quad \text{Wurzeln } x = 1, 3, \underline{4}, 9, \underline{10}, 12$$
$$x^4 \equiv 1, \quad\quad\text{,,}\quad\quad x = 1, \underline{5}, \underline{8}, 12$$
$$x^3 \equiv 1, \quad\quad\text{,,}\quad\quad x = 1, \underline{3}, \underline{9}$$
$$x^2 \equiv 1, \quad\quad\text{,,}\quad\quad x = 1, \underline{12}$$
$$x \equiv 1, \quad\quad\text{,,}\quad\quad x = \underline{1}.$$

Die unterstrichenen Zahlen gehören zum entsprechenden Teiler. So gehört 4 zum Exponenten 6, und die Reihe

$$1, 4, 4^2, 4^3, 4^4, 4^5$$

ist kongruent zu $\quad\quad\quad\quad 1, 4, 3, 12, 9, 10,$

stellt also wieder sämtliche Wurzeln dar. Darunter sind 4^1 und 4^5 Wurzeln zum Exponenten 6 gehörig.

12. Zusammengesetzter Modul. Ist der Modul k der Kongruenz

$$x^{\varphi(k)} \equiv 1 \;(\text{mod. } k)$$

eine zusammengesetzte Zahl, so werden die einfachen Gesetze, welche gelten, wenn k Primzahl ist, dadurch kompliziert, daß, wenn u irgendein Teiler von $\varphi(k)$ ist, die Kongruenz $x^u \equiv 1 \;(\text{mod. } k)$ nicht gerade u Wurzeln haben muß, sondern auch mehr Wurzeln haben kann. Damit fällt dann auch der Satz, daß die Kongruenz immer eine zu u gehörige Wurzel und dann auch gerade $\varphi(u)$ solche Wurzeln haben muß. Ohne auf diese Verhältnisse näher einzugehen, sei dies nur an einem Beispiel gezeigt.

Es sei $k = 35$, also $\varphi(k) = 24$. Dann hat nach dem verallgemeinerten Fermatschen Satze die Kongruenz

$$x^{24} \equiv 1 \;(\text{mod. } 35)$$

gerade 24 Wurzeln, nämlich alle zu 35 primen Zahlen

$$1, \; 2, \; 3, \; 4, \; 6, \; 8, \; 9, 11, 12, 13, 16, 17$$
$$18, 19, 22, 23, 24, 26, 27, 29, 31, 32, 33, 34.$$

Die Kongruenz besitzt aber gar keine primitive Wurzel. In der Tat ist jede zu 35 relativ prime Zahl, auch relativ prim zu 5 und zu 7 und befriedigt mithin nach dem Fermatschen Satze die Kongruenzen

$$x^4 \equiv 1 \;(\text{mod. } 5), \quad x^6 \equiv 1 \;(\text{mod. } 7),$$

also auch die Kongruenzen

$$x^{12} \equiv 1 \;(\text{mod. } 5), \quad x^{12} \equiv 1 \;(\text{mod. } 7),$$

mithin auch $\quad\quad\quad\quad x^{12} \equiv 1 \;(\text{mod. } 35).$

Jede Wurzel der Kongruenz $x^{24} \equiv 1$ (mod. 35) ist mithin auch Wurzel der Kongruenz $x^{12} \equiv 1$ (mod. 35).

Man ersieht, daß, wenn der Modul zwei verschiedene ungerade Primzahlen p, q enthält, die Kongruenz $x^{\varphi(k)} \equiv 1$ (mod. k) nie primitive Wurzeln haben kann.

Betrachten wir noch die andern Teiler von $\varphi(k)$, so ergibt sich (die zu dem Exponenten gehörigen Wurzeln sind unterstrichen):

$$x \equiv 1, \quad x = \underline{1}$$

$$x^2 \equiv 1, \quad x = 1, \underline{6}, \underline{29}, \underline{34}$$

$$x^3 \equiv 1, \quad x = 1, \underline{11}, \underline{16}$$

$$x^4 \equiv 1, \quad x = 1, 6, \underline{8}, \underline{13}, \underline{22}, \underline{27}, 29, 34$$

$$x^6 \equiv 1, \quad x = 1, \underline{4}, 6, \underline{9}, 11, 16, \underline{19}, \underline{24}, \underline{26}, 29, \underline{31}, 34$$

$x^8 \equiv 1$ hat dieselben 8 Wurzeln wie die Kongruenz $x^4 \equiv 1$, also gehört keine der Wurzeln zum Teiler 8. Die übrigen 8 Zahlen

$$\underline{2}, \underline{3}, \underline{12}, \underline{17}, \underline{18}, \underline{23}, \underline{32}, \underline{33}$$

gehören zum Teiler 12.

Übrigens gelten die Sätze von (6, 4, 10). So gehört 4 zum Exponenten 6.

Also gibt die Reihe $\qquad 4, 4^2, 4^3, 4^4, 4^5, 4^6$

oder $\qquad\qquad\qquad \underline{4}, 16, 29, 11, \underline{9}, 1$

sechs Wurzeln der Kongruenz $x^6 \equiv 1$, und darunter sind die Wurzeln $4^1, 4^5$ dieser Kongruenz eigentümlich. Aber die Reihe erschöpft die Wurzeln der Kongruenz nicht. Nimmt man statt 4 die Wurzel 9, so erhält man dieselben Zahlen. Nimmt man aber statt 3 die zu 6 gehörige Zahl 19, so erhält man eine andere Reihe von 6 Wurzeln

$$19, 19^2, 19^3, 19^4, 19^5, 19^6$$

oder $\qquad\qquad\qquad \underline{19}, 11, 34, 16, \underline{24}, 1$ usw.

13. Der Wilsonsche Satz. Kehren wir zur Kongruenz

$$x^{p-1} \equiv 1 \text{ (mod. } p)$$

zurück, wo p Primzahl ist. Dieselbe hat, wie wir sahen, die $p-1$ Wurzeln

$$1, 2, 3, \ldots p-1,$$

und darunter $\varphi(p-1)$ primitive. Ist a eine derselben, so sind auch

$$a, a^2, a^3, \ldots a^{p-1}$$

die sämtlichen Wurzeln der Kongruenz; ihre Reste geben wieder alle Zahlen $1, 2, \ldots p-1$.

Daraus folgt, daß

$$1 \cdot 2 \cdot 3 \ldots p - 1 \equiv a \cdot a^2 \cdot a^3 \ldots a^{p-1}$$

$$\equiv a^{p \cdot \frac{p-1}{2}}.$$

Ist nun p eine ungerade Primzahl, also $\frac{p-1}{2}$ eine ganze Zahl, so muß $a^{\frac{p-1}{2}} \equiv \pm 1$ sein. Denn das Produkt

$$\left(a^{\frac{p-1}{2}} - 1\right)\left(a^{\frac{p-1}{2}} + 1\right) = a^{p-1} - 1$$

ist durch p teilbar und folglich muß einer seiner Faktoren durch p teilbar sein.

Da ferner die niedrigste Potenz von a, welche den Rest 1 gibt, die $p-1$-te Potenz ist, so kann $a^{\frac{p-1}{2}}$ nicht kongruent $+1$ sein. Es ist also

$$a^{\frac{p-1}{2}} \equiv -1$$

und, da p ungerade, auch $\quad a^{p \cdot \frac{p-1}{2}} \equiv -1.$

Hiermit ergibt sich

$$1 \cdot 2 \cdot 3 \ldots (p-1) \equiv -1 \; (\text{mod.} \, p), \qquad\qquad \text{oder:}$$

Die Zahl $1 \cdot 2 \cdot 3 \ldots (p-1) + 1$ ist ein Vielfaches von p, wenn p Primzahl. Dies ist der Wilsonsche Satz.

Daß der Satz auch für die einzige gerade Primzahl 2 gilt, ist sofort ersichtlich.

Der Satz läßt sich auch umkehren in der Weise:

Ist $1 \cdot 2 \cdot 3 \ldots (p-1) + 1$ durch p teilbar, so muß p Primzahl sein. Denn wäre p eine zusammengesetzte Zahl und g ein Faktor von p, so müßte g auch als Faktor in dem Produkt $1 \cdot 2 \ldots (p-1)$ enthalten sein und $1 \cdot 2 \ldots (p-1) + 1$ wäre demnach nicht teilbar durch g.

14. Zweiter Beweis des Wilsonschen Satzes. Der Wilsonsche Satz läßt sich auch wie folgt beweisen. Nach $(5, 4, 8)$ ist

$$(x^{p-1} - 1) - (x-1)(x-2) \ldots (x - p + 1) \equiv 0 \; (\text{mod.} \, p),$$

wo p Primzahl, eine identische Kongruenz, da sie die $p-1$ Wurzeln $1, 2, \ldots p-1$ hat, und da sie nur vom $p-2$-ten Grade ist. Alle Koeffizienten derselben sind also durch p teilbar. Bezeichnet man daher die Summe der Kombinationen der Zahlen $1, 2, 3, \ldots p-1$ zu je i mit σ_i, so ist

$$\sigma_1 \equiv 0, \quad \sigma_2 \equiv 0, \quad \sigma_3 \equiv 0, \ldots \sigma_{p-1} \equiv -1 \ (\text{mod. } p).$$

Die letzte dieser Kongruenzen gibt den Wilsonschen Satz.

Aus diesen Kongruenzen und den Newtonschen Gleichungen folgt auch sofort, daß, wenn die Summe der i-ten Potenzen der Zahlen $1, 2, 3, \ldots p-1$ durch s_i bezeichnet wird,

$$s_i \equiv 0 \ (\text{mod. } p)$$

ist für jedes i, außer wenn i Vielfaches von $p-1$ ist.

Fünftes Kapitel.
Abelsche Gleichungen.

1. Gruppierung der Wurzeln. Eine wichtige Klasse von Gleichungen bilden die zuerst von Abel untersuchten Gleichungen, welche die Eigenschaft haben, daß zwei ihrer Wurzeln durcheinander ausdrückbar sind.[1] Die von Abel befolgte Methode ist eine Erweiterung der von Gauß für die Auflösung der Kreisteilungsgleichungen gegebenen, von der nachher die Rede sein wird.

Es sei

$$(1) \qquad\qquad f(x) = 0$$

eine Gleichung n-ten Grades, von der wir voraussetzen, daß sie **irreduzibel** in einem gegebenen Rationalitätsbereiche sei und daß sie zwei Wurzeln x', x_1 habe, die durch die Relation

$$(2) \qquad\qquad x' = \theta(x_1)$$

verbunden sind, wo θ eine rationale Funktion von x ist, deren Koeffizienten demselben Rationalitätsbereiche angehören.

Da $f(x') = 0$, so ist auch $f(\theta x_1) = 0$. Es haben mithin die zwei Gleichungen

$$(3) \qquad\qquad f(x) = 0, \ f(\theta x) = 0$$

eine Wurzel x_1 gemein, und folglich haben sie (1, 5, 6), S. 34 da $f(x)$ irreduzibel, alle Wurzeln von $f(x)$ gemein, d. h. ist x eine Wurzel, so ist auch $\theta(x)$ eine Wurzel, folglich sind

$$x_1, \ \theta x_1, \ \theta\theta x_1, \ \theta\theta\theta x_1, \ldots$$

---

1) Crelles Journ., Bd. 4, 1829, u. Œuvres, publ. par Sylow et Lie, I, 478.

oder in kürzerer Schreibweise

$$(4) \qquad x_1,\; \theta x_1,\; \theta^2 x_1,\; \theta^3 x_1,\; \ldots$$

Wurzeln der Gleichung. Da $f(x) = 0$ nur n Wurzeln hat, müssen sich die Werte dieser Reihe wiederholen. Seien r, s irgend zwei der oberen Indizes, und es sei

$$\theta^{r+s} x_1 = \theta^s x_1$$

oder also $\qquad\qquad \theta^r(\theta^s x_1) = \theta^s x_1, \qquad\qquad$ so hat die Gleichung

$$(5) \qquad\qquad \theta^r x = x$$

die Wurzel $\theta^s x_1$ mit $f(x) = 0$ gemein, und folglich genügen ihr alle Wurzeln von $f(x) = 0$. Man kann annehmen, daß r der kleinste Index ist, für welchen überhaupt für eine Wurzel x von $f(x) = 0$ die Beziehung $\theta^r x = x$ gelten kann. Dann gilt $\theta^r x = x$ für jede Wurzel von $f(x) = 0$. Denn $\theta^r x - x = 0$ hat dann mit dem irreduziblen $f(x) = 0$ eine Wurzel gemein. Namentlich ist also $\theta^r x_1 = x_1$. Dann sind also in der Reihe (4) nur r verschiedene Wurzeln enthalten, nämlich

$$(6) \qquad x_1,\; \theta x_1,\; \theta^2 x_1,\; \ldots \theta^{r-1} x_1.$$

Ist $r = n$, so sind dies alle Wurzeln der Gleichung. Ist $r < n$, so muß die Gleichung $f(x) = 0$ noch andere Wurzeln haben, die nicht in dieser Reihe vorkommen. Sei x_2 eine solche Wurzel, so ist dieselbe wieder zugleich Wurzel der zwei Gleichungen (3) und genügt ferner auch der Gleichung (5). Man schließt daher wieder, daß aus der Wurzel x_2 sich folgende r verschiedenen Wurzeln

$$(7) \qquad x_2,\; \theta x_2,\; \theta^2 x_2,\; \ldots \theta^{r-1} x_2$$

ergeben, indem $\theta^r x_2 = x_2,\; \theta^{r+s} x_2 = \theta^r x_2$. Es ist aber auch leicht zu zeigen, daß die Wurzeln der Folge (7) sämtlich verschieden sind von denen der Folge (6). Denn wäre

$$\theta^k x_2 = \theta^h x_1,$$

so müßte $\qquad\qquad \theta^{r-k} \cdot \theta^k x_2 = \theta^{r-k+h} x_1$

$$\theta^{r-k+h} x_1 = \theta^r x_2 = x_2$$

sein, was ausgeschlossen ist, da x_2 in der Reihe (4) oder (6) nicht vorkommt.

Es muß mithin $n = 2r$ oder $> 2r$ sein; in letzterem Falle gibt es eine Wurzel x_3, die nicht in den Reihen (6) und (7) enthalten ist, und in bezug auf welche man wieder dieselben Schlüsse machen kann. Man sieht, daß

n Vielfaches von r sein muß, d. h. $n = m \cdot r$, und die sämtlichen Wurzeln gruppieren sich dann in m Reihen zu je r in der Weise

$$
\begin{aligned}
&x_1, \; \theta x_1, \; \theta^2 x_1, \ldots \theta^{r-1} x_1 \\
&x_2, \; \theta x_2, \; \theta^2 x_2, \ldots \theta^{r-1} x_2 \\
&\cdot \; \cdot \; \cdot \; \cdot \; \cdot \; \cdot \; \cdot \; \cdot \; \cdot \; \cdot \\
&x_m, \theta x_m, \theta^2 x_m, \ldots \theta^{r-1} x_m.
\end{aligned}
$$

(8)

2. Reduktion auf zwei Hilfsgleichungen. Sei nun $y = \varphi(\zeta_1, \zeta_2, \ldots \zeta_r)$ irgendeine symmetrische Funktion, so ist

$$
(9) \qquad y_1 = \varphi(x_1, \theta x_1, \ldots \theta^{r-1} x_1) = \varphi(x_1),
$$

eine Funktion von x_1, welche die Eigenschaft hat, daß sich ihr Wert nicht ändert, wenn man x_1 durch θx_1 ersetzt; denn hierdurch wird nur eine zyklische Vertauschung der Wurzeln in φ bewirkt. Man hat folglich

$$
y_1 = \varphi(x_1) = \varphi(\theta x_1) = \varphi(\theta^2 x_1) = \cdots = \varphi(\theta^{r-1} x_1).
$$

Nennt man $y_2, y_3, \ldots y_m$ die Werte, welche y annimmt, wenn man x_1 bzw. durch $x_2, x_3, \ldots x_m$ ersetzt, so hat man ebenso

$$
y_2 = \varphi(x_2) = \cdots = \varphi(\theta^{r-1} x_2)
$$

$$
\cdot \; \cdot \; \cdot \; \cdot \; \cdot \; \cdot \; \cdot \; \cdot \; \cdot \; \cdot \; \cdot \; \cdot
$$

$$
y_m = \varphi(x_m) = \cdots = \varphi(\theta^{r-1} x_m).
$$

Also hat y rm Werte, entsprechend den $n = rm$ Werten von x, aber je r Werte sind immer gleich, und die Bestimmung der Werte von $y_1, y_2, \ldots y_m$ hängt von einer Gleichung m-ten Grades ab:

$$
(y - y_1)(y - y_2) \ldots (y - y_m) = 0
$$

$$
(10) \qquad y^m + C_1 y^{m-1} + C_2 y^{m-2} + \cdots + C_m = 0,
$$

deren Koeffizienten als symmetrische Funktionen der Wurzeln der Gleichung $f(x) = 0$ sich aus den Koeffizienten derselben berechnen lassen. Diese Berechnung wird dadurch erleichtert, daß vermöge obiger Gleichungen für irgendeinen ganzen Exponenten s

$$
y_i^s = \frac{1}{r}\left[(\varphi(x_i))^s + (\varphi(\theta x_i))^s + \cdots + (\varphi(\theta^{r-1} x_i))^s\right],
$$

also

$$
y_1^s + y_2^s + \cdots + y_m^s = \frac{1}{r} \sum (\varphi(x))^s
$$

ist, wo sich die Summe Σ auf alle Wurzeln der Gleichung $f(x) = 0$ erstreckt. Diese Summe als rationale symmetrische Funktion der Wurzeln läßt sich berechnen und liefert damit die Potenzsummen der y und mithin auch die Koeffizienten der Gleichung (10).

Sind die Wurzeln $y_1, y_2, \ldots y_m$ dieser Gleichung gefunden, so lassen sich auch die Wurzeln x berechnen mittels folgender Methode. Die gegebene Gleichung (1) und die Gleichung

$$\varphi(x) - y_1 = 0$$

haben jedenfalls die r Wurzeln der ersten Reihen von (8) miteinander gemein, und indem man den größten gemeinschaftlichen Teiler aufsucht, kann man die Gleichung aufstellen, unter deren Wurzeln $x_1, \Theta x_1, \ldots \Theta^{r-1} x_1$ vorkommen. Setzen wir zunächst voraus, daß die Wurzeln von (10) verschieden seien, so können den größten gemeinschaftlichen Teiler von $f(x)$ und $\varphi(x) - y_1$ keine weiteren Wurzeln von $f(x) = 0$ zu Null machen. Daher ist der größte gemeinsame Teiler vom Grade r. Er sei

$$(11) \qquad x^r + \vartheta_1(y_1) \cdot x^{r-1} + \vartheta_2(y_1) \cdot x^{r-2} + \cdots + \vartheta_r(y_1) = 0,$$

wo die $\vartheta_1, \vartheta_2, \ldots \vartheta_r$ rationale Funktionen von y_1 sind, deren Koeffizienten dem gegebenen Körper angehören. Setzt man in (11) y_2 an Stelle von y_1, so liefert diese Gleichung die r Wurzeln

$$x_2, \Theta x_2, \ldots \Theta^{r-1} x_2.$$

Die Gleichung (11) gibt also, indem man darin für y_1 der Reihe nach die Wurzeln $y_1, y_2, \ldots y_m$ der Gleichung (10) setzt, m Gleichungen, von denen jede eines der Systeme von r Wurzeln liefert.

Natürlich braucht man von jeder dieser m Gleichungen nur je eine Wurzel zu kennen, da man aus dieser sofort nach (8) die ganze Reihe der r Wurzeln hat.

Hat die Gleichung (10) mehrfache Wurzeln, so wird der größte gemeinschaftliche Teiler der beiden obigen Gleichungen von höherem als dem r-ten Grade. Denn ist $y_1 = y_2$, so hat die zweite dieser Gleichungen mit $f(x)$ auch die Wurzeln der zweiten Reihe von (8) gemein, so daß an Stelle von (11) eine Gleichung $2r$-ten Grades treten würde. Dieses läßt sich vermeiden, wenn man für y eine passende symmetrische Funktion wählt. Setzt man

$$y_i = (\alpha - x_i)(\alpha - \theta x_i) \ldots (\alpha - \theta^{r-1} x_i)\,(i = 1 \ldots m),$$

so können nicht zwei Werte von y für mehr als r Werte von α einander gleich werden, da je zwei Reihen der Wurzeln (8) verschieden sind. Gibt man also α einen Wert, der von den $\dfrac{m(m-1)}{2} r$ Zahlen verschieden ist, für die entweder $y_1 = y_2$ oder $y_1 = y_3$ usw. sein kann, so sind für dies α alle y_i voneinander verschieden.

Die Auflösung der Gleichung $f(x) = 0$ ist mithin zurückgeführt auf die Lösung einer Gleichung (10) vom m-ten Grade und die Auflösung von m Gleichungen (11) r-ten Grades.

Die Gleichung (10) m-ten Grades ist im allgemeinen keine Abelsche; die Gleichung (11) aber, welche eine der Gruppen (8) von r Wurzeln liefert, ist wieder eine Abelsche Gleichung, deren Wurzeln nur **eine** Reihe bilden. Diese letzteren Gleichungen werden auch „zyklische" genannt.

3. Reziproke Gleichungen als Spezialfall. Einen einfachen speziellen Fall von Abelschen Gleichungen haben wir schon früher kennengelernt bei den reziproken Gleichungen. Ist $f(x) = 0$ eine reziproke Gleichung und x_1 eine Wurzel, so ist auch $\dfrac{1}{x_1} = \theta(x_1)$ eine Wurzel. Dann ist $\theta\theta(x) = \theta^2(x) = x$. Ist mithin die Gleichung vom Grade $2m$, so gruppieren sich die Wurzeln in m Reihen von nur je 2 Wurzeln ($r = 2$)

$$x_1, \ \theta x_1$$
$$x_2, \ \theta x_2$$
$$\cdot \ \ \cdot \ \ \cdot \ \ \cdot$$
$$x_m, \ \theta x_m.$$

Durch Einführung der symmetrischen Funktion

$$y = x + \frac{1}{x} = x + \theta x$$

erhielten wir eine Gleichung m-ten Grades in y, und für jede Wurzel y_1 dieser Gleichung ergaben sich die zwei entsprechenden Werte der Gruppe x aus der Gleichung

$$x^2 - y x + 1 = 0.$$

Letztere hat wieder den Charakter einer Abelschen Gleichung; denn ihre zwei Wurzeln bilden die Gruppe

$$x, \ \theta x \left(= \frac{1}{x}\right).$$

Man sieht, daß die Analyse der Abelschen Gleichungen nur als eine Erweiterung der schon bei den reziproken Gleichungen befolgten Methode erscheint.

4. Zyklische Gleichungen. Wir betrachten nun den Fall $r = n$, in welchem also die Wurzeln der irreduziblen Gleichung

$$(1) \qquad\qquad\qquad f(x) = 0 \qquad\quad \text{nur eine Reihe bilden:}$$

$$(2) \qquad\qquad x, \theta x, \theta^2 x, \ldots \theta^{n-1}(x), \qquad\qquad \text{so daß}$$

$$(3) \qquad\qquad \theta^n x = x \qquad\qquad\qquad\qquad \text{und}$$

$$(4) \qquad\qquad \theta^{n+k} x = \theta^k x.$$

Ist nun α eine Wurzel der Gleichung

$$x^n - 1 = 0, \qquad\qquad \text{so setze man}$$

$$(5) \qquad \varphi(x) = (x + \alpha\theta x + \alpha^2\theta^2 x + \cdots + \alpha^{n-1}\theta^{n-1}x)^n.$$

Diese Langrangesche Funktion (s. Auflösung der kubischen Gleichungen (5, 1, 6)) wird eine symmetrische Funktion der Wurzeln von $f(x)$ durch die Abhängigkeit (2), die zwischen ihnen besteht. In der Tat erhält man, wenn man x mit der Wurzel $\theta^i x$ vertauscht,

$$\varphi(\theta^i x) = (\theta^i x + \alpha\theta^{i+1}x + \cdots + \alpha^{n-1}\theta^{n-1+i}x)^n$$
$$= (\alpha^{-i})^n(\alpha^i\theta^i x + \alpha^{i+1}\theta^{i+1}x + \cdots + \alpha^{n-1+i}\theta^{n-1+i}x)^n.$$

Da aber $\alpha^{n-1+i} = \alpha^{i-1}$, $\theta^{n-1+i}x = \theta^{i-1}x$ ist und $(\alpha^{-i})^n = \alpha^{-in} = 1$, so hat man $\varphi(\theta^i x) = \varphi(x)$ für jeden Wert $i = 1, 2, \ldots n-1$. Es ist also

$$\varphi(x) = \varphi(\theta x) = \varphi(\theta^2 x) = \cdots = \varphi(\theta^{n-1}x)$$

und $\qquad \varphi(x) = \dfrac{1}{n}\Big[\varphi(x) + \varphi(\theta x) + \varphi(\theta^2 x) + \cdots + \varphi(\theta^{n-1}x)\Big].$

Es ist demnach $\varphi(x)$ eine symmetrische Funktion der Wurzeln von $f(x)$, welche für jede Wurzel α berechnet werden kann. Ist y der Wert von $\varphi(x)$ für irgendein α, so ist

$$(6) \qquad x + \alpha\theta x + \alpha^2\theta^2 x + \cdots + \alpha^{n-1}\theta^{n-1}x = \sqrt[n]{y}.$$

Seien nun $\qquad\qquad y_0, y_1, y_2, \ldots y_{n-1}$

die Werte von y, die den Wurzeln

$$1, \alpha_1, \alpha_2, \ldots \alpha_{n-1}$$

der Gleichung $x^n - 1 = 0$ entsprechen, dann ist zunächst eine $\sqrt[n]{y_0}$ nichts anderes als die Summe sämtlicher Wurzeln von $f(x) = 0$, also, wenn A der Koeffizient von x^{n-1} in dieser Gleichung ist,

$$(7) \qquad\qquad\qquad \sqrt[n]{y_0} = -A.$$

Setzt man ferner in (6) für α alle Wurzeln nach und nach ein und addiert die sämtlichen Gleichungen, so erhält man

$$(8) \qquad x = \dfrac{1}{n}\left\{-A + \sqrt[n]{y_1} + \sqrt[n]{y_2} + \cdots + \sqrt[n]{y_{n-1}}\right\}.$$

Multipliziert man dieselben aber mit α^{n-m}, d. i. α^{-m}, bevor man sie addiert, so erhält man

$$(9) \qquad \theta^m x = \dfrac{1}{n}\left\{-A + \alpha_1^{-m}\sqrt[n]{y_1} + \alpha_2^{-m}\sqrt[n]{y_2} + \cdots + \alpha_{n-1}^{-m}\sqrt[n]{y_{n-1}}\right\}$$

für irgendein $m = 1, 2, \ldots n-1$.

Wenn man die $\sqrt[n]{\;}$ in diesen Gleichungen (8), (9) in ihrer ganzen Allgemeinheit auffaßt, so geben sie für x n^{n-1} Werte, während $f(x) = 0$ nur n Wurzeln hat. Diese Schwierigkeit hebt sich dadurch, daß, sowie der Wert von einem Radikal, z. B. $\sqrt[n]{y_1}$, angenommen ist, die andern dadurch mitbestimmt sind.

In der Tat, es sei α eine primitive Wurzel von $x^n - 1 = 0$, dann kann die Reihe der Wurzeln $1, \alpha_1, \alpha_2, \ldots \alpha_{n-1}$ durch die Reihe der Potenzen von α

$$1, \alpha, \alpha^2, \ldots \alpha^{n-1}$$

ersetzt werden, und es ist dann

$$\sqrt[n]{y_1} = x + \alpha\theta x + \alpha^2\theta^2 x + \cdots + \alpha^{n-1}\theta^{n-1} x$$
$$\sqrt[n]{y_k} = x + \alpha^k\theta x + \alpha^{2k}\theta^2 x + \cdots + \alpha^{k(n-1)}\theta^{n-1} x.$$

Vertauscht man in der ersten dieser Formeln x mit $\theta^m x$, so ist es dasselbe, wie wenn dieselbe mit α^{n-m} multipliziert würde, d. h. $\sqrt[n]{y_1}$ geht in $\alpha^{n-m}\sqrt[n]{y_1}$ über. Dieselbe Vertauschung in der zweiten Formel entspricht einer Multiplikation mit $\alpha^{k(n-m)}$ auf der rechten Seite; es geht also hierbei $\sqrt[n]{y_k}$ in $\alpha^{k(n-m)}\sqrt[n]{y_k}$ über. Mithin erhält durch Vertauschung von x mit $\theta^m x$ das Produkt

$$\left(\sqrt[n]{y_1}\right)^{n-k} \cdot \sqrt[n]{y_k}$$

den Faktor $\alpha^{n(n-m)} = 1$; d. h. es ändert sich nicht. Setzen wir folglich

$$\sqrt[n]{y_k} \cdot \left(\sqrt[n]{y_1}\right)^{n-k} = \psi(x),$$

so ist
$$\psi(x) = \psi(\theta x) = \psi(\theta^2 x) = \cdots = \psi(\theta^{n-1} x),$$

also
$$\psi(x) = \frac{1}{n}\left\{ \psi(x) + \psi(\theta x) + \cdots + \psi(\theta^{n-1} x)\right\}.$$

$\psi(x)$ ist mithin eine ganze symmetrische Funktion der Wurzeln von $f(x) = 0$ und kann aus den Koeffizienten von $f(x)$ berechnet werden. Ist a_k sein Wert, so hat man

$$(10) \qquad \sqrt[n]{y_k} = \frac{a_k}{y_1}\left(\sqrt[n]{y_1}\right)^k,$$

und die Gleichung (8) verwandelt sich in folgende:

$$(11) \quad x = \frac{1}{n}\left[-A + \sqrt[n]{y_1} + \frac{a_2}{y_1}\left(\sqrt[n]{y_1}\right)^2 + \frac{a_3}{y_1}\left(\sqrt[n]{y_1}\right)^3 + \cdots + \frac{a_{n-1}}{y_1}\left(\sqrt[n]{y_1}\right)^{n-1}\right].$$

Dieser Ausdruck für x hat gerade n Werte, den n Werten von $\sqrt[n]{y_1}$ entsprechend, und stellt die n Wurzeln der Gleichung dar.

Sind also die n Wurzeln einer irreduziblen Gleichung in der Form darstellbar

$$x, \theta x, \theta^2 x, \ldots \theta^{n-1} x,$$

wo θ eine rationale Funktion, so daß $\theta^n(x) = x$, so ist die Gleichung durch Wurzelgrößen lösbar.

Ferner folgt daraus: **Wenn in einer irreduziblen Gleichung, deren Grad eine Primzahl ist, eine Wurzel rational durch eine andere ausgedrückt werden kann, so ist die Gleichung durch Wurzelgrößen lösbar.** Denn die Gleichung ist dann eine Abelsche, deren Wurzeln nur eine Reihe bilden können.[1])

5. Realitätsfragen. In dem speziellen Falle, wenn die Koeffizienten von $f(x)$ und $\theta(x)$ reell sind, enthält y_1 keine andere imaginäre Größe als α. Aus y_1 erhält man aber y_{n-1}, indem man $\alpha^{n-1} = \dfrac{1}{\alpha}$ an die Stelle von α setzt. Da nun α und $\dfrac{1}{\alpha}$ konjugiert imaginär sind, so gilt dasselbe von y_1 und y_{n-1}. Man kann also setzen

$$(12) \qquad y_1 = \varrho\,(\cos\omega + i\cdot\sin\omega),\quad y_{n-1} = \varrho\,(\cos\omega - i\cdot\sin\omega),$$

wo ϱ eine reelle positive Größe, ω ein reeller Winkel ist.

Aus der Gleichung (10) folgt ferner für $k = n-1$

$$(13) \qquad \sqrt[n]{y_{n-1}} \cdot \sqrt[n]{y_1} = a_{n-1}.$$

Da sich der Wert dieses Produkts nicht ändert, wenn man y_1 und y_{n-1}, oder also α und $\dfrac{1}{\alpha}$ vertauscht, ist a_{n-1} eine **reelle Größe**, welche durch a bezeichnet sein mag. Dann folgt aus (12) und (13)

$$(14) \qquad \varrho^2 = a^n,\quad \sqrt[n]{\varrho} = \sqrt{a}. \qquad\qquad \text{Hiermit wird}$$

$$(15) \qquad \sqrt[n]{y_1} = \sqrt{a}\left(\cos\frac{\omega + 2r\pi}{n} + i\cdot\sin\frac{\omega + 2r\pi}{n}\right),$$

wo r eine ganze Zahl bezeichnet, und aus (10)

$$(16) \qquad \sqrt[n]{y_k} = \frac{a_k}{y_1}\sqrt{a^k}\left(\cos k\cdot\frac{\omega + 2r\pi}{n} + i\sin k\cdot\frac{\omega + 2r\pi}{n}\right).$$

Hier ist a_k, wie y_1, rational in den Koeffizienten von $f(x)$, $\theta(x)$ und α, oder da

$$\alpha = \cos\frac{2\pi}{n} + i\cdot\sin\frac{2\pi}{n}$$

in $\cos\dfrac{2\pi}{n}$ und $\sin\dfrac{2\pi}{n}$. Die Werte von (11) oder (8) eingesetzt geben mithin

$$x = \frac{1}{n}\left\{-A + \sqrt{a}\left(\cos\frac{\omega + 2r\pi}{n} + i\sin\frac{\omega + 2r\pi}{n}\right)\right.$$

$$+ (g_2 + h_2 i)\,a\left(\cos 2\cdot\frac{\omega + 2r\pi}{n} + i\cdot\sin 2\cdot\frac{\omega + 2r\pi}{n}\right)$$

$$+ (g_3 + h_3 i)\,\sqrt{a^3}\,a\left(\cos 3\cdot\frac{\omega + 2r\pi}{n} + i\cdot\sin 3\cdot\frac{\omega + 2r\pi}{n}\right)$$

$$\left. \dots\dots\dots\dots\dots\dots\dots\dots\dots\dots\dots \right\},$$

---

1) Bei dieser Auflösung der Abelschen Gleichung vom Grade n werden die Wurzeln α einer binomischen Gleichung $x^n - 1 = 0$ als bekannt vorausgesetzt; aber diese binomische Gleichung ist nach dem folgenden Kapitel selbst eine Abelsche, durch Wurzelgrößen auflösbare Gleichung.

wo die g, h rational aus denselben Größen zusammengesetzt sind wie a_k und y_1. Setzt man $r = 0, 1, 2, \ldots n - 1$, so erhält man die verschiedenen Wurzeln.

Die Auflösung hängt also ab von α, d. i. $\cos \dfrac{2\pi}{n}$ bzw. $\sin \dfrac{2\pi}{n}$, von $\dfrac{\omega}{n}$, wo ω ein Winkel, dessen Tangens unter Benutzung der Gleichungen (12) rational aus α bestimmt ist, und dem Ausziehen der Quadratwurzel aus einer reellen Größe a.

Da die Koeffizienten von θx als reell angenommen sind, so ersieht man, daß, wenn **eine** Wurzel reell ist, **alle** Wurzeln reell sein müssen. **Die Wurzeln der Gleichung sind also entweder alle reell oder alle imaginär.**

6. Zyklische Gleichungen, deren Grad keine Primzahl ist. Die in (5, 5, 4) gegebene Methode läßt sich auf jede Gleichung n-ten Grades anwenden, deren Wurzeln nur die eine Reihe

$$(1) \qquad x, \theta x, \theta^2 x, \ldots \theta^{n-1} x$$

bilden, wo $\theta^n x = x$, es mag n eine Primzahl oder eine zusammengesetzte Zahl sein. Aber im letzteren Falle läßt sich die Lösung vereinfachen.

Sei $n = m \cdot r$; wir können dann die n Wurzeln in Gruppen teilen zu je r, in der Weise

$$
(2) \qquad
\begin{aligned}
& x, && \theta^m x, && \theta^{2m} x, && \ldots \theta^{(r-1)m} x \\
& \theta x, && \theta^{m+1} x, && \theta^{2m+1} x, && \ldots \theta^{(r-1)m+1} x \\
& \cdots \cdots \cdots \cdots \cdots \cdots \cdots \\
& \theta^{m-1} x, \theta^{2m-1} x, \theta^{3m-1} x, \ldots \theta^{rm-1} x,
\end{aligned}
$$

und wenn wir setzen

$$x = x_1, \; \theta x_1 = x_2, \; \theta^2 x_1 = x_3, \ldots \theta^{m-1} x_1 = x_m$$

und außerdem die Operation $\theta^m x$ mit $\theta_1 x$ bezeichnen, so daß

$$\theta^m x = \theta_1 x,$$

so wird das Schema der Wurzeln

$$
(3) \qquad
\begin{aligned}
& x_1, \; \theta_1 x_1, \; \theta_1^2 x_1, \; \ldots \theta_1^{r-1} x_1 \\
& x_2, \; \theta_1 x_2, \; \theta_1^2 x_2, \; \ldots \theta_1^{r-1} x_2 \\
& \cdots \cdots \cdots \cdots \cdots \cdots \\
& x_m, \; \theta_1 x_m, \; \theta_1^2 x_m, \; \ldots \theta_1^{r-1} x_m
\end{aligned}
$$

und in jeder der m Reihen ist $\theta_1^r x = \theta^{rm} x = \theta^n x = x$.

Wir haben nun ganz dasselbe System von Wurzeln, wie wir es (5, 5, 1; 8) für eine **A b e l** sche Gleichung gefunden haben, deren Wurzeln sich in m

Reihen zu je r Wurzeln anordnen, nur steht θ_1 statt θ. Man kann daher auch die Gleichung $f(x) = 0$ in diesem Falle ganz nach der dort (5, 5, 2) befolgten Methode behandeln. Man kann die Gleichung in m Gleichungen r-ten Grades (5, 5, 2; 11) zerlegen, deren Koeffizienten rationale Funktionen je einer Wurzel einer Gleichung m-ten Grades (5, 5, 2; 10)

$$(4) \qquad \psi(y) = y^m + C_1 y^{m-1} + C_2 y^{m-2} + \cdots + C_m = 0$$

sind. Es seien ferner $y_1, y_2, \ldots y_m$ die m Wurzeln derselben und

$$
\begin{aligned}
& x^r + \vartheta_1(y_1)\, x^{r-1} + \vartheta_2(y_1)\, x^{r-2} + \cdots = 0 \\
(5) \quad & x^r + \vartheta_1(y_2)\, x^{r-1} + \vartheta_2(y_2)\, x^{r-2} + \cdots = 0 \\
& \qquad\qquad \cdots \cdots \cdots \cdots \cdots \cdots \\
& x^r + \vartheta_1(y_m) x^{r-1} + \vartheta_2(y_m) x^{r-2} + \cdots = 0
\end{aligned}
$$

die Gleichungen r-ten Grades, von welchen jede die r Wurzeln von $f(x) = 0$ liefert, die in dem Schema (3) in einer Reihe stehen. Da alle Wurzeln die Reihe (1) bilden, so reicht es im gegenwärtigen Falle hin, eine Wurzel y_1 der Gleichung (4) zu kennen und dazu eine Wurzel der entsprechenden Gleichung (5), weil mit einer Wurzel x die sämtlichen durch die Reihe (1) gegeben sind.

Der hier behandelte Fall unterscheidet sich aber wesentlich von dem in (5, 5, 1) behandelten dadurch, daß, da die Wurzeln der vorgelegten Gleichung $f(x) = 0$ nur eine Reihe bilden, die Gleichung, wie wir sahen, algebraisch auflösbar ist und folglich auch die Gleichung (4) in y algebraisch lösbar sein muß, während sie in dem zuerst betrachteten Falle (5, 5, 1) darüber noch nichts wissen. Sie wird nämlich hier selbst eine Abelsche Gleichung, deren Wurzeln eine Reihe bilden.

Hierzu bemerke man, daß y eine symmetrische Funktion F der Wurzeln einer Reihe des Schemas (3) war also

$$
\begin{aligned}
y_1 &= F(x_1, \theta_1 x_1, \ldots \theta_1^{r-1} x_1) = \varphi(x_1) \\
y_2 &= F(x_2, \theta_1 x_2, \ldots \theta_1^{r-1} x_2) = \varphi(x_2) \\
&\qquad \cdots \cdots \cdots \cdots \cdots \cdots \cdots
\end{aligned}
$$

$$
\text{oder} \qquad
\begin{aligned}
y_1 &= F(x, \theta^m x, \ldots \theta^{(r-1)m} x) = \varphi(x) \\
y_2 &= F(\theta x, \theta \cdot \theta^m x, \ldots \theta \cdot \theta^{(r-1)m} x) = \varphi(\theta x) \\
&\qquad \cdots \cdots \cdots \cdots \cdots \cdots \cdots
\end{aligned}
$$

Die Gleichung (4) gibt die Werte der Funktionen y; die erste der Gleichungen (5) gibt, wenn y_1 gefunden, die Wurzeln $x, \theta^m x, \ldots \theta^{(r-1)m} x$. Nun ist aber y_2 und ebenso y_3 usf. offenbar zugleich symmetrische Funktion eben dieser Wurzeln $x, \theta^m x, \ldots$, d. h. eine symmetrische Funktion der Wurzeln der zweiten, dritten, ... Reihe der Wurzeln (3) ist zugleich symmetrische Funktion der Wurzeln der ersten Reihe. Also kann y_2 aus den Koeffizienten der ersten Gleichung (5), folglich auch aus y_1 rational berechnet werden; ebenso y_3 usf. Sei demnach $y_2 = \tilde{\omega}\, y_1$, wo $\tilde{\omega}$ eine rationale Funktion, mithin

$$y_2 = \varphi(\theta x) = \tilde{\omega}\, \varphi(x),$$

so wird
$$y_3 = \varphi(\theta^2 x) = \tilde{\omega}\, \varphi(\theta x) = \tilde{\omega}^2 \varphi(x)$$

$$\cdot \quad \cdot \quad \cdot \quad \cdot \quad \cdot \quad \cdot \quad \cdot \quad \cdot \quad \cdot \quad \cdot \quad \cdot \quad \cdot$$

$$y_m = \varphi(\theta^{m-1} x) = \tilde{\omega}\, \varphi(\theta^{m-2}) = \tilde{\omega}^{m-1} \varphi(x).$$

Die Wurzeln der Gleichung (4) bilden also in der Tat eine Reihe

$$y_1,\ \tilde{\omega}\, y_1,\ \tilde{\omega}^2 y_1,\ \ldots\ \tilde{\omega}^{m-1} y_1;\ \ \tilde{\omega}^m y_1 = \varphi(\theta^m x) = y_1,$$

sie ist folglich algebraisch auflösbar.

Wäre nun m wieder eine zusammengesetzte Zahl, $m = m_1 r_1$, so könnte man auf diese Gleichung dieselbe Analyse anwenden und sie zurückführen auf eine Gleichung m_1-ten Grades und Gleichungen r_1-ten Grades. Ist n in seine Primzahlfaktoren zerlegt,

$$n = p_1^{\lambda_1} p_2^{\lambda_2} \ldots,$$

so ließe sich auf diese Weise die Auflösung einer Abelschen Gleichung, deren Wurzel nur eine Reihe bilden, zurückführen auf λ_1 Gleichungen p_1-ten Grades, λ_2 Gleichungen p_2-ten Grades usw. Alle diese Gleichungen sind dann algebraisch lösbar, und es würde hinreichen, von jeder nur eine Wurzel zu kennen.

Zusatz. Jede zyklische Gleichung, deren Grad eine Potenz von 2 ist, läßt sich durch Quadratwurzeln lösen.

Sechstes Kapitel.

Algebraische Auflösung der Kreisteilungsgleichungen.

1. Darstellung der Einheitswurzeln durch Wurzelzeichen. Wir haben gesehen, daß die binomische Gleichung

$$x^n - A = 0$$

sich immer auf die Gleichung $x^n - 1 = 0$.

reduzieren läßt. Die Gleichung hat die Wurzel 1; nehmen wir diese hinweg, so erhalten wir die Gleichung

$$\frac{x^n - 1}{x - 1} = x^{n-1} + x^{n-2} + \cdots + x + 1 = 0.$$

Die Wurzeln dieser Gleichung haben wir in der trigonometrischen Form gefunden (6, 2, 2)

$$x = \cos \frac{2k\pi}{n} + i \sin \frac{2k\pi}{n}$$

$$(k = 1, 2, \ldots n-1).$$

Von der Auflösung dieser Gleichung hängt mithin auch die Lösung der geometrischen Aufgabe ab, den Kreisumfang 2π in n gleiche Teile zu teilen. Es soll nun gezeigt werden, daß die Wurzeln dieser Gleichung durch Wurzelgrößen dargestellt werden können.

Die Aufgabe läßt sich vereinfachen; denn, wie S. 227 und 217 ergeben, kann man die Auflösung der Gleichung $x^n - 1 = 0$ durch Wurzelziehen zurückführen auf Gleichungen derselben Art, für welche der Exponent eine Primzahl, und zwar ein Primteiler von n ist. Wir gehen daher sogleich von der Gleichung

$$(1) \qquad x^p - 1 = 0$$

aus, wo p Primzahl, oder mit Ausschluß der Wurzel 1

$$(2) \qquad \frac{x^p - 1}{x - 1} = x^{p-1} + x^{p-2} + \cdots + x + 1 = 0.$$

Wir wissen, daß diese Gleichung irreduzibel ist, daß alle ihre Wurzeln primitive Wurzeln sind und daß folglich, wenn α eine dieser Wurzeln ist, die sämtlichen Wurzeln durch die Reihe

$$(3) \qquad \alpha, \alpha^2, \alpha^3, \ldots \alpha^{p-1} \qquad \text{gegeben sind.}$$

Wir können diese Reihe anders ordnen. Wir fanden in (5, 4, 11), daß, wenn p Primzahl, die Kongruenz

$$(4) \qquad x^{p-1} \equiv 1 \ (\text{mod. } p)$$

die $p-1$ Wurzeln $\qquad 1, 2, 3, \ldots p-1$

hat, und darunter immer primitive Wurzeln. Ist r eine solche primitive Kongruenzwurzel, so können diese $p-1$ Wurzeln auch durch die Reihe

$$(5) \qquad 1, r, r^2, \ldots r^{p-2}, (r^{p-1} = 1)$$

dargestellt werden, da diese Reihe von Potenzen, mit p dividiert, wieder die Reste $1, 2, \ldots p-1$ in anderer Anordnung ergibt. Da nun $\alpha^p = 1$, so können wir die Reihe (3) der Wurzeln unserer Gleichung (2) ersetzen durch die Reihe

$$(6) \qquad \alpha, \alpha^r, \alpha^{r^2}, \ldots \alpha^{r^{p-2}}, (\alpha^{r^{p-1}} = \alpha).$$

Jede Wurzel dieser Reihe geht nun aus der vorhergehenden hervor durch eine **rationale** Operation, nämlich die Erhebung in die r-te Potenz (r ist eine ganze Zahl). Setzen wir $\alpha^r = \theta\alpha$, so bilden die Wurzeln also eine Reihe von der Form

$$\alpha, \theta\alpha, \theta^2\alpha, \ldots \theta^{p-2}\alpha, (\theta^{p-1}\alpha = \alpha).$$

Die Gleichung (2) ist also eine zyklische Gleichung (5, 5, 2), welche algebraisch lösbar ist, falls die dabei nach dem vorigen Kapitel benötigten Einheitswurzeln durch Wurzelzeichen darstellbar sind. Auf diese Eigenschaft der Wurzeln hat Gauß[1]) die Auflösung der Gleichung (2) gegründet.

Nach dem dort (5, 5, 4) angegebenen Verfahren werden wir daher zunächst eine Funktion $\varphi(x)$ der Wurzeln aufstellen von der Form

$$(7) \qquad \varphi(x) = (x + \beta x^r + \beta^2 x^{r^2} + \cdots + \beta^{p-2} x^{r^{p-2}})^{p-1},$$

wo β irgendeine Wurzel der Gleichung

$$(8) \qquad\qquad\qquad x^{p-1} - 1 = 0.$$

Diese Funktion ist, wie wir sahen, eine symmetrische Funktion der Wurzeln $x, x^r, x^{r^2}, \ldots$ Sind $y_0, y_1, \ldots y_{p-2}$ die Werte derselben, die den $p-1$ Wurzeln β entsprechen, so sind die Wurzeln der Gleichung (2) nach (5, 5, 4), (8)

$$(9) \qquad x = \frac{1}{p-1}\left\{-1 + \sqrt[p-1]{y_1} + \sqrt[p-1]{y_2} + \cdots \sqrt[p-1]{y_{p-2}}\right\}.$$

Die Wurzel wird hiernach durch eine Reihe von Wurzelwerten $\sqrt[p-1]{y}$ dargestellt, die nach (5, 5, 4), (11) selbst wieder durch Potenzen einer derselben $\sqrt[p-1]{y_1}$ dargestellt werden können.

Die Formel enthält noch die Wurzel β. Dieselbe hängt aber von einer binomischen Gleichung niedrigeren Grades ab, die selbst wieder derselben Methode unterworfen werden kann. Nehmen wir also im Sinne der vollständigen Induktion an, daß die Gleichungen $x^s - 1 = 0$, deren Grad eine Primzahl $s < p$ ist, durch Wurzelzeichen lösbar sind, so ist auch $x^p - 1 = 0$ durch Wurzelzeichen lösbar. Für $x^2 - 1 = 0$, $x^3 - 1 = 0$ usw. trifft aber die Annahme sicher zu.

2. Mit Zirkel und Lineal konstruierbare reguläre Polygone. Bei den hier in Rede stehenden Konstruktionen soll von Lineal und Zirkel Gebrauch gemacht werden, um aus einer Anzahl gegebener Punkte weitere zu finden. Dabei soll das Lineal benutzt werden, um gegebene oder bereits gefundene Punkte geradlinig zu verbinden. Der Zirkel wird benutzt, um einen Kreis um einen gegebenen oder gefundenen Punkt als Mittelpunkt zu verzeichnen, mit einem Radius, der dem Abstand zweier gegebener oder gefundener

---

1) Disquisitiones arithmeticae, 1801, Sect. VII. Gesammelte Werke Bd. I.

Punkte gleichkommt. Weitere Punkte werden dann gefunden, indem man solche Kreise und Geraden miteinander zum Schnitt bringt. Alle diese Operationen sollen in endlicher Anzahl vorgenommen werden. Führt man rechtwinklige Cartesische Koordinaten ein, so lassen sich die verwendeten Abstände und die Koordinaten der neugefundenen Punkte durch Quadratwurzelausdrücke aus den Koordinaten der gegebenen oder schon gefundenen Punkte ausdrücken, wobei die rationalen Operationen und das Wurzelziehen nur endlichoft Verwendung finden. Man kann das auch so aussprechen, daß man sagt, die Koordinaten der jeweils neu konstruierten Punkte werden durch Auflösen quadratischer oder linearer Gleichungen gewonnen, deren Koeffizienten sich rational aus den Koordinaten gegebener oder bereits konstruierter Punkte ausdrücken.

Wir wollen augenblicklich nicht die Frage nach den notwendigen Bedingungen stellen, denen die Eckenzahl eines regulären Polygones genügen muß, wenn man seine übrigen Ecken aus der Kenntnis des Kreismittelpunktes und einer Ecke konstruieren will.

Jedenfalls aber ergeben sich aus den bisherigen Ergebnissen über zyklische Gleichungen hinreichende Bedingungen für die Konstruierbarkeit. Wir bemerkten nämlich am Schlusse des vorigen Kapitels auf S. 267, daß zyklische Gleichungen, deren Grad eine Potenz von 2 ist, jedenfalls durch Quadratwurzelausdrücke lösbar sind. Ist also p eine Primzahl von der Form $2^n + 1$, so ist die Kreisteilungsgleichung

$$x^{p-1} + \cdots + 1 = 0$$

eine zyklische Gleichung, deren Grad eine Potenz von 2 ist. Daher sind alle die regulären Polygone mit Zirkel und Lineal konstruierbar, deren Eckenzahl eine Primzahl von der Form $2^n + 1$ ist.

Ist weiter n eine Zahl von der Form $n = 2^k p_1 \ldots p_\nu$, wo $p_1 \ldots p_\nu$ lauter verschiedene Primzahlen der Form $2^n + 1$ sind, so ist auch das reguläre Polygon dieser Eckenzahl mit Zirkel und Lineal konstruierbar.

Denn nach S. 225 erhält man alle n-ten Einheitswurzeln, indem man je eine 2^k-te, p_1-te, p_2-te usw. miteinander multipliziert, also durch Ausführung einer rationalen Operation. Aber auch die 2^k-ten Einheitswurzeln ergeben sich mit Zirkel und Lineal, da man ja Quadrat, Achteck usw. zu konstruieren versteht.

Soll p von der Form $2^k + 1$ sein, so ist erforderlich, daß k keinen ungeraden Faktor habe. Denn wäre $k = h(2n + 1)$, so wäre $2^{h(2n+1)} + 1$ durch $2^h + 1$ teilbar; da, $2^h = x$ gesetzt, $x^{2n+1} + 1$ durch $x + 1$ teilbar ist, wobei der Quotient ganzzahlige Koeffizienten bekommt. Es muß also k von der Form 2^l und mithin $p = 2^{2^l} + 1$ sein. Für $l = 0$ ist $p = 3$, für $l = 1$, $p = 5$, für $l = 2$, $p = 17$. Die nächste Zahl, für welche p Primzahl und von dieser Form ist, entspricht $l = 3, p = 257$. Über die Auflösung der Gleichung $x^{257} - 1 = 0$ s. Richelot in Crelles Journ., Bd. 9.

Aber für $l = 5$ ist $p = 2^{25} + 1 = 4294967297$, eine Zahl durch 641 teilbar, also nicht Primzahl. Es ist noch unbekannt, wie viele Primzahlen in dieser Form enthalten sind und für welche Primzahlen mithin die Teilung des Kreises mittels Zirkel und Lineal möglich ist.

3. Notwendige Bedingungen für die Eckenzahl konstruierbarer Polygone. Wir werden zeigen, daß eine Primzahl, die als Eckenzahl eines konstruierbaren Polygons auftritt, die Form $2^n + 1$ haben muß. Anders ausgedrückt besagt dies, daß der Grad der zugehörigen irreduziblen Kreisteilungsgleichung

$$x^{p-1} + \cdots + 1 = 0$$

eine Potenz von 2 sein muß. Ist dies bewiesen, so wissen wir, daß es andere als die vorhin aufgezählten konstruierbaren regulären Polygone nicht gibt.

Zum Beweis denken wir uns nach und nach die verschiedenen Quadratwurzeln berechnet, die zur Auflösung erforderlich sind. In jedem Moment betrachten wir dazu einen gewissen Zahlkörper. Wir gehen von dem Körper der rationalen Zahlen aus. In ihm ist die Kreisteilungsgleichung irreduzibel. Nun adjungieren wir ihm eine erste Quadratwurzel aus einer rationalen Zahl, d. h. wir betrachten den Körper der Zahlen, die sich als rationale Funktionen jener Quadratwurzel mit rationalen Koeffizienten bilden lassen. Dann adjungieren wir wieder die Quadratwurzel aus einer Zahl dieses Körpers. So erhalten wir einen neuen Körper. Er besteht aus allen Zahlen, die sich rational aus der neuen Quadratwurzel mit Hilfe von Koeffizienten des vorausgehenden Körpers darstellen lassen usw. Jedenfalls fragen wir uns, ob in dem neuen Körper die Kreisteilungsgleichung noch irreduzibel ist. Ist sie zum erstenmal reduzibel, so studieren wir für die folgenden Körper einen ihrer reduziblen Faktoren und warten, bis er zum erstenmal reduzibel wird. Dann betrachten wir einen irreduziblen Faktor weiter usf. Ich bemerke nun: Ist ein Polynom in einem Körper K irreduzibel, d. h. kann es nicht in Faktoren zerlegt werden, deren Koeffizienten diesem Körper angehören, wird es aber reduzibel, nachdem man diesem Körper die Quadratwurzel r aus einer seiner Zahlen adjungiert hat, so zerfällt es in zwei irreduzible Faktoren gleichen Grades.

Denn r genügt der in K irreduziblen Gleichung

$$z^2 - r^2 = 0.$$

Ist nun $f(x, r)$ ein im erweiterten Körper $K(r)$ irreduzibler Teiler von $f(x)$, so sei

$$f(x) = f(x, r) \cdot \varphi(x, r).$$

Dann ist auch $\qquad f(x) = f(x, -r)\, \varphi(x, -r).$

Denn die Gleichung $\qquad f(x) - f(x, z)\, \varphi(x, z) = 0$

hat mit dem irreduziblen $z^2 - r^2 = 0$ eine Wurzel, also alle Wurzeln gemein.

Daher ist auch $f(x, -r)$ ein Teiler von $f(x)$. Er ist mit $f(x, r)$ nicht identisch. Denn wäre

$$f(x, r) = f(x, -r),$$

so wäre auch $\qquad f(x, r) = \dfrac{f(x, r) + f(x, -r)}{2},$

also eine symmetrische Funktion der beiden Wurzeln r und $-r$ von $z^2 - r^2 = 0$. Daher wäre $f(x, r)$ ein Polynom mit Koeffizienten aus K, und $f(x)$ wäre in K schon reduzibel. Da also $f(x, r)$ und $f(x, -r)$ nicht identisch sind, so haben sie auch keine Wurzel gemein. Denn beide sind irreduzibel. Wäre nämlich

$$f(x, -r) = f_1(x, r) f_2(x, r),$$

so wäre $\qquad f(x, r) = f_1(x, -r) f_2(x, -r).$

Hätten sie also eine Wurzel gemein, so wären sie konstante Multipla voneinander. Man darf aber annehmen, daß die Koeffizienten der höchsten Potenzen durchweg 1 sind. $f(x, r)$ und $f(x, -r)$ müßten also identisch sein, was wir schon als unmöglich eingesehen haben. Daher ist $f(x)$ durch $f(x, r) \cdot f(x, -r)$ teilbar. Da aber $f(x, r) f(x, -r)$ als symmetrische Funktion der Wurzeln r und $-r$ von $z^2 - r^2 = 0$ Koeffizienten aus dem Körper K hat, so ist

$$f(x) \equiv f(x, r) f(x, -r).$$

Daher ist der Grad von $f(x)$ durch zwei teilbar.

Wenden wir nun diese Überlegung auf die Kreisteilungsgleichung an, so zeigt sie, daß der Grad derselben eine Potenz von 2 sein muß, wenn anders durch sukzessive Adjunktion von Quadratwurzeln ein Linearfaktor soll abgespalten, d. h. die Gleichung soll aufgelöst werden können.

4. Dreiteilung des Winkels. Die Methode der vorigen Nummer enthält auch einen Beweis dafür, daß man nicht jeden Winkel mit Zirkel und Lineal in drei gleiche Teile teilen kann. Es würde sich darum handeln, aus gegebenem $\cos 3\alpha$ den $\cos \alpha$ zu konstruieren. Nun ist

$$\cos 3\alpha = 4\cos^3\alpha - 3\cos\alpha.$$

Setzt man $2 \cos \alpha = x$, so lautet die Gleichung

$$x^3 - 3x - 2 \cos 3\alpha = 0.$$

Wenn sie irreduzibel ist, kann sie nach der Betrachtung der vorigen Nummer nicht durch Quadratwurzelausdrücke gelöst werden, denn ihr Grad ist keine Potenz von 2. Ist z. B. $\cos 3\alpha = \frac{1}{2}$, d. h. $3\alpha = \frac{\pi}{3}$, so ist die Gleichung

$$x^3 - 3x - 1 = 0$$

im Körper der rationalen Zahlen irreduzibel. Denn wäre sie reduzibel, so wäre einer der Faktoren linear, d. h. die Gleichung hätte eine rationale Wurzel. Als solche kommt aber nach S. 38 nur ± 1 in Betracht. Keine von beiden Zahlen ist aber eine Lösung der Gleichung.

5. Realitätsfragen. Wir können die Lösung der Gleichung (2) S. 268 vereinfachen, indem wir sie als reziproke Gleichung behandeln, d. h. die Summe von je zwei reziproken Wurzeln $x + \frac{1}{x} = z$ als Variable einführen. Ist $p = 2v + 1$, so reduziert sich die Gleichung (2) dadurch auf eine Gleichung vom Grade $v = \frac{p-1}{2}$

$$(10) \quad \begin{aligned} &z^v + x^{v-1} - (v-1)z^{v-2} - (v-2)z^{v-3} + \frac{(v-2)(v-3)}{1 \cdot 2} x^{v-4} \\ &+ \frac{(v-3)(v-4)}{1 \cdot 2} z^{v-5} - - + + \cdots = 0. \end{aligned}$$

Da unter den Wurzeln der Gleichung (2)

$$\cos k \cdot \frac{2\pi}{p} + i \sin k \cdot \frac{2\pi}{p}$$

sich diejenigen als reziproke entsprechen, welche zu den Werten $k = 1$ und $p - 1$, 2 und $p - 2, \ldots \mu$ und $p - \mu = \mu + 1$ gehören, so sind die Wurzeln dieser Gleichung (10)

$$(11) \quad \begin{aligned} z &= 2 \cos k \cdot \frac{2\pi}{p} \\ &\left(k = 1, 2, \ldots \mu = \frac{p-1}{2}\right). \end{aligned}$$

Von dieser Gleichung hängt also die Teilung des Kreisumfanges 2π in p gleiche Teile ab (Kreisteilungsgleichung).

Diese Gleichung (10) muß aber (nach 5, 5, 6) wieder eine Abelsche Gleichung sein. Gehen wir von der Darstellung der Wurzeln der ursprünglichen Gleichung (2) durch die Reihe (6) aus und suchen wir, welche in dieser Reihe reziproke sind. Sind α^{r^i} und α^{r^k} ein solches Paar, so muß

$$\alpha^{r^i} \cdot \alpha^{r^k} = \alpha^{r^i + r^k} = 1$$

sein, also

$$r^i + r^k \equiv 0 \ (\text{mod. } p)$$

oder

$$r^i \equiv -r^k.$$

Nun ist, da r primitive Wurzel der Kongruenz $x^{p-1} \equiv 1$ nach (5, 4, 13)

$$r^{\frac{p-1}{2}} \equiv -1 \ (\text{mod. } p).$$

Die zwei letzten Kongruenzen geben multipliziert

$$r^{i+\frac{p-1}{2}} \equiv r^k \ (\text{mod. } p).$$

Da die Potenzen von r bis zur $p-2$-ten inkongruent sind, so muß $i + \dfrac{p-1}{2} \equiv k \,(\text{mod. } p-1)$ sein. Es sind daher diejenigen Wurzeln der Reihe (6) reziprok zueinander, für welche die Exponenten von r bzw. 0 und $\dfrac{p-1}{2} = v$, 1 und $v+1, \ldots \dfrac{p-3}{2} (=v-1)$ und $\dfrac{2p-4}{2} = p-2 = 2v-1$ sind.

Die Wurzeln der Gleichung (10) lassen sich demnach, wenn wir der Kürze halber $\dfrac{2\pi}{p} = \dfrac{2\pi}{2v+1} = a$ setzen, in die Reihe ordnen

$$(11')\qquad 2\cos a, \ 2\cos ra, \ 2\cos r^2 a, \ldots 2\cos r^{v-1}a.$$

Die Gleichung (10) ist also in der Tat eine Abelsche Gleichung; denn $\cos ra$ läßt sich rational durch $\cos a$ ausdrücken. Setzt man $2\cos a = x$, so ist diese Reihe

$$2\cos a = x, \ 2\cos ra = \theta x, \ 2\cos r^2 a = \theta^2 x, \ldots 2\cos r^{v-1}a = \theta^{v-1} x$$

und außerdem $\qquad \theta^v x = 2\cos r^v a = 2\cos a,$

da $r^v = r^{\frac{p-1}{2}} \equiv -1$ ist.

Die rationale Funktion θx ist hier (5, 2, 1), (8))

$$(12)\quad \theta x = x^r - r\,x^{r-2} + \frac{r(r-3)}{1\cdot 2}\,x^{r-4} - \frac{r(r-4)(r-5)}{1\cdot 2\cdot 3}\,x^{r-6} + \cdots$$

Die Auflösung der Gleichung kann mithin nach (5, 5, 4) vollzogen werden. In dieselbe geht noch eine Wurzel γ der Gleichung

$$x^v - 1 = 0$$

ein, welche ebenfalls algebraisch gelöst werden kann.

Zugleich hat man hier den in (5, 5, 5) betrachteten Fall, in welchem die Koeffizienten von $f(x)$ und $\theta(x)$ reell sind. Nach dem dort gefundenen Satze erfordert mithin die Auflösung der Gleichung (2) oder also die Teilung des Kreisumfanges in $p = 2v+1$ Teile, die Teilung desselben in v Teile, die Teilung eines Winkels ω, der sodann konstruiert werden kann, in v Teile und die Ausziehung der Quadratwurzel aus einer reellen Zahl.

Wie Gauß gezeigt hat, ist diese Zahl (bestimmt durch (13) in (5, 5, 5)) immer $= p$.

Ist aber v eine zusammengesetzte Zahl, $v = v'v''v'''\ldots$, so zerfällt die Auflösung der Gleichung (2) in die Auflösung Abelscher Gleichungen vom Grade v', v'', v''', $\ldots$

6. Beispiele. 1. Gegeben ist

$$(1) \qquad x^5 - 1 = 0,$$

woraus nach Entfernung der Wurzel $x = 1$

$$(2) \qquad x^4 + x^3 + x^2 + x + 1 = 0.$$

Diese reziproke Gleichung reduziert sich, indem man $x + \dfrac{1}{x} = z$ setzt, sofort auf die Gleichung

$$(3) \qquad z^2 + z - 1 = 0.$$

Sind z_1, z_2 die Wurzeln derselben, so ergeben sich die vier Wurzeln von (2) mittels der Gleichungen

$$(4) \qquad x^2 - xz_1 + 1 = 0, \quad x^2 - xz_2 + 1 = 0.$$

Wenn wir aber auf die Gleichung (3) die allgemeine Methode anwenden wollten, so hätten wir zunächst (nach 5, 5, 7) eine primitive Wurzel r der Kongruenz

$$(5) \qquad x^4 - 1 \equiv 0 \ (\text{mod. } 5)$$

zu suchen. Dieselbe hat zwei primitive Wurzeln 2, 3. Nehmen wir $r = 2$, so werden nach (11) die Wurzeln der Gleichung (3)

$$(6) \qquad 2 \cos a, \ 2 \cos 2a, \ a = \frac{2\pi}{5}.$$

Wir bilden nun (nach (5, 5, 4), (5)) die symmetrische Funktion

$$y = \varphi(z) = (2 \cos a + \alpha \cdot 2 \cos 2a)^2,$$

wo α eine Wurzel der Gleichung $x^2 - 1 = 0$, also $\alpha = \pm 1$ zu setzen ist. Für $\alpha = +1$ wird

$$\sqrt{y_0} = 2 \cos a + 2 \cos 2a = -1; \qquad \text{für } \alpha = -1,$$

$$y_1 = 4 \cos^2 a + 4 \cos^2 a - 8 \cos a \cos 2a = z_1^2 + z_2^2 - 2z_1 z_2$$

$$y_1 = 1 + 2 + 2 = 5.$$

Nach Gleichung (8) in (5, 5, 4) ist mithin die Lösung der Gleichung (3)

$$(7) \qquad z = \tfrac{1}{2}(-1 + \sqrt{5}),$$

wo das Zeichen von $\sqrt{5}$ beliebig.

Hier ist $p = 2^2 + 1$, daher führt die Lösung nur zu Quadratwurzeln und kann demnach auch mittels Zirkel und Lineal konstruiert werden.

In einem Kreis vom Halbmesser 1 mit dem Mittelpunkt O ziehe man zwei rechtwinklige Durchmesser AB und CD (Fig. 15); halbiere OD in M und schlage MA nach MN um. Dann ist

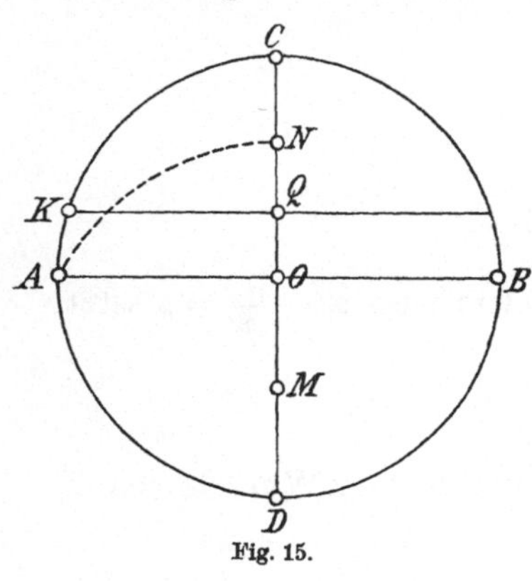

Fig. 15.

$$MA = \sqrt{1 + \frac{1}{4}} = \frac{\sqrt{5}}{2},$$

$$NO = \frac{\sqrt{5}-1}{2} = z_1 = 2\cos\frac{2\pi}{5}.$$

Halbiere ON in Q, so ist $OQ = \cos\frac{2\pi}{5}$. Zieht man also durch Q eine Parallele zu AB, die in K den Kreis schneidet, so ist $KOQ = \frac{2\pi}{5}$ und KC ein Fünftel des Kreisumfanges.

2. Es sei gegeben

$$(1) \qquad x^7 - 1 = 0$$

oder, wenn wir die Wurzel $x = 1$ entfernen,

$$(2) \qquad x^6 + x^5 + x^4 + x^3 + x^2 + x + 1 + = 0.$$

Eine Wurzel der Gleichung ist

$$\alpha = \cos\frac{2\pi}{7} + i\sin\frac{2\pi}{7}$$

und die Reihe der Wurzeln wird

$$\alpha,\ \alpha^2,\ \alpha^3,\ \alpha^4,\ \alpha^5,\ \alpha^6.$$

Wollen wir die Gleichung als Abelsche Gleichung behandeln, so suchen wir die primitiven Wurzeln r der Kongruenz

$$x^6 - 1 \equiv 0 \ (\text{mod. } 7);$$

dieselbe hat zwei primitive Wurzeln $3, 5$. Benutzen wir die kleinere $r = 3$, so ordnen sich die Wurzeln in die Reihe

$$(3) \qquad \alpha,\ \alpha^3,\ \alpha^{3^2},\ \alpha^{3^3},\ \alpha^{3^4},\ \alpha^{3^5},\ \left(\alpha^{3^6} = \alpha\right), \qquad\qquad \text{d. i.}$$

$$(3') \qquad \alpha,\ \alpha^3,\ \alpha^2,\ \alpha^6,\ \alpha^4,\ \alpha^5.$$

Da $6 = 2 \cdot 3$, können wir die Wurzeln in 3 Gruppen zu je 2 abteilen:

$$\alpha,\quad \alpha^{3^3},\ \left(\alpha^{3^6} = \alpha\right) \quad\text{oder also}\quad \alpha,\quad \alpha^6$$

$$(4) \qquad \alpha^3,\quad \alpha^{3^4} \qquad\qquad\qquad\qquad\quad \alpha^3,\quad \alpha^4$$

$$\alpha^{3^2},\quad \alpha^{3^5} \qquad\qquad\qquad\qquad\quad \alpha^2,\quad \alpha^5. \qquad \text{Setzen wir}$$

$$(5) \qquad z_1 = \alpha + \alpha^6,\quad z_2 = \alpha^3 + \alpha^4,\quad z_3 = \alpha^2 + \alpha^5,$$

so sind dies die Wurzeln der Gleichung

$$(z - z_1)(z - z_2)(z - z_3) = 0,$$

deren Koeffizienten als symmetrische Funktionen der α sich sogleich aus den Koeffizienten der Gleichung (2) ergeben. Man erhält

$$(6) \qquad z^3 + z^2 - 2z - 1 = 0,$$

und die Wurzeln einer Gruppe ergeben sich aus den Gleichungen

$$(x - \alpha)(x - \alpha^6) = 0$$

$$(7) \qquad x^2 - z_1 x + 1 = 0$$

$$\text{usf.}$$

Die Gruppen (4) sind Paare reziproker Wurzeln, und die Gleichung (6) ist mithin dieselbe Gleichung, die man unmittelbar erhält, wenn man die Gleichung (2) als reziproke Gleichung behandelt. Dieselbe gibt die Werte von z

$$z_1 = 2\cos\frac{2\pi}{7}, \qquad z_2 = 2\cos\frac{6\pi}{7}, \qquad z_3 = 2\cos\frac{4\pi}{7}.$$

Statt die 6 Wurzeln in 3 Gruppen zu je 2 Wurzeln zu teilen, könnten wir sie auch in 2 Gruppen zu je 3 Wurzeln ordnen, in der Weise

$$\alpha, \quad \alpha^{3^2}, \quad \alpha^{3^4}, \quad \left(\alpha^{3^6} = \alpha\right) \qquad \alpha, \quad \alpha^2, \quad \alpha^4$$

$$(8) \qquad\qquad\qquad\qquad \text{d. i.}$$

$$\alpha^3, \quad \alpha^{3^3}, \quad \alpha^{3^5}, \quad \left(\alpha^{3^7} = \alpha^3\right) \qquad \alpha^3, \quad \alpha^6, \quad \alpha^5.$$

Es sei sodann (6, 5, 2)

$$(9) \qquad \begin{aligned} \alpha + \alpha^2 + \alpha^4 &= y_1 \\ \alpha^3 + \alpha^6 + \alpha^5 &= y_2, \end{aligned}$$

so sind die Werte von y_1, y_2 aus der Gleichung

$$(y - y_1)(y - y_2) = 0 \qquad \text{zu berechnen. Nun ist}$$

$$y_1 + y_2 = \text{Summe der Wurzeln} = -1,$$

$$y_1 y_2 = 3 + \Sigma\alpha = 2.$$

Folglich die Gleichung in y

$$(10) \qquad y^2 + y + 2 = 0.$$

Die Gleichung, welche die Wurzeln der ersten Gruppe gibt, ist

$$(x - \alpha)(x - \alpha^2)(x - \alpha^4) = 0.$$

Nun ist
$$\alpha + \alpha^2 + \alpha^4 = y_1$$

$$\alpha\alpha^2 + \alpha\alpha^4 + \alpha^2\alpha^4 = \alpha^3 + \alpha^5 + \alpha^6 = y_2 = -1 - y_1$$

$$\alpha\alpha^2\alpha^4 = \alpha^7 = 1.$$

Die drei Wurzeln der ersten Gruppe bestimmen sich also aus der Gleichung

$$(7) \qquad x^3 - y_1 x^2 - (1 + y_1)\,x - 1 = 0,$$

die der zweiten Gruppe aus

$$x^3 - y_2 x^2 - (1 + y_2)\,x - 1 = 0.$$

Dies sind wieder Abelsche Gleichungen. Es genügt, eine Wurzel von einer der Gleichungen (7) zu berechnen.

Die kubischen Gleichungen (6) und (7) können wir nach dem Früheren durch Wurzelgrößen auflösen. Da sie aber Abelsche Gleichungen sind, so können wir auch die in (5, 5, 4) gegebene Auflösungsmethode anwenden. Dies soll an der Gleichung (6) gezeigt werden.

Die Wurzeln derselben bilden die Abelsche Reihe

$$z, \; \theta z, \; \theta^2 z, \; (\theta^3 z = z),$$

nämlich $2 \cos a, \; 2 \cos 3a, \; 2 \cos 3^2 a, \; (2 \cos 3^3 a = 2 \cos a)$

nach (4), (5); oder also

$$2 \cos a, \; 2 \cos 3a, \; 2 \cos 2a$$

$\left(a = \dfrac{2\pi}{7}\right)$. Wir bilden sodann die Funktion

$$(8) \qquad y = (2 \cos a + \beta \cdot 2 \cos 3a + \beta^2 \cdot 2 \cos 2a)^3,$$

wo β eine Wurzel der Gleichung

$$x^3 - 1 = 0.$$

Die Funktion y muß eine symmetrische Funktion der Wurzel z sein. Für $\beta = 1$ wird dieselbe

$$y_0 = (\Sigma z)^3 = -1.$$

Sind β_1, β_2 die imaginären Wurzeln von $x^3 - 1 = 0$, so gibt die Entwicklung von (8), da $\beta^3 = 1$, $\beta^4 = \beta$, $\beta^5 = \beta^2$,

$$y_1 = 8 \cos^3 a + 8 \cos^3 3a + 8 \cos^3 2a$$

$$+ 3 \cdot 8 \left\{ \cos^2 a \cdot \cos 3a + \cos^2 2a \cdot \cos a + \cos^2 3a \cdot \cos 2a \right\} \beta_1$$

$$+ 3 \cdot 8 \left\{ \cos a \cdot \cos^2 3a + \cos 2a \cdot \cos^2 a + \cos 3a \cdot \cos^2 2a \right\} \beta_1^2$$

$$+ 6 \cdot 8 \cos a \cdot \cos 2a \cdot \cos 3a.$$

Die Koeffizienten von β_1, β_1^2 sind hier symmetrische Funktionen der Wurzeln. Denn zerlegen wir jedes Glied in zwei Glieder mittels der Formel

$$2 \cos ma \cdot \cos na = \cos (m + n)a + \cos (m - n)a$$

und bemerken, daß $\cos 4a = \cos 3a$, $\cos 5a = \cos 2a$, so wird

$$\cos^2 a \cos 3a = \tfrac{1}{2} \cdot \cos a(\cos 3a + \cos 2a)$$
$$\cos a \cos^2 3a = \tfrac{1}{2} \cdot \cos 3a(\cos 3a + \cos 2a)$$
$$\text{usf.}$$

und der Koeffizient von $3\beta_1$ ergibt sich $= 2\Sigma z_1 z_2$, ebenso der von $3\beta_1^2$ als $\Sigma z^2 + \Sigma z_1 z_2$.

Hiernach wird

$$y = \Sigma z^3 + 6 z_1 z_2 z_3 + 3\beta_1 \cdot 2\Sigma z_1 z_2 + 3\beta_1^2(\Sigma z^2 + \Sigma z_1 z_2)$$

oder, da $\qquad \beta^2 + \beta + 1 = 0$, also $\beta^2 = -(\beta + 1)$,

$$y = \Sigma z^3 + 6 z_1 z_2 z_3 - 3(\Sigma z^2 + \Sigma z_1 z_2) + 3\beta_1(\Sigma z_1 z_2 - \Sigma z^2).$$

Nun berechnet sich aus den Koeffizienten von Gleichung (6)

$$\Sigma z^3 = -a_1^3 + 3 a_1 a_2 - 3 a_3 = -4,$$
$$\Sigma z^2 = a_1 - 2 a_2 = +5,$$
$$\Sigma z_1 z_2 = -2,$$
$$z_1 z_2 z_3 = +1; \qquad\qquad \text{daher}$$

(9) $$y_1 = -7 - 7 \cdot 3\beta_1.$$

Ebenso $$y_2 = -7 - 7 \cdot 3\beta_2. \qquad\qquad \text{Mithin wird}$$

(10) $$z = \tfrac{1}{3}\left\{-1 + \sqrt[3]{-7 - 7 \cdot 3\beta_1} + \sqrt[3]{-7 - 7 \cdot 3\beta_2}\right\}$$

oder auch, da $\qquad \left.\begin{array}{c}\beta_1\\\beta_2\end{array}\right\} = \dfrac{-1 \pm \sqrt{-3}}{2}$

(11) $$z = \tfrac{1}{3}\left\{-1 + \sqrt[3]{\tfrac{7}{2} - \tfrac{7}{2} \cdot 3\sqrt{-3}} + \sqrt[3]{\tfrac{7}{2} + \tfrac{7}{2} \cdot 3\sqrt{-3}}\right\}.$$

Das ist derselbe Ausdruck, welchen man auch nach der Cardanischen Formel erhält. Wie die $\sqrt[3]{}$ auszulegen sind, um die drei Wurzeln z zu erhalten, bedarf daher auch keiner weiteren Untersuchung.

Mittels dieser Werte von z erhält man sodann aus Gleichung (7) die Wurzeln der Gleichung (2).

3. Es sei

(1) $$p = 13, \; z^{13} - 1 = 0.^{1)}$$

---

1) Die Gleichung $x^{11} - 1 = 0$ führt, wenn man die Wurzel $x = 1$ weghebt, auf die Gleichung $x^{10} + x^9 + \cdots + 1 = 0$ und diese auf eine Abelsche Gleichung fünfter Ordnung, welche nach 257 ff. zu lösen wäre. Wie die Schwierigkeit dieser Lösung zu umgehen, siehe Gauß, Werke II, S. 243, „Circa aequationes puras ulterior evolutio", art. 13; auch Bachmann, Lehre von der Kreisteilung, S. 97, 98. Übrigens hat schon Vandermonde nach der ihm eigentümlichen allgemeinen Methode die Wurzeln in der Form $x = \tfrac{1}{5}[1 + \sqrt[5]{y_1} + \sqrt[5]{y_2} + \sqrt[5]{y_3} + \sqrt[5]{y_4}]$ gefunden [durch Zeichenfehler in Gleichung (5) entstellt]. Hist. de l'Acad. de Sc. année 1771. „Sur la rés. d. équ.", art. 35, p. 415.

Die Reduktion als reziproke Gleichung führt zu der Gleichung

$$(2) \qquad x^6 + x^5 - 5x^4 - 4x^3 + 6x^2 + 3x - 1 = 0,$$

deren Wurzeln in der Form

$$x = 2 \cos k \cdot \frac{2\pi}{13} \, (k = 1, 2, \ldots 6) \qquad \text{enthalten sind.}$$

Ist r eine primitive Wurzel der Kongruenz

$$x^{12} \equiv 1 \ (\text{mod. } 13),$$

so können die Wurzeln von (2) in die Reihe geordnet werden $\left(\frac{2\pi}{13} = a \text{ gesetzt}\right)$

$$(3) \qquad 2 \cos a, \ 2 \cos r a, \ 2 \cos r^2 a, \ldots 2 \cos r^5 a.$$

Die Kongruenz hat die primitiven Wurzeln 2, 6, 7, 11. Wir wählen die kleinste und setzen $r = 2$. Dann ist die Reihe (3) identisch mit der Reihe

$$(4) \qquad 2 \cos a, \ 2 \cos 2a, \ 2 \cos 4a, \ 2 \cos 5a, \ 2 \cos 3a, \ 2 \cos 6a.$$

Wir könnten nun die Abelsche Gleichung (2) nach (5, 5, 4) behandeln.

Da aber $v = 6 = 2 \cdot 3$, teilen wir (nach (5, 5, 6)) diese Wurzeln in zwei Gruppen zu je dreien in der Weise:

$$(5) \quad \begin{array}{lll} 2 \cos a, & 2 \cos r^2 a, & 2 \cos r^4 a \quad \text{d. i.} \quad 2 \cos a, \quad 2 \cos 4a, \ 2 \cos 3a, \\ 2 \cos r a, & 2 \cos r^3 a, & 2 \cos r^5 a \qquad\qquad 2 \cos 2a, \ 2 \cos 5a, \ 2 \cos 5a. \end{array}$$

Die Reihen bilden eine Periode, denn es ist $r^6 = r^{\frac{p-1}{2}} \equiv -1$, also

$$2 \cos r^6 a = 2 \cos (-a) = 2 \cos a$$

und ebenso $\qquad 2 \cos r^7 a = 2 \cos (-ra) = 2 \cos ra.$

Wir bilden nun die symmetrischen Funktionen

$$(6) \quad \begin{aligned} y_1 &= 2 \cos a + 2 \cos 4a + 2 \cos 3a, \\ y_2 &= 2 \cos 2a + 2 \cos 5a + 2 \cos 6a. \end{aligned}$$

Dann ist $y_1 + y_2$ die Summe der Wurzeln, also

$$(7) \qquad y_1 + y_2 = -1.$$

Ferner ergibt sich, bei Berücksichtigung der Formel

$$\cos a \cdot \cos b = \tfrac{1}{2} \cos (a + b) + \tfrac{1}{2} \cos (a - b),$$

sogleich $\qquad y_1 y_2 = 3 \times \text{Summe der Wurzeln} = -3.$

Mithin sind y_1 und y_2 durch die Gleichung bestimmt

$$(8) \qquad y^2 + y - 3 = 0.$$

Wir können nun leicht die Gleichung bilden, welcher die drei Wurzeln einer Gruppe (5) genügen. Bezeichnen wir die der ersten Reihe kurz mit x_1, x_2, x_3, so ergibt sich aus (6)

$$x_1 + x_2 + x_3 = y_1$$

$$\Sigma x_1 x_2 = \text{Summe der sämtlichen Wurzeln} = -1$$

$$x_1 x_2 x_3 = 2\cos 5a + 2\cos 6a + 2\cos 2a + 2 = y_2 + 2 = 1 - y_1.$$

Folglich ist die Gleichung, welche x_1, x_2, x_3 gibt,

$$(9) \qquad x^3 - y_1 x^2 - x - 1 + y_1 = 0.$$

Setzt man darin y_2 für y_1, so gibt sie die Wurzeln der zweiten Reihe (5).

Statt die Wurzeln in zwei Gruppen zu je dreien zu teilen, können wir dieselben auch in drei Gruppen zu je zweien teilen in der Weise:

$$2\cos a, \quad 2\cos 2^3 a \quad \text{d. i.} \quad 2\cos a, \quad 2\cos 5a$$

$$(10) \qquad 2\cos 2a, \ 2\cos 2^4 a \qquad ,, \qquad 2\cos 2a, \ 2\cos 3a$$

$$2\cos 2^2 a, 2\cos 2^5 a \qquad ,, \qquad 2\cos 4a, \ 2\cos 6a.$$

Da der Winkel immer mit 2^3 multipliziert wird, setzt sich jede der drei Reihen periodisch fort.

$$\text{Es sei nun} \qquad y_1 = 2\cos a + 2\cos 5a$$

$$(11) \qquad\qquad\qquad y_2 = 2\cos 2a + 2\cos 3a$$

$$\qquad\qquad\qquad y_3 = 2\cos 4a + 2\cos 6a,$$

so ergibt sich $\qquad y_1 + y_2 + y_3 = \text{Summe d. W.} = -1$

$$y_1 y_2 = \text{Summe d. W.} + 2\cos 3a + 2\cos 2a = -1 + y_2$$

und ebenso $\qquad y_2 y_3 = -1 + y_2, \ y_3 y_1 = -1 + y_1.$

Also $\qquad y_1 y_2 + y_2 y_3 + y_3 y_1 = -3 + y_1 + y_2 + y_3 = -4.$

Ferner $\qquad y_1 y_2 y_3 = (-1 + y_2) y_3 = y_2 y_3 - y_3 = -1.$

Folglich sind y_1, y_2, y_3 die Wurzeln der Gleichung

$$(12) \qquad\qquad y^3 + y^2 - 4y + 1 = 0.$$

Damit ergeben sich dann sofort die quadratischen Gleichungen, welche die zwei Wurzeln einer Reihe bestimmen. Denn es ist

$$2\cos a + 2\cos 5a = y_1,$$

$$2\cos a \cdot 2\cos 5a = 2\cos 4a + 2\cos 6a = y_3 = -\frac{1 + y_1}{y_1}.$$

Die Wurzeln der ersten Reihe (10) bestimmen sich also aus

$$(13) \qquad x^2 - y_1 x + \frac{y_1 - 1}{y_1} = 0.$$

Ersetzt man hierin y_1 durch y_2 bzw. y_3, so gibt die Gleichung die zwei Wurzeln der zweiten bzw. dritten Reihe.

4. Wir betrachten nun noch die Gleichung

$$(1) \qquad z^{17} - 1 = 0,$$

von welcher die Teilung des Kreises in 17 Teile abhängt. Hier ist $p = 17 = 2^4 + 1$, also, wenn $p = 2v + 1$, $v = 2^3$. Entfernt man die Wurzel 1 und setzt man $z = x + \dfrac{1}{x}$, so reduziert sich die Gleichung auf

$$(2) \qquad x^8 + x^7 - 7x^6 - 6x^5 + 15x^4 + 10x^3 - 10x^2 - 4x + 1 = 0,$$

deren Wurzeln $\quad x = 2 \cos k \cdot \dfrac{2\pi}{17} \cdot \quad (k = 1, 2, \ldots 8).$

Um dieselben in eine Reihe der Form $x, \theta x, \ldots \theta^7 x$ zu bringen, nehmen wir eine primitive Wurzel r der Kongruenz

$$x^{16} \equiv 1 \ (\text{mod. } 17)$$

zu Hilfe. Dann stellen sich die Wurzeln $\left(\dfrac{2\pi}{17} = a \text{ gesetzt}\right)$ in der Reihe dar:

$$(3) \qquad 2\cos a, 2\cos ra, 2\cos r^2 a, \ldots 2\cos r^7 a, (2\cos r^8 a = 2\cos(-a) = 2\cos a).$$

Die Kongruenz hat 8 primitive Wurzeln $3, 5, 6, 7, 10, 11, 12, 14$. Wir wählen für r die kleinste $r = 3$. Dann sind die Reste der Potenzen von r nach dem Modul 17

$$1, 3, 9, 10, 13, 5, 15, 11$$

und die Reihe (3) der Wurzeln wird

$$(3') \qquad \begin{aligned} &2\cos a, 2\cos 3a, 2\cos 9a, 2\cos 10a, 2\cos 13a, 2\cos 5a, \\ &2\cos 15a, 2\cos 11a \end{aligned} \qquad \text{oder also}$$

$$(3'') \qquad \begin{aligned} &2\cos a, 2\cos 3a, 2\cos 8a, 2\cos 7a, 2\cos 4a, 2\cos 5a, \\ &2\cos 2a, 2\cos 6a. \end{aligned}$$

Wir teilen nun die Wurzeln (3) in die 2 Reihen ab

$$(4) \qquad \begin{aligned} &2\cos a, \quad 2\cos r^2 a, \quad 2\cos r^4 a, \quad 2\cos r^6 a, \\ &2\cos ra, \quad 2\cos r^3 a, \quad 2\cos r^5 a, \quad 2\cos r^7 a, \end{aligned}$$

die jede für sich eine Periode bilden, indem $2\cos r^8 a = 2\cos a$, $2\cos r^9 a = 2\cos ra$ ist. Diese 2 Reihen lassen sich schreiben

$$(4') \qquad \begin{aligned} &2\cos a, \quad 2\cos 8a, \quad 2\cos 4a, \quad 2\cos 2a, \\ &2\cos 3a, \quad 2\cos 7a, \quad 2\cos 5a, \quad 2\cos 6a. \end{aligned}$$

Die Summe der ersten Reihe sei y_1, die der zweiten Reihe y_2, also

$$(5) \qquad \begin{aligned} y_1 &= 2\cos a + 2\cos 8a + 2\cos 4a + 2\cos 2a, \\ y_2 &= 2\cos 3a + 2\cos 7a + 2\cos 5a + 2\cos 6a, \end{aligned}$$

so ist $y_1 + y_2 = $ Summe d. W. $= -1$. Ferner ergibt sich leicht

$$(6) \qquad y_1 y_2 = 4 \times \text{Summe d. W.} = -4.$$

Die Werte von y_1, y_2 sind also die Wurzeln der Gleichung

$$(7) \qquad y^2 + y - 4 = 0.$$

Man könnte nun hier ohne Schwierigkeit die Gleichung vierten Grades

$$(8) \qquad x^4 + \vartheta(y_1)x^3 + \vartheta_2(y_1)x^2 + \vartheta_3(y_1)x + \vartheta_4(y_1) = 0$$

aufstellen, welche, je nachdem man darin $y = y_1$ oder $y = y_2$ setzt, die vier in y_1 oder y_2 enthaltenen Wurzeln x bestimmt (6, 5, 2). Es lassen sich nämlich hier die Koeffizienten dieser Gleichung als symmetrische Funktionen dieser vier Wurzeln x leicht durch y_1 bzw. y_2 ausdrücken. Aber die Aufstellung dieser Gleichung kann vermieden werden. Denn diese Gleichung (8) ist, wie wir wissen, wieder eine Abelsche, und ihre vier Wurzeln lassen sich wieder in je zwei Gruppen zu je zwei Wurzeln anordnen.

So können wir die erste Reihe (4) zerlegen in die Reihen

$$(9) \qquad \begin{aligned} &2\cos a, \; 2\cos r^4 a, \; (2\cos r^8 a = 2\cos a) \\ &2\cos r^2 a, \; 2\cos r^6 a, \; (2\cos r^{10} a = 2\cos r^2 a) \end{aligned} \qquad \text{oder also}$$

$$(9') \qquad \begin{aligned} &2\cos a, \quad 2\cos 4a, \\ &2\cos 8a, \; 2\cos 2a. \end{aligned} \qquad \text{Setzen wir dann}$$

$$u_1 = 2\cos a + 2\cos 4a, \quad u_2 = 2\cos 8a + 2\cos 2a,$$

so ist $u_1 + u_2 = y_1$, $u_1 u_2 = $ Summe sämtlicher W. $= -1$; mithin sind u_1, u_2 die Wurzeln der Gleichung

$$(10) \qquad u^2 - y_1 u - 1 = 0.$$

Ebenso teilen wir die zweite Reihe (4) in die 2 Reihen

$$(11) \qquad \begin{aligned} &2\cos r a, \; 2\cos r^5 a \quad \text{d. i.} \quad 2\cos 3a, \, 2\cos 5a, \\ &2\cos r^3 a, \; 2\cos r^7 a \quad \; ,, \quad \; 2\cos 7a, \, 2\cos 6a. \end{aligned}$$

Setzt man $v_1 = 2\cos 3a + 2\cos 5a$, $v_2 = 2\cos 7a + 2\cos 6a$,

so ist wieder $v_1 + v_2 = y_2$, $v_1 v_2 = -1$ und v_1, v_2 sind mithin durch die Gleichung bestimmt

$$(12) \qquad v^2 - y_2 v - 1 = 0$$

oder auch, da $y_1 + y_2 = -1$,

$$(12') \qquad v^2 + (1 + y_1)v - 1 = 0.$$

Nun ergeben sich aber sogleich auch die einzelnen Wurzeln dieser Paare. Denn ist

$$x_1 = 2\cos a, \; x_2 = 2\cos 4a,$$

so ist $x_1 + x_2 = u_1$ und $x_1 x_2 = 2\cos 3a + 2\cos 5a = v_1$. Also sind x_1, x_2 durch die Gleichung bestimmt

$$(13) \qquad x^2 - u_1 x + v_1 = 0.$$

Ganz ebenso ergibt sich, daß die zwei Wurzeln

$$x_3 = 2\cos 8a, \; x_4 = 2\cos 2a$$

sich aus der Gleichung bestimmen

$$x^2 - u_2 x + v_2 = 0,$$

ferner $x_5 = 2\cos 3a$, $x_6 = 2\cos 5a$ aus

$$x^2 - v_1 x + u_2 = 0,$$

$x_7 = 2\cos 7a$, und $x_8 = 2\cos 6a$ aus

$$x^2 - v_2 x + u_1 = 0.$$

Wir brauchen aber nicht alle diese Gleichungen; es reicht hin, die Gleichungen (7), (10), (12) und (13) aufzulösen. Die Wurzeln quadratischer Gleichungen lassen sich aber mittels Zirkel und Lineal konstruieren, und **mithin kann auch der Kreisumfang mittels Zirkel und Lineal in 17 gleiche Teile geteilt werden.**

Konstruktionen haben gegeben v. Staudt (Crelles Journ., Bd. 24, S. 251), H. Schröter (ebda Bd. 75, S. 13), Serret (Alg. Sup. II, p. 569). Neuerlich hat noch L. Gérard eine Konstruktion gegeben mittels des Zirkels allein (Bulletin de Math. Elém. von B. Niewenglowski 2me année 1897, p. 164).

Siebentes Kapitel.

Substitutionsgruppen.

1. Substitutionen. In (5, 1, 6) wurde darauf hingewiesen, welchen Vorteil es für die algebraische Auflösung einer Gleichung hat, wenn man Funktionen der Wurzeln kennt, die bei gewissen Permutationen ungeändert bleiben, während sie bei andern Permutationen sich ändern. Das führt und dazu, uns jetzt überhaupt mit den Permutationen und ihrem Einfluß auf gewisse Funktionen zu beschäftigen.

Wir denken uns n Elemente, etwa die n Wurzeln einer Gleichung; wir wollen diese Elemente numerieren und demgemäß einfach durch ihre Nummern

$$1, 2, \ldots, n$$

bezeichnen. Wenn man jedes der n Elemente wieder durch eines der n Elemente ersetzt, derart, daß zwei verschiedene Elemente auch stets durch zwei verschiedene Elemente ersetzt werden, so nennt man das eine Substitution. Haben wir z. B. 4 Elemente 1, 2, 3, 4 und ersetzen wir

$$\begin{array}{rcl}
\text{das Element 1} & \text{durch das Element} & 3, \\
\text{,,} \quad \text{,,} \quad 2 \quad \text{,,} \quad \text{,,} \quad \text{,,} & & 2, \\
\text{,,} \quad \text{,,} \quad 3 \quad \text{,,} \quad \text{,,} \quad \text{,,} & & 4, \\
\text{,,} \quad \text{,,} \quad 4 \quad \text{,,} \quad \text{,,} \quad \text{,,} & & 1,
\end{array}$$

so liegt eine Substitution vor, die wir durch

$$\begin{pmatrix} 1 & 2 & 3 & 4 \\ 3 & 2 & 4 & 1 \end{pmatrix}$$

bezeichnen; es steht hier einfach unter jedem Element dasjenige, durch welches es ersetzt wird. Die Symbole

$$\begin{pmatrix} 2 & 4 & 1 & 3 \\ 2 & 1 & 3 & 4 \end{pmatrix}, \quad \begin{pmatrix} 3 & 1 & 4 & 2 \\ 4 & 3 & 1 & 2 \end{pmatrix}, \quad \begin{pmatrix} 4 & 3 & 2 & 1 \\ 1 & 4 & 2 & 3 \end{pmatrix}$$

bedeuten alle die gleiche Substitution; denn in jedem steht unter dem Element 1 das Element 3, unter dem Element 2 das Element 2 usw.

Bei n Elementen kann jede Substitution in der Form

$$\begin{pmatrix} 1 & 2 & 3 & \ldots & n \\ a_1 & a_2 & a_3 & \ldots & a_n \end{pmatrix}$$

geschrieben werden, wobei in der zweiten Zeile irgendeine Permutation der Nummern $1, 2, \ldots, n$ steht. Da es $n!$ Permutationen gibt, gibt es auch $n!$ Substitutionen.

Wir werden Substitutionen auch kurz durch große lateinische Buchstaben bezeichnen. Speziell die Substitution, welche jedes Element durch sich selbst ersetzt, bezeichnen wir durch E; also:

$$E = \begin{pmatrix} 1 & 2 & 3 & \ldots & n \\ 1 & 2 & 3 & \ldots & n \end{pmatrix}.$$

Liegen zwei Substitutionen S, T vor, etwa

$$S = \begin{pmatrix} 1 & 2 & 3 & 4 \\ 3 & 2 & 4 & 1 \end{pmatrix}, \quad T = \begin{pmatrix} 1 & 2 & 3 & 4 \\ 4 & 3 & 2 & 1 \end{pmatrix},$$

so kann man daraus eine ganz bestimmte dritte Substitution herleiten, indem man zuerst die durch S und dann noch die durch T geforderte Ersetzung der Elemente vornimmt. Vermöge S werden die Elemente 1, 2, 3, 4 in dieser Reihenfolge ersetzt durch 3, 2, 4, 1, und diese werden durch die Substitution T, die auch in der Form

$$\begin{pmatrix} 3 & 2 & 4 & 1 \\ 2 & 3 & 1 & 4 \end{pmatrix}$$

geschrieben werden kann, der Reihe nach ersetzt durch 2, 3, 1, 4. Man gelangt daher zu der Substitution

$$\begin{pmatrix} 1 & 2 & 3 & 4 \\ 2 & 3 & 1 & 4 \end{pmatrix},$$

die das **Produkt** TS heißt. Das Produkt ist im allgemeinen nicht kommutativ; denn es ist z. B. in unserem Fall

$$ST = \begin{pmatrix} 1 & 2 & 3 & 4 \\ 3 & 2 & 4 & 1 \end{pmatrix} \begin{pmatrix} 1 & 2 & 3 & 4 \\ 4 & 3 & 2 & 1 \end{pmatrix} = \begin{pmatrix} 4 & 3 & 2 & 1 \\ 1 & 4 & 2 & 3 \end{pmatrix} \begin{pmatrix} 1 & 2 & 3 & 4 \\ 4 & 3 & 2 & 1 \end{pmatrix} = \begin{pmatrix} 1 & 2 & 3 & 4 \\ 1 & 4 & 2 & 3 \end{pmatrix},$$

also von TS verschieden.

Man sieht sofort, daß bei dieser Art von Multiplikation die Substitution E eine analoge Rolle spielt wie die Zahl 1 bei der Zahlenmultiplikation; es ist nämlich

$$SE = ES = S,$$

und daher kann E als Faktor in einem Produkt stets weggelassen werden.

2. Rechenregeln. Für die Multiplikation gilt das assoziative Gesetz,

$$(UT)S = U(TS).$$

Denn es möge

vermöge S das Element a ersetzt werden durch b,

„ T „ „ b „ „ „ c,

„ U „ „ c „ „ „ d,

so daß also $\quad S = \begin{pmatrix} a & \dots \\ b & \dots \end{pmatrix}, \quad T = \begin{pmatrix} b & \dots \\ c & \dots \end{pmatrix}, \quad U = \begin{pmatrix} c & \dots \\ d & \dots \end{pmatrix}$

geschrieben werden kann. Dann ist aber

$$UT = \begin{pmatrix} b & \dots \\ d & \dots \end{pmatrix}, \quad TS = \begin{pmatrix} a & \dots \\ c & \dots \end{pmatrix},$$

und also $\quad (UT)S = \begin{pmatrix} b & \dots \\ d & \dots \end{pmatrix} \begin{pmatrix} a & \dots \\ b & \dots \end{pmatrix} = \begin{pmatrix} a & \dots \\ d & \dots \end{pmatrix},$

$$U(TS) = \begin{pmatrix} c & \dots \\ d & \dots \end{pmatrix} \begin{pmatrix} a & \dots \\ c & \dots \end{pmatrix} = \begin{pmatrix} a & \dots \\ d & \dots \end{pmatrix}.$$

Die Produkte $(UT)S$ und $U(TS)$ bezeichnen also wirklich dieselbe Substitution.

Aus dem assoziativen Gesetz folgt sofort, daß ein Produkt von beliebig vielen Faktoren unabhängig ist von der Art, wie die Faktoren durch Ordnungsklammern zusammengefaßt werden; man läßt daher die Ordnungsklammern meistens weg. Dagegen darf keine Faktorenumstellung stattfinden.

Ein Produkt von k gleichen Faktoren S heißt die k-te Potenz von S und wird mit S^k bezeichnet $(S^1 = S)$; offenbar gelten dann die Formeln

$$S^k S^l = S^{k+l}, \quad (S^k)^l = S^{kl}.$$

Zu jeder Substitution $S = \begin{pmatrix} 1 & 2 & 3 & \ldots & n \\ a_1 & a_2 & a_3 & \ldots & a_n \end{pmatrix}$

gibt es eine und nur eine Substitution T derart, daß $ST = E$ ist; das ist nämlich augenscheinlich die Substitution

$$T = \begin{pmatrix} a_1 & a_2 & a_3 & \ldots & a_n \\ 1 & 2 & 3 & \ldots & n \end{pmatrix};$$

man bezeichnet sie durch S^{-1}. Offenbar ist dann auch $TS = E$, und zwar ist T wieder die einzige Substitution, die das leistet. Man hat hiernach die Gleichungen

$$SS^{-1} = S^{-1}S = E.$$

Die k-te Potenz von S^{-1} wird durch S^{-k} bezeichnet; ferner versteht man unter S^0 die Substitution E. Hiernach ist nun die Potenz für beliebige ganzzahlige Exponenten ganz entsprechend wie bei Zahlen definiert, und genau wie bei Zahlen beweist man die Formeln

$$S^k S^l = S^{k+l}, \quad (S^k)^l = S^{kl},$$

auch wenn nicht beide Exponenten positiv sind.

Ist S eine Substitution, so können die Potenzen

$$S, S^2, S^3, S^4, \ldots$$

nicht alle voneinander verschieden sein, weil es ja nur endlich viele Substitutionen gibt. Sei etwa $S^l = S^m$, wo $l > m$. Indem man diese Gleichung mit S^{-m} multipliziert, erhält man

$$S^{l-m} = S^0 = E.$$

Von jeder Substitution ist also eine gewisse Potenz gleich E. Ist k der kleinste positive Exponent, für den $S^k = E$ ist, so heißt k die Ordnung von S. Offenbar sind dann die k Substitutionen

$$E, S, S^2, \ldots, S^{k-1}$$

alle voneinander verschieden. Denn wäre etwa $S^l = S^m$, wo

$$k - 1 \geqq l > m \geqq 0,$$

so wäre auch $S^{l-m} = E$; also wäre die Ordnung von S höchstens gleich $l - m$, daher kleiner als k.

3. Zerlegung in Zyklen. Für die Substitutionen ist noch eine zweite Schreibweise im Gebrauch, die wir an dem Beispiel ($n = 8$):

$$\begin{pmatrix} 1 & 2 & 3 & 4 & 5 & 6 & 7 & 8 \\ 7 & 4 & 1 & 8 & 2 & 6 & 3 & 5 \end{pmatrix}$$

erklären wollen. Hier wird 1 ersetzt durch 7, 7 durch 3, 3 durch 1; es werden also die drei Elemente 1, 7, 3 zyklisch vertauscht. Ferner wird 2 ersetzt durch 4, 4 durch 8, 8 durch 5, 5 durch 2; es werden also die Elemente 2, 4, 8, 5 zyklisch vertauscht. Schließlich bleibt 6 ungeändert. Man bezeichnet daher die Substitution auch durch das Zeichen

$$(1, 7, 3)(2, 4, 8, 5)(6).$$

Bei dieser Schreibweise mit Zyklen kann ein eingliedriger Zyklus, hier (6), auch wegbleiben, da er ja nur besagt, daß das betreffende Element nicht geändert wird. Ferner können die Elemente innerhalb eines Zyklus selbst wieder zyklisch vertauscht werden, und schließlich ist es gleichgültig, in welcher Reihenfolge man die Zyklen schreibt. Beispielsweise könnte man die obige Substitution auch in den Gestalten

$$(4, 8, 5, 2)(7, 3, 1),$$

$$(8, 5, 2, 4)(6)(1, 7, 3)$$

und noch in vielen andern Gestalten schreiben.

Man sieht leicht, daß hierbei das Nebeneinanderschreiben von Zyklen wirkliche Multiplikation in dem oben definierten Sinn ist. Das Produkt der drei Substitutionen

$$(8, 5, 2, 4), \ (6), \ (1, 7, 3)$$

ist eben $(8, 5, 2, 4)(6)(1, 7, 3)$; die Faktoren sind hier vertauschbar, was aber nur daher kommt, daß kein Element zugleich in zwei Zyklen auftritt. Ein eingliedriger Zyklus bedeutet offenbar die Substitution E, und daher ist es nicht zu verwundern, daß er als Faktor weggelassen werden kann.

4. Substitutionsgruppen. Definition. Eine Gesamtheit von Substitutionen von n Elementen heißt eine **Gruppe**, wenn, unter S, T irgend zwei (nicht notwendig verschiedene) Substitutionen der Gesamtheit verstanden, stets auch die Produkte ST und TS der Gesamtheit angehören. Die Anzahl der Substitutionen heißt die **Ordnung** der Gruppe.

Hiernach ist z. B. die Gesamtheit aller $n!$ Substitutionen eine Gruppe; ihre Ordnung ist $n!$ Es gibt aber auch Gruppen von kleinerer Ordnung. Z. B. bilden die vier Substitutionen

$$E, (1, 2), (3, 4), (1, 2)\,(3, 4)$$

offenbar eine Gruppe. Ja die Substitution E bildet für sich allein schon eine Gruppe, offenbar die einzige vom Grad 1; wir nennen sie die **Einheitsgruppe**.

Wir bezeichnen Gruppen durch große deutsche Buchstaben, speziell die Einheitsgruppe mit $\mathfrak{E}$. Ist $\mathfrak{G}$ eine Gruppe und S eine Substitution von $\mathfrak{G}$, so gehören nach der Gruppendefinition auch die Potenzen

$$S, S^2, S^3, \ldots$$

der Gruppe an. Da unter diesen Potenzen nach (5, 7, 2) auch die Substitution E vorkommt, so enthält jede Gruppe die Substitution E. Ist S eine Substitution von der Ordnung k, so ist $S^{-1} = S^{k-1}$; daher kommt auch S^{-1} unter den Substitutionen der Gruppe vor. Ferner bilden die Substitutionen

$$E, S, S^2, \ldots, S^{k-1}$$

selbst eine Gruppe von der Ordnung k.

Sei jetzt $\varphi(x_1, x_2, \ldots, x_n)$ eine ganze Funktion von n Variabeln. Wenn man auf die Funktion eine Substitution S anwendet, d. h. wenn man die Variabeln in φ gemäß der Substitution S permutiert, so wird die Funktion entweder dieselbe bleiben oder eine andre werden. Beispielsweise für $n = 4$ geht die Funktion $x_1 x_2 + x_3 x_4$ durch die Substitution $(1\ 4\ 2\ 3)$ über in $x_4 x_3 + x_1 x_2$; sie bleibt also dieselbe Funktion. Durch die Substitution $(1\ 3\ 4\ 2)$ dagegen geht sie über in $x_3 x_1 + x_4 x_2$, also in eine andere Funktion.

Man sieht leicht, daß die Gesamtheit aller Substitutionen, durch die eine Funktion in sich selbst übergeht, eine Gruppe bildet. Denn wenn die Funktion durch S und T nicht geändert wird, so wird sie durch $S\,T$ auch nicht geändert.

Eine symmetrische Funktion von n Variabeln bleibt offenbar bei allen $n!$ Substitutionen unverändert; deshalb wird die Gruppe aller $n!$ Substitutionen als die **symmetrische Gruppe** bezeichnet. Das Differenzenprodukt

$$\varphi(x_1, \ldots, x_n) = (x_1 - x_2)(x_1 - x_3) \ldots (x_1 - x_n)$$
$$(x_2 - x_3) \ldots (x_2 - x_n)$$
$$\cdots \cdots \cdots \cdots$$
$$(x_{n-1} - x_n)$$

kann bei jeder Substitution nur in $\varphi(x_1, \ldots, x_n)$ oder in $-\varphi(x_1, \ldots, x_n)$ übergehen; es ist eine **alternierende** Funktion. Die Gruppe, bei deren Substitutionen es unverändert bleibt, heißt daher die **alternierende Gruppe**. Sie besteht aus allen Substitutionen der Form

$$\begin{pmatrix} 1 & 2 & 3 & \ldots & n \\ a_1 & a_2 & a_3 & \ldots & a_n \end{pmatrix},$$

bei denen die Permutation der zweiten Zeile eine gerade Permutation ist; sie enthält also $\tfrac{1}{2}n!$ Substitutionen (vgl. 44).

5. Untergruppen. Bildet ein Teil der Substitutionen einer Gruppe $\mathfrak{G}$ für sich schon eine Gruppe $\mathfrak{U}$, so heißt $\mathfrak{U}$ eine **Untergruppe** von $\mathfrak{G}$. Wir beweisen jetzt den wichtigen Satz: **Die Ordnung einer Untergruppe ist ein Teiler von der Ordnung der Gruppe.**

Sei $\mathfrak{G}$ eine Gruppe und $\mathfrak{U}$ eine Untergruppe; letztere sei von der Ordnung k und bestehe aus den k Substitutionen

$$(1) \qquad\qquad U_1, U_2, \ldots, U_k.$$

Ist S eine weitere (nicht zu $\mathfrak{U}$ gehörige) Substitution von $\mathfrak{G}$, so sind

$$(2) \qquad\qquad U_1 S, U_2 S, \ldots, U_k S$$

ebenfalls Substitutionen von $\mathfrak{G}$. Sie sind voneinander verschieden; denn wäre etwa $U_\lambda S = U_\mu S$, $(\lambda \neq \mu)$, so würde hieraus, indem man rechtsseitig mit S^{-1} multipliziert, folgen: $U_\lambda = U_\mu$, was aber falsch ist. Die Substitutionen (2) sind aber auch durchweg von den Substitutionen (1) verschieden; denn wäre etwa $U_\lambda S = U_\mu$, so wäre $S = U_\lambda^{-1} U_\mu$; also wäre S eine Substitution der Untergruppe (1), was nicht sein sollte. Ist nun etwa mit den Substitutionen (1) und (2) die ganze Gruppe $\mathfrak{G}$ erschöpft, so ist ihre Ordnung gleich $2k$, und hiervon ist die Ordnung von $\mathfrak{U}$ ein Teiler.

Ist aber die Gruppe $\mathfrak{G}$ mit den Substitutionen (1), (2) noch nicht erschöpft, so sei T eine weitere Substitution von $\mathfrak{G}$. Dann enthält $\mathfrak{G}$ auch die weiteren Substitutionen

$$(3) \qquad\qquad U_1 T, U_2 T, \ldots, U_k T,$$

und man sieht wieder leicht, daß diese sowohl voneinander als von den Substitutionen (1), (2) verschieden sind. Ist nun mit den Substitutionen (1), (2), (3) die ganze Gruppe $\mathfrak{G}$ erschöpft, so ist ihre Ordnung gleich $3k$, und davon ist k wieder ein Teiler. Ist sie aber noch nicht erschöpft, so kann man analog weiterschließen.

Hiernach ist, wenn $\mathfrak{G}$ eine Gruppe von der Ordnung l und $\mathfrak{U}$ eine Untergruppe von $\mathfrak{G}$ von der Ordnung k ist, der Quotient $\dfrac{l}{k}$ eine ganze Zahl; man nennt sie den Index von $\mathfrak{U}$ in bezug auf $\mathfrak{G}$. Die Gesamtheit der Substitutionen (2) oder (3) nennt man eine Nebengruppe von $\mathfrak{U}$ und bezeichnet sie mit $\mathfrak{U}S$ bzw. $\mathfrak{U}T$; jedoch ist eine Nebengruppe keine Gruppe. Sie müßte ja dann E enthalten, das aber in $\mathfrak{U}$ vorkommt. Die ganze Gruppe $\mathfrak{G}$ besteht aus den Substitutionen (1), (2), (3) usw.; sie erscheint hiernach gewissermaßen in Nebengruppen zerlegt, was man durch die leicht verständliche Formel andeutet:

$$\mathfrak{G} = \mathfrak{U} + \mathfrak{U}S + \mathfrak{U}T + \cdots$$

Die Anzahl der rechts stehenden Nebengruppen ($\mathfrak{U}$ mitgerechnet) ist gleich dem Index.

6. Konjugierte Untergruppen. Hat man zwei Gruppen von gleicher Ordnung k

$$S_1, S_2, \ldots, S_k,$$
$$T_1, T_2, \ldots, T_k,$$

so ist jedes Produkt $S_\lambda S_\mu$ wieder ein S_p, und jedes Produkt $T_\lambda T_\mu$ wieder ein T_q. Die Indizes p und q sind dabei durch λ und μ bestimmt; wir setzen etwa $p = \varphi(\lambda, \mu), q = \psi(\lambda, \mu)$. Wenn dann für jedes Indexpaar λ, μ stets $\varphi(\lambda, \mu) = \psi(\lambda, \mu)$ ist, so heißen die beiden Gruppen isomorph aufeinander bezogen. Zwei Gruppen heißen zueinander isomorph, wenn sie sich durch passende Numerierung ihrer Substitutionen isomorph aufeinander beziehen lassen; unter Umständen ist das auf mehrere Arten möglich.

Isomorphe Gruppen erhält man z. B. auf folgende Art. Sei

$$(1) \qquad\qquad S_1, S_2, \ldots, S_k$$

eine Gruppe, und sei V irgendeine Substitution. Dann bilden die Substitutionen

$$(2) \qquad T_1 = V^{-1}S_1V, \quad T_2 = V^{-1}S_2V, \ldots, \quad T_k = V^{-1}S_kV$$

wieder eine Gruppe, sie ist in dieser Anordnung isomorph auf die vorige bezogen. Denn wenn etwa $S_\lambda S_\mu = S_p$, so ist auch

$$T_\lambda T_\mu = V^{-1}S_\lambda VV^{-1}S_\mu V = V^{-1}S_\lambda ES_\mu V = V^{-1}S_\lambda S_\mu V$$
$$= V^{-1}S_p V = T_p.$$

Ist $\mathfrak{G}$ die Gruppe (1), so bezeichnet man die isomorphe Gruppe (2) mit $V^{-1}\mathfrak{G}V$.

Sei nun $\mathfrak{G}$ eine Gruppe und $\mathfrak{U}$ eine Untergruppe von $\mathfrak{G}$. Ist dann V irgendeine Substitution von $\mathfrak{G}$, so ist die zu $\mathfrak{U}$ isomorphe Gruppe $V^{-1}\mathfrak{U}V$ offenbar wieder eine Untergruppe von $\mathfrak{G}$; man nennt sie eine zu $\mathfrak{U}$ konjugierte Untergruppe von $\mathfrak{G}$. Ist $\mathfrak{G}$ von der Ordnung l, so kann man für V alle l Substitutionen von $\mathfrak{G}$ wählen und erhält so l konjugierte Untergruppen, die aber teilweise miteinander identisch sein werden. Wenn man nämlich $\mathfrak{G}$ in Nebengruppen zerlegt,

$$\mathfrak{G} = \mathfrak{U} + \mathfrak{U}S_1 + \mathfrak{U}S_2 + \cdots + \mathfrak{U}S_{j-1},$$

so sieht man sofort, daß mit den Gruppen

$$\mathfrak{U},\ S_1^{-1}\mathfrak{U}S_1,\ S_2^{-1}\mathfrak{U}S_2,\ \ldots,\ S_{j-1}^{-1}\mathfrak{U}S_{j-1}$$

bereits alle zu $\mathfrak{U}$ konjugierten Untergruppen von $\mathfrak{G}$ erschöpft sind. Aber selbst diese brauchen nicht voneinander verschieden zu sein. Eine Untergruppe heißt **ausgezeichnet**, wenn sie mit allen konjugierten Untergruppen identisch ist.

Beispielsweise ist die Einheitsgruppe $\mathfrak{E}$ eine ausgezeichnete Untergruppe von jeder Gruppe. Als weiteres Beispiel betrachten wir die Gruppe aller 6 Substitutionen von drei Elementen:

$$E,\ (1,\,2),\ (1,\,3),\ (2,\,3),\ (1,\,2,\,3),\ (1,\,3,\,2).$$

Die beiden Substitutionen E, $(1, 2)$ bilden eine Untergruppe $\mathfrak{U}$; sie ist aber nicht ausgezeichnet, weil die konjugierte Untergruppe $(1, 3)^{-1}\mathfrak{U}(1, 3)$ aus den Substitutionen

$$E \text{ und } (1, 3)^{-1}(1, 2)(1, 3) = (2, 3)$$

besteht, also nicht mit $\mathfrak{U}$ identisch ist. Dagegen ist die Untergruppe

$$E,\ (1,\,2,\,3),\ (1,\,3,\,2)$$

ausgezeichnet. Denn jede dazu konjugierte muß wieder die Ordnung 3 besitzen. Man sieht aber leicht, daß es keine anderen Untergruppen der Ordnung 3 gibt.

7. Beispiele von ausgezeichneten Untergruppen. Zunächst ist die alternierende Gruppe, d. i. die Gruppe der geraden Vertauschungen von n Dingen eine ausgezeichnete Untergruppe der symmetrischen Gruppe von n Dingen. Denn mit jeder geraden Substitution $\mathfrak{A}$ ist auch $\mathfrak{S}^{-1}\mathfrak{A}\mathfrak{S}$ eine gerade Substitution, wenn $\mathfrak{S}$ eine beliebige Substitution bedeutet.

Für $n = 3$ hat die alternierende Gruppe die Ordnung 3. Da 3 Primzahl ist, so besitzt sie außer der Identität keine Untergruppe.

Für $n = 4$ besteht die alternierende Gruppe aus den 12 Substitutionen

$$E,\ (12)(34),\ (13)(24),\ (14)(23)$$
$$(123),\ (134),\ (243),\ (142),$$
$$(132),\ (234),\ (124),\ (143).$$

Die vier ersten dieser Substitutionen

$$E, \; (12)(34), \; (13)(24), \; (14)(23)$$

bilden eine Gruppe, die sogenannte Vierergruppe. Sie ist eine ausgezeichnete Untergruppe der alternierenden Gruppen, wie man leicht bestätigt. Eine ausgezeichnete Gruppe der Vierergruppe ist wieder von

$$E, \; (12)(34)$$

oder von

$$E, \; (13)(24)$$

oder von

$$E, \; (14)(23) \quad \text{gebildet.}$$

8. Maximale ausgezeichnete Untergruppen. Eine ausgezeichnete Untergruppe $\mathfrak{U}$ von $\mathfrak{G}$ heißt maximal, wenn es keine ausgezeichnete Untergruppe $\mathfrak{Z}$ von $\mathfrak{G}$ gibt, die selbst $\mathfrak{U}$ als Untergruppe und dann eo ipso als ausgezeichnete enthält.

Eine ausgezeichnete Untergruppe ist z. B. sicher maximal, wenn ihr Index eine Primzahl ist. Denn ist $\mathfrak{G}$ die Gruppe und $\mathfrak{U}$ eine ausgezeichnete Untergruppe, die nicht maximal ist, so gibt es „zwischen" $\mathfrak{G}$ und $\mathfrak{U}$ noch eine Gruppe $\mathfrak{Z}$ derart, daß $\mathfrak{U}$ eine ausgezeichnete Untergruppe von $\mathfrak{Z}$ und $\mathfrak{Z}$ eine ausgezeichnete Untergruppe von $\mathfrak{G}$ ist. Sind dann k, m, l die Grade von $\mathfrak{U}, \mathfrak{Z}, \mathfrak{G}$, so sind $\dfrac{m}{k}, \dfrac{l}{m}$ ganze Zahlen größer als 1, und der Index von $\mathfrak{U}$ in bezug auf $\mathfrak{G}$ ist $\dfrac{l}{k} = \dfrac{l}{m} \cdot \dfrac{m}{k}$, also keine Primzahl.

Sei jetzt $\mathfrak{G}_0$ eine Gruppe und $\mathfrak{G}_1$ eine maximale ausgezeichnete Untergruppe von $\mathfrak{G}_0$, sodann $\mathfrak{G}_2$ eine maximale ausgezeichnete Untergruppe von $\mathfrak{G}_1$, sodann $\mathfrak{G}_3$ eine maximale ausgezeichnete Untergruppe von $\mathfrak{G}_2$ usw. Man kann das so lange fortsetzen, bis man zu der Einheitsgruppe $\mathfrak{E}$ kommt. So erhält man die Reihe von Gruppen

$$(1) \qquad\qquad \mathfrak{G}_0, \; \mathfrak{G}_1, \; \mathfrak{G}_2, \; \ldots, \; \mathfrak{G}_p,$$

deren jede eine maximale ausgezeichnete Untergruppe der vorausgehenden ist und deren letzte $\mathfrak{G}_p = \mathfrak{E}$ ist. Man nennt die Gruppe (1) eine Kompositionsreihe von $\mathfrak{G}_0$. Ist j_ν der Index von $\mathfrak{G}_\nu$ in bezug auf $\mathfrak{G}_{\nu-1}$, so gehört zu der Kompositionsreihe (1) die Indexreihe

$$(2) \qquad\qquad j_1, \, j_2, \, \ldots, \, j_p.$$

Zu einer Gruppe $\mathfrak{G}_0$ kann man häufig auf verschiedene Arten Kompositionsreihen bilden. Sei etwa

$$(3) \qquad\qquad \mathfrak{G}_0, \; \mathfrak{H}_1, \; \mathfrak{H}_2, \; \ldots, \; \mathfrak{H}_q$$

eine zweite Kompositionsreihe von $\mathfrak{G}_0$ und sei

$$(4) \qquad\qquad k_1, \, k_2, \, \ldots, \, k_q$$

die zugehörige Indexreihe. Dann besagt ein wichtiger Satz von C. Jordan, den wir nur erwähnen, aber nicht beweisen werden: Es ist $q = p$ und die Indexreihe (4) enthält, von der Reihenfolge abgesehen, genau die gleichen Zahlen wie die Indexreihe (2).

9. Einfachheit der alternierenden Gruppe für $n > 4$. Die alternierende Gruppe von n Elementen ist für $n > 4$ einfach, d. h. sie besitzt keine von der Identität verschiedene ausgezeichnete Untergruppe. Dieser nun gleich zu beweisende Satz ist von erheblicher Wichtigkeit für die Algebra, enthält er doch, wie wir sehen werden, die Erkenntnis, daß man die allgemeinen Gleichungen vom fünften und höheren Grad nicht auflösen kann, wenn man nur Radikale neben den rationalen Operationen endlicher Anzahl verwendet. Zum Beweis nehmen wir an, $\mathfrak{U}$ sei eine ausgezeichnete Untergruppe der alternierenden Gruppe. Dann beweisen wir der Reihe nach die folgenden fünf Sätze, deren letzter grade unsere Behauptung ist:

A. $\mathfrak{U}$ kann nicht alle dreigliedrigen Zyklen, d. h. Substitutionen der Form (a, b, c) enthalten.

B. $\mathfrak{U}$ kann gar keinen dreigliedrigen Zyklus enthalten.

Γ. $\mathfrak{U}$ enthält keine Substitution, in deren Schreibweise mit Zyklen ein mehr als dreigliedriger Zyklus vorkommt. Vgl. (5, 7, 3).

Δ. $\mathfrak{U}$ enthält keine Substitution, in deren Schreibweise mit Zyklen ein zweigliedriger Zyklus vorkommt.

E. $\mathfrak{U}$ enthält nur die Substitution E.

Beweis zu *A*. Jeder mehrgliedrige Zyklus kann als Produkt von zweigliedrigen Zyklen dargestellt werden, z. B.

$$(1, 2, 3, \ldots, p) = (1, 2)(1, 3) \ldots (1, p).$$

Da jede Substitution sich als Produkt von Zyklen schreiben läßt (5, 7, 3), kann sie also auch als Produkt von lauter zweigliedrigen Zyklen geschrieben werden. Die alternierende Gruppe besteht dann aus allen Substitutionen, die ein Produkt von einer **geraden** Anzahl zweigliedriger Zyklen sind. Speziell ist jeder dreigliedrige Zyklus ein Produkt von zwei zweigliedrigen Zyklen, z. B.

$$(1, 2, 3) = (1, 2)(1, 3),$$

gehört also der alternierenden Gruppe an. Umgekehrt kann aber ein Produkt von zwei zweigliedrigen Zyklen stets auch durch dreigliedrige Zyklen dargestellt werden, z. B.

$$(1, 2)(1, 3) = (1, 2, 3)$$

$$(1, 2)(3, 4) = (1, 2, 3)(1, 4, 3).$$

Daher ist jede Substitution der alternierenden Gruppe entweder ein dreigliedriger Zyklus oder ein Produkt von dreigliedrigen Zyklen. Wenn also $\mathfrak{U}$ alle dreigliedrigen Zyklen enthält, so enthält $\mathfrak{U}$ bereits die ganze alternierende Gruppe und kann keine Untergruppe von ihr sein.

Beweis zu B. Wenn $\mathfrak{U}$ einen dreigliedrigen Zyklus enthält, z. B. den Zyklus $(1, 2, 3)$, und wenn (k, l, m) irgendein dreigliedriger Zyklus ist, so enthält die alternierende Gruppe eine der beiden Substitutionen

$$\begin{pmatrix} 1, 2, 3 \\ k, l, m \end{pmatrix}, \quad \begin{pmatrix} 1, 2, 3 \\ k, m, l \end{pmatrix}.$$

Daher enthält $\mathfrak{U}$ als ausgezeichnete Untergruppe der alternierenden Gruppe jedenfalls eine der beiden Substitutionen

$$\begin{pmatrix} 1, 2, 3 \\ k, l, m \end{pmatrix}^{-1} (1, 2, 3) \begin{pmatrix} 1, 2, 3 \\ k, l, m \end{pmatrix} = (k, l, m)$$

oder
$$\begin{pmatrix} 1, 2, 3 \\ k, m, l \end{pmatrix}^{-1} (1, 2, 3) \begin{pmatrix} 1, 2, 3 \\ k, m, l \end{pmatrix} = (k, m, l),$$

und folglich im zweiten Fall auch $(k, m, l)^2 = (k, l, m)$. Wenn also $\mathfrak{U}$ einen dreigliedrigen Zyklus enthält, so enthält $\mathfrak{U}$ jeden dreigliedrigen Zyklus, was nach A nicht möglich ist.

Beweis zu $\varGamma$. Wenn $\mathfrak{U}$ eine Substitution S enthält, deren Schreibweise mit Zyklen einen mehr als dreigliedrigen Zyklus aufweist, etwa

$$S = (1, 2, 3, 4, \ldots)L,$$

wo L das Produkt der andern Zyklen von S bedeutet, so enthält $\mathfrak{U}$ als ausgezeichnete Untergruppe der alternierenden Gruppe auch die Substitution
$$(1, 2, 3)^{-1} S (1, 2, 3)$$
und also auch die Substitution
$$S^{-1}(1, 2, 3)^{-1} S (1, 2, 3)$$

$$= (\ldots, 4, 3, 2, 1)L^{-1}(1, 3, 2)(1, 2, 3, 4, \ldots)L(1, 2, 3)$$

$$= (\ldots, 4, 3, 2, 1)(1, 3, 2)(1, 2, 3, 4, \ldots)(1, 2, 3) = (1, 4, 3),$$

also einen dreigliedrigen Zyklus, was nach B nicht sein kann.

Beweis zu $\varDelta$. Benutzen wir für eine Substitution S von $\mathfrak{U}$ die Schreibweise mit Zyklen[1]), so können es nach $\varGamma$ nur zwei- und dreigliedrige Zyklen sein. Wenn dabei zweigliedrige Zyklen wirklich vorkommen, so kommen

---

1) Dabei haben also nie zwei Zyklen ein Element gemein.

sie, da S der alternierenden Gruppe angehört, in gerader Zahl vor, und S^3 ist dann das Produkt aller zweigliedrigen Zyklen von S; sei etwa

$$S^3 = (1, 2)(3, 4)M,$$

wo M das Produkt der andern zweigliedrigen Zyklen ist. Dann enthält, da $n > 4$ sein soll und also außer den Elementen 1, 2, 3, 4 mindestens noch eines, etwa 5, vorhanden ist, $\mathfrak{U}$ auch die Substitution

$$(1, 2, 5)^{-1}S(1, 2, 5)$$

und also auch die Substitution

$$S^{-3}(1, 2, 5)^{-1}S^3(1, 2, 5)$$

$$= (1, 2)(3, 4)M^{-1}(1, 5, 2)(1, 2)(3, 4)M(1, 2, 5).$$

Das ist aber, wenn in M das Element 5 nicht vorkommt, die Substitution $(1, 5, 2)$, also ein dreigliedriger Zyklus, was nach B nicht möglich ist. Wenn aber M das Element 5, also etwa den Zyklus $(5, 6)$ enthält, so ist Obiges die Substitution $(1, 6)(2, 5)$; daher enthält jetzt $\mathfrak{U}$ auch die Substitution

$$(1, 5, 3)^{-1}(1, 6)(2, 5)(1, 5, 3) = (2, 1)(3, 6)$$

und also auch die Substitution

$$(1, 6)(2, 5)(2, 1)(3, 6) = (1, 5, 2, 6, 1);$$

das ist aber wieder ein fünfgliedriger Zyklus, was nicht möglich ist.

Beweis zu E. Wenn $\mathfrak{U}$ eine von E verschiedene Substitution S enthält, so können in ihrer Schreibweise mit Zyklen nach Γ und Δ nur dreigliedrige Zyklen auftreten, und zwar müssen es nach B mindestens zwei sein. Sei also etwa

$$S = (1, 2, 3)(4, 5, 6)N,$$

wo N das Produkt der andern dreigliedrigen Zyklen ist. Dann enthält $\mathfrak{U}$ auch die Substitution

$$(1, 4, 2)^{-1}S(1, 4, 2)$$

$$= (1, 2, 4)(1, 2, 3)(4, 5, 6)N(1, 4, 2) = (1, 5, 6)(2, 4, 3)N$$

und also auch die Substitution

$$S^{-1}(1, 5, 6)(2, 4, 3)N$$

$$= (1, 3, 2)(4, 6, 5)N^{-1}(1, 5, 6)(2, 4, 3)N$$

$$= (1, 3, 2)(4, 6, 5)(1, 5, 6)(2, 4, 3) = (1, 4, 2, 6, 3),$$

also einen fünfgliedrigen Zyklus, was nach Γ nicht möglich ist.

Achtes Kapitel.
Anwendung der Gruppentheorie auf die Theorie der algebraischen Gleichungen.

1. Körper, Reduzibilität, Irreduzibilität. Eine Gesamtheit von Größen bildet nach S. 31 einen **Körper**, wenn man mit denselben nach den vier Grundprozessen Addition, Multiplikation, Subtraktion, Division rechnen kann, ohne dem Körper nicht angehörige Elemente zu erhalten. Die Elemente des Körpers können Zahlen oder Funktionen gewisser Variabler oder teils Zahlen, teils Funktionen sein. Jedenfalls enthält ein jeder Körper die Gesamtheit aller rationalen Zahlen, da die Division eines Elementes durch sich selbst die Zahl 1 liefert, aus der man vermittelst der vier Rechenoperationen alle anderen rationalen Zahlen gewinnen kann. Wir werden sagen, ein Polynom oder eine durch Nullsetzen desselben entstehende algebraische Gleichung **gehöre einem Körper K an**, wenn die Koeffizienten des Polynoms Elemente des Körpers sind. Das Polynom heißt in K **reduzibel**, wenn man es in mehrere ganze rationale Faktoren von mindestens erstem Grade zerlegen kann, die auch K angehören. Anderenfalls heißt das Polynom **irreduzibel**.

Nachdem wir so an die schon früher eingeführten und schon mehrfach benutzten Begriffe erinnert haben, fügen wir noch einiges Erläuternde hinzu.

Die im vorigen Kapitel eingeführten Gruppen erinnern in etwas an die eben betrachteten Körper. Bei den Gruppen liegt auch eine Gesamtheit von Elementen — in endlicher Anzahl — Substitutionen — vor. Es ist für je zwei geordnete Elemente $\mathfrak{a}, \mathfrak{b}$ eine Operation — Produkt — $\mathfrak{a} \cdot \mathfrak{b}$ erklärt, die folgenden Regeln genügt:

1. $\mathfrak{a}\mathfrak{b}$ ist erklärt und gehört wieder der Gruppe an.
2. Es gilt das assoziative Gesetz.
3. Sind $\mathfrak{a}, \mathfrak{b}$ zwei Elemente der Gruppe, so sind die Gleichungen

$$\mathfrak{a} \cdot \mathfrak{x} = \mathfrak{b}, \; \mathfrak{x}\mathfrak{a} = \mathfrak{b}$$

stets durch genau je ein Element der Gruppe lösbar.

Analog bei den Körpern: Für die Elemente des Körpers sind zwei Operationen, Addition und Multiplikation erklärt, derart daß

1. Summe und Produkt zweier Elemente stets wieder ein eindeutig bestimmtes Element des Körpers ergeben,

2. kommutatives, assioziatives und distributives Gesetz für diese Operationen gelten,

3. die Gleichungen
$$a + x = b$$
$$\alpha x = \beta$$

stets durch genau ein Element x des Körpers lösbar sind, es sei denn a die Lösung der Gleichung
$$a + a = a.$$

Wie Pilze nach dem Regen schießen heute Verallgemeinerungen dieses klassischen von Dedekind geschaffenen Körperbegriffes aus dem Boden. Diese Erweiterungen liegen z. B. darin, daß man bei 2. auf das kommutative Gesetz verzichtet.

Bürgerrecht besitzen auch bereits die Ringe. Man erhält sie, wenn man die drei Grundeigenschaften der Körper mit Ausnahme der Lösbarkeit von $\alpha x = \beta$ fordert.

2. Adjunktion. Man kann aus einem Körper K durch Adjunktion einer ihm nicht angehörigen Größe α einen neuen Körper $K(\alpha)$ erzeugen. Er besteht nach Definition aus den rationalen Funktionen von α, deren Koeffizienten dem Körper K angehören.

Insbesondere sei nun $f(x)$ eine Gleichung aus K mit lauter verschiedenen Wurzeln $\alpha_1 \ldots \alpha_n$. Wir adjungieren diese sämtlich dem Körper K. Wir wollen uns davon überzeugen, daß die Adjunktion dieser n Wurzeln gleichwertig ist mit der Adjunktion einer einzigen passend gewählten linearen Verbindung
$$H \equiv h_1 \alpha_1 + h_2 \alpha_2 + \cdots + h_n \alpha_n$$
mit Koeffizienten $h_1 \ldots h_n$ aus K.

Zum Beweis stellen wir zunächst fest, daß man $h_1 \ldots h_n$ so wählen kann, daß die $n!$ Ausdrücke, die man aus h durch Permutation der α_i erhalten kann, sämtlich verschieden werden. Man nehme z. B. für $h_1 \ldots h_n$ die aufeinanderfolgenden Potenzen einer Zahl h. Sollen dann zwei der $n!$ Werte von H einander gleich sein, so muß eine nicht identisch erfüllte Gleichung höchstens n-ten Grades für h bestehen. Daher gibt es nur endlich viele Werte von h, für die zwei der $n!$ Werte von H gleich sein können. Wählt man also für h eine andere Zahl aus K, so fallen die $n!$ Werte von H alle verschieden aus.

Um nun zu beweisen, daß der Körper $K(\alpha_1 \ldots \alpha_n)$, mit dem Körper $K(H)$ identisch ist, wenn H $n!$ verschiedene Werte annimmt, stützen wir uns auf den folgenden Satz:

Ist $f(\alpha_1 \ldots \alpha_n)$ irgendeine rationale Funktion der Wurzeln und $H(\alpha_1 \ldots \alpha_n)$ eine rationale Funktion der Wurzeln, die bei

Anwendung der $n!$ Substitutionen der symmetrischen Gruppe $\mathfrak{S}$ in $n!$ verschiedene Größen übergeht, so ist f eine rationale Funktion von H, die ebenso wie f und H Koeffizienten aus K besitzt.

Seien nämlich
$$f, f_1 \ldots f_{n!-1}$$

und
$$H, H_1 \ldots H_{n!-1}$$

die $n!$ Werte, in die f und H übergehen, und setzt man
$$G(t) = (t-H)(t-H_1) \ldots (t-H_{n!-1}),$$

so ist dies, ebenso wie
$$L(t) = \frac{G(t)f}{t-H} + \frac{G(t)f_1}{t-H_1} + \cdots + \frac{G(t)f_{n!-1}}{t-H_{n!-1}}$$

eine symmetrische Funktion der α und daher eine rationale Funktion von t mit Koeffizienten aus K. Daher ist für $t \to H$
$$f = \frac{L(H)}{G'(H)},$$

womit die Behauptung schon bewiesen ist.

Insbesondere ist also jedes α_i durch H mit Koeffizienten aus K darstellbar. Daher ist der Körper $K(\alpha_1 \ldots \alpha_n)$ mit dem Körper $K(H)$ identisch, wie wir beweisen wollten.

3. Galoissche Körper. Sind $H, H_1, \ldots H_{n!-1}$ die $n!$ Werte von H, so genügen sie einer K angehörigen Gleichung
$$(z-H)(z-H_1) \ldots (z-H_{n!-1}) = 0$$

vom Grade $n!$. g sei der Grad desjenigen in K irreduziblen Faktors $G(z)$ derselben, den H zu Null macht. Dann nennt man g den **Grad des Körpers** $K(H)$ und diesen selbst einen **Galoisschen Körper.** Das charakteristische Merkmal eines Galoisschen Körpers wird darin gesehen, daß die übrigen Wurzeln der irreduziblen Gleichung, welcher H genügt, sich (nach (5, 8, 2)) rational mit Koeffizienten aus K durch H ausdrücken lassen, daß also die sogenannten **konjugierten** Körper
$$K(H), K(H_1) \ldots K(H_{g-1})$$

identisch sind, wobei $H, H_1 \ldots H_{g-1}$ die g Wurzeln der in K irreduziblen Gleichung sind.

Die Zahlen eines Galoisschen Körpers (wie wir hier aufs neue (3, 1, 8) beweisen wollen) $K(H)$ lassen sich alle in der Form
$$C_0 + C_1 H + \cdots + C_{g-1} H^{g-1}$$

darstellen, wo die C_i aus K genommen sind. Denn zunächst lassen sich sicher alle Zahlen von $K(H)$ in der Form

$$\frac{C_0 + C_1 H + \cdots + C_{g-1} H^{g-1}}{D_0 + D_1 H + \cdots + D_{g-1} H^{g-1}}$$

darstellen, wo die C_i und die D_i aus K genommen sind. Daß man nur bis zum Grad $g-1$ zu gehen braucht, liegt daran, daß H einer Gleichung g-ten Grades genügt, die es erlaubt, die höheren Potenzen von H durch die niedrigeren auszudrücken. Nun aber kann man den Nenner beseitigen, wenn man den Bruch mit dem Produkt aller zu seinem Nenner konjugierten Größen

$$D_0 + D_1 H_k + \cdots + D_{g-1} H_k^{g-1} \quad (k = 1 \ldots g-1)$$

erweitert. Das ist möglich, weil keine dieser konjugierten Größen Null sein kann. Denn sonst hätte das Polynom

$$D_0 + D_1 z + \cdots + D_{g-1} z^{g-1}$$

von $g-1$-ten Grade mit dem irreduziblen $G(z)$ von g-ten Grade eine Wurzel gemein. Dies ist unmöglich, weil sonst das in K irreduzible $G(z)$ vom Grade g mit dem Nennerpolynom einen Faktor von mindestens erstem, höchstens aber $g-1$-tem Grade gemein hätte, dessen Koeffizienten nach dem Euklidischen Teilerverfahren zu bestimmen sind und daher auch K angehören. Nimmt man aber die Erweiterung vor, so wird der Nenner eine symmetrische Funktion der Wurzeln von $G(z)$, gehört also ebenso wie die Koeffizienten von $G(z)$ zu K. Man kann daher den Nenner in die C_i des Zählers hineinnehmen.

Wir bemerken endlich, daß in der Darstellung

$$f(\alpha_1 \ldots \alpha_n) = C_0 + C_1 H + \cdots + C_{g-1} H^{g-1}$$

die K angehörigen Koeffizienten eindeutig bestimmt sind. Denn anderenfalls würde man durch Subtraktion zweier solcher Darstellungen eine Gleichung von höchstens $g-1$-tem Grade finden mit Koeffizienten aus K, die mit der irreduziblen Gleichung $G = 0$ vom Grade g eine Wurzel gemein hätte.

$G(z)$ nennt man eine Galoissche Gleichung oder auch die zu $f(z)$ gehörige Galoissche Gleichung, wobei $f(z)$ das Polynom mit den Nullstellen $\alpha_1 \ldots \alpha_n$ bedeutet.

Eine Galoissche Gleichung ist also dadurch ausgezeichnet, daß ihre Wurzeln sich rational durch eine derselben darstellen lassen, mit Koeffizienten aus dem der Betrachtung zugrunde liegenden Körper K.

4. Darstellung gewisser Substitutionen durch rationale Funktionen. Die α_i lassen sich (nach (5, 8, 2)) rational durch H ausdrücken

$$\alpha_i = f_i(H), \; i = 1 \ldots n.$$

Ist dann $\mathfrak{S}_k$ die Substitution, die H in H_k überführt, so trage man H_k in $f_i(H)$ statt H ein. Dann ergeben die $f_i(H_k)$ die α_λ in der neuen durch die Substitution $\mathfrak{S}_k$ bewirkten Anordnung. Denn setzt man

$$H = \Sigma h_i \alpha_i = \Sigma h_i f_i(H),$$

$$H_k = \Sigma h_i \alpha_{k_i} = \Sigma h_i f_{k_i}(H),$$

so ist $\qquad\qquad\qquad f_{k_i}(H) = f_i(H_k).$

Denn es ist auch $\qquad\qquad H_k = \Sigma h_i f_i(H_k).$

Und aus $\Sigma h_i f_{k_i}(H) = \Sigma h_i f_i(H_k) = H_k$ folgt $f_{k_i}(H) = f_i(H_k)$. Es stellen nämlich auch die $f_i(H_k)$ die n Wurzeln von $f = 0$ in einer gewissen Anordnung dar. Denn $f_i(H_k)$ sind, für $i = 1 \ldots n$, n Zahlen, deren jede $f = 0$ genügt. Es ist nämlich $0 = f(\alpha_i) = f(f_i(H))$. Also auch $0 = f(f_i(H_k))$. Denn hat die Gleichung $f(f_i(x)) = 0$ eine Wurzel mit dem irreduziblen $G(x) = 0$ gemein, so genügt jede Wurzel von $G(x) = 0$ auch $f(f_i(x)) = 0$. Andererseits sind aber auch nicht zwei der $f_i(H_k)$ für verschiedene Nummer i einander gleich. Denn aus

$$f_i(H_k) = f_\lambda(H_k) \; (i \neq \lambda)$$

folgt wieder $\qquad\quad f_i(H) = f_\lambda(H) \; (i \neq \lambda),$

d. h. $\qquad\qquad\qquad \alpha_i = \alpha_\lambda \; (i \neq \lambda)$

gegen die Voraussetzung, daß die Wurzeln von $f(x) = 0$ alle verschieden sind. Wäre also nicht

$$f_{k_i}(H) = f_i(H_k), \qquad \text{so würde die Gleichung}$$

$$\Sigma h_i f_{k_i}(H) = \Sigma h_i f_i(H_k) = H_k$$

aussagen, daß für zwei verschiedene Anordnungen der α_i die $\Sigma h_i \alpha_i$ dasselbe H_k liefert. Dies widerspricht aber der Auswahl der h_i, die gerade so getroffen war, daß $\Sigma h_i \alpha_i$ für verschiedene Anordnung der α_i auch verschiedene Größen liefert.

5. Die Galoissche Gruppe. Die Aufgabe, die Wurzeln $\alpha_1 \ldots \alpha_n$ einer Gleichung $f(x) = 0$ zu bestimmen, besteht darin, aus dem bekannten Körper K den Körper $K(\alpha_1 \ldots \alpha_n)$ zu berechnen. Dies geschieht Schritt für Schritt durch die Auflösung gewisser Hilfsgleichungen und Adjunktion ihrer Wurzeln zu K. Es ist nun wesentlich, zu bemerken, daß die vorzunehmenden Schritte durch eine gewisse Substitutionsgruppe bestimmt sind. Das ist die Galoissche Gruppe der Gleichung. Wir beweisen:

Die Substitutionen, welche H in die g Wurzeln

$$H, H_1 \ldots H_{g-1}$$

von $G(z) = 0$ überführen, bilden eine Gruppe $\mathfrak{G}$, die Galoissche Gruppe der Gleichung $f(x) = 0$. Sie besitzt die folgenden beiden Eigenschaften:

1. Jede rationale Funktion $f(\alpha_1 \ldots \alpha_n)$ mit Koeffizienten aus K, die durch die Operationen von $\mathfrak{G}$ unverändert bleibt, ist einer Größe von K gleich.

2. Jede einer Größe von K gleiche rationale Funktion von $\alpha_1 \ldots \alpha_n$ mit Koeffizienten aus K bleibt durch die Operationen von $\mathfrak{G}$ unverändert.

Vorausgesetzt ist dabei wieder, wie bisher auch schon, daß die Wurzeln $\alpha_1 \ldots \alpha_n$ von $f(x) = 0$ verschieden sind, und daß $f(x)$ dem Körper K angehört.

6. Erläuterungen. Zum Verständnis des Satzes ist zu bemerken, daß die Aussage, eine Größe bleibe bei einer Substitution unverändert, erst dann einen präzisen Sinn hat, wenn wir sagen, auf welche Darstellung der Größe $f(\alpha_1 \ldots \alpha_n)$ durch die α_i sie sich bezieht. Es kann nämlich ein und dieselbe Größe oft auf mannigfache Weise durch die α_i rational dargestellt werden und es kann sich herausstellen, daß sie z. B. bei verschiedener Darstellung gegenüber verschiedenen Substitutionen der Wurzeln unverändert bleibt. Betrachten wir z. B. den Körper K der rationalen Zahlen und die Gleichung $f(x) \equiv x^2 - 1 = 0$ mit den beiden Wurzeln $\alpha_1 = 1$, $\alpha_2 = -1$. Dann bleibt

$$1 = 2\alpha_1 + \alpha_2 = \alpha_1$$

bei Vertauschung der α nicht unverändert. Denn es ist

$$2\alpha_2 + \alpha_1 = \alpha_2 = -1.$$

Schreibt man aber $\qquad 1 = 1 + 0 \cdot \alpha_1,$

so ist diese rationale Funktion, die ja auch Koeffizienten aus K besitzt, bei Vertauschung von α_1 und α_2 unverändert. Denn es ist ja auch

$$1 = 1 + 0 \cdot \alpha_2.$$

Die eben berührten Schwierigkeiten treten nicht auf, wenn die α_i voneinander unabhängige Variable sind. Denn sind $f_1(\alpha_1 \ldots \alpha_n)$ und $f_2(\alpha_1 \ldots \alpha_n)$ zwei rationale Funktionen, mit von den α unabhängigen Koeffizienten, die für alle Werte der α einander gleich sind, so bleiben sie namentlich einander gleich, wenn man in beiden dieselbe Permutation der α vornimmt.

Bestehen aber Relationen zwischen den α und den Koeffizienten, die beim Vertauschen der α in verschiedener Weise berücksichtigt werden, so wird die Sache anders. Damit hängt es auch zusammen, daß zwar die Substitutionen, die eine Funktion der unabhängigen Variablen α unverändert lassen, eine Gruppe bilden, daß dem aber nicht mehr so zu sein braucht, wenn Relationen zwischen den α bestehen. Ist nämlich

$$f(\alpha_1 \ldots \alpha_n)$$

eine rationale Funktion der unabhängigen Variablen und sind

$$S = \begin{pmatrix} 1 & \ldots & n \\ \lambda_1 & \ldots & \lambda_n \end{pmatrix}, \quad T = \begin{pmatrix} \lambda_1 & \ldots & \lambda_n \\ \mu_1 & \ldots & \mu_n \end{pmatrix} = \begin{pmatrix} 1 & \ldots & n \\ \nu_1 & \ldots & \nu_n \end{pmatrix}$$

zwei Substitutionen, die f unverändert lassen, ist also

$$f(\alpha_1 \ldots \alpha_n) = f(\alpha_{\lambda_1} \ldots \alpha_{\lambda_n})$$

$$f(\alpha_1 \ldots \alpha_n) = f(\alpha_{\nu_1} \ldots \alpha_{\nu_n})$$

für alle α_i, so ist auch

$$f(\alpha_1, \ldots \alpha_n) = f(\alpha_{\lambda_1} \ldots \alpha_{\lambda_n}) = f(\alpha_{\mu_1} \ldots \alpha_{\mu_n}),$$

da wir vorhin schon feststellten, daß wir in zwei einander gleichen rationalen Funktionen der unabhängigen Variablen $\alpha_1 \ldots \alpha_n$, nämlich in $f(\alpha_1 \ldots \alpha_n)$ und $f(\alpha_\lambda \ldots \alpha_{\lambda_n})$, dieselbe Substitution vornehmen können, ohne die Gleichheit zu stören.

Betrachtet man aber andererseits die Wurzeln

$$\alpha_k = e^{\frac{2 i \pi}{5} k}, \; k = 1 \ldots 5$$

der Gleichung $x^5 - 1 = 0$, dann ist z. B.

$$0 = \alpha_1 - \alpha_2^2 \alpha_4^3 = f(\alpha_1 \ldots \alpha_5).$$

Durch die Substitution $\quad S = \begin{pmatrix} 1 & 2 & 3 & 4 & 5 \\ 1 & 3 & 4 & 5 & 2 \end{pmatrix}$

bleibt $f(\alpha_1 \ldots \alpha_5)$ unverändert. Es ist nämlich auch

$$f(\alpha_1, \alpha_3, \alpha_4, \alpha_5, \alpha_2) = \alpha_1 - \alpha_3^2 \alpha_5^3 = 0.$$

Wendet man aber die Substitution S ein zweitesmal an, so erhält man

$$f(\alpha_1, \alpha_4, \alpha_5, \alpha_2, \alpha_3) = \alpha_1 - \alpha_4^2 \alpha_2^3 \neq 0.$$

7. Konstruktion der Galoisschen Gruppe. Diesem Sachverhalt gegenüber bietet die folgende Bemerkung einen Ausweg. Man betrachte die Gesamtheit derjenigen mit Koeffizienten aus K gebildeten rationalen Funktionen der α, die Elementen des Körpers K gleich sind. Sie bilden einen

Körper R, den Körper der rational bekannten Größen. Man betrachte weiter die Gesamtheit derjenigen Substitutionen, die **alle** diese Funktionen unverändert lassen. Diese bilden eine Gruppe. Man betrachte nämlich wieder die beiden Substitutionen S und T von S. 285, die nunmehr **jede** R angehörige rationale Verbindung der α unverändert lassen sollen. Also ist namentlich

$$f(\alpha_1 \ldots \alpha_n) = f(\alpha_{\lambda_1} \ldots \alpha_{\lambda_n})$$

$$f(\alpha_1 \ldots \alpha_n) = f(\alpha_{\nu_1} \ldots \alpha_{\nu_n}).$$

Da aber hiernach $\qquad f(\alpha_{\lambda_1} \ldots \alpha_{\lambda_n})$

zu R gehört, so bleibt sie auch bei Anwendung von T unverändert. Es ist also

$$f(\alpha_1 \ldots \alpha_n) = f(\alpha_{\mu_1} \ldots \alpha_{\mu_n}),$$

d. h. f bleibt auch gegenüber der Substitution TS unverändert.

Diese so definierte Gruppe $\overline{\mathfrak{G}}$ ist, wie wir zeigen wollen, mit der Gruppe $\mathfrak{G}$ des Satzes in (5, 7, 5) identisch. Die dort mit 2. bezeichnete Bedingung ist nach der eben gegebenen Definition erfüllt. Ferner gehören die sämtlichen g Substitutionen von $\mathfrak{G}$ die H in H_1 oder H_2 oder H_{g-1} überführen zu $\overline{\mathfrak{G}}$. Denn es sei $F(\alpha_1 \ldots \alpha_n)$ eine zu R gehörige rationale Funktion der α. Die α lassen sich rational durch H ausdrücken: $\alpha_i = f_i(H)$. Dann ist

$$F(\alpha_1 \ldots \alpha_n) = F(f_1(H) \ldots f_n(H)).$$

Daher hat die ganze Funktion $F(f_1(t), \ldots f_n(t)) - F(\alpha_1 \ldots \alpha_n)$ von t, die mit Koeffizienten aus K versehen ist, eine Nullstelle mit dem in K irreduziblen $G(z)$ gemein. Daher verschwindet sie auch für die übrigen Nullstellen von $G(z)$. Daher ist für jedes dieser H_k

$$F(\alpha_1 \ldots \alpha_n) = F(f_1(H_k) \ldots f_n(H_k)).$$

Nun aber stellen nach S. 301 die $f_1(H_k) \ldots f_n(H_k)$ die α_i in der Reihenfolge dar, in der man sie in H eintragen muß, um H_k zu erhalten:

$$f_i(H_k) = \alpha_{k_i}.$$

Also ist $\qquad F(\alpha_1 \ldots \alpha_n) = F(\alpha_{k_i} \ldots \alpha_{k_n}).$

Da F eine beliebige rationale Funktion aus R war, so gehören die Substitutionen von $\mathfrak{G}$ alle zur Gruppe $\overline{\mathfrak{G}}$. Die Gruppe $\overline{\mathfrak{G}}$ enthält aber auch keine weiteren Operationen mehr. Denn da

$$G(H) = G(h_1\alpha_1 + \cdots + h_n\alpha_n) = 0$$

eine Größe aus R ist, so muß sie bei allen Substitutionen von $\overline{\mathfrak{G}}$ unverändert bleiben. Eine nicht zu $\mathfrak{G}$ gehörige Substitution führt aber H in eine Größe über, die nicht zu den Wurzeln von $G(z) = 0$ gehört. Also ist $\mathfrak{G}$ mit $\overline{\mathfrak{G}}$ identisch. Die Gruppeneigenschaft von $\mathfrak{G}$ ist damit nachgewiesen.

Nun ist es leicht zu sehen, daß $\mathfrak{G}$ auch die erste im Satz angegebene Eigenschaft besitzt, daß also jede bei $\mathfrak{G}$ unveränderte mit Koeffizienten aus K gebildete rationale Funktion der α_i einem Element von K gleich ist, also ein Element von R ist. Ist nämlich

$$F(\alpha_1 \ldots \alpha_n) \qquad \text{eine solche Funktion, also}$$

$$F(\alpha_1 \ldots \alpha_n) = F(f_1(H) \ldots f_n(H)),$$

so ist

$$F(f_1(H) \ldots f_n(H)) = f(H)$$

$$= F(f_1(H_k) \ldots f_n(H_k)) = f(H_k) \; (k = 1 \ldots g-1).$$

Also ist auch $\quad F(\alpha_1 \ldots \alpha_n) = \dfrac{f(H) + f(H_1) + \cdots + f(H_{g-1})}{g}.$

Das gehört aber als symmetrische Funktion der H dem Körper K an, gehört also zu R.

8. Beispiele von Galoisschen Gruppen. 1. Wir betrachten die allgemeine Gleichung n-ten Grades

$$x^n + a_1 x^{n-1} + \cdots + a_n = 0,$$

in der also $a_1 \ldots a_n$ unabhängige Variable sind. Körper K sei die Gesamtheit der rationalen Funktionen von $a_1 \ldots a_n$ mit beliebigen Zahlenkoeffizienten. Wir wollen zeigen, daß die Galoissche Gruppe die symmetrische ist.

Wir betrachten zum Nachweis irgendeine mit Koeffizienten aus K gebildete rationale Funktion der Wuzeln α, die einem Element von K gleich ist. Diese Gleichheit bedeutet eine Relation zwischen den α und den a mit Zahlenkoeffizienten

$$F(\alpha_1 \ldots \alpha_n; a_1 \ldots a_n),$$

die für beliebige a gilt. Sie bleibt daher auch bei jeder Vertauschung der α richtig. Denn ersetzt man die a_i durch ihre Ausdrücke in den α, so entsteht eine Identität in den unabhängigen Variablen α, die daher bei beliebiger Vertauschung derselben richtig bleibt. Da sich aber dabei die a nicht ändern, so bleibt $F(\alpha_1 \ldots \alpha_n; a_1 \ldots a_n)$ bei beliebiger Permutation der α unverändert.

2. Wir betrachten die allgemeine Gleichung n-ten Grades

$$x^n + a_1 x^{n-1} + \cdots + a_n = 0,$$

in der also die $a_1 \ldots a_n$ unabhängige Variable sind. Körper K sei der Körper aller mit beliebigen Zahlenkoeffizienten gebildeten rationalen Funktionen von $a_1 \ldots a_n$ und der $\sqrt{D}$, wo D die Diskriminante der Gleichung bedeutet. Dann ist die alternierende Gruppe $\mathfrak{A}$ Galoissche Gruppe der Gleichung. Es sei nämlich eine beliebige mit Koeffizienten aus K gebildete rationale Funktion der α gegeben, die einem Element von K gleich ist. Diese Gleichheit bedeutet eine rationale mit Zahlenkoeffizienten gebildete Beziehung

$$F(\alpha_1 \ldots \alpha_n; a_1 \ldots a_n; \sqrt{D}) = 0$$

zwischen den α, den a und $\sqrt{D}$. Denkt man sich die a und $\sqrt{D}$ durch die α ausgedrückt, so entsteht eine Identität, die daher bei beliebiger Permutation der α unverändert bleibt. Die $\mathfrak{A}$ angehörigen Substitutionen lassen außer den a auch $\sqrt{D}$ unverändert. Daher bleibt $F(\alpha_1 \ldots \alpha_n; a_1 \ldots a_n; \sqrt{D})$ bei jeder Substitution aus $\mathfrak{A}$ unverändert. Andere als die Substitutionen von $\mathfrak{A}$ können weiter der Galoisschen Gruppe nicht angehören. Denn $\sqrt{D}$ ist eine rationale Funktion der α, die einem Element von K gleich ist und die nur bei den Substitutionen von $\mathfrak{A}$ unverändert bleibt.

3. Wir betrachten die binomische Gleichung

$$x^p - a = 0$$

vom Primzahlgrad p. Körper K sei ein Körper, dem a und die p-ten Einheitswurzeln, aber nicht $\sqrt[p]{a}$ angehören soll. Setzt man $\varrho_k = e^{\frac{2i\pi}{p}k}$ $(k = 0, 1 \ldots p)$, so sind die p Wurzeln

$$\alpha_k = \sqrt[p]{a} \cdot \varrho_k.$$

Es gelten u. a. die Beziehungen

$$\varrho_{\nu-1}\alpha_1 = \alpha_\nu \quad (\nu = 1 \ldots p)$$

$$\varrho_{\nu-1}\alpha_\mu = \begin{cases} \alpha_{\nu+\mu-1} & \text{für } \nu + \mu - 1 \leqq p \\ \alpha_{\nu+\mu-1-p} & \text{für } \nu + \mu - 1 > p. \end{cases}$$

Ist dann S eine Substitution der Galoisschen Gruppe, die α_1 in α_μ überführt, so muß sie α_ν in $\alpha_{\nu+\mu-1}$ bzw. $\alpha_{\nu+\mu-1-p}$ überführen, da sonst die angeschriebenen Relationen falsch würden. Daher ist

$$S = \begin{pmatrix} 1 & 2 & \ldots p-\mu+1 & p-\mu+2 \ldots p \\ \mu & \mu+1 & p & 1 \qquad\quad \mu-1 \end{pmatrix}.$$

Dies aber ist die $(\mu - 1)$-te Potenz von

$$T = \begin{pmatrix} 1 & 2 \ldots p \\ 2 & 3 \qquad 1 \end{pmatrix}.$$

Daher kann die Galoissche Gruppe höchstens die p Substitutionen

$$E,\ T,\ T^2 \ldots T^{p-1}$$

enthalten, ist also entweder mit dieser Gruppe identisch oder eine Untergruppe derselben. Da aber p Primzahl ist und die Ordnung der Untergruppe also ein Teiler von p sein müßte, so ist die Galoissche Gruppe entweder die eben angegebene, oder sie besteht aus E allein. In diesem letzteren Falle aber wären alle bei E unveränderlichen rationalen Funktionen der α, namentlich also $\sqrt[p]{a}$ selbst, Elementen aus K gleich, was den Annahmen widerspricht.

Daß $x^p - a$ in K irreduzibel ist, folgt leicht hieraus. Wäre nämlich $x^p - a = f(x) \cdot \varphi(x)$, wo f und φ beide mindestens vom ersten Grade wären und Koeffizienten aus K besäßen, und wäre α_1 Wurzel von f, so bliebe $f(\alpha_1)$ bei allen Permutationen der Galoisschen Gruppe unverändert. Durch T^μ aber geht α_1 in α_μ über. Also genügen alle Wurzeln der Gleichung $f(x) = 0$. Sie hat den Grad p und $\varphi(x)$ ist konstant.

9. Der Satz von Lagrange. Zugrunde gelegt sei ein Körper K. $f(x)$ gehöre zu K und habe lauter verschiedene Wurzeln. $\mathfrak{G}$ sei die Galoissche Gruppe dieser Gleichung und $\mathfrak{H}$ eine Untergruppe derselben vom Index j. $f(\alpha_1 \ldots \alpha_n)$ und $\varphi(\alpha_1 \ldots \alpha_n)$ seien bei $\mathfrak{H}$ unveränderte rationale Funktionen der α mit Koeffizienten aus K. φ gehöre zu $\mathfrak{H}$. D. h. es gebe in $\mathfrak{G}$ keine $\mathfrak{H}$ nicht angehörige Substitution, die φ unverändert läßt. Dann läßt sich f rational durch φ mit Koeffizienten aus K ausdrücken.

Wendet man alle Operationen von $\mathfrak{G}$ auf f und φ an, so nehmen beide den j Nebengruppen $a\mathfrak{H}$ entsprechende j Werte an:

$$f,\ f_1 \ldots f_{j-1}$$

$$\varphi,\ \varphi_1 \ldots \varphi_{j-1}.$$

Die φ_k sind alle verschieden. Denn aus $\varphi_\alpha = \varphi_\beta$ folgt $\varphi = \varphi_k$, für passendes k, indem man auf die Gleichung

$$\varphi_\alpha = \varphi_\beta$$

die Inverse derjenigen Substitution α anwendet, die φ in φ_α überführt. Daher muß $\alpha^{-1}\beta$ eine Operation von $\mathfrak{G}$ sein, d. h. β gehört zur selben Nebengruppe $a\mathfrak{H}$ von $\mathfrak{H}$ wie α. Dann ist

$$h(t) = \frac{t-\varphi}{g(t)}\, f + \frac{t-\varphi_1}{g(t)}\, f_1 + \cdots + \frac{t-\varphi_{j-1}}{g(t)}\, f_{j-1},$$

wo
$$g(t) = (t-\varphi)(t-\varphi_1)\ldots(t-\varphi_{j-1})$$

ist, eine rationale Funktion von t mit Koeffizienten aus K. Denn $h(t)$ bleibt bei allen Substitutionen von $\mathfrak{G}$ unverändert. Eine solche Substitu tion permutiert nämlich sowohl die f_k wie die φ_k. Multipliziert man nämlich alle Nebengruppen

$$\mathfrak{H}, \alpha_1\mathfrak{H} \ldots \alpha_{j-1}\mathfrak{H}$$

mit demselben Element $\mathfrak{g}$ von $\mathfrak{G}$

$$\mathfrak{g} \cdot \mathfrak{H}, \mathfrak{g}\alpha_1\mathfrak{H}, \ldots \mathfrak{g}\alpha_{j-1}\mathfrak{H},$$

so sind dies wieder die vorigen Nebengruppen in anderer Reihenfolge. Denn gehört z. B. zu einem Element f_1 von $\mathfrak{H}$ ein Element f_2 von $\mathfrak{H}$, so daß

$$\mathfrak{g}\alpha_i\mathfrak{h}_1 = \alpha_k\mathfrak{h}_2$$

ist, so gehört zu jedem Element $\mathfrak{h}_1$ von $\mathfrak{H}$ ein $\mathfrak{h}_2$, so daß diese Gleichung gilt. Man multipliziere nur hinten mit einem beliebigen Element von $\mathfrak{h}$

$$\mathfrak{g}\alpha_i\mathfrak{h}_1\mathfrak{h} = \alpha_k\mathfrak{h}_2\mathfrak{h}$$

und beachte, daß $\mathfrak{h}_1\mathfrak{h}$ sowohl wie $\mathfrak{h}_2\mathfrak{h}$ die ganze Gruppe $\mathfrak{H}$ durchlaufen, wenn $\mathfrak{h}$ das tut. Also ist jede Nebengruppe

$$\mathfrak{g}\alpha_i\mathfrak{H}$$

einer Nebengruppe $\alpha_k\mathfrak{H}$ gleich. Ferner können nicht zwei verschiedene

$$\mathfrak{g}\alpha_i\mathfrak{H} \quad \text{und} \quad \mathfrak{g}\alpha_k\mathfrak{H}$$

dieselbe Nebengruppe $\alpha_m\mathfrak{H}$ liefern. Denn wäre z. B.

$$\mathfrak{g}\alpha_i\mathfrak{h}_1 = \mathfrak{g}\alpha_k\mathfrak{h}_2,$$

so wäre auch $\qquad\qquad \alpha_i\mathfrak{h}_1 = \alpha_k\mathfrak{h}_2.$

Da also bei Anwendung der Operationen von $\mathfrak{G}$ die f_i und die φ_i sich permutieren, so bleibt $h(t)$ als symmetrische Funktion der f_i und φ_i bei $\mathfrak{G}$ unverändert, gehört also dem Körper K an. Trägt man $t = \varphi$ ein, so kommt

$$f = \frac{h(\varphi)}{g'(\varphi)},$$

womit der Satz bewiesen ist.

Wir zeigen endlich noch, daß es stets zu $\mathfrak{H}$ gehörige Funktionen gibt, d. h. Funktionen, die bei $\mathfrak{H}$ invariant bleiben, sich aber bei jeder anderen Substitution von $\mathfrak{G}$ ändern.

Wir gehen dazu wieder von H und $G(z)$ aus. H geht durch die Operationen der symmetrischen Gruppe in $n!$ verschiedene Größen über. Durch die Substitutionen von $\mathfrak{H}$ gehe H in $H, H_1 \ldots H_{m-1}$ über. Wir bilden

$$\Phi(t) = (t - H)(t - H_1) \ldots (t - H_{m-1}).$$

Übt man auf $\Phi(t)$ die Operationen von $\mathfrak{G}$ aus, so erhält man den j Nebengruppen entsprechend j Funktionen

$$\Phi, \Phi_1 \ldots \Phi_{j-1}. \qquad \text{Dann ist das Polynom}$$

$$g(t; \alpha_1 \ldots \alpha_n) = (\Phi(t) - \Phi_1)(\Phi - \Phi_2) \ldots (\Phi - \Phi_{j-1})$$

nicht für alle t Null. Es bleibt gegenüber den Substitutionen von $\mathfrak{G}$ unverändert und besitzt daher Koeffizienten aus K. Da es nicht identisch Null ist, kann man eine ganze Zahl t_0 für t einsetzen, für die unser Polynom nicht verschwindet — d. h. überhaupt nicht verschwindet, falls die α Zahlen sind, nicht identisch verschwindet, wenn in die α irgendwelche Parameter eingehen. $g(t_0; \alpha_1 \ldots \alpha_n)$ ist dann eine Größe des Körpers K, die nur bei den Substitutionen von $\mathfrak{H}$ unverändert bleibt, die sich aber bei allen anderen Substitutionen von $\mathfrak{G}$ ändert, die also zu $\mathfrak{H}$ gehört.

10. Reduktion der Galoisschen Gruppe durch Adjunktion. $f(x)$ habe lauter verschiedene Wurzeln; und gehöre dem Körper K an. $\mathfrak{G}$ sei die Galoissche Gruppe von $f(x)$ in K. Man adjungiere dem Körper K eine zur Untergruppe $\mathfrak{H}$ vom Index j gehörige mit Koeffizienten aus K gebildete rationale Funktion, die also nach S. 307 Wurzel einer zu K gehörigen Hilfsgleichung vom Grad j ist. Dann ist $\mathfrak{H}$ im neuen Körper die Galoissche Gruppe der Gleichung $f(x) = 0$. Jedenfalls kann dann die Galoissche Gruppe keine nicht zu $\mathfrak{G}$ gehörigen Elemente enthalten. Denn zu den rational bekannten Funktionen der α gehören nach wie vor diejenigen, welche bei der Definition von $\mathfrak{G}$ verwendet wurden. $\mathfrak{G}$ aber enthielt die Gesamtheit aller Substitutionen, die alle diese Funktionen unverändert lassen. Zum Beweis sei $g(\alpha_1 \ldots \alpha_n)$ eine zu $\mathfrak{H}$ gehörige mit Koeffizienten aus K gebildete rationale Funktion der α. $g(\alpha_1 \ldots \alpha_n)$ ist dann eine einer Größe des Körpers $K(g)$ gleiche rationale Funktion mit Koeffizienten aus $K(g)$, einem Körper, der aus K durch Adjunktion von g entsteht. Sie bleibt nur bei den Permutationen von $\mathfrak{H}$ unverändert, bei allen anderen von $\mathfrak{G}$ ändert sie sich aber. Daher kann die Galoissche Gruppe von $f(x)$ in $K(g)$ keine anderen Elemente als die von $\mathfrak{H}$ enthalten. Es gehören aber auch alle Substitutionen von $\mathfrak{H}$ zur Galoisschen Gruppe. Es sei

$$f(\alpha_1 \ldots \alpha_n)$$

eine mit Koeffizienten aus $K(g)$ gebildete rationale Funktion der α. Sie sei also einer mit Koeffizienten aus K gebildeten rationalen Funktion

$$f(\alpha_1 \ldots \alpha_n; g)$$

gleich. Sie möge außerdem einem Element von $K(g)$ gleich sein. Die Gleichheit bedeutet eine mit Koeffizienten aus K gebildete rationale Gleichung zwischen $\alpha_1 \ldots \alpha_n$ und g

$$F(\alpha_1 \ldots \alpha_n; g) = 0.$$

Also ist auch $\qquad F(\alpha_1 \ldots \alpha_n; g(\alpha_1 \ldots \alpha_n)) = 0.$

Da diese mit Koeffizienten aus K gebildete rationale Gleichung zwischen den α einer Größe von K, nämlich der 0, gleich ist, so bleibt sie bei allen Substitutionen von $\mathfrak{G}$ unverändert. Beschränkt man sich insbesondere auf die Substitutionen von $\mathfrak{H}$, so bleibt $g(\alpha_1 \ldots \alpha_n)$ unverändert. Daher bleibt

$$F(\alpha_1 \ldots \alpha_n; g)$$

durch die Substitutionen von $\mathfrak{H}$ unverändert gleich Null. Daher bleibt auch $f(\alpha_1 \ldots \alpha_n; g)$ unverändert demselben Element von $K(g)$ gleich, so daß also jede rationale mit Koeffizienten aus $K(g)$ gebildete Funktion der α, die einem Elemente von $K(g)$ gleich ist, durch die Substitutionen von $\mathfrak{H}$ nicht geändert wird.

Die Gleichung mit Koeffizienten aus K vom Grade j, der, wie schon bekannt, die Funktion h genügt, ist irreduzibel, weil man durch Anwendung der Operationen von $\mathfrak{G}$ auf h aus h die sämtlichen übrigen Wurzeln dieser Gleichung gewinnen kann. — Man vgl. den oben bei der binomischen Gleichung ins einzelne durchgeführten Schluß. — Man nennt sie eine Resolvente von $f(x) = 0$. Insbesondere ist auch die Gleichung $G(x) = 0$ von S. 299 eine solche Resolvente, die sogenannte Galoissche Resolvente. Durch Adjunktion einer ihrer Wurzeln wird die Galoissche Gruppe auf E reduziert, weil ihre Wurzel h zur identischen Gruppe E gehören.

Wenn man dem Körper K eine der übrigen Wurzeln einer Resolvente adjungiert, so reduziert sich die Gruppe auf eine der zu $\mathfrak{H}$ konjugierten Gruppen. Geht nämlich eine solche Wurzel $g_i(\alpha_1 \ldots \alpha_n)$ aus $g(\alpha_1 \ldots \alpha_n)$ durch eine Substitution $\mathfrak{S}$ der Gruppe $\mathfrak{G}$ hervor, so gehört g_i zur Gruppe $\mathfrak{S}\mathfrak{H}\mathfrak{S}^{-1}$. Denn $\mathfrak{S}^{-1}$ führt g_i wieder in g über, $\mathfrak{H}$ läßt g unverändert, $\mathfrak{S}$ führt g wieder in g_i zurück. Andere Substitutionen von $\mathfrak{G}$ aber lassen g_i nicht unverändert, weil sonst nach demselben Schluß auch g noch gegenüber Substitutionen von $\mathfrak{G}$ außer denen von $\mathfrak{H}$ unverändert bliebe.

11. Reduktion durch Radikale. Es sei p eine Primzahl; wir setzen voraus, daß dem Körper K die p-ten Einheitswurzeln angehören. Ist dann a eine Größe aus K, während $\sqrt[p]{a}$ ihm nicht angehört, so möge durch Adjunktion von $\sqrt[p]{a}$ ein Körper K' entstehen. In K sei $\mathfrak{G}$, in K' sei $\mathfrak{G}'$ die Galoissche Gruppe von $f(x) = 0$. $\mathfrak{G}'$ ist dann Untergruppe von $\mathfrak{G}$. Wir wollen diese Untergruppe untersuchen. Es sei $g(\alpha_1 \ldots \alpha_n)$ eine zu $\mathfrak{G}'$ gehörende Funktion der Wurzeln mit Koeffizienten aus K. Da $g(\alpha_1 \ldots \alpha_n)$ bei den Substitutionen von $\mathfrak{G}'$ unverändert bleibt, muß g nach der ersten Grundeigenschaft der Galoisschen Gruppe dem durch Adjunktion von $\sqrt[p]{a}$ erweiterten Körper K' angehören, also ist

$$(1) \qquad b = \gamma_0 + \gamma_1 \sqrt[p]{a} + \gamma_2 \sqrt[p]{a^2} + \cdots + \gamma_{p-1} \sqrt[p]{a^{p-1}},$$

wo die γ_ν Größen aus K sind. Nach der vorigen Nr. muß die Gruppe $\mathfrak{G}$ durch Adjunktion von b sich ebenfalls auf $\mathfrak{G}'$ reduzieren, und wenn $\mathfrak{G}'$ vom Index j in $\mathfrak{G}$ ist, so genügt b einer in K irreduziblen Gleichung vom Grad j:

$$(2) \qquad\qquad F(x) = 0; \qquad\qquad \text{es ist also}$$

$$(3) \qquad F\big(\gamma_0 + \gamma_1 \sqrt[p]{a} + \cdots + \gamma_{p-1} \sqrt[p]{a^{p-1}}\big) = 0.$$

Daher hat die Gleichung

$$F\big(\gamma_0 + \gamma_1 x + \gamma_2 x^2 + \cdots + \gamma_{p-1} x^{p-1}\big) = 0$$

mit der nach Nr. 8 in K irreduzibeln Gleichung $x^p - a = 0$ die Wurzel $\sqrt[p]{a}$ gemein, und muß also auch die andern Wurzeln

$$\alpha_1 \sqrt[p]{a}, \ \alpha_2 \sqrt[p]{a}, \ \ldots, \alpha_{p-1} \sqrt[p]{a}$$

haben, wo $\alpha_1, \ldots \alpha_{p-1}$ die von 1 verschiedenen p-ten Einheitswurzeln sind. Es ist also auch

$$F\big(\gamma_0 + \gamma_1 \alpha_\nu \sqrt[p]{a} + \cdots + \gamma_{p-1} \alpha_\nu^{p-1} \sqrt[p]{a^{p-1}}\big) = 0$$
$$(\nu = 1, 2, \ldots, p-1)$$

und folglich hat die Gleichung (2) auch die Wurzeln

$$(4) \qquad b_\nu = \gamma_0 + \gamma_1 \alpha_\nu \sqrt[p]{a} + \cdots + \gamma_{p-1} \alpha_\nu^{p-1} \sqrt[p]{a^{p-1}}$$
$$(\nu = 1, 2, \ldots, p-1).$$

Diese sind voneinander und von b verschieden. Denn die Gleichsetzung von zweien würde eine Gleichung höchstens $(p-1)$-ten Grades für $\sqrt[p]{a}$ bedeuten, während doch $\sqrt[p]{a}$ der irreduzibeln Gleichung p-ten Grades $x^p - a = 0$ genügt.

Hiernach hat die Gleichung (2) mindestens die p Wurzeln $b, b_1, \ldots, b_{p-1}$ und ist also mindestens vom Grad p. Andererseits sind die Koeffizienten der Gleichung

$$(5) \qquad (x - b)(x - b_1) \ldots (x - b_{p-1}) = 0$$

symmetrische Funktionen von

$$\sqrt[p]{a}, \ \alpha_1 \sqrt[p]{a}, \ \ldots, \alpha_{p-1} \sqrt[p]{a}$$

mit Koeffizienten aus K und also selbst Größen aus K. Daher muß die in K irreduzible Funktion $F(x)$ ein Teiler der Funktion auf der linken Seite von (5) sein und ist also höchstens vom Grad p. Hiernach ist $F(x)$ genau vom Grad p, also ist $j = p$.

Da die p-ten Einheitswurzeln zu K gehören sollen, ist die Adjunktion von $\sqrt[p]{a}$ gleichbedeutend mit der Adjunktion von $\alpha_\nu \sqrt[p]{a}$; also wird auch bei Adjunktion von $\alpha_\nu \sqrt[p]{a}$ die Gruppe sich auf $\mathfrak{G}'$ reduzieren. Andererseits wird dann aber nach (4) die Größe b_ν adjungiert. Da diese zu einer zu $\mathfrak{G}'$ konjugierten Untergruppe von $\mathfrak{G}$ gehören, so wird die Gruppe auf eine zu $\mathfrak{G}'$ konjugierte Untergruppe von $\mathfrak{G}$ reduziert, und zwar erhält man für $\nu = 1, 2, \ldots, p-1$ alle zu $\mathfrak{G}'$ konjugierten Untergruppen, die also sämtlich mit $\mathfrak{G}'$ identisch sein müssen. Daher ist $\mathfrak{G}'$ eine ausgezeichnete Untergruppe, und da ihr Index die Primzahl p ist, so ist sie maximal. Zusammenfassend ergibt sich:

Wenn die p-ten Einheitswurzeln dem zugrunde gelegten Körper angehören, und wenn die Galoissche Gruppe durch Adjunktion einer p-ten Wurzel aus einer Größe des Körpers sich reduziert, so reduziert sie sich stets auf eine maximale ausgezeichnete Untergruppe vom Index p, wofern p eine Primzahl ist.

12. Folgerungen betr. Auflösung durch Quadratwurzeln. Aus diesem Satz ergeben sich schwerwiegende Konsequenzen. Nehmen wir zuerst an, eine Gleichung sei durch lauter Quadratwurzeln lösbar. Dann muß ihre Gruppe sich sukzessive durch Adjunktion von Quadratwurzeln reduzieren lassen, bis sie schließlich auf die Einheitsgruppe $\mathfrak{E}$ herabgedrückt ist. Hierbei reduziert sie sich aber nach dem obigen Satz stets auf eine maximale ausgezeichnete Untergruppe vom Index 2. Demnach kann eine Gleichung nur dann durch Quadratwurzeln lösbar sein, wenn die Indizes einer Kompositionsreihe (und nach dem Jordanschen Satz von (5, 7, 8) also jeder Kompositionsreihe) alle gleich 2 sind. In diesem Fall ist sie aber auch wirklich durch Quadratwurzeln lösbar. Denn sobald eine maximale ausgezeichnete Untergruppe vom Index 2 vorhanden ist, kann nach (5, 8, 10) die Gruppe auf diese reduziert werden durch Adjunktion einer Wurzel einer irreduziblen Gleichung zweiten Grades, also durch Adjunktion einer Quadratwurzel.

Die Gruppe der allgemeinen Gleichung dritten Grades ist die symmetrische Gruppe von 3 Elementen, also von der Ordnung $3! = 6$. Die Indizes der einzigen vorhandenen Kompositionsreihe sind, wie in (5, 7, 6) festgestellt wurde, 2 und 3, also nicht alle gleich 2. Die allgemeine kubische Gleichung kann also nicht durch Quadratwurzeln gelöst werden.

13. Die allgemeine Gleichung n-ten Grades kann nicht durch Radikale gelöst werden. Wir wenden uns jetzt der Frage zu, wann überhaupt eine Gleichung durch irgendwelche Wurzelzeichen gelöst werden kann. Zunächst sieht man leicht, daß, wenn eine Wurzel, etwa x_1, einer in K irreduziblen Gleichung $f(x) = 0$ durch Wurzelzeichen dargestellt werden kann, dann alle Wurzeln eine solche Darstellung zulassen. Denn gibt man den in x_1 auftretenden Wurzelzeichen ihre verschiedenen Bedeutungen (eine

p-te Wurzel ist ja p-deutig), so mag etwa $x_1, x_2, \ldots, x_m$ entstehen; dann sind die Koeffizienten der Gleichung

$$(1) \qquad (x - x_1)(x - x_2) \ldots (x - x_m) = 0$$

Größen aus K, und die Gleichung hat mit $f(x) = 0$ die Wurzel x_1 gemein. Da aber $f(x)$ irreduzibel angenommen wurde, ist $f(x)$ ein Teiler der auf der linken Seite von (1) stehenden Funktion, so daß die Wurzeln von $f(x)$ unter den Größen $x_1, x_2, \ldots, x_m$ enthalten und somit durch Wurzelzeichen dargestellt sind.

Wenn nun alle Wurzeln einer Gleichung sich durch Wurzelzeichen darstellen lassen, so muß die Galoissche Gruppe durch sukzessive Adjunktion von Wurzelzeichen sich allmählich auf $\mathfrak{E}$ reduzieren. Dabei kann man sich auf Wurzelzeichen mit Primzahlexponent beschränken, weil ja die Adjunktion von $\sqrt[kl]{a}$ darauf hinausläuft, daß man zuerst $\sqrt[l]{a} = b$ adjungiert und dann auch noch $\sqrt[k]{b}$. Ferner läßt sich die Reihenfolge in der Adjunktion von Wurzelzeichen stets so einrichten, daß bei Adjunktion einer p-ten Wurzel die p-ten Einheitswurzeln schon vorher adjungiert sind. Denn die p-ten Einheitswurzeln lassen sich nach (5,6,1) ja selbst durch Wurzelzeichen darstellen, deren Exponent kleiner als p ist, und diese Wurzelzeichen wird man eben schon adjungieren, ehe man eine p-te Wurzel adjungiert.

In der hierdurch (keineswegs eindeutig) vorgeschriebenen Reihenfolge sei nun etwa $\sqrt[p]{a}$ das erste Wurzelzeichen, durch dessen Adjunktion sich die Gruppe reduziert[1]); die p-ten Einheitswurzeln gehören nach Voraussetzung dann schon dem Körper an. Dann reduziert sich aber nach dem Ergebnis von S. 312 die Galoissche Gruppe auf eine maximale ausgezeichnete Untergruppe vom Primzahlindex p. Wenn also eine Auflösung durch Wurzelzeichen möglich ist, so hat die Galoissche Gruppe eine maximale ausgezeichnete Untergruppe vom Primzahlindex. Da man auf diese maximale ausgezeichnete Untergruppe, auf die sich die Gruppe nach Adjunktion des Wurzelzeichens reduziert, die gleiche Schlußweise anwenden kann, so erkennt man, daß sie wieder eine maximale ausgezeichnete Untergruppe von Primzahlindex hat. Daraus folgt sogleich:

Eine notwendige Bedingung dafür, daß eine Gleichung sich durch Wurzelzeichen lösen läßt, ist die, daß die Indizes einer Kompositionsreihe (und also nach dem Jordanschen Satz von S. 294 **jeder** Kompositionsreihe) ihrer Galoisschen Gruppe lauter Primzahlen sind.

---

1) Dabei ist nicht ausgeschlossen, daß auch vorher schon Wurzelzeichen adjungiert worden sind, ohne daß eine Reduktion der Gruppe eingetreten ist.

Übrigens ist diese Bedingung auch hinreichend, was wir hier aber nicht beweisen wollen. Ihre Notwendigkeit genügt, um zu erkennen, daß die allgemeine Gleichung von höherem als viertem Grad sich nicht durch Wurzelzeichen lösen läßt. Denn die Gruppe der allgemeinen Gleichung n-ten Grades ist nach S. 306 nach Adjunktion der Quadratwurzel aus der Diskriminante zum Körper K ihrer Koeffizienten die alternierende und die Indizes einer Kompositionsreihe derselben nach S. 294, wenn $n > 4$, nicht lauter Primzahlen, weil nämlich die alternierende Gruppe für $n > 4$ einfach ist.

Nach diesem Ergebnis ist klar, warum die Versuche von Lagrange[1] und andern, die Gleichungen von höherem als dem vierten Grad durch ähnliche Methoden wie die Gleichung vierten Grades aufzulösen, scheitern mußten. Gauß hat in seiner Dissertation eine Bemerkung gemacht, wonach er die Nichtauflösbarkeit durch Wurzelzeichen für wahrscheinlich hielt. Bewiesen wurde sie zuerst von Ruffini[2], dessen Arbeiten aber anfangs nicht genügend beachtet wurden, und dann von Abel.[3] Der oben durchgeführte Beweis sowie die ganze Gruppentheorie, in deren Rahmen er eingebaut ist, stammen von Galois.[4]

14. Numerisch gegebene, nicht durch Radikale lösbare Gleichungen. Im vorstehenden ist bewiesen, daß die allgemeine Gleichung n-ten Grades sich nicht durch Wurzelausdrücke lösen läßt. Damit wäre es verträglich, daß jede numerisch gegebene Gleichung durch einen von Fall zu Fall wechselnden Wurzelausdruck gelöst würde. Es läßt sich aber zeigen, daß

---

1) Siehe die schon früher angeführte Abhandlung „Réflexions sur la résolution algébrique des Équations". Nouveaux Mém. de l'Acad. de Berlin 1770 et 1771. Ges. Werke t. III, p. 205. Lagrange gibt darin eine eingehende Analyse der Methoden von Tschirnhaus, Euler und Bézout und sodann eine Darlegung seiner besonderen Methode.

2) Paolo Ruffini (geb. 1765, gest. 1822), ursprünglich Arzt wie Cardanus begründete seinen Satz in verschiedenen Publikationen; zuerst 1799 in seinem Lehrbuch: „Teoria generale delle Equazioni, in cui si dimonstra impossibile la soluzione algebraica delle equazioni generali di grado superiore al quarto", Bologna 1799. Geschichtliches über die Lösung dieses Problems, sowie eine eingehende Würdigung der Verdienste Ruffinis s. in der Schrift von Heinrich Burkhardt, „Die Anfänge der Gruppentheorie von Paolo Ruffini", Göttingen 1891.

Ruffini gab auch zuerst den Satz, daß eine Funktion von 5 Größen, wenn sie mehr als zwei Werte hat, wenigstens fünf hat. Es ist dies ein spezieller Fall der allgemeinen, später durch die Arbeiten von Cauchy, Bertrand, Serret gefundenen Satzes, daß eine Funktion von n Größen nicht zugleich mehr Werte als zwei und weniger als n Werte haben kann, $n = 4$ ausgenommen.

3) N. H. Abel, Beweis der Unmöglichkeit, algebraische Gleichungen von höheren Graden als dem vierten allgemein aufzulösen. Crelles Journ. Bd. 1, 1826, S. 65.

4) Evariste Galois ist am 26. 10. 1811 geboren und fiel, 20 Jahre alt, im März des Jahres 1832 im Duell. Seine Schriften hat Liouville (meist in seinem Journal Bd. 11 (1846)) veröffentlicht. 1897 erschienen die Oeuvres math. d'Ev. Galois.

es schon im Körper der rationalen Zahlen Gleichungen fünften Grades gibt, die sich nicht durch Wurzelzeichen lösen lassen. Man erkennt dies im Prinzip am raschesten durch folgende Überlegung. Daß die allgemeine Gleichung fünften Grades als Galoissche Gruppe die symmetrische Gruppe besitzt, bedeutet, daß ihre Galoissche Resolvente vom Grade 60 (vgl. S. 310) irreduzibel ist. D. h. dies ist ein Polynom vom Grade 60 mit Koeffizienten, die rational von den Koeffizienten $a_1 \ldots a_5$ abhängen und es kann nicht in Faktoren zerlegt werden, die rational von $x, a_1, \ldots, a_5$ abhängen. Nun besagt aber der Irreduzibilitätssatz, den Hilbert Crelle 110 angegeben hat, und den man nach Dörge (Annalen 96) heute sehr einfach beweisen kann, daß man für $a_1 \ldots a_5$ solche rationale Zahlen setzen kann, daß die Resolvente als Funktion von x irreduzibel bleibt. Die mit diesen Koeffizienten gebildete Gleichung fünften Grades hat also auch die symmetrische als Galoissche Gruppe und ist daher durch Radikale nicht lösbar.

Es würde aber schwer halten, wenn man auf diesem Beweisweg ein konkretes Beispiel einer solchen Gleichung fünften Grades angeben wollte. Dies genügt aber auf Grund eines Satzes, den Kronecker schon 1856 in seiner Arbeit über algebraisch auflösbare Gleichungen, Berl. Monatsber. angegeben hat. Danach hat eine durch Wurzelzeichen lösbare im Körper ihrer Koeffizienten irreduzible Gleichung fünften Grades mit reellen Koeffizienten entweder lauter reelle Wurzeln oder nur eine.

Gelingt es also, eine irreduzible Gleichung fünften Grades mit rationalen Koeffizienten anzugeben, die genau drei reelle Wurzeln hat, so kann sie nicht durch Wurzelzeichen lösbar sein.

Nun ist nach dem Eisensteinschen Satz von S. 231

$$x^5 - 4x - 2$$

im Körper der rationalen Zahlen irreduzibel. Sie besitzt mindestens drei reelle Wurzeln. Denn für $x = -2$ wird $x^5 - 4x - 2$ negativ, für $x = -1$ aber positiv, für $x = 0$ negativ, für $x = 2$ aber wieder positiv. Endlich können nicht alle Wurzeln reell sein. Denn die Summe ihrer Quadrate ist 0, weil die Koeffizienten von x^4 und von x^3 verschwinden. Daher ist $x^5 - 4x - 2 = 0$ durch Wurzelzeichen nicht lösbar.

15. Transzendente Zahlen. Im allgemeinen sind also die Wurzeln höherer algebraischer Gleichungen, wenn die Koeffizienten derselben nicht besonderen Bedingungen genügen, algebraische Irrationale, welche sich nicht durch Wurzelgrößen darstellen lassen. Allgemein nennt man nach S. 116 jede reelle Zahl, welche Wurzel einer algebraischen Gleichung mit rationalen Koeffizienten ist, eine **algebraische Zahl**. Die rationalen Zahlen sowie die durch Wurzelgrößen darstellbaren erscheinen als spezielle Fälle der algebraischen Zahlen.

Aber obwohl in einem beliebig kleinen Zahlintervall unendlich viele rationale Zahlen liegen und die Irrationalen sich zwischen dieselben einschalten, reichen doch die gesamten algebraischen Zahlen nicht hin, das Zahlenkontinuum auszufüllen. Es gibt noch unendlich viele Zahlen, welche nicht Wurzeln einer Gleichung mit rationalen Koeffizienten sein können und welche man deshalb als **transzendente Zahlen** bezeichnet.

Man beweist dies in der Mengenlehre, indem man zeigt, daß die algebraischen Zahlen eine abzählbare Menge bilden, während die Menge aller reellen Zahlen nicht abzählbar ist.

Zu letzteren gehören die in der Analysis und der Geometrie bekanntesten Zahlen, nämlich die Basis der natürlichen Logarithmen $e = 2{,}7182818\ldots$ und das Verhältnis des Kreisumfangs zum Durchmesser $\pi = 3{,}1415926\ldots$ **Hermite** bewies zuerst (Compt. rend. 1873), daß die Zahl e nicht Wurzel einer Gleichung mit rationalen Koeffizienten sein könne. Sodann zeigte F. **Lindemann** (Math. Ann. XX, 1882), ausgehend von der Definition von π durch die Gleichung $e^{i\pi} = -1$, die Transzendenz der Zahl π.[1])

F. **Lindemann** gibt den allgemeinen Satz:

Die Gleichung $\quad A_0 + A_1 e^{k_1} + A_2 e^{k_2} + \cdots = 0,$

worin die Exponenten $k_1, k_2, \ldots$ voneinander verschiedene, **algebraische Zahlen** und auch die Koeffizienten $A_0, A_1, \ldots$ beliebige **algebraische Zahlen** sind, kann nicht bestehen, es müßten denn sämtliche A Null sein.

Aus diesem Satze folgt dann sofort, da $e^{i\pi} + 1 = 0$, daß π eine **transzendente Zahl**. Es folgt daraus aber auch weiter, daß die Exponentialgröße

$$y = e^x$$

eine transzendente Zahl ist, wenn x eine algebraische Zahl (von 0 verschieden) ist und umgekehrt, daß der natürliche Logarithmus x einer algebraischen Zahl y eine transzendente Zahl ist.

Da ferner $2iy = e^{ix} - e^{-ix}$ die Funktion $y = \sin x$ definiert, so folgt auch, daß in der Gleichung

$$y = \sin x$$

x und y nicht zugleich algebraische Zahlen sein können.[2])

---

1) Die Beweise von **Hermite** und F. **Lindemann** wurden wesentlich vereinfacht durch **Hilbert**, **Hurwitz**, **Gordan**, sämtlich in Math. Ann. XLIII.

2) Vgl. auch F. **Klein**, „Vorträge über ausgewählte Fragen der Elementargeometrie", ausgearb. v. **Taegert**, 1895.

Anhang.
Kettenbrüche.

1. Definition. Es seien A und B zwei ganze positive Zahlen, $B < A$. Um den größten gemeinschaftlichen Teiler von A und B zu finden, hat man wie bei dem Aufsuchen des gemeinsamen Teilers von zwei ganzen Funktionen zu verfahren und erhält das analoge Gleichungssystem

$$A = Q_1 B + R_1$$
$$B = Q_2 R_1 + R_2$$
(1) $$R_1 = Q_3 R_2 + R_3$$
$$\cdots \cdots \cdots$$
$$R_{n-2} = Q_n R_{n-1} + R_n,$$

wo die Quotienten Q und die Reste R der aufeinanderfolgenden Divisionen ganze positive Zahlen sind. Die Reste $R_1, R_2, \ldots$ bilden eine absteigende Reihe. Haben A und B keinen Faktor gemein, so wird der letzte Rest $R_n = 1$; haben sie aber einen gemeinsamen Faktor (die Einheit ausgeschlossen), so wird einer der Reste Null, und der letzte Divisor ist der größte gemeinsame Teiler.

Wir setzen A und B als prim zueinander (ohne gemeinsamen Teiler) voraus; dann ergibt sich aus dem System (1) folgende Kettenbruchentwicklung für $\frac{A}{B}$:

$$\frac{A}{B} = Q_1 + \frac{R_1}{B} = Q_1 + \frac{1}{B/R_1} = Q_1 + \frac{1}{Q_2} + \frac{1}{R_1/R_2}$$
(2)
$$= Q_1 + \frac{1}{Q_2} + \frac{1}{Q_3} + \cdots + \frac{1}{Q_s} + \frac{R_s}{R_{s-1}}$$

und schließlich[1] für $s = n$, da $R_n = 1$,

(3)
$$\frac{A}{B} = Q_1 + \frac{1}{Q_2} + \cdots + \frac{1}{Q_n} + \frac{1}{Q_{n+1}},$$

---

[1] Sind A und B ganze Funktionen der Variablen x, welche keinen Faktor gemein haben, so sind in dem System (1) die Reste R ganze im Grade abnehmende Funktionen von x, R_n ist eine Konstante, und es läßt sich $\frac{A}{B}$ auf gleiche Weise in einem Kettenbruch entwickeln.

wenn man den letzten Nenner mit Q_{n+1} statt R_{n-1} bezeichnet in Übereinstimmung mit dem System (1), dessen nächste Gleichung lauten würde:

$$R_{n-1} = Q_{n+1} R_n \, (= Q_{n+1}). \qquad \text{Es folgt daraus auch}$$

$$(3') \qquad \frac{B}{A} = \frac{1}{Q_1} + \frac{1}{Q_2 + \cdot} \cdot \cdot + \frac{1}{Q_{n+1}}.$$

Beispiel. Sei $\dfrac{A}{B} = \dfrac{17}{10}$; es ist dann

$$17 = 1 \cdot 10 + 7 \qquad \frac{17}{10} = 1 + \frac{1}{1} + \frac{1}{2} + \frac{1}{3}, \qquad \frac{10}{17} = \frac{1}{1} + \frac{1}{1} + \frac{1}{2} + \frac{1}{3}.$$
$$10 = 1 \cdot 7 + 3$$
$$7 = 2 \cdot 3 + 1$$

2. Näherungsbrüche. Aus dem System (1) folgt

$$R_1 = A - Q_1 B$$
$$R_2 = B - Q_2 R_1 \; = -Q_2 \cdot A + (1 + Q_1 Q_2) B$$
$$R_3 = R_1 - Q_3 R_2 = (1 + Q_2 Q_3) A - (Q_1 + Q_3 + Q_1 Q_2 Q_3) B$$
$$(4) \quad R_4 = R_2 - Q_4 R_3 = -(Q_2 + Q_4 + Q_2 Q_3 Q_4) A + (1 + Q_1 Q_2 + Q_1 Q_4 +$$
$$+ \, Q_3 Q_4 + Q_1 Q_2 Q_3 Q_4) B$$

$$\cdot \quad \cdot \quad \cdot \quad \cdot \quad \cdot \quad \cdot \quad \cdot \quad \cdot \quad \cdot \quad \cdot \quad \cdot \quad \cdot \quad \cdot \quad \cdot \quad \cdot \quad \cdot$$

$$R_s = R_{s-2} - Q_s R_{s-1}$$

$$\cdot \quad \cdot \quad \cdot \quad \cdot \quad \cdot \quad \cdot \quad \cdot \quad \cdot$$

Man ersieht, daß allgemein R_s von der Form ist

$$(4') \qquad R_s = (-1)^{s-1} (N_s A - M_s B),$$

wo N_s und M_s ganze Funktionen der Quotienten Q sind. Aus Gleichung (4') folgt, daß, wenn man in der Entwicklung (2) den Bruch $\dfrac{R_s}{R_{s-1}}$ vernachlässigt, sich ergeben würde $\dfrac{A}{B} = \dfrac{M_s}{N_s}$. Man nennt daher $\dfrac{M_s}{N_s}$ den s-ten Näherungsbruch des ganzen Kettenbruchs; derselbe ist mithin derjenige Bruch, welchen man erhält, wenn man die Kettenbruchentwicklung nach dem Teilbruch $\dfrac{1}{Q_s}$ abbricht, also

$$(5) \qquad \frac{M_s}{N_s} = Q_1 + \frac{1}{Q_2 + \cdot} \cdot \cdot + \frac{1}{Q_s}.$$

So sind im obigen Beispiel die aufeinanderfolgenden Näherungsbrüche von $\frac{17}{10}$

$$1, \quad 1 + \frac{1}{1} = 2, \quad 1 + \frac{1}{1} + \frac{1}{2} = \frac{5}{3};$$

der letzte ist der Bruch $\frac{17}{10}$ selbst.

Aus (4') für $s = k$ und für $s = k - 1$ folgt

$$\frac{R_k}{R_{k-1}} = - \frac{N_k A - M_k B}{N_{k-1} A - M_{k-1} B}$$

und daraus

$$\frac{A}{B} = \frac{R_k M_{k-1} + R_{k-1} M_k}{R_k N_{k-1} + R_{k-1} N_k}.$$

Ersetzt man hier $\frac{R_k}{R_{k-1}}$ durch $\frac{1}{Q_{k+1}}$, so erhält man statt $\frac{A}{B}$ den nächsten Näherungsbruch $\frac{M_{k+1}}{N_{k+1}}$. Also kann man für jedes s setzen:

(6) $$N_{s-2} + Q_s N_{s-1} - N_s = 0, \; M_{s-2} + Q_s M_{s-1} - M_s = 0.$$

Ein und dieselbe Relation knüpft also die Zähler M und ebenso die Nenner N dreier aufeinanderfolgender Näherungsbrüche aneinander.

Aus den Gleichungen (6) berechnen wir M_s und N_s als Funktionen der Q, ausgehend von den Gleichungen ($s = 2$)

$$M_0 + Q_2 M_1 - M_2 = 0, \; N_0 + Q_2 N_1 - N_2 = 0,$$

wo wegen

$$\frac{M_1}{N_1} = \frac{Q_1}{1}, \quad \frac{M_2}{N_2} = \frac{Q_1 Q_2 + 1}{Q_2}$$

(7) $$M_1 = Q_1, N_1 = 1, M_0 = 1, N_0 = 0$$

zu nehmen ist. Es folgt daraus:

Wenn zwischen zwei Reihen von Größen $M_1, M_2, \ldots; N_1, N_2, \ldots$ Relationen von der Form (6) und (7) stattfinden, kann man M_s, N_s immer als Zähler und Nenner eines Kettenbruchs von der Form (2) betrachten, für welchen $Q_1, Q_2, \ldots$ die aufeinanderfolgenden Nenner sind.

Die Elimination von Q_s aus den zwei Relationen (6) gibt

(8)
$$N_s M_{s-1} - M_s N_{s-1} = - (N_{s-1} M_{s-2} - M_{s-1} N_{s-2}) = \cdots$$
$$= (-1)^{s-2}(N_2 M_1 - M_2 N_1) = (-1)^{s-2}(-1) = (-1)^{s-1} \quad \text{oder}$$

(9)
$$\frac{M_{s-1}}{N_{s-1}} - \frac{M_s}{N_s} = \frac{(-1)^{s-1}}{N_{s-1} N_s}.$$

Aus (8) geht hervor, daß M_s und N_s keinen gemeinsamen Faktor haben. Der Bruch $\frac{M_s}{N_s}$ ist mithin irreduzibel. Da ferner die Zahlen M_s, N_s stets positiv sind und mit s wachsen, wie aus (6) ersichtlich, so folgt aus (9), daß die Differenz von zwei aufeinanderfolgenden Näherungsbrüchen abwechselnd positiv und negativ ist und daß ihr absoluter Betrag mit wachsendem s abnimmt.

Schreiben wir $\dfrac{M_s}{N_s}$ in der Form

$$\frac{M_s}{N_s} = \frac{M_1}{N_1} + \left(\frac{M_2}{N_2} - \frac{M_1}{N_1}\right) + \left(\frac{M_3}{N_3} - \frac{M_2}{N_2}\right) + \cdots + \left(\frac{M_s}{N_s} - \frac{M_{s-1}}{N_{s-1}}\right),$$

so folgt aus (9)

$$(10) \qquad \frac{M_s}{N_s} = Q_1 + \frac{1}{N_1 N_2} - \frac{1}{N_2 N_3} + - \cdots + \frac{(-1)^s}{N_{s-1} N_s}.$$

Da der letzte Näherungswert $\dfrac{M_{n+1}}{N_{n+1}}$ der Wert $\dfrac{A}{B}$ selbst ist, so wird

$$(11) \quad \frac{A}{B} - \frac{M_s}{N_s} = (-1)^{s+1} \left\{ \frac{1}{N_s N_{s+1}} - \frac{1}{N_{s+1} N_{s+2}} + + \cdots \pm \frac{1}{N_n N_{n+1}} \right\}.$$

Die Glieder der Reihe in $\{\ldots\}$ sind abwechselnd positiv und negativ und sie nehmen beständig ab. Der Wert der Reihe ist mithin positiv und kleiner als das erste Glied. Es ist also dem absoluten Betrage nach die Differenz

$$(12) \qquad \frac{A}{B} - \frac{M_s}{N_s} < \frac{1}{N_s N_{s+1}} < \frac{1}{N_s^2},$$

aber mit wachsendem s abwechselnd positiv und negativ.

Der Wert $\dfrac{A}{B}$ des ganzen Kettenbruchs liegt mithin immer zwischen zwei aufeinanderfolgenden Näherungsbrüchen $\dfrac{M_{s-1}}{N_{s-1}}$ und $\dfrac{M_s}{N_s}$, die sich mit wachsendem s von verschiedenen Seiten dem Werte $\dfrac{A}{B}$ nähern.

3. Approximation durch die Näherungsbrüche. Bezeichnen wir den Teil des Kettenbruchs (3), welcher nach dem Teilbruch $\dfrac{1}{Q_s}$ folgt, mit $\dfrac{1}{x_s}$, so daß mithin

$$\frac{A}{B} = Q_1 + \cfrac{1}{Q_1 + \cfrac{1}{\ddots + \cfrac{1}{Q_s + \cfrac{1}{x_s}}}}, \qquad \text{so ist nach (2)}$$

$$(12\,\mathrm{a}) \qquad x_s = \frac{R_{s-1}}{R_s} = - \frac{N_{s-1}A - M_{s-1}B}{N_s A - M_s B}, \qquad \text{woraus}$$

$$(13) \qquad \frac{A}{B} = \frac{M_s x_s + M_{s-1}}{N_s x_s + N_{s-1}}. \qquad \text{Hieraus folgt weiter}$$

$$(14) \qquad \frac{A}{B} - \frac{M_s}{N_s} = \frac{N_s M_{s-1} - M_s N_{s-1}}{N_s(N_s x_s + N_{s-1})} = \frac{(-1)^{s-1}}{N_s(N_s x_s + N_{s-1})},$$

woraus wieder zu ersehen, daß diese Differenz absolut genommen $< \dfrac{1}{N_s^2}$ ist (denn x_s ist $> Q_{s+1} + \cdots$, also > 1).

Ist der Bruch $\frac{A}{B}$ in einen Kettenbruch von der Art (3) entwickelt, so kommen die Näherungsbrüche des Kettenbruchs dem Bruche $\frac{A}{B}$ näher als irgendein Quotient von kleineren ganzen Zahlen.

Denn sind C und D ganze Zahlen und liegt $\frac{C}{D}$ näher an $\frac{A}{B}$ als der Näherungswert $\frac{M_s}{N_s}$, so ist

$$\left|\frac{M_{s-1}}{N_{s-1}} - \frac{M_s}{N_s}\right| > \left|\frac{M_{s-1}}{N_{s-1}} - \frac{C}{D}\right|.$$

Also folgt

$$\frac{1}{N_{s-1}N_s} > \frac{|M_{s-1} \cdot D - C \cdot N_{s-1}|}{DN_{s-1}}$$

$$D > |M_{s-1}D - CN_{s-1}| N_s$$

oder, da der absolute Wert von $M_{s-1}D - CN_{s-1}$ eine ganze Zahl, von Null verschieden ist,

$$D > N_s.$$

Um daher einen Bruch durch einen Bruch mit kleineren Zahlen mit möglichster Annäherung auszudrücken, verwandelt man ihn in einen Kettenbruch von der Art (3) und berechnet die Näherungsbrüche.

Z. B. Es ist $\pi = 3{,}141\,592\,65$. Behalten wir nur fünf Dezimalstellen bei, so haben wir

$$3\,\frac{14159}{100\,000} = 3 + \frac{1}{7} + \frac{887}{14159} = 3 + \frac{1}{7} + \frac{1}{15} + \frac{854}{887} = 3 + \frac{1}{7} + \frac{1}{15} + \frac{1}{1} + \frac{33}{854}.$$

Bleiben wir hier mit der Kettenbruchentwicklung stehen, so haben wir für π die Näherungsbrüche

$$3, \quad 3\tfrac{1}{7}, \quad 3\tfrac{15}{106}, \quad 3\tfrac{16}{113}, \ldots$$

oder

$$3, \quad \tfrac{22}{7}, \quad \tfrac{333}{106}, \quad \tfrac{355}{113}, \ldots$$

Der Fehler des letzten Näherungswertes $\frac{355}{113}$ ist nach (12) $< \frac{1}{(113)^2}$; in Wirklichkeit stimmt dieser Bruch mit π bis auf sechs Dezimalen überein.

4. Unendliche Kettenbrüche. Wir denken uns nun den Kettenbruch (1) ins Unendliche fortgesetzt, immer voraussetzend, daß sämtliche Teilbrüche positiv, ihre Zähler 1 und ihre Nenner Q ganze positive Zahlen sind. Nur von solchen Kettenbrüchen einfachster Art soll überhaupt hier die Rede sein.

Dann erscheint der bisher betrachtete endliche Kettenbruch (1), dessen Wert $\frac{A}{B}$ ist, als der $(n+1)$-te Näherungswert dieses unendlichen Kettenbruchs, wie groß wir auch n wählen mögen. Die aus dem Bau des Kettenbruchs gefolgerten Sätze (6), ... (12) über die Näherungsbrüche $\frac{M_s}{N_s}$ gelten, wie groß auch s sei. Zwar wachsen M_s und N_s mit s unbegrenzt; aber der Wert des Näherungsbruchs bleibt immer endlich und, wie aus Gleichung (9) ersichtlich, kann die Differenz $\frac{M_s}{N_s} - \frac{M_{s-1}}{N_{s-1}}$, wenn nur s groß genug gewählt wird, kleiner werden als eine beliebige noch so kleine Größe ε. Da nun der Wert jedes folgenden Näherungsbruches $\frac{M_n}{N_n}$ $(n > s)$ innerhalb des Intervalls dieser beiden Näherungswerte fällt, so ersieht man, daß, wenn die Gliederzahl des Kettenbruchs ins Unendliche wächst, sein Wert einem ganz bestimmten endlichen Grenzwert x zustrebt. Man drückt dies aus, indem man sagt: der unendliche Kettenbruch

$$(15) \qquad Q_1 + \cfrac{1}{Q_2 + \cfrac{1}{Q_3 + \cfrac{}{\ddots}}} \quad \text{in inf.}$$

ist **konvergent**, was für ganze positive Zahlen die Nenner Q sein mögen.

Der Wert x des Kettenbruchs läßt sich auch durch die unendliche Reihe darstellen

$$x = Q_1 + \frac{1}{N_1 N_2} - \frac{1}{N_2 N_3} + \frac{1}{N_3 N_4} - + \cdots$$

Aus der Eigenschaft der Reihe, daß die Glieder abwechselnd positiv und negativ sind, während ihre absoluten Beträge beständig abnehmend unter jede Grenze sinken, folgt die Konvergenz der Reihe, und daraus läßt sich wieder auf die Konvergenz des Kettenbruchs schließen.

Man sieht nun leicht, daß man jede positive Zahl x in einen Kettenbruch entwickeln kann. Denn ist Q_1 die größte, ganze, in x enthaltene Zahl, so kann man setzen

$$x = Q_1 + \frac{1}{x_1},$$

wobei $x_1 > 1$. Ebenso wird $\quad x_1 = Q_2 + \frac{1}{x_2},$

$$\cdots$$

so daß man erhält $\qquad x = Q_1 + \cfrac{1}{Q_2 + \cfrac{1}{\ddots \cfrac{1}{Q_s + \cfrac{1}{x_s}}}}.$

Diese Formel unterscheidet sich von (12a) in 3. nur dadurch, daß $\frac{A}{B}$ durch x ersetzt ist. Genau wie dort erhält man also

$$x - \frac{M_s}{N_s} = \frac{(-1)^{s-1}}{N_s(N_s x_s + N_{s-1})}.$$

Da die rechts stehenden Nenner ins Unendliche wachsen, so haben die Näherungsbrüche $\dfrac{M_s}{N_s}$ in der Tat die Zahl x zum Grenzwert.

Es läßt sich nun zeigen, daß es nur eine Kettenbruchentwicklung für x gibt. Denn angenommen, es wäre auch noch

$$x = Q_1' + \cfrac{1}{Q_2' + \cdots,}$$

wo Q_1' positiv ganz oder Null, während die übrigen Q_s' positiv sind, so erkennt man, daß der auf Q_1' folgende Bruch < 1 ist. Folglich ist Q_1' die größte in x enthaltene ganze Zahl und demnach

$$Q_1' = Q_1.$$

Ebenso wird Q_2' die größte in x_1 enthaltene ganze Zahl, also

$$Q_2' = Q_2 \quad \text{usf.}$$

Der Wert x des unendlichen Kettenbruchs (15) ist immer **irrational**, da jeder rationale Bruch, wie wir sahen, immer einen **endlichen** Kettenbruch liefert.

5. Periodische Kettenbrüche.

5. Periodische Kettenbrüche. Bemerkenswert sind besonders die unendlichen periodischen Kettenbrüche, in welchen sich nämlich eine Reihe von Nennern Q periodisch wiederholt. Der Wert eines solchen Kettenbruchs kann leicht berechnet werden; **er ist immer eine quadratische Irrationale**, d. h. **die Wurzel einer quadratischen Gleichung.**

Der Kettenbruch heißt **rein-periodisch**, wenn die Periode von Anfang an beginnt. Besteht die Periode aus k Gliedern, so hat der Bruch die Form

$$(1) \quad x = Q_1 + \cfrac{1}{Q_2 + \cfrac{\cdots}{\cdots + \cfrac{1}{Q_k + \cfrac{1}{Q_1 + \cfrac{\cdots}{\cdots + \cfrac{1}{Q_k + \cdots}}}}}} \qquad (\text{Periode } Q_1, Q_2, \ldots Q_k)$$

Brechen wir den Kettenbruch nach der ersten Periode ab und nennen den Rest desselben $\dfrac{1}{x_k}$, so daß mithin

$$(2) \quad x = Q_1 + \cfrac{1}{Q_2 + \cfrac{\cdots}{\cdots + \cfrac{1}{Q_k + \cfrac{1}{x_k}}}},$$

so ist nach Gleichung (13) der Wert des Kettenbruchs durch die Formel gegeben

$$(3) \qquad x = \frac{M_k x_k + M_{k-1}}{N_k x_k + N_{k-1}}.$$

Aber da die Perioden sich unendlich oft wiederholen, ist hier $x_k = x$, also x durch die quadratische Gleichung

$$(4) \qquad x = \frac{M_k x + M_{k-1}}{N_k x + N_{k-1}} \qquad\qquad \text{oder}$$

$$(5) \qquad N_k x^2 - (M_k - N_{k-1})\, x - M_{k-1} = 0$$

bestimmt. Diese Gleichung hat eine positive und eine negative Wurzel. Die positive Wurzel gibt den Wert x des Kettenbruchs (1). Aber es ist bemerkenswert, daß die negative Wurzel sich auch durch einen periodischen Kettenbruch darstellt, dessen Periode aus denselben Nennern Q, in umgekehrter Ordnung genommen, gebildet ist, wie Galois zuerst gezeigt hat.

Stellt nämlich der rein-periodische Kettenbruch (1) die eine Wurzel x_1 der Gleichung (5) dar, so ist die andere Wurzel x_2

$$(6)\quad x_2 = -\frac{1}{Q_k} + \cfrac{1}{Q_{k-1} + \cfrac{1}{\ddots + \cfrac{1}{Q_2 + \cfrac{1}{Q_1 + \cfrac{1}{Q_k + \ddots}}}}} \qquad (\text{Periode } Q_k, Q_{k-1}, \ldots Q_1)$$

Um dies sogleich an einem Beispiel nachzuweisen, sei gegeben

$$(a)\quad x_1 = 3 + \cfrac{1}{2 + \cfrac{1}{1 + \cfrac{1}{3 + \cfrac{1}{2 + \cfrac{1}{1 + \ddots}}}}} \qquad (\text{Periode } 3, 2, 1)$$

Dann ist die Gleichung (2)

$$(b)\quad x = 3 + \cfrac{1}{2 + \cfrac{1}{1 + \cfrac{1}{x}}}$$

die quadratische Gleichung, von welcher der periodische Bruch eine Wurzel ist. Da hier

$$\frac{M_2}{N_2} = 3 + \frac{1}{2} = \frac{7}{2}, \qquad \frac{M_3}{N_3} = 3 + \cfrac{1}{2 + \cfrac{1}{1}} = \frac{10}{3}$$

ist, so wird die Gleichung (3)

$$(c)\qquad 3 x^2 - 8 x - 7 = 0.$$

Diese Gleichung (b) oder (c) enthält aber auch eine negative Wurzel, die sich aus (b) wie folgt berechnet:

$$3 - x = -\frac{1}{2} + \frac{1}{1} + \frac{1}{x}, \qquad \frac{1}{3-x} = -\left(2 + \frac{1}{1} + \frac{1}{x}\right)$$

$$2 + \frac{1}{3-x} = -\frac{1}{1} + \frac{1}{x}, \quad \frac{1}{2 + \dfrac{1}{3-x}} = -\left(1 + \frac{1}{x}\right), \quad 1 + \frac{1}{2} + \frac{1}{3-x} = -\frac{1}{x}$$

und schließlich
$$x = -\frac{1}{1} + \frac{1}{2} + \frac{1}{3-x}.$$

Setzt man nun diesen Wert von x immer wieder an die Stelle von x im letzten Teilbruch, so ergibt sich

(d) $\qquad x = -\dfrac{1}{1} + \dfrac{1}{2} + \dfrac{1}{3} + \dfrac{1}{1} + \dfrac{1}{2} + \dfrac{1}{3} + \cdots$ $\qquad$ (Periode 1, 2, 3)

Dies ist die negative Wurzel der Gleichung (c). Man sieht, daß dieses Verfahren allgemein gilt, für beliebige Perioden.

Die zwei Irrationalen, welche durch die zwei Kettenbrüche (a) und (d) dargestellt werden, sind die Wurzeln von (c)

$$x_1 = \frac{4 + \sqrt{37}}{3}, \quad x_2 = \frac{4 - \sqrt{37}}{3}.$$

Die Vergleichung der zwei Kettenbrüche (1) und (6), welche die zwei Wurzeln darstellen, zeigt, daß, wenn die Wurzeln einer quadratischen Gleichung sich in rein-periodische Kettenbrüche entwickeln, die zwei Wurzeln von entgegengesetzten Zeichen sein müssen und die eine > 1, die andere < 1.

6. Symmetrische Perioden. Ein besonderer Fall tritt ein, wenn die Periode in sich symmetrisch ist, indem die Glieder gleichweit von dem Anfang und Ende der Periode gleich werden. Da in diesem Falle die Periode sich nicht ändert, wenn man sie umkehrt, ersieht man, daß, wenn ein solcher Kettenbruch A die Wurzel einer quadratischen Gleichung dartsellt, die andere Wurzel durch $-\dfrac{1}{A}$ dargestellt ist. Die quadratische Gleichung ist also dann von der Form

$$A(x - A)\left(x + \frac{1}{A}\right) = A x^2 - (A^2 - 1) x - A = 0 \quad \text{oder also}$$

(4) $\qquad\qquad a x^2 + b x - a = 0,$

wo a, b beliebige ganze Zahlen sein können.

Beispiel.　　　$x = 1 + \dfrac{1}{2} + \dfrac{1}{1} + \dfrac{1}{1} + \dfrac{1}{2} + \dfrac{1}{1} + \cdots$　　　　　(Periode 1, 2, 1)

ist Wurzel der Gleichung $3x^2 - 2x - 3 = 0$; die andere Wurzel ist in Kettenbruchform

$$x = -\dfrac{1}{1} + \dfrac{1}{2} + \dfrac{1}{1} + \cdots \qquad \text{(Periode 1, 2, 1)}$$

7. Gemischte Perioden. Der Kettenbruch heißt gemischt-periodisch, wenn die Periode nicht unmittelbar von Anfang an beginnt, sondern noch andere Teilbrüche vorangehen; derselbe ist also von der Form

$$x = a_1 + \dfrac{1}{a_2} + \cdots + \dfrac{1}{a_s} + \dfrac{1}{b_1} + \cdots + \dfrac{1}{b_k} + \dfrac{1}{b_1} + \cdots + \dfrac{1}{b_k} + \cdots \qquad \text{(Periode } b_1, \ldots b_k)$$

Es sei x_s der rein-periodische Kettenbruch mit der Periode $b_1, \ldots b_k$, also

$$x = a_1 + \dfrac{1}{a_2} + \cdots + \dfrac{1}{a_s} + \dfrac{1}{x_s} \qquad \text{und} \qquad a_1 + \dfrac{1}{a_2} + \cdots + \dfrac{1}{a_s} = \dfrac{M_s}{N_s}, \quad \text{so ist}$$

$$(5) \qquad x = \dfrac{M_s x_s + M_{s-1}}{N_s x_s + N_{s-1}}. \qquad \text{Analog ist}$$

$$(6) \quad x = a_1 + \dfrac{1}{a_2} + \cdots + \dfrac{1}{a_s} + \dfrac{1}{b_1} + \cdots + \dfrac{1}{b_k} + \dfrac{1}{x_{s+k}} = \dfrac{M_{s+k} x_{s+k} + M_{s+k-1}}{N_{s+k} x_{s+k} + N_{s+k-1}}.$$

Nun ist aber $x_{s+k} = x_s$. Die Elimination von x_s aus den zwei Gleichungen führt wieder zu einer quadratischen Gleichung in x.

Jeder gemischt-periodische Kettenbruch ist ebenfalls Wurzel einer quadratischen Gleichung.

8. Umkehrung. Der im vorigen bewiesene allgemeine Satz, daß jeder (rein- oder gemischt-)periodische Kettenbruch eine quadratische Irrationale darstellt, läßt sich auch umkehren.

Die Wurzeln einer jeden ganzzahligen quadratischen Gleichung lassen sich unter der Voraussetzung, daß sie reell sind, in einen rein- oder gemischt-periodischen Kettenbruch entwickeln.

Es sei $f(x) = 0$ die gegebene quadratische Gleichung, welche eine reelle positive Wurzel haben möge. Wäre dies nicht der Fall, so transformieren wir die Gleichung, indem wir $-x$ statt x einführen. Die positive Wurzel möge zwischen den ganzen Zahlen a und $a + 1$ liegen. Nun setzen wir $x = a + \dfrac{1}{x'}$. Die transformierte Gleichung

$$f_1(x') = 0$$

muß sodann eine positive Wurzel größer als 1 besitzen. Sie liege zwischen den ganzen Zahlen b und $b + 1$; dann setzen wir $x' = b + \dfrac{1}{x''}$ und bilden die transformierte Gleichung

$$f_2(x'') = 0.$$

Diese Gleichung muß eine positive Wurzel haben > 1; sie liege zwischen c und $c + 1$. Dann setze man $x'' = c + \dfrac{1}{x'''}$ usf. Man erhält auf diese Weise die Wurzel x in der Form

$$x = a + \cfrac{1}{b + \cfrac{1}{c + \cdots}}$$

Alle diese transformierten Gleichungen $f_1(x'), f_2(x''), \ldots$ haben dieselbe Diskriminante wie $f(x)$. Denn der Substitution $x = a + \dfrac{1}{x'}$ entspricht bei homogenen Variablen $\dfrac{x}{y}$, $\dfrac{x'}{y'}$ die Substitution

$$x = a x' + y'$$

$$y = x'.$$

Da nun, wenn D die Diskriminante von $f(x)$ ist und D' die Diskriminante der transformierten Form $f_1(x')$, $D' = m^2 D$ ist für m als Determinante der linearen Substitution und da hier $m = -1$, so wird $D' = D$.

In der Tat ist $\qquad f(x) = h'x^2 + 2gx + h = 0$,

wo h, h', g ganze Zahlen,

$$D = g^2 - hh', \quad h = \frac{g^2 - D}{h'};$$

macht man die Substitution $x = a + \dfrac{1}{x'}$, so geht die Gleichung über in

$$f_1(x') = h''x^2 + 2g'x + h' = 0,$$

$$g' = ah' + g, \quad h'' = h'a^2 + 2ga + h = \frac{g'^2 - g^2}{h'} + h = \frac{g'^2 - D}{h'},$$

also g', h'' wieder ganze Zahlen sind, und

$$D' = g'^2 - h'h'' = D.$$

Die Periodizität des Kettenbruchs ist durch die Konstanz der Diskriminante D bedingt; es kommt aber noch eine andere Eigentümlichkeit der transformierten Gleichungen hinzu.

Es sei

$$(7) \qquad f(x) = (x - \alpha)(x - \beta) = 0$$

die gegebene Gleichung und α die positive Wurzel, welche in einen Kettenbruch entwickelt werden soll. Nach der i-ten Transformation der Gleichung $f(x) = 0$ hat man

$$(8) \qquad x = a_1 + \cfrac{1}{a_2 + \cfrac{}{\ddots + \cfrac{1}{a_i + \cfrac{1}{x_i}}}},$$

und x_i ist eine positive Wurzel der Gleichung

$$f_i(x_i) = 0. \qquad\qquad \text{Aus (8) folgt aber}$$

$$(9) \qquad x = \frac{M_i x_i + M_{i-1}}{N_i x_i + N_{i-1}}.$$

Setzt man diesen Wert von x in die Gleichung $f(x) = 0$ ein, so ergibt sich

$$(10) \qquad f_i(x_i) = \left(x_i - \frac{M_{i-1} - aN_{i-1}}{aN_i - M_i}\right)\left(x_i - \frac{M_{i-1} - \beta N_{i-1}}{\beta N_i - M_i}\right) = 0.$$

Die zwei Wurzeln dieser Gleichung sind also

$$(11) \qquad \frac{M_{i-1} - aN_{i-1}}{aN_i - M_i}, \quad \text{d. i.} \quad \frac{N_{i-1}}{N_i} \cdot \frac{\dfrac{M_{i-1}}{N_{i-1}} - a}{a - \dfrac{M_i}{N_i}} \qquad \text{und}$$

$$(12) \qquad \frac{M_{i-1} - \beta N_{i-1}}{\beta N_i - M_i}, \quad \text{d. i.} \quad \frac{N_{i-1}}{N_i} \cdot \frac{\dfrac{M_{i-1}}{N_{i-1}} - \beta}{\beta - \dfrac{M_i}{N_i}}.$$

Ist nun α diejenige Wurzel, welche in den Kettenbruch (8) entwickelt wird, so sind $\dfrac{M_i}{N_i}$, $\dfrac{M_{i-1}}{N_{i-1}}$ zwei aufeinanderfolgende Näherungsbrüche von

α, und da α zwischen denselben liegt, so ist die erste Wurzel der Gleichung (10) positiv. Sie ist aber auch > 1; denn sie ist ja gerade die Fortsetzung des Kettenbruchs (2), nämlich

$$a_{i+1} + \cfrac{1}{a_{i+2} + \cfrac{}{\ddots}},$$

also ist sie $> a_{i+1}$, mithin auch > 1.

Da ferner mit wachsendem i die zwei Näherungsbrüche von α $\frac{M_{i-1}}{N_{i-1}}$ und $\frac{M_i}{N_i}$ immer näher zusammenrücken und β von α verschieden vorausgesetzt ist, so wird von einem gewissen i an β außerhalb der Grenzen dieser zwei Näherungsbrüche liegen; dann wird aber

$$\frac{\dfrac{M_{i-1}}{N_{i-1}} - \beta}{\beta - \dfrac{M_i}{N_i}}$$

negativ und nähert sich immer mehr dem Werte -1; die zweite Wurzel nähert sich also immer mehr dem Werte $-\frac{N_{i-1}}{N_i}$; sie wird mithin negativ und dem absoluten Werte nach < 1.

Man wird demnach immer zu einer transformierten Gleichung $f_i(x_i) = 0$ **kommen, deren eine Wurzel positiv und > 1 ist, während die andere negativ und absolut genommen < 1; dann behalten auch die folgenden transformierten Gleichungen** $f_{i+1} = 0$ **usf. diesen Charakter.**

Hat i diese Grenze erreicht, so ist $f_i(x) = 0$ von der Form

$$f_i(x) = h_i x^2 - 2g_i x - h_{i-1} = 0.$$

Hieraus folgt durch Substitution von $a_{i+1} + \frac{1}{x}$ statt x

$$f_{i+1}(x) = h_{i+1} x^2 - 2g_{i+1} x - h_i = 0$$

usw.,

wo die $h_{i-1}, h_i, h_{i+1}, \ldots, g_i, g_{i+1}, \ldots$ ganze positive Zahlen sind. Ist D die Diskriminante der gegebenen quadratischen Gleichung $f(x) = 0$, so wird mithin

$$D = g_i + h_{i-1}h_i = g_{i+1} + h_i h_{i+1} = \cdots$$

Ferner hat man

$$g_{i+1} = a_{i+1}h_i - g_i, \quad g_i + g_{i+1} = a_{i+1}h_i.$$

In den entsprechenden Wurzeln der aufeinander folgenden Gleichungen

$$x_i = \frac{g_i + \sqrt{D}}{h_i}, \quad x_{i+1} = \frac{g_{i+1} + \sqrt{D}}{h_{i+1}}, \; \ldots$$

werden nun die Größen g, h immer unter einer bestimmten Grenze bleiben, nämlich

$$g < \sqrt{D}, \quad h < 2\sqrt{D},$$

und es muß sodann eine Kombination derselben wiederkehren und dadurch der Kettenbruch periodisch werden. Damit ist der in 8. angegebene allgemeine Satz erwiesen.

Zu bemerken ist noch, daß aus obigen Ungleichheiten auch folgt:

$$a_{i+1} < 2\sqrt{D}.$$

Es bleiben also auch die Nenner der Teilbrüche der Periode immer unter dieser Grenze.

Ist $D = 2$, so können die a der Periode nur 1 oder 2 sein; für $D = 3$ oder $D = 5$ können die a der Periode die Zahl 3 bzw. 4 nicht überschreiten usf.

Ist nun eine quadratische Irrationale

$$\frac{g + \sqrt{D}}{h}$$

Wurzel der Gleichung $f(x) = 0$, (D Diskriminante von $f(x)$) zur Entwicklung in einen Kettenbruch gegeben, so vollzieht sich diese Entwicklung sehr einfach, ohne daß es nötig wäre, die Reihe der transformierten Gleichungen $f_1(x) = 0, f_2(x) = 0, \ldots$ zu bilden. Es sei a die größte in $\frac{g + \sqrt{D}}{h}$ enthaltene ganze Zahl (wir können die Wurzel als positiv voraussetzen), so mache man die Transformation

$$\frac{g + \sqrt{D}}{h} = a + \frac{1}{\dfrac{g' + \sqrt{D}}{h'}}.$$

$\dfrac{g' + \sqrt{D}}{h'}$ ist dann die entsprechende Wurzel von $f_1(x) = 0$. Nun transformiere man $\dfrac{g' + \sqrt{D}}{h'}$ auf dieselbe Weise usf.

Beispiel. $\qquad 7x^2 - 11 \cdot x + 3 = 0$

$$x_1 = \frac{11 + \sqrt{37}}{14}, \quad x_2 = \frac{11 - \sqrt{37}}{14}.$$

Um x_1 zu entwickeln, hat man

$$x_1 = \frac{11 + \sqrt{37}}{14} = 1 + \frac{\sqrt{37} - 3}{14} = 1 + \frac{28}{14\,(\sqrt{37} + 3)} = 1 + \frac{1}{\dfrac{\sqrt{37} + 3}{2}}$$

$$\frac{\sqrt{37} + 3}{2} = 4 + \frac{\sqrt{37} - 5}{2} = 4 + \frac{12}{2\,(\sqrt{37} + 5)} = 4 + \frac{1}{\dfrac{\sqrt{37} + 5}{6}}$$

$$\frac{\sqrt{37} + 5}{6} = 1 + \frac{\sqrt{37} - 1}{6} = 1 + \frac{36}{6\,(\sqrt{37} + 1)} = 1 + \frac{1}{\dfrac{\sqrt{37} + 1}{6}}$$

$$\frac{\sqrt{37} + 1}{6} = 1 + \frac{\sqrt{37} - 5}{6} = 1 + \frac{12}{6\,(\sqrt{37} + 5)} = 1 + \frac{1}{\dfrac{\sqrt{37} + 5}{2}}$$

$$\frac{\sqrt{37} + 5}{2} = 5 + \frac{\sqrt{37} - 5}{2} = 5 + \frac{12}{2\,(\sqrt{37} + 5)} = 5 + \frac{1}{\dfrac{\sqrt{37} + 5}{6}} \cdot$$

Nun wiederholen sich die Nenner und folglich ist

$$\frac{11 + \sqrt{37}}{14} = 1 + \frac{1}{4} + \frac{1}{1} + \frac{1}{1} + \frac{1}{5} + \ddots \qquad \text{Periode } (1, 1, 5)$$

Die zweite Wurzel gibt

$$x_2 = \frac{11 - \sqrt{37}}{14} = \frac{84}{14\,(11 + \sqrt{37})} = \frac{1}{\dfrac{11 + \sqrt{37}}{6}}$$

$$\frac{11 + \sqrt{37}}{6} = 2 + \frac{\sqrt{37} - 1}{6} = 2 + \frac{1}{\dfrac{\sqrt{37} + 1}{6}} \cdot$$

$\dfrac{\sqrt{37} + 1}{6}$ gibt wie oben bei x_1 die Quotienten $1, 5, 1, 1, \ldots$, also

$$x_2 = \frac{11 - \sqrt{37}}{14} = \frac{1}{2} + \frac{1}{1} + \frac{1}{5} + \frac{1}{1} + \frac{1}{1} + \frac{1}{5} + \ddots \qquad \text{Periode } (5, 1, 1)$$

Ganz auf dieselbe Weise entwickelt man $\sqrt{A}$ in einen Kettenbruch. Ist a die größte in $\sqrt{A}$ enthaltene Zahl und macht man in

$$f(x) = x^4 - A = 0$$

die Substitution $x = a + \dfrac{1}{x_1}$, so erhält man

$$f(x_1) = x_1^2 - \frac{2a}{A-a^2}\, x_1 - \frac{1}{A-a^2} = 0,$$

deren Wurzeln $\qquad x_1 = \dfrac{1}{\sqrt{A}-a}, \quad x_2 = -\dfrac{1}{\sqrt{A}+a}$

sind. Die erste Transformierte $f_1(x)$ hat also die Eigenschaft, welche die Periodizität des Kettenbruchs bedingt.

Beispiel. $\qquad \sqrt{35} = 5 + \sqrt{35} - 5 = 5 + \dfrac{1}{\dfrac{\sqrt{35}+5}{10}}$

$$\frac{\sqrt{35}+5}{10} = 1 + \frac{\sqrt{35}-5}{10} = 1 + \frac{1}{\sqrt{35}+5}$$

$$\sqrt{35} + 5 = 10 + \sqrt{35} - 5 = 10 + \frac{1}{\dfrac{\sqrt{35}+5}{10}}.$$

Also Periode $(1, 10)$ $\qquad \sqrt{35} = 5 + \dfrac{1}{1} + \dfrac{1}{10} + \cdots$

Register.

Elementare Algebra und Analysis. Von Dr. *H. Weber*, weil. Prof. a. d. Univ. Straßburg. Neubearb. von Dr. *P. Epstein*, Prof. a. d. Univ. Frankfurt a. M. 4. Aufl. Mit 26 Fig. im Text. [XVI u. 568 S.] gr. 8. 1922. (Enzyklopädie der Elementar-Mathematik I. Bd.) Geb. RM 18.—

„Die vorliegende 4. Aufl. erfüllt alle, auch die höchstgespannten Anforderungen, die an eine geschlossene und bis auf die neuesten Untersuchungsergebnisse fortgeführte Darstellung der Elementarmathematik gestellt werden können und dem Studierenden wie auch dem Lehrer das Eindringen selbst in ganz abgelegene und versteckte Gebiete des behandelten Wissenszweiges ermöglicht, ja sogar zufolge der fesselnden Schreibweise hierzu geradezu herausfordert." (Ingenieur-Zeitschrift.)

Arithmetik und Algebra nebst den Elementen der Differentialrechnung. Von Dr. *E. Borel*, Prof. a. d. Sorbonne Paris. Vom Verfasser genehmigte deutsche Ausgabe besorgt von Geh. Hofrat Dr. *P. Stäckel*, weil. Prof. a. d. Univ. Heidelberg. 2. Aufl. Mit 56 Textfig. u. 3 Taf. [XVI u. 404 S.] 8. 1919. (Elemente der Mathematik Bd. I.) Geb. RM 12.—, geb. RM 14.—

„... Borel und Stäckel führen uns leicht und sicher zu einem klaren Verständnis der elementaren Arithmetik und Algebra, dabei häufig in vortrefflicher Weise von dem anschaulichen Hilfsmittel der graphischen Darstellung Gebrauch machend."
(Zeitschr. d. Vereins deutscher Ingenieure.)

Die Grundlehren der Arithmetik und Algebra. Bearb. von Geh. Hofrat Dr. *E. Netto*, weil. Prof. a. d. Univ. Gießen, und weil. Oberrealschulprof. Dr. *C. Färber*, Berlin. (Grundlehren der Mathematik I. Teil.)

I. Band: **Arithmetik.** Von *C. Färber*. Mit 9 Fig. [XV u. 410 S.] gr. 8. 1911. Geb. RM 14.—

II. Band: **Algebra.** Von *E. Netto*. [XII u. 232 S.] gr. 8. 1915. Geb. RM 7.80

„Das ganze Werk ist in allen seinen Teilen anregend und mit sicherer Klarheit geschrieben. In lückenlosem Aufbau erhebt sich vor dem Leser allmählich das ganze Gebäude der elementaren Arithmetik; ein Ideenzusammenhang erfordert mit logischer Konsequenz den nächsten. Das Buch wird namentlich dem praktischen Schulmann die besten Dienste leisten." (Jahrbuch über die Fortschritte der Mathematik.)

Elementare Algebra. Akadem. Vorlesungen für Studierende der ersten Semester. Von Geh. Hofrat Dr. *E. Netto*, weil. Prof. a. d. Univ. Gießen. 2. Aufl. Mit 19 Fig. im Text. [X u. 200 S.] gr. 8. 1913. Geh. RM 6.—, geb. RM 8.—

Dieses Buch soll den Studierenden der ersten Semester von den in der Schule behandelten Stoffen zur höheren Algebra hinüberleiten. Andererseits möchte es zugleich eine auch für den Nichtmathematiker wohl zugängliche Zusammenstellung der namentlich in der Technik vorkommenden algebraischen Probleme und Lösungsmethoden geben. Das Buch ist aus Hochschulvorlesungen entstanden und verzichtet demgemäß auf eine strenge Systematik; möchte aber namentlich zum selbsttätigen Eindringen in die dargelegten Probleme anregen.

Einführung in die höhere Algebra. (Introduction to higher algebra.) Von Dr. *M. Bôcher*, Prof. a. d. Havard-Univ. zu Cambridge. Deutsch von Dr. *H. Beck*, Prof. a. d. Univ. Bonn. Mit einem Geleitwort von Geh. Reg.-Rat Dr. *E. Study*, Prof. a. d. Univ. Bonn. 2. Aufl. [XII u. 348 S.] gr. 8. 1925. Geb. RM 13.50

Einleitung in die allgemeine Theorie der algebraischen Größen. Von Prof Dr. *W. König*, Budapest. [X u. 564 S.] gr. 8. 1903. Geb. RM 22.—

Neuere algebraische Theorien. Von *E. L. Dickson*, Prof. a. d. Univ. zu Chicago, U. S. A. Deutsch von Studienassessor *E. Bodewig*, Mörs (Rhld.) [In Vorb. 1928]

Die Übersetzung des Dicksonschen Buches wird gerade in Deutschland eine oft empfundene Lücke in der Lehrbuchliteratur ausfüllen; denn bisher fehlte besonders dem Studenten ein Buch, das eine wirklich klare und einfache, durch zahlreiche anregende Beispiele und Aufgaben erläuterte Darstellung wichtiger Theorien der Algebra, wie z. B. der Gruppentheorie, der Galoisschen Theorie, der Invariantentheorie und der Theorie der quadratischen Formen in den singulären Fällen bietet. Das didaktisch glänzend angelegte Buch wird daher besonders Lehrern und Studenten der Mathematik willkommen sein.

Verlag von B. G. Teubner in Leipzig und Berlin

Einleitung in die Infinitesimalrechnung. Von Prof. *E. Cesàro*, Neapel. Mit zahlr. Übungsbeispielen. Nach einem Manuskript des Verf. deutsch herausg. von Dr. *G. Kowalewski*, Prof. a. d. Univ. Bonn. 2., gekürzte Aufl. Mit 26 Fig. [IV u. 488 S.] gr. 8. 1922. Geb. $\mathscr{R}\mathscr{M}$ 20.—

Bei der zweiten Auflage des umfangreichen Elementarbuches beschränkten sich Herausgeber und Verlag auf die Wiedergabe derjenigen Teile, die für eine Einführung in die höhere Analysis besonders wichtig erscheinen, wie Determinanten, lineare und quadratische Formen, irrationale Zahlen, Grenzwerte, unendliche Reihen und Produkte, Theorie der Funktionen, komplexe Zahlen und algebraische Gleichungen.

Höhere Mathematik für Mathematiker, Physiker und Ingenieure. Von Dr. *R. Rothe*, Prof. a. d. Techn. Hochsch. in Berlin. (Teubn. math. u. techn. Leitf. Bd. 21—23)

I. Band: Differentialrechnung und Grundformeln der Integralrechnung nebst Anwendungen. 2. Aufl. Mit 155 Fig. im Text. [VII u. 186 S.] 8. 1927. Kart. $\mathscr{R}\mathscr{M}$ 5.—

II. Band: Integralrechnung, Unendliche Reihen, Vektorrechnung nebst Anwendungen. [In Vorb. 1928]

III. Band: Raumkurven und Flächen, Linienintegrale und mehrfache Integrale, gewöhnliche und partielle Differentialgleichungen nebst Anwendungen. [In Vorb. 1928]

Mit dem auf 3 Bände der Sammlung verteilten, aus den Vorlesungen des Verfassers für Studierende der reinen und angewandten Mathematik, der Physik und der verschiedenen Ingenieurwissenschaften hervorgegangenen Werke soll ein das Gesamtgebiet der höheren Mathematik umfassender entsprechend den Grundsätzen der Sammlung knapper gehalten Leitfaden in freier Anordnung des Stoffes, aber mit zahlreichen Beispielen, Anwendungen und Übungen geboten werden. Der jetzt bereits in 2. Auflage vorliegende erste Band enthält einen einleitenden Abschnitt über Zahlen, Veränderliche und Funktionen, behandelt sodann die Hauptsätze der Differentialrechnung und die Grundformeln der Integralrechnung, Funktionen von zwei und mehr Veränderlichen, Differentialgeometrie ebener Kurven, komplexe Zahlen, Veränderliche und Funktionen.

Lehrbuch der Differential- und Integralrechnung und ihrer Anwendungen. Von Geh. Hofrat Dr. *R. Fricke*, Prof. a. d. Techn. Hochschule in Braunschweig. 2. u. 3. Aufl. gr. 8. 1921. Geb. je $\mathscr{R}\mathscr{M}$ 10.60, geb. je $\mathscr{R}\mathscr{M}$ 13.—

I. Band: Differentialrechnung. Mit 129 in den Text gedr. Fig., 1 Sammlung von 253 Aufg. u. 1 Formeltab. [XII u. 388 S.]

II. Band: Integralrechnung. Mit 100 in den Text gedr. Fig., 1 Sammlung von 242 Aufg. u. 1 Formeltab. [IV u. 406 S.]

„Dieses Lehrbuch ist ein ausgezeichnetes Werk eines erfahrenen akademischen Lehrers. Es kann allen, die ihre mathematischen Kenntnisse auf eine sichere Grundlage stellen wollen, insbesondere den Studierenden auf den technischen Hochschulen wie auf den Universitäten aufs wärmste empfohlen werden." (Zeitschr. d. Vereins deutscher Ingen.)

Lehrbuch der Differential- und Integralrechnung. Ursprünglich Übersetzung d. Lehrbuches v. *J. A. Serret*, seit der 3. Aufl. gänzlich neubearb. von Geh. Reg.-Rat Dr. *G. Scheffers*, Prof. a. d. Techn. Hochschule in Berlin.

I. Band: Differentialrechnung. 8. Aufl. Mit 70 Fig. im Text. [XVI u. 670 S.] gr. 8. 1924. Geb. $\mathscr{R}\mathscr{M}$ 22.—

II. Band: Integralrechnung. 6. u. 7. Aufl. Mit 108 Fig. im Text. [XII u. 612 S.] gr. 8. 1921. Geb. $\mathscr{R}\mathscr{M}$ 17.60, geb. $\mathscr{R}\mathscr{M}$ 20.—

III. Band: Differentialgleichungen und Variationsrechnungen. 6. Aufl. Mit 64 Fig. im Text. [XII u. 732 S.] gr. 8. 1924. Geb. $\mathscr{R}\mathscr{M}$ 24.—

Bei der Neuauflage sind die einzelnen Bände wiederum sorgfältig durchgesehen und verbessert worden. Dies betrifft besonders auch die sehr beifällig aufgenommenen geschichtlichen Anhänge, bei denen in recht ausgedehntem Maße die Originalwerke selbst herangezogen wurden. Gegenüber der heute in immer größeren Tiefen gesuchten Grundlegung der Analysis und der zunehmenden Verschärfung ihrer Sätze hält der Verfasser die bei einem Lehrbuch gebotene richtige Mitte.

Verlag von B. G. Teubner in Leipzig und Berlin